U0886205

Apollonius

Conics

Books Ⅰ to Ⅳ

圆锥曲线论

（卷Ⅰ－Ⅳ）

第2版

[古希腊]阿波罗尼奥斯　著

朱恩宽　张毓新
张新民　冯汉桥　译

陕西新华出版传媒集团
陕西科学技术出版社
Shaanxi Science and Technology Press
西　安

图书在版编目(CIP)数据

圆锥曲线论.（卷Ⅰ－Ⅳ）/（古希腊）阿波罗尼奥斯著；朱恩宽等译. —2版. —西安：陕西科学技术出版社,2018.6（2024.1重印）

ISBN 978－7－5369－7266－7

Ⅰ.①圆… Ⅱ.①阿… ②朱… Ⅲ.①圆锥曲线 Ⅳ.①O123.3

中国版本图书馆CIP数据核字(2018)第095736号

Apollonius of Perga Conics, Translation by R. Catesby Taliaferro, diagrams by William H. Donahue, introduction by Harvey Flaumenhaft(Books Ⅰ－Ⅲ) and by Michael N. Fried(Book Ⅳ)

Copyright © 1997, 1998, 2000, 2002 by Green Lion Press Published by Green Lion Press.

Simplified Chinese Translation copyright © 2002 by Shaanxi Science and Technology Press

ALL RIGHTS RESERVED

圆锥曲线论(卷Ⅰ－Ⅳ)第2版

[古希腊]阿波罗尼奥斯 著

朱恩宽 张毓新 张新民 冯汉桥 译

责任编辑 李 珑 常丽娜

封面设计 李 阳

出 版 者 陕西新华出版传媒集团 陕西科学技术出版社
西安市曲江新区登高路1388号陕西新华出版传媒产业大厦B座
电话(029)81205187 传真(029)81205155 邮编710061
http://www.snstp.com

发 行 者 陕西新华出版传媒集团 陕西科学技术出版社
电话(029)81205180 81206809

印 刷 西安五星印刷有限公司

规 格 787mm×1092mm 1/16

印 张 18

字 数 336千字

版 次 2007年12月第1版 2018年6月第2版
2024年1月第4次印刷

书 号 ISBN 978－7－5369－7266－7

定 价 85.00元

版权所有 翻印必究

（如有印装质量问题,请与我社发行部联系调换）

'Απολλώνιοζ

阿波罗尼奥斯
（约262B.C.–约190B.C.）

画像选自《文明之光—图说数学史》李文林主编
山东教育出版社 2005

Apollonius

Conics

Books V to VII

The Arabic Translation of the
Lost Greek Original
in the Version of the Banū Mūsā

Volume I: Introduction, Text, and Translation

Edited
with Translation and Commentary by

G.J. Toomer

In Two Volumes
With 288 Figures

Springer-Verlag
New York Berlin Heidelberg
London Paris Tokyo Hong Kong

《Apollonius Conics Books Ⅴ to Ⅶ》（施普林格出版社 1990）第一册扉页

Apollonius

Conics

Books V to VII

The Arabic Translation of the
Lost Greek Original
in the Version of the Banū Mūsā

Volume II: Commentary, Figures, and Indexes

Edited
with Translation and Commentary by
G.J. Toomer

In Two Volumes
With 288 Figures

Springer-Verlag
New York Berlin Heidelberg
London Paris Tokyo Hong Kong

《Apollonius Conics Books V to VII》（施普林格出版社 1990）第二册扉页

بسم الله الرحمن الرحيم
المقالة الخامسة من كتاب ابلونيوس في المخروطات
نقل ثابت بن قرّة واصلاح بنى موسى

من ابلونيوس الى أطالوس   سلام عليك   إنّى قد وضعتُ فى هذه المقالة الخامسة اشكالاً فى الخطوط الكبار والصغار   وينبغى ان تعلم انّ مَن تقدّمنا ومَن فى عصرنا هذا إنّما شاموا النظر فى الصغار منها مشامّة يسيرةً وبذلك بيّنوا ايّ الخطوط المستقيمة تماسّ القطوع وعكس ذلك ايضاً اعنى ايّ شىء يعرض للخطوط التى تماسّ القطوع فاذا عرض كانت الخطوط مماسّة ∴ فاما نحن فقد بيّنّا هذه الاشياء فى المقالة الاولى من غير ان نستعمل فى تبيين ذلك امر الخطوط الصغار ورمنا ان نجعل مرتبتها قريباً من موضع ذكرنا لحدوث القطوع الثلثة لنبيّن بذلك انّه قد يكون منها فى كلّ واحد من القطوع ما لا نهاية لعدده لما يعرض ويلزم فيها كما عرض فى الاقطار الأول   واما الاشكال التى تكلّمنا فيها فى الخطوط الصغار فإنّا افردناها وعزلناها على حدة من بعد فحص كثير وضمّنّا القول فيها الى القول فى الخطوط الكبار التى ذكرنا آنفاً

1 الرحيم: وما توفيقى إلاّ بالله add. O   4 نقل...موسى om. H، اصلاح بنى موسى واخراج هلال T   5 من...وضعت: قال ابلونيوس انّى وضعت يا يوقراطيس T؛ سلام: سلم H   5-6 إنّى...اشكالاً: قد وجّهت اليك بالمقالة ه من كتاب المخروطات مع رسالتى هذه وفى هذه المقالة اشكال H, O mg.   6 الخامسة om. T؛ مَن: مَن قد T   7 فى الصغار: بالصغار T   9 للخطوط: للخطوط المستقيمة H   10 الاولى: آ HT   12 لحدوث: الحدوث T   13 لما: اما T   14 فيها: فيه T   16 وضمّنّا: وضممنا H

《Apollonius Conics Books V to VII》（施普林格出版社 1990）中阿拉伯文卷V第1页

陕西科学技术出版社前言

阿波罗尼奥斯的《圆锥曲线论(卷Ⅰ－Ⅳ)》汉译本是由[美]绿狮出版社(Green Lion Press)2000年出版的《Apollonius of Perga Conics Books Ⅰ－Ⅲ》英译本(R. Caresby Taliafro译)(修订本)和2002年出版的该书卷Ⅳ的英译本(Michael N. Fried译)为底本合译而成.

美国南阿拉巴马大学(University of South Alabama)张新民教授提供了这两个译本,并与绿狮出版社联系了这两本书的中译本的出版事宜,绿狮出版社欣然授权我出版社出版这两本书的汉译本.

在此我们向张新民教授和[美]绿狮出版社以及这两本书的英译者、修订者、制图者和参与该书出版的工作人员表示感谢!同时也向汉译本的译者、校对者和参与该书出版的工作人员表示感谢!

阿波罗尼奥斯的《圆锥曲线论》共有八卷,其中第八卷早已失传.[美]施普林格出版社(Springer-Verlag)1990年出版了《Apollonius Conics Books Ⅴ to Ⅶ》的阿拉伯文和英文的对照本(G. J. Toomer译),该书的汉文翻译工作正在进行.

陕西科学技术出版社

2007年12月

如果有人以为这些论述的难以理解是出于我的思维缺乏条理,……我力荐这样的人去读一读阿波罗尼奥斯的《圆锥曲线论》.他将会发现,没有哪个有才智的人,不论是多么有天分的,可以将有些问题表述成仅凭粗心的阅读就可以明白的方式,那里需要深思熟虑以及周密思考所说的内容.

开普勒(Johannes Kepler 1571—1630)
摘自"in New Astronmy Chapter 59"

阿波罗尼奥斯《圆锥曲线论(卷Ⅰ-Ⅳ)》汉译本再版说明

随着2014年6月阿波罗尼奥斯《圆锥曲线论(卷Ⅴ-Ⅶ)》汉译本的出版发行,古希腊三部经典数学著作《欧几里得几何原本》《阿基米德全集》、阿波罗尼奥斯《圆锥曲线论》汉译本已全部翻译完成。

三部著作分为四册出版,主要原因在于《圆锥曲线论》Ⅰ-Ⅳ卷和Ⅴ-Ⅶ卷来自三个不同的版本,且Ⅴ-Ⅶ卷内容较多,部分插图较大,为了便于阅读、便于排版,最后选择了16开本简装。此次《圆锥曲线论(卷Ⅰ-Ⅳ)》再版,考虑到应与Ⅴ-Ⅶ卷配套,就将原来的大32开精装,改为16开本简装。

此次再版,译者对该书进行了修订,并将原来的插图适当进行了放大。根据译者建议删除了不属于原书中内容的"汉译者附录"(对门奈赫莫斯关于具有性质 $xy=2a^2$ 的圆锥截线的认识的探讨)。原在卷Ⅲ后的"英译者附录A、附录B"调整至卷Ⅳ末。取消了第一版中各卷序言、插图说明与正文、附录页码分段编排的不便,全书页码统一编排,使阅读感到更为完整。

陕西科学技术出版社

2018年3月

目 录

汉译者序

一、阿波罗尼奥斯及其著作

阿波罗尼奥斯(Apollonius 约公元前262—前190)出生于小亚细亚南部的一个小城市珀加(Perga).他年轻时去亚历山大城向欧几里得的后继者学习数学,嗣后他卜居该地和当地的大数学家合作研究.他的巨著《圆锥曲线论》(Conics)是在前人门奈赫莫斯(Menaechmus,公元前4世纪)、阿里斯泰奥斯(Aristaeus,约公元前340)、欧几里得(Euclid,约公元前330—前275)和阿基米德(Archimedes,公元前287—前212)等前人研究的基础上,加上他自己所独创的成果,以全新的理论,按欧几里得《几何原本》的方式写出,他把综合几何发展到最高水平.这一著作将圆锥曲线的性质网罗殆尽,几乎使将近20个世纪的后人在这方面也未增添多少新内容.直到17世纪笛卡尔(Descartes,1596—1650)、费马(Fermat,1601—1665)创立坐标几何,用代数方法重现了圆锥曲线(二次曲线)的理论;德扎格(Desargues,1591—1661)、帕斯卡(Pascal,1623—1662)创立射影几何,研究了圆锥曲线的仿射性质和射影性质,才使圆锥曲线理论有所突破,发展到一个新的阶段.然而这两大领域的基本思想都可从阿波罗尼奥斯的《圆锥曲线论》中找到它们的萌芽.

阿波罗尼奥斯在天文方面研究也很有名,他的其他著作还有:

1.《截取线段成定比》(On the Cutting-off of a Ratio);

2.《截取面积等于已知面积》(On the Cutting-off of an Area);

3.《论接触》(On Contacts 或 Tangencies);

4.《平面轨迹》(Plane Loci);

5.《倾斜》(Vergings 或 Inclinations);

6.《内接于同一球的十二面体与二十面体对比》(A work comparing the dodecahedron and icosahedron inscribed in the sphere).

此外还有《无序无理量》(Unordered Irrationals)、《取火镜》(On the burning-mirror)、圆周率计算以及天文学方面的著述等.

《圆锥曲线论》共有八卷,前四卷是基础部分,后四卷是拓广的内容.前四卷(卷Ⅰ-Ⅳ)是从12、13世纪希腊手稿复制出来的,后三卷(卷Ⅴ-Ⅶ)有1290年的阿拉伯译本,卷Ⅷ已失传,该书有拉丁文、阿拉伯文、英文、法文和德文等多种文本.我们的汉译本是采用近期美国的三部英文译本作为底本进行翻译的,它们分别是:

C.托利弗(Catesby Taliaferro)的《Apollonius of Perga Conics Books Ⅰ-Ⅲ》 2000年

Green Lion Press(绿狮出版社)出版;

M. N. 夫莱德(Michael N. Fried)的《Apollonius of Perga Conics Book Ⅳ》 2002 年 Green Lion Press(绿狮出版社)出版;

G. J. 图默(G. J. Toomer)的《Apollonius of Perga Conics Books Ⅴ－Ⅶ》 1990 年 Springer－Verlag(施普林格出版社)出版.

[美]绿狮出版社 2000 年出版的《Apollonius of Perga Conics Books Ⅰ－Ⅲ》是 1952 年不列颠百科全书出版社出版的托利弗所译《Apollonius of Perga Conics Books Ⅰ－Ⅲ》的修订版,这本书采用了一定的数学符号和缩写式,并在第Ⅰ卷前一页有"对本书所用的缩写式和符号的说明",在修订本中将此内容略去了,我们为了使读者阅读方便,还是把它添加在卷Ⅰ的前一页.另外,我们没有采用原英文译本中图形翻页再出现的方式,而是采用图形在命题中只出现一次.

[美]绿狮出版社 2002 年出版的由 M. N. 夫莱德所译的第Ⅳ卷,命题的证明是用文字叙述的,我们为了与前三卷统一,方便读者阅读,将该卷也依前三卷的方式(使用了数学符号和缩写式)进行了改写.

[美]施普林格 1990 年出版的卷Ⅴ－Ⅶ是阿拉伯文与英文对照的译本,它也引进了数学符号和缩写式,汉译本将只依据英译的内容.

汉译本阿波罗尼奥斯《圆锥曲线论》分两册出版,前四卷合为一册,后三卷合为一册.

二、阿波罗尼奥斯写作的时代背景

在阿波罗尼奥斯之前,圆锥曲线的研究已有一百多年的历史,它是为解决三大几何作图问题之一——"倍立方"而引起的.希波克拉底(Hippocrates of Chios,公元前 460 年前后)指出倍立方问题可以归结为求线段 a 与 $2a$ 之间的两个等比中项.这是因为,若设其中比例中项为 x,y,则有

$$a:x=x:y=y:2a,$$

可得

$$x^2=ay,\ y^2=2ax,$$

于是有

$$xy=2a^2,\text{以及 } x^4=a^2y^2=2a^3x \text{ 或 } x^3=2a^3.$$

如果 a 是已知立方体的边长,那么 x 便是所求立方体的边长.

为此,有人利用两个直角三角形或木工用的直角拐尺去实现它.

对于两个直角三角形 ABC 和 ABD,$\angle ABC$ 和 $\angle DAB$ 都是直角,且 AC 与 BD 垂直相交于 P,若 $\triangle CPB$、$\triangle BPA$ 和 $\triangle APD$ 彼此相似,得知

$$PC:PB=PB:PA=PA:PD.$$

因此,PB 和 PA 是 PC 和 PD 的两个比例中项.从而,如果能从一个图形,使 $PD=2PC$,问题就解决了.可以考虑作两条交于 P 的垂线,使 $PC=a$,$PD=2a$,然后在图形上放上木工用的直角拐尺,其内边为 RST,使得 SR 过点 D,并且直角顶 S 处于 CP 的延长线

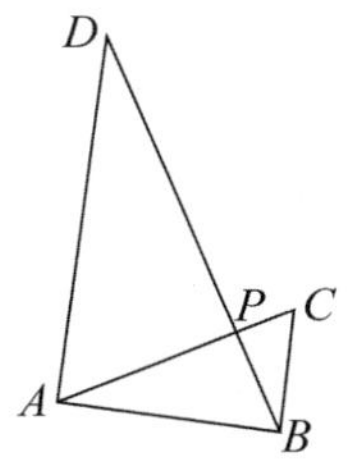

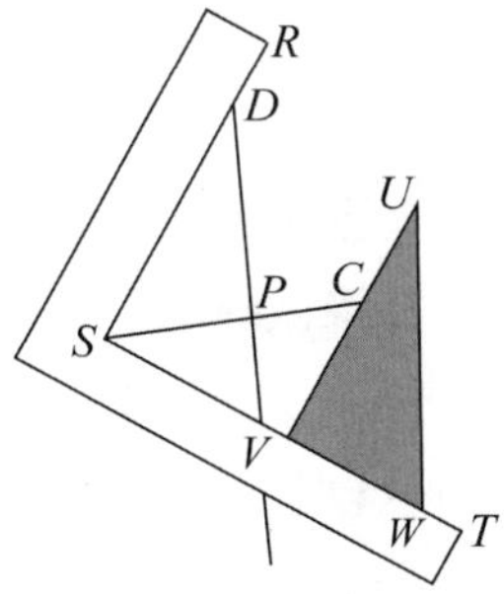

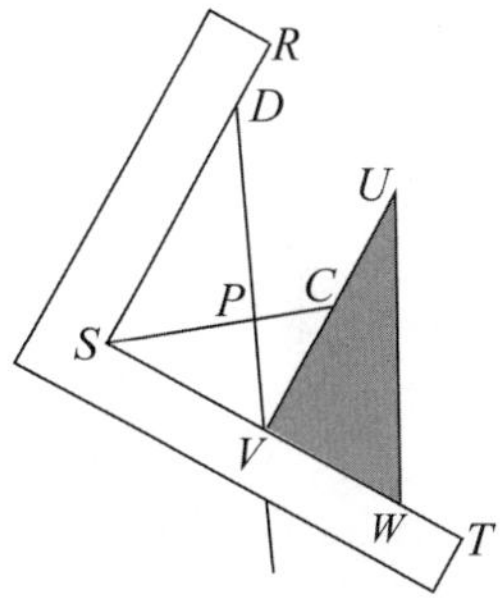

上. 让直角三角形 UVW 的直角边 VW 在 ST 上滑动,而直角边 VU 过 C 点. 最后调整两工具的位置,使 V 落在 DP 的延长线上①,PV 就为之所求.

这种"机械的作图"没有遵从欧几里得尺规的限制,我们知道它最终证明不可能只用圆规、直尺求解②.

根据欧托基奥斯(约公元 480)的记载,门奈赫莫斯(约公元前 4 世纪中叶)曾用两种方法:(i)找出曲线 $x^2=ay$ 和 $y^2=2ax$ 的交点;(ii)找出曲线 $y^2=2ax$ 和 $xy=2a^2$ 的交点. 找出其两个线段之间的两个等比中项,他发现了圆锥曲线,解决了"倍立方"问题.

门奈赫莫斯如何通过圆锥的截线而得到圆锥截线的性质,以及它们的作图,这是数学史家们关心的问题. 但是他的方法已失传,所以后人就只能根据一些史料来进行分析.

根据盖米诺斯(Geminus,约公元前 70)的记载,古代数学家用旋转直角三角形(围绕着一条不动的直角边)来产生圆锥面的,不动的直角边叫做轴,斜边叫做母线. 通过轴的平面与圆锥面相交所成的三角形叫做轴三角形. 视轴三角形的顶角为锐角、直角或钝角,分别称圆锥为"锐角圆锥""直角圆锥"或"钝角圆锥". 门奈赫莫斯用垂直于一条母线的平面去截这三种锥面,得到三种不同的截线:"锐角圆锥截线"(即椭圆)、"直角圆锥截线"(即抛物线)和"钝角圆锥截线"(即双曲线的一支)③. 如图.

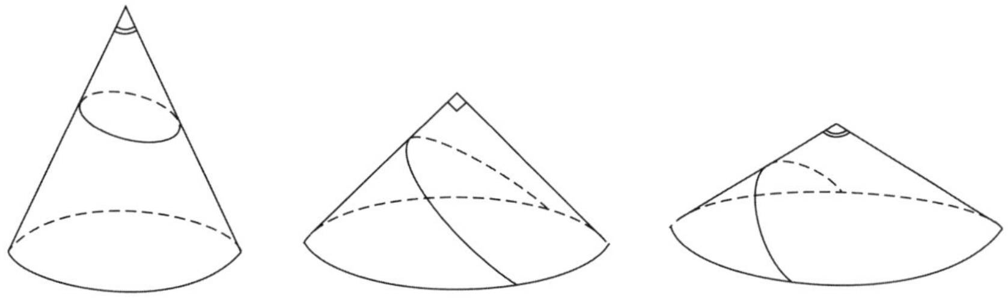

对于这三种圆锥截线的性质,可用几何证明而得到.

现证明直角圆锥截线的性质.

① 数学史概论(修订本). [美]H. 伊夫斯著,欧阳降译. 山西经济出版社. 1993. p. 985.

② 1837 年旺策尔(P. L. Wantzel,1814—1848)首先证明了倍立方和三等分任意角不可能只用尺规作图.

③ 世界数学通史(上册). 梁宗巨著. 辽宁教育出版社,2001 年出版,p. 283 - 284.

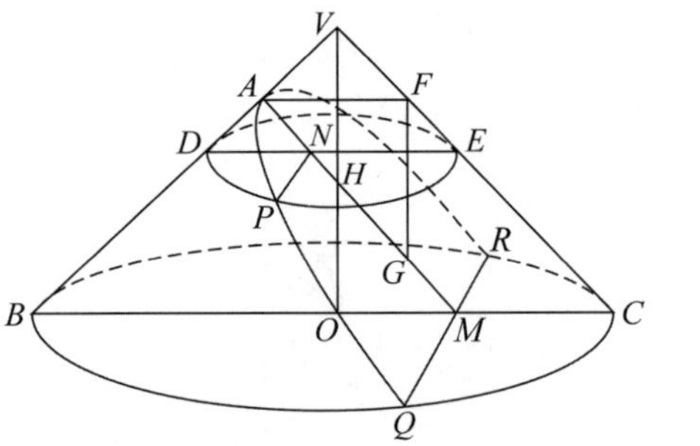

设直角圆锥的轴三角形 VBC 是等腰直角三角形,顶角 V 是直角,过母线 VB 上一点 A 用垂直于 VB 的平面圆锥面,其交线 QAR 为直角圆锥截线.

过交线 QAR 上任一点 P 作平面垂直于轴 VO,它与轴截面 VBC 交于 DE,与圆锥交于以 DE 为直径的圆 DPE,由于平面 DPE 和 AQR 均垂直于平面 BVC,故交线 $PN\perp DE$. 于是

$$NP^2=DN\cdot NE.$$

作 $AF/\!/DE,FG\perp DE$,如图.

因为 $$\triangle AFG\backsim\triangle NAD,$$

于是 $$FA\cdot ND=AG\cdot AN,$$

又 $$NE=AF,$$

于是 $$NP^2=DN\cdot NE=DN\cdot AF=AG\cdot AN.$$

记 $AN=x,NP=y$, AG 是与点 A 位置有关的定线段记为 b. 于是上式可写为

$$y^2=bx.$$

用解析几何的说法便是:曲线上任意一点的纵坐标的平方等于相应的横坐标乘上一个正数(正焦距),这正是抛物线的性质.

若设 $VA=a$,那么 $AG=\sqrt{2}AF=\sqrt{2}\cdot\sqrt{2}VA=2a$. 这样就得到

$$y^2=2ax,$$

这也正是解决“倍立方”问题所需的曲线之一.

该直角圆锥截线的作图.

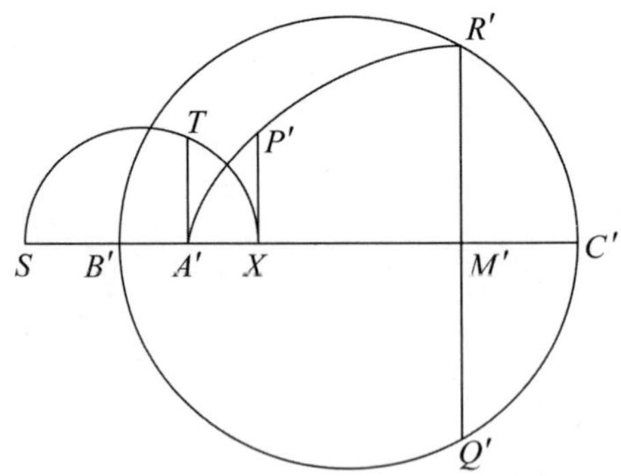

利用前面图形以及直角圆锥截线的性质可以作出它的图形,作图如下:

1. 作 $B'C'=BC$,以 $B'C'$ 为直径作图;

2. 在 $B'C'$ 上取一点 M',使 $M'C'=MC=\sqrt{2}a$;

3. 过 M' 作 $Q'R'\perp B'C'$,且交圆于 Q'、R',(显然 $Q'R'=QR$);

4. 在 $B'C'$ 上取一点 A'，使 $A'M' = AM$；

5. 在 $A'B'$ 的直线上取一点 S，使 $SA' = 2a$；

6. 在 $A'M'$ 上取一点 X，以 SX 为直径画圆与过 A' 作垂直于 SX 的垂线交于点 T(显然 $A'T^2 = SA' \cdot A'X = 2a \cdot A'X$)；

7. 作 $XP' \mathrel{\underline{\parallel}} A'T$，则 P' 为截线上一点；

8. 在 $A'M'$ 上取不同的点，同样由"6"和"7"就得到截线上不同的点，这些点连接起来，就得到直角圆锥截线的图形(其另一半可对称作出).

若设 $A'X = x$，$XP' = y$ 就得到直角圆锥截线具有性质 $y^2 = 2ax$ 的图形.

若取 $VA = \frac{1}{2}a$，类似地，可作出直角圆锥截线具有性质 $x^2 = ay$ 的图形.

若设有横、竖交于点 O 的直线，从点 O 向横、竖直线分别作截线具有性质 $y^2 = 2ax$ 和 $x^2 = ay$ 的图形. 设交点为 P，则线段 OP 在横、竖直线上的垂直射影 OX 和 OY 就是所求的 a 与 $2a$ 之间的两个比例中项，OX 就是所求立方体的边长，这样依(i)就解决了"倍立方"问题.

若作以线段 a 和 $\sqrt{2}a$ 为两直角边的三角形，设 $\sqrt{2}a$ 所对的角为 φ，取一个钝角为 2φ 的钝角圆锥，在其一母线上取一点到顶点的距离为 $\sqrt{2}a$，过该点垂直于该母线的平面与该钝角圆锥面的交线为一钝角圆锥截线 Γ，则钝角圆锥截线 Γ 具有性质：

$$xy = 2a^2.$$

其中 x，y 为该钝角圆锥截线 Γ 上一点到钝角圆锥截线 Γ 的渐近线的距离. 这样，也可以由(ii)解决"倍立方"问题.

到公元前 4 世纪末，已有两本涉及圆锥曲线的论著，它们分别是阿里斯泰奥斯的五卷本《立体轨迹》(Solid Loci)和欧几里得的四卷本《圆锥曲线论》，这两本著作已失传，而阿基米德有关圆锥截线的研究却保留了下来①.

阿基米德在他的《劈锥曲面体与旋转椭圆体》中证明任一椭圆都可看作一个圆锥的截线，该圆锥不一定是直圆锥，其顶点的选择有很大的任意性. 阿基米德还知道，与斜圆锥的所有母线都相交的平面可在其上截出椭圆. 但是，阿波罗尼奥斯是第一个根据同一个(直的或斜的)圆锥被各种位置的截面所截来研究圆锥截线系统理论的人，也是第一个发现双曲线有两支的人. 他在前人的基础上把圆锥截线研究得既全面又深入，他的《圆锥曲线论》是古希腊继欧几里得《原本》《阿基米德全集》之后又一部经典的著作，他被称为是那个时代的"伟大的几何学家".

欧几里得、阿基米德和阿波罗尼奥斯合称为亚历山大前期的三大数学家.

阿波罗尼奥斯从一个一般圆锥面(斜的或直的)上用平面截得三种曲线，他称其为齐

---

① 见《阿基米德全集》. T. L. 希思编，朱恩宽，李文铭等译，叶彦润，常心怡等校. 陕西科学技术出版社，1998，10.

曲线、超曲线和亏曲线①;同时在对顶的两个圆锥面上截得两个曲线(即两个超曲线)称为二相对截线. 它们分别就是抛物线、双曲线的一支、椭圆和双曲线. 在汉文译本阿波罗尼奥斯《圆锥曲线论》正文中,圆锥截线的名称采用了阿波罗尼奥斯的命名,这是因为一方面它是历史的真实反映,另一方面也是该书理论体系的需要.

三、《圆锥曲线论》的内容概述

卷Ⅰ有两组共11个定义和60个命题. 它包含了三种截线和二相对截线的形成和它们的主要性质.

在定义1中给出了圆锥曲面的定义:如果从一点到一个与它不在同一平面内的圆的圆周连一直线,这直线向两个方向延长,又若这个点保持固定,而这直线沿着这个圆的圆周旋转,直到它回到开始的位置,于是形成一个由两个对顶的锥面组成的曲面. 当这两个锥面的每一支随着生成直线的无限延长都将无限地延展扩大,我们称这一曲面为圆锥曲面,这个固定点称为顶点,从顶点到这个圆的圆心连成的直线称为轴,该圆称为圆锥的底.

在首批8个定义后,有10个预备命题. 其中命题8证明了圆锥截线平行弦中点的连线在一直线上,该直线叫作圆锥截线的直径. 命题11～14给出了一个平面在圆锥曲面一支上截得的三种截线,即齐曲线(抛物线)、超曲线(双曲线的一支)、亏曲线(椭圆)以及一个平面同时在圆锥曲面对顶二支上截得的二相对截线(双曲线),并给出了它们的基本性质.

阿波罗尼奥斯把截线为圆的图形,看作是不同于前三种截线的另一种截线,显然平行于圆锥底的平面在圆锥面上截得一个圆(Ⅰ.4);另外,若一平面垂直于过圆锥轴且垂直于底面的平面,而且该平面在轴三角形上截出一个与其反相似的三角形,则该平面在圆锥面上也截得一个圆(Ⅰ.5),该平面叫作底平面的反位面. 仅次而已(Ⅰ.9).

现在我们从命题13(即Ⅰ.13)来了解阿波罗尼奥斯证明该命题的思路.

设有以 A 为顶点,以 S 为圆心的圆为底的斜圆锥,任作一个不过圆锥顶点、不平行于圆锥底面、也不是底面的反位面且与圆锥所有母线都相交的平面. 它与圆锥交出一个封闭的图形,设它与圆锥底交于直线 TF. 过圆心 S 作直线垂直于 TF,交圆于 B、C,交 TF 于 G. 设轴三角形 ABC 与截线交于 E、D. 且 ED 为该截线的直径(Ⅰ.6).

在圆锥截线上任取一点 L,作 $ML /\!/ GF$,交 ED 于 M,过 M 作 $PR /\!/ BC$,则 PR 与 ML 所确定的平面与底平面平行(Eucl. Ⅺ. 15),因此它与圆锥面的交线是一圆(图中未画出). P、L 和 R 是该圆上的点,且 PR 是直径,而 $ML \perp PR$.

于是
$$LM^2 = PM \cdot MR. \tag{1}$$

① 见[美]M·克莱因著《古今数学思想》中译本(第一册). 张理京,张锦炎译. 上海科学技术出版社,1979年10月,p.104.

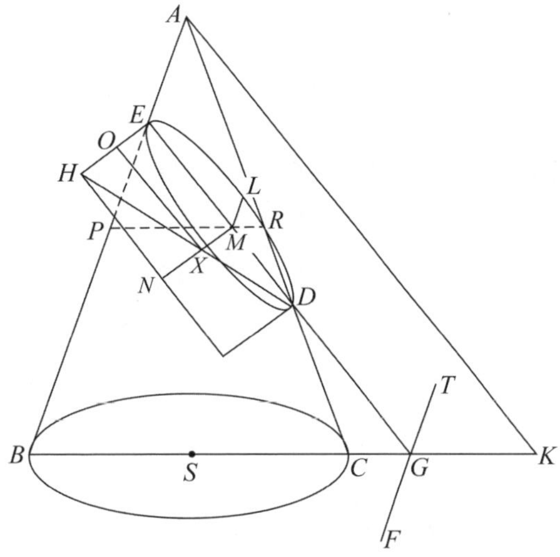

在轴三角形平面内作 $AK /\!/ EG$，交 BC 的延长线于 K.

因为 $\triangle EPM \backsim \triangle ABK$,

故有 $$\frac{PM}{EM}=\frac{BK}{AK},\tag{2}$$

又 $\triangle MRD \backsim \triangle ACK$,

所以 $$\frac{MR}{MD}=\frac{CK}{AK},\tag{3}$$

(2)、(3)两式左右相乘，得

$$\frac{PM\cdot MR}{EM\cdot MD}=\frac{BK\cdot KC}{AK^2}.\tag{4}$$

于是圆锥及截平面给定后，ED 即已被确定，且(4)的右端也是常数，设 $ED=2a$，设 p 满足 $\frac{BK\cdot KC}{AK^2}=\frac{p}{2a}$，则 p 也是常数，设 $EM=x, ML=y$，由(1)，(4)式可写成

$$y^2=\frac{p}{2a}\cdot x(2a-x).\tag{5}$$

过 E 作 $EH\perp EG$，使 $EH=p$，联结 DH，作 $MN \underline{\parallel} EH$，交 HD 于 X，作 $XO\perp EH$，于是在 $\triangle EHD$ 中有

$$\frac{EO}{EH}=\frac{MX}{EH}=\frac{MD}{ED}=\frac{2a-x}{2a},$$

即 $$EO=\frac{p}{2a}(2a-x),$$

代入(5)， $$y^2=EO\cdot x.\tag{6}$$

又因为 $$\triangle HOX \backsim \triangle HED,$$

于是 $$\frac{OH}{OX}=\frac{EH}{ED}=\frac{p}{2a}\tag{7}$$

(6)、(7)代入(5)，就有

$$y^2=EO\cdot x=px-\frac{p}{2a}\cdot x\cdot x=px-\frac{OH}{OX}\cdot x\cdot x,$$

或 $$y^2=EO\cdot x=p\cdot x-OH\cdot x.\tag{8}$$

直径 ED 上的线段 $EM(x)$ 与对应的半弦 $ML(y)$ 分别叫作横线(abscissa)和纵线(ordinate)①. 而参量(常数) p 叫作截线的竖直边(upright side)，$ED(2a)$ 叫作横截直径(transverse diameter).

---

① ordinate n.〔数〕纵线；纵坐标. 见《英汉模范字典(增订本)》. 商务印书馆，1935，p. 898. 横线和纵线在坐标系产生后，分别演变为横坐标和纵坐标，竖直边现称正焦弦(latus rectum).

阿波罗尼奥斯得到了该曲线的基本性质(5)或(8).即以横线(EM)为一边作矩形($EMXO$)"贴合"①到竖直边(EH)上去,使其面积等于纵线(ML)上正方形(ML^2),且此矩形($EMXO$)比以横线(EM)和竖直边(EH)所夹的矩形($EMNH$)缺少一个与横截直径(ED)和竖直边(p)所夹的矩形相似的矩形($OXNH$).

由于等于纵线上正方形的矩形另一边 EO 小于竖直边 EH,阿波罗尼奥斯把该截线称为亏曲线(ellipse),也就是现在所称为"椭圆"的曲线.

Ⅰ.11 是截平面与圆锥的一条母线平行,而从圆锥上截得的截线为

$$y^2 = px. \tag{9}$$

此截线性质为,以横线为一边作矩形贴合到竖直边上去,使其面积等于纵线上正方形,而此矩形的另一边与竖直边重合(相等).阿波罗尼奥斯把该截线称为齐曲线(parabola),即现在所称的"抛物线".

Ⅰ.12 是截平面与圆锥曲面的两支都相交,且和底圆相交,而从该圆锥面上截得的截线为

$$y^2 = px + \frac{p}{2a}x^2. \tag{10}$$

此截线性质为,以横线为一边作矩形贴合到竖直边上去,使其面积等于对应的纵线上正方形,且此矩形比以横线和竖直边所夹的矩形超出一个与横截直径和竖直边所夹的矩形相似的矩形,由于所得矩形的另一边大于竖直边,阿波罗尼奥斯把该截线称为超曲线(hyperbole),即现在所称的"双曲线的一支".

Ⅰ.14 是用同一截面在圆锥曲面的两个对顶圆锥面上同时截得具有两个相对的超曲线的所谓"二相对截线"(opposite sections),即现在所称的"双曲线".

对上述(5)、(9)和(10),若以圆锥曲线的轴为 x 轴,以纵线方向为 y 轴建立坐标系,它们就是坐标系下的曲线方程,也可以说阿波罗尼奥斯从坐标几何的二次方程的几何等价关系中导出了圆锥曲线大量的几何性质,因此可以说阿波罗尼奥斯的圆锥曲线论在两千多年前已隐含坐标几何的基本精神.

在推导出了圆锥截线的性质(即(5),(9),(10))后就不再利用圆锥曲面而直接从这些性质推出曲线的其他性质.

这一卷还论述了圆锥截线的切线.

Ⅰ.33 设 PM 是齐曲线(抛物线)的一条直径,而 QV 是它的一个对应半弦,在直径延长到曲线外取一点 T,使 $TP = PV$,则 TQ 与齐曲线相切.

---

① 所谓把一图形贴合到某一线段上,且满足某些条件.就是在已知线段上作出符合这些条件的图形,且使其图形的一边在已知线段上,并且有同一端点.这是欧几里得常用的作图方法,如求作平行四边形,贴合到已知线段上去,使其满足某种条件(如有一角等于已知角,或与某图形相似),且面积等于已知面积(Eucl. Ⅰ.44,Ⅵ.29 等).

对于超曲线(双曲线的一支)和亏曲线(椭圆)也有类似的命题(Ⅰ.34).

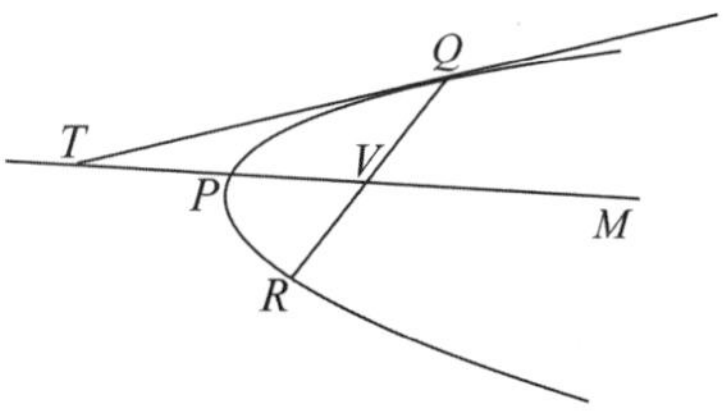

在本卷的最后作图命题(Ⅰ.52～58)中,给定平面上一直径、直径和纵线的夹角(纵线方向)和竖直边,来作出圆锥曲线.他是先作出有关的圆锥面而被已知平面截得所需的圆锥曲线,可以说Ⅰ.52～58是Ⅰ.11～13的逆命题,于是圆锥曲线完全由它的直径、纵线方向和竖直边完全确定.

卷Ⅱ有53个命题,包含着圆锥截线的直径、轴、切线以及渐近线的性质.

本卷一开头就是超曲线(双曲线的一支)渐近线的做法和性质.

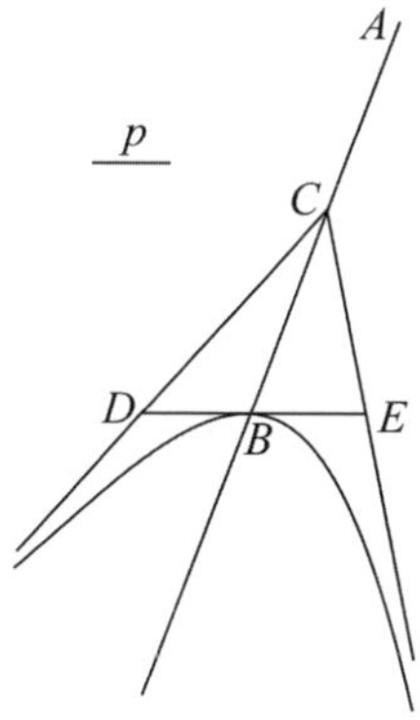

Ⅱ.1 设有超曲线(双曲线的一支),其直径为 AB,中心为 C,其竖直边为 p,又设在端点 B 的切线段为 EBD,且有

$$BD^2 = BE^2 = \frac{1}{4}AB \cdot p,\text{其中 } BC = CA.$$

则 CE 和 CD 不会与这截线相遇,把这两条直线叫作超曲线(双曲线的一支)的渐近线.

Ⅱ.14 给出了渐近线的又一个重要性质,"若渐近线和超曲线都无限延伸,则它们将彼此靠近,而且它们的距离可以小于任何给定的距离."接着证明了"二相对截线(双曲线)的二支有共同的渐近线.""共轭的两二相对截线的渐近线是共同的."

卷Ⅱ的其余命题包括如何求圆锥截线的直径和轴,求有心圆锥截线的中心,还有求满足某种条件的切线等.

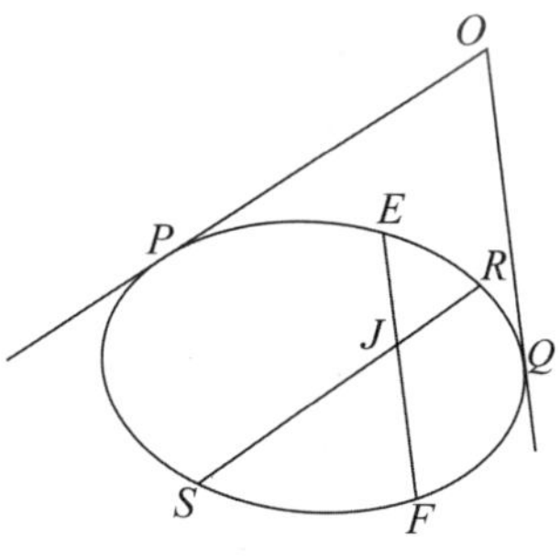

卷Ⅲ有56个命题,开始的一些命题是关于面积的,它指出由各种线段如直径、对称轴、弦、渐近线、切线等所构成的三角形、四边形、矩形等之间的相等、和、差、比例的关系.

Ⅲ.17 若 OP 与 OQ 是圆锥截线的切线,且若 RS 是平行于 OP 的任一弦,EF 是平行于 OQ 的任一弦,又若 RS 与 EF 交于 J(在圆锥的内部或外部),则有

$$\frac{RJ \cdot JS}{EJ \cdot JF} = \frac{OP^2}{OQ^2}.$$

这定理是初等几何里一个熟知定理的推广:圆内两弦相交,每个弦被交点所分两段的乘积相等,因为在圆的情形下 $OP^2/OQ^2 = 1$.

卷Ⅲ一部分命题论述极点和极线的所谓调和性质.

Ⅲ.37 若 TP 与 TQ 是圆锥截线的切线,过 T 的直线交该截线于 R、S,交两切点连线 PQ 于 I.则

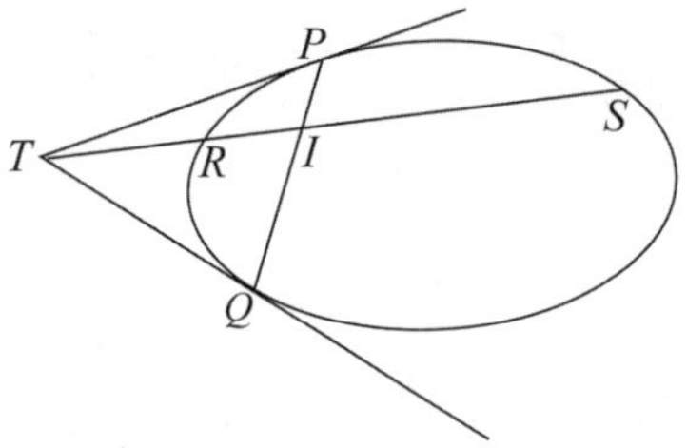

$$\frac{TR}{TS}=\frac{IR}{IS}.$$

就是说,T 外分 RS 的比等于 I 内分 RS 的比,PQ 线叫作点 T 处的极线,T,R,I,S 形成一组调和点.

Ⅲ.45 以后的几个命题是关于亏曲线(椭圆)与二相对截线(双曲线)的焦点的性质,但没有给出"焦点"(focus)的专门名词,而把焦点说成是"由贴合产生的"(the pionts out of the application),我们把它称为"贴合点".

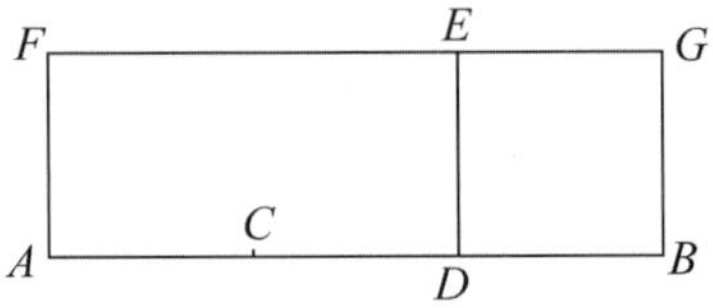

Ⅲ.45 给出了"贴合点"(焦点)的做法,设圆锥截线与直径交于两点 A、B. 对于亏曲线(椭圆),在 AB 上贴合一个矩形 $ADEF$ 等于$\frac{1}{4}$图形①,且缺少一个正方形 $DBGE$(如图). D 点即为亏曲线(椭圆)的贴合点(焦点),同样对称的可得另一贴合点 C.

即由
$$(AB-BD)BD=\frac{1}{4}p\cdot AB$$
来确定出贴合点(焦点)D.

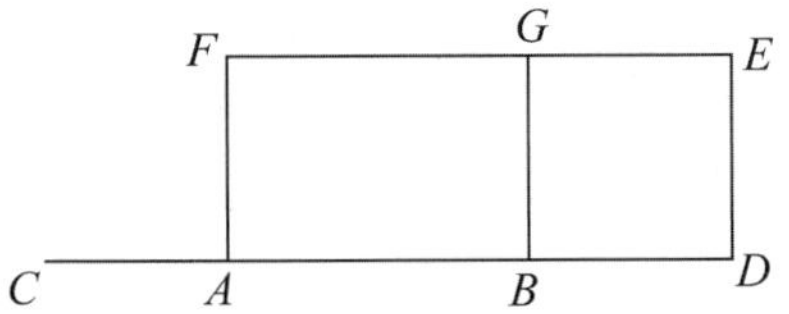

对于二相对截线(双曲线),在 AB 上贴合一个矩形 $ADEF$ 等于$\frac{1}{4}$图形,且超过一个正方形 $BDEG$,D 点即为二相对截线(双曲线)的贴合点(焦点),同样对称的可得另一贴合点(焦点)C.

即由$(AB+BD)BD=\frac{1}{4}p\cdot AB$ 来确定贴合点(焦点)D.

Ⅲ.48 设 C、D 为圆锥截线的贴合点(焦点),EF 为截线上一点 P 的切线,则对于亏曲线(椭圆)有角 CPE = 角 DPF;对于二相对截线(双曲线)有角 CPE = 角 DPE.

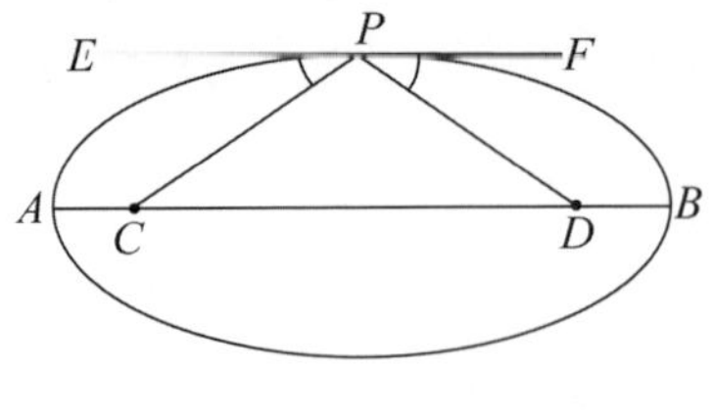

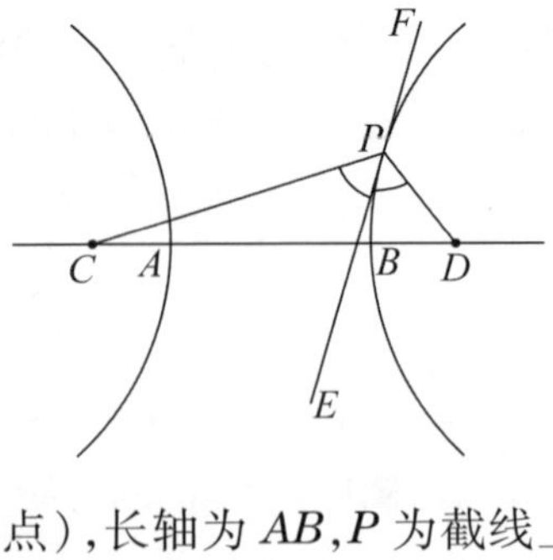

Ⅲ.52 设 C、D 是亏曲线(椭圆)的贴合点(焦点),长轴为 AB,P 为截线上一点,则有

① 图形是指以圆锥截线的横截直径和竖直边所夹的矩形.

$CP+DP=AB.$

对于超曲线(双曲线一支)和二相对截线(双曲线)可在轴上取其贴合点(焦点)C 和 D,对于上述截线上一点 P 有

$$DP-CP=AB,\text{或 } CP-DP=AB.$$

对于亏曲线(椭圆)和二相对截线(双曲线)的这个性质正是现在的教材中这两种曲线的标准定义.

《圆锥曲线论》全书没有提到抛物线的焦点.

阿波罗尼奥斯在《圆锥曲线论》的序言中说,他在卷Ⅲ解决了欧几里得曾部分解决的"3 直线或 4 直线"的轨迹问题. 即

1. 在平面上给三条固定直线,一动点与其中一条直线(定向)距离的平方正比于另外两直线(定向)距离之积,求动点的轨迹.

2. 在平面上给了 4 条固定直线,一动点与其中两条直线(定向)距离之积正比于与另外两直线(定向)距离之积,求动点的轨迹.

它们的轨迹都是圆锥截线,但是帕波斯(pap̂p̂us 约 300—350)认为阿波罗尼奥斯仍未完全解决这一问题. 在卷Ⅲ后的"英译者的附录"①中,进一步阐述了这个问题.

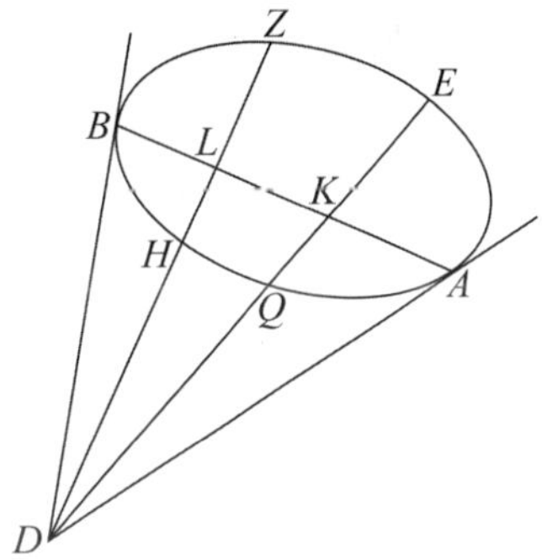

卷Ⅳ有 57 个命题,开头继续讨论圆锥截线的极点和极线的其他性质. 例如,Ⅳ.9 给出了从圆锥截线外一点 D 向其作切线的方法. 从点 D 作已知圆锥截线的两割线,且分别交其于 Q、E 和 H、Z,设 K 是 QE 上对于 D 的第四调和点,又设 L 是 HZ 上对于 D 的第四调和点. 直线 LK 与截线的交点 A、B 就是切点.

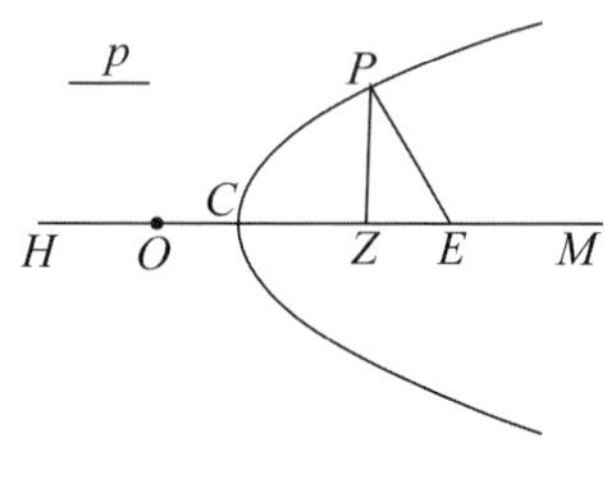

该卷其余部分讲各种位置的两圆锥截线可能的切点、交点的数目,证明了两圆锥截线至多有 4 个交点.

卷Ⅴ有 77 个命题,内容很新颖,具有独特性,它论述从一点到圆锥曲线的最长和最短距离,它首先从轴上的点开始讨论,进而扩大到其他的点. 如Ⅴ.9② 设有一超曲线(双曲线的一支),其轴为 HM,中心为 O,设 CE 大于竖直边 p 的一半,在 CE 之间取一点 Z,使

$$OZ:ZE=OC:\frac{1}{2}p,$$

过 Z 作 ZP 垂直于 HM 交超曲线于 P,则 EP 是点 E 到曲线的最小距离. 如果 $CE\leqslant\frac{1}{2}p$,

① Apollonius of Perga Conics Books Ⅰ-Ⅲ,Green Lion Press Santa Fe, New Mexico(2000). p.267.

② 卷Ⅴ-Ⅶ的命题选自 Apollonius Conics Book Ⅴ-Ⅶ,Springer Verlage(1990).

则 CE 就是最小距离(由Ⅴ.5 可得).

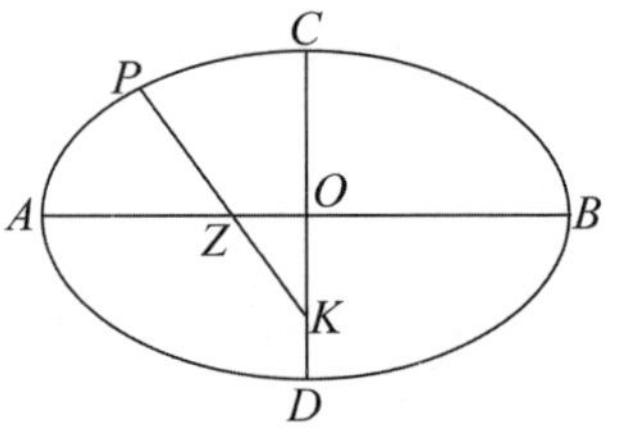

Ⅴ.23 设有一亏曲线(椭圆),其长轴为 AB,短轴为 CD,O 为中心,又设短轴上一点 K 到亏曲线的最大距离为 KP,又 KP 交 AB 于 Z,则 ZP 是 Z 到曲线的最小距离.

Ⅴ.27~28 证明了若一点 E 到圆锥曲线的最小或最大距离为 EP,则过圆锥曲线上点 P 的切线垂直于 EP,切线在切点处的垂线现称为法线,所以极大、极小线都在法线上,以后的命题就是讨论过一点对圆锥曲线能作几条"法线".

阿波罗尼奥斯还进一步研究在截线不同位置的点可能作出法线的数目.他对每种圆锥截线定出了那样一些点的轨迹①:从轨迹这一边的点能作一定数目的法线,而从轨迹另一边的点能作另一数目的法线,这种轨迹现今叫圆锥曲线的渐屈线(但对它本身阿波罗尼奥斯未加讨论).例如:从亏曲线(椭圆)渐屈线内部任一点可向亏曲线(椭圆)作四条法线,而从其外部任一点可作两条法线(有例外的点).在齐曲线(抛物线)的情形,它的渐屈线叫半立方抛物线.

从半立方抛物线上方平面的任一点能作齐曲线(抛物线)的三条法线,从其下方平面任一点只能作一条法线,从半立方抛物线上的点可以作两条.

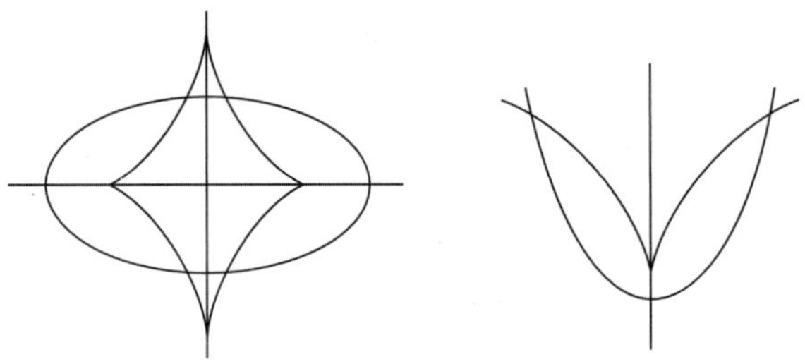

卷Ⅵ有 33 个命题,前部分论述两圆锥截线相等、相似的有关命题.如任何两不同类的截线是不能相似的(Ⅵ.14~15),而二相对截线(双曲线)的二支是相似相等的(Ⅵ.16),两平行平面在同一圆锥曲面上截得相似但不全等的二圆锥截线(Ⅵ.26)等.

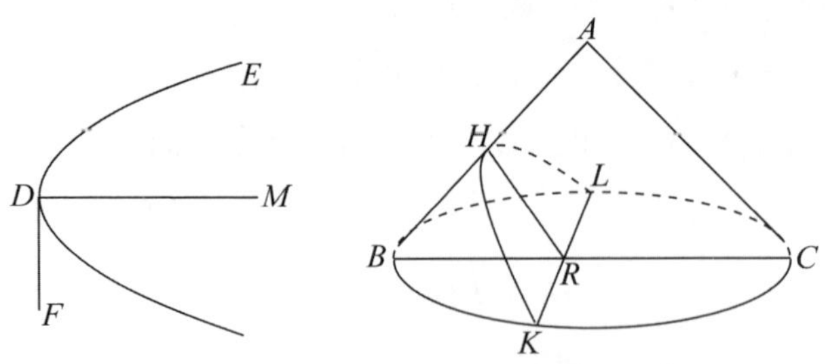

后面的作图命题,是如何从一个直圆锥用平面截出一个圆锥截线与已知圆锥曲线相

① 见[美]莫利斯·克莱因著《古今数学思想》中译本(第二版).张理京,张锦炎译.上海科学技术出版社,2002.p.111.

等(Ⅵ.28～30).如Ⅵ.28设已知正圆锥的轴三角形为ABC,已知齐曲线(抛物线)DE,其轴和竖直边为DM和DF.

在AB上取一点H,使得

$$DF:AH = BC^2:(AB\cdot AC).$$

过H作$HR/\!/AC$交BC于R,作过HR的平面垂直于ABC面,则此平面与圆锥面截得的截线KBL为其所求.

卷Ⅶ共有51个命题,主题是关于共轭直径有关性质的论述,如Ⅶ.12亏曲线(椭圆)上任意两共轭直径上正方形之和等于其两轴上正方形之和,Ⅶ.13超曲线(双曲线的一支)上任意两共轭直径上正方形之差等于两轴上正方形之差,Ⅶ.13亏曲线(椭圆)或超曲线(双曲线的一支)上任两条共轭直径与其夹角所构成的平行四边形等于其两轴所夹的矩形.Ⅶ.25和Ⅶ.26给出了亏曲线(椭圆)和超曲线(双曲线的一支)都有两轴之和小于其任意两条共轭直径之和.

失传的卷Ⅷ,从卷Ⅶ的序言中,可以看出它大概是卷Ⅶ的继续或补充.哈雷(Halley约1656—1742)根据帕波斯所提供的线索,进行了卓有成效的复原.

《圆锥曲线论》是一部经典巨著,卷Ⅰ－Ⅶ就有387个命题,而如此深奥的内容却完全是用文字表达的(没有使用符号和公式),命题叙述相当冗长,言辞有时是含混的,在希腊的著作中,这是较难读的一种.作为综合几何最高水平的《圆锥曲线论》是世界数学史上的一座丰碑,它的数学内容、数学思想在人类文化史上占有一定的地位.

1989年,梁宗巨教授提供了1952年不列颠百科全书出版社出版的C.托利弗所译《Conics Books Ⅰ－Ⅲ》的英文版本,1994年在成都召开的"全国高校欧几里得《几何原本》研讨会"上,确定陆续翻译《阿基米德的全集》和阿波罗尼奥斯的《圆锥曲线论》.会后梁宗巨教授提供了T.L.希思的《The Works of Archimedes》英文版本(1912年).经过大家合作翻译,汉译本《阿基米德全集》1998年10月由陕西科学技术出版社出版.嗣后,就一直在联系寻找适合翻译的阿波罗尼奥斯的《圆锥曲线论》的英译本.2004年,美国南阿拉巴马大学(University of South Alabama)张新民教授回母校陕西师范大学参加在该校召开的"第三届DOMAIN理论国际学术研讨会",并带回了阿波罗尼奥斯的《圆锥曲线论》中的前四卷两个英译本,即[美]绿狮出版社2000年出版的C.托利弗所译的《Apollonius of Perga Conics Books Ⅰ－Ⅲ》英译本(修订本)和仍由该出版社2002年出版的由M.N.夫莱德所译的《Apollonius of Perga Conics Book Ⅳ》英译本.以后复旦大学数学与信息科学学院又提供了[美]施普林格(springer－verlag)出版社1990年出版的由G.J.图默翻译的《Apollonius of Perga Conics Books Ⅴ－Ⅶ》的阿拉伯文和英文的对照本.经过和陕西科学技术出版社研究,确定依据以上三部书为底本进行汉文翻译,并以前两部书的四卷合为一书出版,后三卷仍一书出版.

在为该书搜集资料和翻译过程中,得到了李珍焕教授、梁宗巨教授(1924—1995)、兰纪正教授(1930—2004)、李文林教授、莫德教授、杜鸿科教授和任筱锋博士等的支持和帮助,陕西师范大学外国语学院刘玉俊教授帮助我们翻译和校对了部分内容,复旦大学数学与信息科学学院、陕西师范大学数学与信息科学学院、陕西师范大学图书馆和陕西科学技术出版社都给予了大力的支持和帮助. 我们向这些教授和单位以及关心、支持和协助出版的同志表示感谢!

由于我们水平所限,译文欠妥之处难免,欢迎批评指正.

朱恩宽翻译卷Ⅰ－Ⅲ,校阅卷Ⅳ全书;张毓新校阅前三卷本全书,翻译卷Ⅳ全书;张新民翻译卷Ⅰ－Ⅲ的插图者的说明、英译者的说明和阿波罗尼奥斯及其著作简介等内容;冯汉桥翻译卷Ⅳ英译者序;赵生久复制了全部图形并绘制了新增添的图形.

朱恩宽　张毓新

2007 年 6 月

关于《圆锥曲线论》的八卷书

在最早的 Apollonius 的《圆锥曲线论》的八卷书中，前四卷是有关圆锥曲线的基础部分，后四卷包含了被他自己称为“论述”的较详尽的内容. Eutocius(约公元 500 年)曾编辑并评注过卷 Ⅰ－Ⅳ，而且这些书(连同评注)的希腊原文仍然可以找到，由 J. L. Heiberg(1854—1928)编辑的现代版本则列入书后的文献目录中.

希腊文的卷Ⅴ－Ⅶ已经不复存在，但是阿拉伯文的译本却保留了下来，1710 年 Edmond Halley 首次出版了这些著作的希腊文部分，给出了卷Ⅴ－Ⅶ的拉丁文译本，并试图重新复原久已失传的第Ⅷ卷，卷Ⅴ－Ⅶ也以阿拉伯文出版，并且由 Greald Toomer 译成英文(且以英文、阿拉伯文对照本 1990 年出版)(参见文献目录).

20 世纪 30 年代后期，为满足圣约翰学院的教学需要，R. Catesby Taliaferro 将卷Ⅰ－Ⅲ译成英文，至于其他从这翻译工作中省略的卷本，则是由于它们不包含任何关于研究学习数学及其历史发展的最基本的命题，尽管这类研究学习曾经是(现在也仍然是)圣约翰学院经典名著计划的一部分. 这样做的结果导致了目前卷Ⅳ仍然没有英译本的怪现象.

随着现在卷Ⅳ的出版，这一情形便得到了弥补，英语读者终于首次能够阅读并欣赏这一数学巨大成就的所有内容. ①

绿狮出版社

① [美]绿狮出版社 2002 年出版的《Apollonius of Perga Conics BookⅣ》把此文最后一段文字添加在该出版社 2000 年出版的该书前三卷书相应内容之后所成.

卷Ⅰ－Ⅲ英译本第二次印刷注记①

这次印刷包括一些微小的改动:绿狮出版社感谢 David Bolotin、Eisso J. Aterna 和 Michael N. Fried 所作的改正、评论,以及建议.

在前一页我们特别加上了一段关于《圆锥曲线论》八卷书出版发行情况的历史与现状的注记.

页数的排列与断开没有变化.

Dana Densmore(DD)

① 此为[美]绿狮出版社 2000 年出版的《Apollonius of Perge Conics Books Ⅰ－Ⅲ》(修订本)上的"注记".

卷Ⅰ－Ⅲ[美]绿狮出版社前言

R. Catesby Taliaferro 所译的《Apollonius of Perga Conics Books Ⅰ－Ⅲ》曾出版过两次，第一次是由 Annapolis 的圣约翰学院(st. John's Callege)作为圣约翰经典名著系列的一部分出版，后来又由不列颠百科全书(Encylopoedia Britannica)作为西方世界名著系列(the Great Books of the western World Series)的第十一卷的一部分出版，这两个版本现在已不再发行.

这次的新版本是由 Dana Densmore 编辑发行的，她特别要感谢 William H. Donahue 为所有疑难问题提供的咨询与参考.

该版本的多处作了改进，对首次出现的术语、定义、关键条目和几何实体作了指标索引. Harvey Flaumenhaft 写了介绍性的序言，并加上参考文献目录，我们印刷此书时用的是高质量的纸张，在它上面书写时不会洇透、撕裂，书页缝钉紧密结实，当书打开平摊时，书页不会掉出.

前两个版本在内容与插图上均出现许多错误，这次得以改正. 在形式上我们也有所改善，比如重复某些插图①，使它们出现在一些后续有关证明的叙述中；放大的命题的序号，并将它们包括在页顶的标题索引中，从而便于查找某个特殊的命题；同时我们也加宽了页边，使得命题之间与插图四周留有更多的空白；插图不仅作了更正，并且在很多地方得到了明显的改进.

有些译句，特别是为了读起来通顺的地方作了重新调整，以便更好地适应英文的习惯方式，同时，也是为了弥补由于句法和命题前提组合不当造成的某些论述的含糊不清，原稿中这些句法和命题前提仅是依靠在命题证明的过程中(让读者自己去体会)，由开头、某些特别的段落和顺序来表达的. 在作这些改动时我们总是仔细参考希腊原文，并尽量保留原有风格.

但是，总体来讲，我们并未试图去重新翻译或修改原来的译本，我们所作的一切都是慎之又慎的，即使是用括弧标明对某些语句加上假设后的重述，也一定是在彻底地从整体理解原稿之后，严格参照希腊文本才会去做的，并且提醒读者 Apollonius 在使用某种希腊语句时的习惯和它在上下文中接引某些话的方式，我们在这里重新构造这些命题的假设时决非儿戏. 此外，可能有人会觉得：只有当你懂得《圆锥曲线论》中的命题而且弄清语句之间的关系，才可能重新确定正确的命题前提. 但是，有的时候，Apollonius 将问题一般化或含糊不清是由于他自己也不十分清楚那些条件会蕴涵什么结果，以及条件之间以后会有什么限制和关系，在所有这些情况下，我们尊重并照搬 Taliaferro 的可钦佩的逐字直译，保留 Apollonius 的写法.

在有些地方，Apollonius 读到的线或点的顺序与整个有关图形的作图过程不相符，有人建议去"改正"它们，但同样地我们还是宁愿让它们就按照 Apollonius 原来写的那样，Taliaferro 的译本的优点就是它的透明性，好像是希腊原稿的一扇窗户那样；译文所说的

① 汉译本书中没有采用翻页"重复插图"的方式.

应完全取决于希腊原文所说的,看来我们最好还是不要为了某种学习上的便利而对原文的特色打折扣.

对 Heiberg 的版本我们所作的唯一的改动是把一个显然是后加进去但未加说明的,只会引起混乱的推论放到附录中,并在译本中注明.

许多对 Euclid 的著作以及 Apollonius 以前的结果的引用均以不列颠百科全书的版本为准作出校正.在一些确有需要的地方,我们也增添一些新的文献索引,但是我们并未试图检查原译文中所有文献引用部分,也未打算给每一处都提供文献索引.

William Donahue 绘制了新插图,他在插图者注记中对本书中插图的历史以及对以前版本所作的改动给出说明.在这里为了全面了解对《圆锥曲线论》插图的绘制,我们只作一点说明,我们所处理的是三维空间的几何图形,它们出现在二维的曲面上,许多命题使用的构图确实在同一个面内,这些是不成问题的,对另外一些命题,插图需要一个第三维.在这种情况,有两种方法可以表示(三维的空间图形).

我们可以只管画出这图形而不去管哪些线是在图纸所在的平面以外的,尽可能地让所有的线条,不管实际上是哪个平面内.只要是应该相等的线段就尽量地画成让它们看起来是相等的,而且在图纸的平面上画出以这些线条为边界的图形时,也尽量让它们在适当的尺寸下看起来也是一样的.这样做的缺点是较难看出哪些线条不在图纸所在的平面内,甚至会给人以所有线条都在同一平面上的错觉.

还有另外一种方法,就是透视投影法,这样可以清楚地表现不同的平面,给人以三维空间的感觉,但是用这种方法绘图,即使是最简单的图形,比如通常的立方体,相等的线段也须画成不相等的;有些线段投影到图纸所在的平面后,再去度量时往往不能反映它们的真实的比例,只要人们记住这里表示的是三维空间的图形,遵从 Apollonius 的证明所说的,而不是去测量图中的线段,这种透视投影法就会较少引起混乱或错觉,因此在这次新版中我们主要采取了透视投影法.有的图形,我们仍然画成平面图形,只要它们有助于对命题的理解,而又不会产生误会就成.

绿狮出版社衷心感谢 Harvey Flaumenhaft 为我们撰写了富有启发性和有见地的说明.

对于以前的版本和圣约翰学院在 1997—1998 学年所用的临时版本作更正和改进的过程中,许多人为我们提供了宝贵的建议.下列人员给我们寄来了他们的勘误和意见:John Ross, John Michael, Mac Donald, Thomas Scally, Lynda Myers, Joe Sachs, Krishnan Venkatesh, Maximilian Gruner, James Wilkinson, Amanda Fuller, Cary Stickney, Cloadia Honeywell, Stephen Houser 和 Maren Cohen.此外,Jim Wilkinson 还给我们专门提供了一份对老版本和临时版本的更正表,在此我们一并致谢.

圣约翰学院的师生们在他们多年的教学实践中汇编了一个勘误表,列出了以前版本中的笔误及翻译错误,这些在本版中都得到了适当的更正.

具体完成这些更正与改进的责任完全在本书的编辑,她在评估这些建议时常常参考 Heiberg 的希腊版本并咨询 Bill Donahue,只有在反复斟酌后认为建议是正确的,才会实施某些更正.在有的情况下,一个建议是关于某个文献的引用或某个脚注的,但是实际修改的结果并不是所建议的,有些看起来似是而非的建议并未采纳是因为那些有疑义的词或构图是希腊版本的,并非原著有错或者是因为出于对译文的一种误解.只要有可能,对后一种情况我们对原译文加以校订使其减少误解成为可能;对于前者则加脚注说明,与希腊原稿保持一致.

我们也感谢那些以各种方式给予我们帮助的人们:David Derbes 给我们提供了一个 16 世纪的版本的缩微胶卷的信息,Joe Sachs 找到这个缩微胶卷并寄给我们,对我们改进插图很有益处.Grant Frank 在版权法方面为我们提供了有用的咨询服务.

Krishnan Venkatesh 和 Maximilian Bruner 花了大量时间校对稿子;许多错误都没有能逃过他们警觉的眼睛,Max Gruner 还仔细地检查了从临时版本到最后版本中所有的新插图,并提了许多建议.

我们感谢圣约翰学院的两个校区里的图书馆,特别是图书馆员 Kathvyn Kinzer, Inga Waite, Laura Codey. Annapolis 的 Greenfield 图书馆借给我们 1566 年出版的 Apollonius 著作的拉丁文版,并为我们提供了 1939 年在圣约翰学院使用过的 Taliaferro 版本的影印件,位于 Santa Fe 的 Meem 图书馆两次长期借给我们 1891 年的 Heiberg 的希腊版本.

圣约翰学院的院长 Eva Brann, Harvey Flaumenhaft 和 James Carey 从许多方面给予我们大力支持与协助,院行政办公室的助理 Terry Mac guive 和 Penny Russell 帮助我们查找当年学院开设课程的记录并做了大量细致入微的工作.

我们特别要感谢 Nadine Shea,她花了大量时间在如何使用 Quark Xpress 软件方面为我们出谋划策,并且提了许多编辑和插图设计方面的建议.

Dana Densmore 和 William H. Donahue

绿狮出版社

卷Ⅰ-Ⅲ插图者的说明

本书中所有的插图均是重新绘制的,而且与以往的版本,不论是希腊原文本还是别的版本,都有很多不同,因此有必要对它们为什么会是现在的样子作一个简短的说明.

当然,人们都愿意尽可能地遵从 Apollonius 的原始著作,然而没有人能保证现存任何版本中的插图是准确无误地代表了 Apollonius 本人原来所画的.希腊版本的编辑 Heiberg 是根据梵蒂冈收藏的12~13世纪希腊文的抄本 206 卷 Codex Vaticanus Graecus* 中页边插图绘制的,少数在 CVG 206 里遗失的部分由 CVG 203(13 世纪)中的补充,关于这些图的真伪他未发表任何意见.

但另一方面,这些图形在第二次印刷时,Federico Commandino 的拉丁文译本(1566 年意大利城市 Bologna)与 Heiberg 的版本有很大的不同,尽管那些图形可能是 Commandino 依据手头所有的手抄本绘制的,但它们的风格明显地受到文艺复兴时期绘画艺术的影响,尤其是在利用透视投影和对称等.同样地,在这里我们也无法确定这些插图是否代表原作.

对原作插图可靠仿制的缺乏使得本书的插图者不得不对书中插图要多负一些责任,有一些相互矛盾的准则需要平衡一下,最重要的是插图必须要准确无误地表示文中所论述的点和线.其次,它们应当尽可能地容易看懂,符号标记要尽可能地清晰无误.最后,它们应当大小尺寸合适,与正文的位置配合恰当.

不列颠百科全书版本中的插图有许多值得作为样本推荐,它们为大多数读者所熟悉,并且清晰准确,它们显然是以 Heiberg 版本的插图为蓝本的,这一点可以从Ⅲ.40 图中点 F 奇怪的位置和重复Ⅲ.12 图在线段 RS 上一处错误中可以看出,但在另外一方面,它们也引进了新的错误(比如在Ⅲ.36 图和Ⅲ.48 图中),而且比 Heiberg 的图画得复杂,它们经常加上一些命题中没有提到的点和线,制造不必要的混乱(比如,对比本书中的Ⅲ.6-9 图和不列颠百科全书中的相应图形),有一处(Ⅲ.50 图)插图的配置需要一大段脚注来澄清它所引起的混乱,其他的错误已标注在圣约翰学院在多年使用过程中编成的勘误表中.

但是最终决定不能模仿不列颠百科全书的原因是它们插图的尺寸.绿狮出版社的一个印刷准则就是要使插图与引用它们的正文相伴相随,这使得某些图形要经常重复出现,从而使得正文的位置也要移动,如果插图尺寸过大,它们被重复的次数就会更多,因为更多的正文会由于插图占的地方而不得不移到下一页.这样一来,本书的成本就会增加而实用性并未改进.另外,许多读者请求我们多留页边,在每页以及全书和在插图四周都要留些空白地方以便阅读时做些注记.

所以我最终决定还是采用 Commandino 的拉丁文版本的插图,这个版本是圣约翰学院 Annapolis 校区的修道士 Robert 兄弟推荐给我的,圣约翰学院图书馆慷慨地借给了我们该书的缩微胶卷,我们只看了一眼就知道,虽然我们可以把这些插图清晰地印出来,但

*以后简记为 CVG206.

是不加改动我们还是不想用的. 不光是字母太小不易辨认，而且与 Taliaferro 的译本也并不总是相同，更重要的是，该版本的插图作者可能是深受文艺复兴时期绘画技法中关于对称的影响，给所有圆锥曲线的直径标出所在的对称轴. 根据我个人的经验，对于使用对称轴以及垂直于它们的轴，学生已经有很强的倾向性，而且不能够充分理解 Apollonius 某些命题的普遍性和一般性，所以 Commandino 的插图，只有加以改进后才能采用.

我们也曾考虑过 Thomas Heath 重新改编的《圆锥曲线论》中的插图，但是并未以它们为样本，因为它们所用的字母与 Apollonius 的原作不一样，从而参考它们有一定的困难，而且容易发生新的错误，我们只是在非常棘手的情况下或者对某条线段的正确位置有问题时才会参考它们.

对于大多数命题所涉及的插图，我们采用的办法是以 Commandino 的图形为起点，但是要一步一步地根据 Apollonius 对命题的描述去构造它们，具体地绘制是用 Adobe 插图工具（Adobe Illustrator）来完成的. 最后成图还要适当调整它们的形状与尺寸，以便和字母相匹配，然后将这些草图编入临时使用的版本中，并且收到了许多有益的意见与评论，结果就是在我们目前的这个版本中，字母都变得小了，而许多图形都变大了，这使得以图示意变得更加清晰明了. 为了配合命题的证明，我们在线段的长短上也下了很大工夫，根据读者建议，有些图则完全重新绘制.

我们希望这些插图能够保留 Commandino 原来制图的简明紧凑的风格，同时又能尽量地表示命题所述的内涵，我们所采用 Commandino 插图的另外一个有特色的地方就是在演示焦点性质时加上一个辅助图（Ⅲ.48－50），严格地讲，这些图并非图形的一部分，而且 Heiberg 版本里也没有它们，但是 Apollonius 提及它们，而且把它们加上后，使得证明更容易看懂了.

与以往版本不同的是一个主要之处在于：插图中一些涉及不在同一平面内的线段是用透视投影画出的，并且参照了不列颠百科全书所使用的绘图方法. Ⅰ.15 的插图是依据 J. M. Macdonald 的插图，它的完成基本上也是这种方式，虚线表示的是图形被荫蔽的部分.

最后，还有少量的说明，有的是一般性的，有的是具体的，它们可能会对使用这些插图时有所帮助.

总而言之，应当注意的是我们没有打算对一个命题包含的所有内容都提供图示，插图主要是用来表示某种特殊几何势态的，命题也许包含其他可能完全不同的几何势态. 有时命题论证的段落、顺序也许要适当地变动一下以配合不同的情况（比如，参见Ⅰ.50 的论证），所以读者要当心不要过分依赖插图，它们只不过是起提示辅助作用的，它们并非命题的内涵.

其次，许多命题既对圆成立，也同样适用于别的圆锥截线，而且 Apollonius 明确地提到了这一点，为了节省地方，圆的插图通常就免去了，因为它们可以看作是亏曲线（椭圆）的特例.

最后，也是具体地，在卷Ⅱ结尾处有一系列的“作图题”，它们是用古希腊几何风格的分析和综合技巧来解出的，用分析法解时，插图是假设给定的，而不是现画的，通过对图形的分析找出怎样去作出解决问题的图形. 这时，在分析部分中所作出的图形与所分析的图形极为相似，但有时并不相同，Heiberg 与不列颠百科全书版本中的插图并未承认这种区别,而且对这两个部分使用着一样的图 ,Commandino 意识到这一点,当两个部分的图形不完全一致时,他的示图也不一样,在这一点上,我仿效了 Commandino,而且比他更进一步,用比图形的其他部分稍粗的线条来表示给定角度的边线,我希望这些具体做法能够使得这些珍贵的图示方法更容易看懂.

William H. Donahue
Santa Fe,1998 年 7 月

卷Ⅰ－Ⅲ英译者的说明

如果对有的读者来说,这本专著乍看起来不过是一大堆尽管事实上逻辑严格,但在顺序排列上有些莫名其妙的命题系列,那么他肯定是没有正确地读懂,正像看待行星一样,只有将眼光放远才能认清真实的面目.贯穿前四卷书,至少有一两个前提条件可以给出齐曲线(抛物线)、超曲线(双曲线的一支)和亏曲线(椭圆)的直观演变的顺序,这些条件就是这三种圆锥截线之间的共同特性,尤其是卷Ⅰ的最后一个定理中,在两对共轭二相对截线(两个共轭的双曲线)的作图题中,双曲线与椭圆之间的这种共性在达到极点附近演变得更加明显.

在卷Ⅰ的定义5中,Apollonius不经意地定义了两种直径:横截的与竖直的,每一种直径在一个圆锥截线中都平分着所有平行于另一直径的线段,但是在亏曲线(椭圆)的情况下,只是为了说明位置而定义的那个竖直直径具有由截线本身确定的自然界限,而且在命题Ⅰ.15里我们发现,它是对应的横截直径(或共轭直径)与其参数之间的比例中项.另一方面,横截直径也是对应的竖直直径(或共轭直径)与其参数之间的比例中项.所以,竖直的和横截的变成了没有意义的术语,在亏曲线(椭圆)的情形里,用对称关系"共轭"来表示它们其实更好(卷Ⅰ.定义6).紧接着,在命题Ⅰ.16中好像是任意地,二相对截线(双曲线)的竖直直径以同样方式由截线自身界定,有一个确定的尺度,并且成了"第二直径".

但是,至少到目前为止,在二相对截线(双曲线)的情形下,横截的和竖直的直径或者横截的第二直径还是不同的,因此看来还是有一点理由赋予这个第二直径以一定的长度:υομοζ尚未变成φύσιζ.对于超曲线(双曲线的一支)来说,竖直直径应该有确定的位置,这一事实只对两对命题——命题Ⅰ.37和Ⅰ.38及命题Ⅰ.39和Ⅰ.40变得非常重要——在那些地方,证明了某些关于超曲线(双曲线的一支)和亏曲线(椭圆)的横截直径的纵线所成立的性质,对它们的共轭直径的纵线也同样成立,然而只有到了卷Ⅰ的最后一个命题(Ⅰ.60),超曲线(双曲线的一支)的第二直径的尺度才像它的位置一样被挑明,它就是二相对截线(双曲线)的那个与第一直径(横截直径)共轭的直径.

这一超曲线(双曲线的一支)和亏曲线(椭圆)之间的共同特性现在正成为大量的研究发展的开端,正是由于这个定理,作为第Ⅰ卷的最精彩的部分,促成第Ⅱ卷的主题:渐近线.那些奇异的直线、距离二相对截线(双曲线)越来越近的直线(Ⅱ.2,13,14),而且构成每一对相邻截线之间的两条界线(Ⅱ.15,17),从而使得双曲线,除了不是封闭的以外,恰似一个张口朝外,折叠起来的椭圆.在第Ⅲ卷的命题15中,这种双曲线与椭圆之间的相似共性及其结果得到充分集中的体现.

虽然本书的这一译本是逐字直译的,我还是大胆地使用了符号和缩写式,只要他们不对任何希腊数字理论和符号抱有成见,且不引进任何现代数学理论的符号,这将使得阅读和研究方法更加容易,同时还保持着古希腊数学的严格性.

至少希腊文本我使用Heiberg的版本,并且经常参考Halley的初期版本(editio princeps).在有些实例中,我们乐意参考Paul Ver Eecke的非常优秀的法译本(Descloe de

Brouwer, Bruges,1923). 在所有相关论点上,我们也尊重并参考 T. L. Heath 在翻译 Euclid 的《几何原本》中的英语惯用词语.

R. Catesby Taliaferro

Apollonius 及其著作简介①

Harvey Flaumenhalf
圣约翰学院院长，Annapolis 校区

有关 Apollonius 的生平可以谈论的不多，大约在 Euclid 成名以后半个世纪，Archimedes 出生后的四分之一个世纪——也就是说：公元前两个半世纪左右——Apollonius 出生在小亚细亚南部的一个希腊小城 Perga. 后来他在 Alexandria 居住过一段时间，并访问过 Pergamum 和 Ephesus. 除了使他成名的几何著作，他也写过有关光学和天文方面的文章，在这些著作中——根据 Ptolemy 所说——他对星体研究的几何化作出过重要的贡献，一部分有关他在几何方面的著作在其他古代作者的著作中有所记载. 他的关于比例截取(Cutting off of a Ratio)的两本书有不十分确切的阿拉伯文译本，他的八卷《圆锥曲线论》(Conics)中的最后一卷已经失传，第五卷到第七卷只有阿拉伯文的译本.

这样，所有仅存的 Apollonius 的希腊原文著作就只剩下《圆锥曲线论》的前一半——卷Ⅰ－Ⅳ，关于他的思想精华仅存部分是如何保留下来的实在是一言难尽，在此我们只能略述一二*.

在开始研究 Apollonius 之前，了解一下他的前辈们是如何研究这种叫作圆锥曲线的曲线的，对读者是有益处的. 他们是通过用一个平面去切割一个直圆锥来得到曲线的，后用唯一的一个垂直平分所有弦线的直径来分类刻画这些曲线，但那个直径，Apollonius 把它叫作“轴”，这只不过是他所用的直径中的一个，Apollonius 是用一个平面去切割一个任意的圆锥(不论是直圆锥还是斜圆锥)来获取曲线的；而且用任意的直径去刻画它们(不论是那个唯一的垂直中平分着所有弦的直径还是一个与弦斜交的直径).

然而这种推广并不是 Apollonius 对圆锥曲线论所作贡献的全部，虽然在他的《圆锥曲线论》前四卷中的许多具体问题(以及省略的一些问题)已为他的前人所了解. 但他对这些题材的选取与编排使人们得以更深入、广泛和系统地了解这些内容，从而使得他在曲线论方面的著作成为经典课本. 对这些曲线，他首次使用了我们今天所熟悉的术语“抛物线”、“双曲线”和“椭圆”所从之产生的具有创新意义的术语：齐曲线(即抛物线)、超曲线(即双曲线的一支)和亏曲线(即椭圆). 其他有关圆锥曲线的古籍未能保留下来，在大约两千年以来，还没有人能够在圆锥曲线论方面的著作可以和 Apollonius 相比，不光是 Kepler、Dessartes 和 Newton，都仔细读过 Apollonius 的著作，谁要想理解圆锥曲线，就得研读他的著作.

但是，自 Descartes 以后，虽然这些曲线的名称没有变，它们仍然统称“圆锥截线”，但是那些老的、传统的研究它们的方法已经逐渐地不再使用了，也就是说，自 Descartes 以

---

① 此文载于卷Ⅰ－Ⅲ书中.

* 详情可参见我的即将出版的新书《洞察力及操作方法：经典几何和它的转变指南手册：第一集，从 Apollonius 说起；第二集：从 Apollonius 到 Descartes》.

后,它们是用代数方法来研究的——而不再是先用一个平面,以不同的方式切割一个圆锥以得到曲线,然后再用某些成比例的线段构成的方块的相对尺寸和形状来刻画它们,尽管事实上 Descartes 的几何学正像人们所称赞的那样——是精确科学发展过程中迈出的最伟大的一步——可是,如果不先研读 Apollonius,就没有人会真正认识到这一点.

所以,如果我们想为自己读懂像 Kepler 和 Newton 这样的人的巨著,或者想真正理解彻底改变了我们所处的世界和我们的思维方式的 Descarres 数学的深刻意义——随便哪样,不管是为了了解过去而了解,还是为了了解我们今天是如何由过去逐渐演变过来的——我们都需要研读 Apollonius.

Apollonius 总是间接地叙述他的理论,他不直接地提出问题,而是只给出结果,真让人非常难以理出头绪和记住,除非我们自己琢磨出来问题是什么,如果我们把 Apollonius 当作老师的话,我们必须要知道他这样传授知识的方式是一种有意识的明智之举,还是出于一种不拘小节的粗犷豪放.

至少 Descartes 并不是这样认为,在他自己所著的几何学中和他描述的那些不言自明的法则(特别是第四系法则)时,Descartes 指出了古代数学家们的缺点.

Descartes 毫不留情地批评他们——过分炫耀自己,他说,那些人在解决问题的过程中也作过分析,但是过后,他们不是像会帮助人的老师那样对学生们展示他们自己是如何解决这些问题的,反而像是一群在楼房盖好之后拆除了脚手架的建筑工人,他们追求的是让别人敬佩羡慕,让人们敬仰一个又一个辉煌的成就,却不让人们知道他们是怎样发现这些结果,又是怎样把它组织起来,并表达成现在这个样子的.

然而 Descartes 也猜测说,那些古代数学家们可能也不十分清楚他们自己著作的全部意义,他们对不同的题材采取了不同的处理方法,因为他们把这些要处理的题材简单地作为观察对象,于是他们的学习是任意地、杂乱无章地,而不是有条理、有方法地学习,因此他们并没有真正学到多少,数学对于他们不过是奇妙的景观,而不是可以系统地、有条理地运作的题材. 古代数学家们的活动的主要特点是表达定理而不是解决问题能力的传播和应用,他们并未认识到科学发现首要和最重要的是:科学发现的真正意义,他们未曾看出导致科学发现的动力和科学发现所产生的威力,他们未曾意识到人们首先需要制造的工具应当是用来制造其他工具的工具,他们聪明得过分了,以至于不能够适当地简约,同时他们又过于简单以致不能够做到真正的聪明,他们被自己那点可怜的雄心壮志蒙蔽了眼睛,他们无法克服的这种自我膨胀使得他们不可能在真正的意义上做到具有远大的志向.

那么,Apollonius 是不是 Descartes 所批判的那种教师呢? Apollonius 是不是像 Descartes 在他的几何学开始部分所抨击的古代数学家们那么愚钝——漫无边际地做着蠢事又拐弯抹角地自我炫耀,像 Descartes 早些时候在他的那些法则中挖苦他们的那样? 我们暂且还不能断定.

在任何情况下,研读 Apollonius 的著作可以使人了解人类思想产生巨变的源泉,这种巨变使得我们周围的世界数学化,并使得数学物理在我们的思维世界中占主导地位,科学技术与技术的科学由于变得可以用数学描述、处理,从而更加依赖于数学的进步与发展,因此精确科学升华为人类的智慧与知识,现代人类对大自然的研究要借助于使用方程,常常还需要用图形表示,来解决具体的问题. 当方程在数学的核心内容中占有越来越多的分量,而几何中的定理、证明正将往日的主导地位让位于代数方法解题,一种威力无边的新方法形成了. 正是因为如此,Descartes 的几何学被人们称为是精确科学发展过程中最伟大的一步,为了能真正看清它的确是这样伟大的一步,我们需要了解在此之前的一步从何而来,与此之后的一步向何处而去,我们只有弄清楚了 Descartes 变革了什么样的数学,才能真正懂得他是怎样地改变了数学. 对古典数学的学习与理解,有助于我们思考 Descartes 对古代数学家的批评和他对数学乃至整个知识探索世界的伟大变革——以及由此而产生的整个世界的巨大变化.

通过对圆锥截线的初步介绍,Apollonius 的读者可以了解古典数学的特点,正是对圆锥截线的标准的研究使得现代的读者能够容易地看清楚古典数学的成就及其困难处,以及 Descartes 和他的后人何以会远离古典数学.

这肯定与比和数与尺寸的表达方式有关,对于 Apollonius,就像对于他的前人 Euclid 一样,他的处理取决于对数量和尺寸之间关系的某种猜测,在约两千年以后,当 Descartes 初出道时,他说古代人由于对几何中使用算术有所顾忌而使他们的著作带有局限性,Descartes 将这归结为古代人未能充分清楚地看出这两种数学科学之间的关系. 现代读者面对这一切能够正确估计到为什么 Descartes 想要克服古人的局限性而且看出了问题的症结所在,因此可以解决它,读者肯定能弄清楚什么是古代数学家的局限性.

但是读者必须,至少是暂时地,把自己放在一个“几许”和“多少”是两个截然不同概念的世界里——个形状是由几何尺度来说明,而不是用方程来描述的世界里,暂时地,读者必须停止说“AB 的平方”而是说“在线段 AB 上所作出的正方形”;他们必须要学习复比,而不是作分数的乘法;他们绝对不能说“2 的平方根”.

对 Euclid 的定义和定理的研究,揭示了一种对数学基础的意识和认识,现代的人们所熟悉、所习惯的现代数学量化的更复杂的结构,正是建立在这基础之上的,同时也包含着它,Euclid《几何原本》中的这种基础为读者通读 Apollonius 的《圆锥曲线论》的第Ⅰ卷铺设了道路,虽然这道路可能并不那么平坦,但是研究 Apollonius 的著作对于理解认清从古典数学向现代数学转换过程的特点是非常必要的. 然而,如果要完全理解从 Apollonius 的数学到 Descartes 的数学转换的全过程,看完了《圆锥曲线论》第Ⅰ卷的读者还须阅读第Ⅱ、Ⅲ卷,另外还须考虑到其他古代与现代数学家们的著作,Pappus、Diophantus、Viets 以及 Descartes,卷Ⅱ、Ⅲ的部分内容以及 Pappus 有关轨迹的详细叙述,导致了几何解题方法,这正是 Descartes 的《几何学》的起点;而 Diophantus 的古典数值解题方法和 Viete 创立的代数技巧展现了现代数学的解题模式.

Descartes 的《几何学》不是一本只讲定理和证明的书,通过分析所研究问题的共同特征,通过把思维过程的熟练化、详细化作为中心内容,而不是对形状的观察和对观察内容的理解. Descartes 将数学变成一种物理学,可以用来认识大自然的有力工具,他先是用熟练精巧的推理论述向公众讲解在他的研究中如何论证、探索科学真理的方法,然后再介绍一系列应用这种方法的试验,最后则是推出他的《几何学》.

当读者们在一个由 Descartes 变革了的世界中研究 Apollonius 的时候,可能会有以下的问题:定理证明与解题之间有什么关系? 用什么区别“几许”和“多少”? 为什么要解决这种数量表示的区别,特别是在数轴上?一个由于对认识大自然提供工具的需要而导致的方程的数学有何不同?数学是怎样地变成了一种从符号到符号的系统——一个在应用之前看不出有任何意义的象征性的系统而应用后会变成一种无穷力量的源泉?数学究竟是什么?为什么要学习它?什么是学习?又是什么激励着人们去学习?

昨日和前日先贤们的思想曾改变了世界,也造就了我们的头脑,我们带着这种头脑,力图破解当今世界的各种难题,如果我们把先贤们的思想已经吃透了,在今后的日子里,我们就会更加思路广阔地向前迈进,所以阅读 Apollonius 的著作有助于我们自己独立思考.

当你开始研读 Apollonius 的著作时——当你阅读《圆锥曲线论》卷Ⅰ并回顾你走过的足迹时——研读中所必须付出的力度会使你感觉到,要理解 Apollonius 到底在干些什么时,还是颇有难度的,Apollonius 在助人为乐方面似乎相当地吝啬,在尚无多少书籍和对于严谨的学生而言生活更是从容不迫的年代里,Apollonius 的严格,对读者也许曾经是件好事.然而时至今日,这一严格的结果是使甘愿花时间阅读他著作的读者,几乎变得寥寥无几;就是这少数认真阅读他的书的读者也没有时间从阅读中得到一假如 Apollonius 给予了他们帮助后所应得到的受益,了解到这一点,我现在就提供一点帮助,你若不读原文,我的帮助就用处不大了.但是,对那些花了力气要弄懂这位十分艰涩而又重要的著作家的严谨的读者,希望我的帮助会对他们有用,所以在此我提出了有关如何理解卷Ⅰ开头的一些建议,以助你开启《圆锥曲线论》的学习.

第一组定义

在 Apollonius 的著作出现以前,Euclid 的《几何原本》里,已给圆锥下过定义,而 Euclid 的定义与 Apollonius 的定义不同,Euclid 在他的《几何原本》卷Ⅺ的开始,对各立体下定义时曾说:一个圆锥,可以被理解为这样一个东西:把直角三角形的一条直角边固定不变,将三角形旋转,直到转回到它原来的位置,圆锥的轴就是被固定,并让三角形绕着它旋转的那条直角边,圆锥的底就是由被旋转的那条直角边所形成的一个圆,正如 Apollonius 一样,Euclid 是用生成法来给一个圆锥下定义的.

Apollonius 给出圆锥之前先给出圆锥面,其方法是以生成法定义出圆锥面,然后从圆锥面以及用作为锥底图形平面来组成圆锥.Euclid 根本不给圆锥面就给出了圆锥,这使得圆锥面成为一个圆锥的表面减去作为锥底的圆形平面所剩余的部分,在 Euclid 的《几何原本》中所感兴趣的是一个明白无误的立体,而在这里,Apollonius 所感兴趣的是圆锥和圆锥面,只是把它们当作是取得某些线条(曲线)的手段.

一个圆锥面和一个圆锥的表面并不是一回事,圆锥的表面是由不同成分所组成,一个圆锥有两种表面——一种是圆锥面,而另一种(底)是平面.一个圆锥曲面有两个部分:它们在顶点的相对的两侧,每一部分本身就是一个圆锥面,两个面中的一个是由伸过顶点的那条移动着的射线所生成的,另一部分本身是由伸到生成圆下方的那条移动着的射线所生成的,但是,绕着生成圆的圆周移动的直线的移动所生成的曲面有两个,这两个曲面都属于同一个类型——都是圆锥形的.

在说明了圆锥是怎样生成的以后,Apollonius 就考虑圆锥的种类了,Apollonius 所说的圆锥，并不全都是直圆锥. 请用对比的方法，试着 Euclid 在《几何原本》卷Ⅺ开头用来定义的那些圆锥，正如我们已经在那里看到的那样，Euclid 以旋转直角三角形生成的（就像他以旋转半圆生成球体一样）圆锥，他是以顶点的角度把一种圆锥和另一种圆锥区分的，而这种角度取决于生成直角三角形三条边的相对大小，如果那条不动的直角边与被转动的直角边相等，则圆锥就会是“直角圆锥”；如果它比转动的直角边短，则圆锥就会是“钝角圆锥”；如果它比转动的直角边长，则圆锥就会是“锐角圆锥”，Euclid 的直角圆锥、钝角圆锥和锐角圆锥都是直圆锥.

从 Apollonius 那儿，你可以得到直圆锥——当轴竖直于底时，也就是说，从生成直线上的固定点到生成圆的圆心的直线必须与圆所在的平面垂直，“竖直”和“直”，它们的含义都译出希腊语中的同一术语 orthos，从此我们得到像“orthopedic”和“orthodox”这样的词，这里与之相反的术语译成“斜的（oblique）”，skalenos，而且也可译为“不平稳的（uneven）”. 从 Apollonius 那里，你不仅能得到直圆锥，而且能得到斜圆锥——即那些想要说它是竖直的还不如说它是不平稳的圆锥.

在 Apollonius 之前，如前所述，直圆锥是数学家用以取得圆锥截线这类曲线的全部手段，他们取得此类曲线的方法是：用某个与生成这个直圆锥的直角三角形的斜边垂直的平面去切割这直圆锥，当这个圆锥是直角圆锥时，平面截圆锥所得截线便是某一类型的曲线；但当这个直圆锥是钝角圆锥时，所得截线就成了另一种类型的曲线；当这个直圆锥是锐角圆锥时，所截得截线就成了一种新的类型.

正是 Apollonius 提出了从任何角度（斜的或者直的）来切割任何圆锥（直圆锥或斜圆锥），也正是 Apollonius 提出了各类截线的如下的名称：齐曲线（即今日的抛物线）、超曲线（即今日双曲线的一支）和亏曲线（即今日的椭圆），在《圆锥曲线论》的课程中，他将向人们表明：他为什么要这么做.

请注意，一个直圆锥就半径而言是对称的，但斜圆锥并非如此，换句话说，不像斜圆锥那样，直圆锥绕轴旋转整个一圈之后，都不会改变原来的位置. 一个斜圆锥的轴是倾斜的，它向一侧翘起，但即使是一个斜圆锥，当从某一侧看去，它并不向旁边翘起，它或者正对着你翘起，或者翘向与你相反的方向，而不是向旁边翘起的，所以你可以说——就那个方向而言——既然它右边的样子和左边的样子是一样的，斜圆锥就是两边对称的. 而一个直圆锥，其半径是对称的，因此可以说，不管在哪个方面，两边都是对称的.

不管一个圆锥是不是直圆锥，它的不平的表面就是 Apollonius 所要对付的表面，在对付这一表面时，他将利用一个圆锥即使是个斜圆锥，因此就其半径而言也不对称，但至少相对的两个边还是对称的这样一个事实.

虽然他将要对付的是圆锥面，他并不把它当作圆锥面来研究，他要对付圆锥面，为的是研究某些曲线——正如下文第一组定义中那些内容所显示的那样.

这些涉及各类直径，当人们依据第一组定义阅读下文的第七个命题时，这第七个命题使人们看到，如果 Apollonius 也像 Euclid 那样把自己局限于直圆锥的框框内，那么他必须赖以开始的圆锥截线的仅有的直径就只会是那些不久他将称之为“轴”的那些直径了.

第一组定义表明，注意力不是要放在这样的圆锥和圆锥面上，而是要放在圆锥和圆锥面上所生成的供以研究的曲线上，这一研究的关键就是被称为“圆锥截线”和其他某些是直线的有关线段.

圆锥可能是有趣的三维图形,需要研究它们的理由很多,但该书的名字表明,这书的主题是“圆锥曲线论”——“属于圆锥的事物”. 这里,使 Apollonius 感兴趣的似乎是圆锥的生成,把生成直线和圆周结合起来,致使当圆锥被一可按各种方向行走的平面切割时会产生各种交汇点形成的既非直线也非圆弧的一类最简单的线,在圆的圆周之后,它们是最简单的曲线.

Apollonius 在他的《圆锥曲线论》卷Ⅰ的书中所预先设想研究过的线段仅仅是那些要么是直线要么是圆弧的线,从这些线出发——这些线是在 Euclid 的《几何原本》里仅有的类型——Apollonius 使读者接触到,正如我们会看到的那样,有不直的但却是可无限地延伸的(像直线那样)线,还有不是圆弧,却又是首尾相接(像圆周那样)的线,出现在我们的研究领域里.

在着手研究通过相截所产生的这种曲线时,读者应当想到在圆锥切割中的圆锥,他们应该是这样的,不光是因为在某一时刻里观看两维比观看三维容易一些,也因为从圆锥上方去看和从侧面去看,把两种观测放在一起,会展示截线的有趣的两种面貌:从上方去看,截线的轮廓呈现一个由曲线形成的最简单的图形——圆周;从侧面去看,则呈现出一个由线段形成的三角形,这两种观测会显示那些潜在的比率,说明圆锥截线的性质.

在命题之前所给出的那些定义,以圆锥面开始,并进而触及一些直线和一些尚未具体明示的曲线之间的某些关系,对定义后边命题的研究,预先设了我们已经完成了的对 Euclid 几何的初步学习,有了对直线和圆周的一定了解,我们就会有备而来地去研究别的一些线——那些既非直线也非圆弧的最简单的曲线.

由于把直线和圆周放在“一起”,我们生成了圆锥面——一种既不是平面,又不是球面,如果我们用一个平面去切割这种不是平面的面,我们就会得到(就像不同表面的交截那样)某种曲线,用一个平面去切割一个圆锥面,我们便把圆锥截线切到这个平面内. 我们可以先考虑产生这种在平面内的新型曲线的圆锥面,它是由最早的两种线(直线和圆周)生成的,而最早的两种线(直线和圆周)本身都是非常简单明了的. 两种线都没有上凸且下凹,也没有颠簸起伏,由它们结合在一起生成的圆锥面会是什么情况? 什么样子的? Apollonius 在开始给出的命题中就作出了回答.

前十个命题

首先,Apollonius 证明:一个圆锥面,不管在什么方位,都不会起伏——〔命题1〕,像在平面内的一条直线一样(如果你从它上面的一点向它上面的另一点移动,连接两点的直线并不穿过它的顶点的话).

然后,(过顶点去切开整个圆锥)他得出一个曲线段构成的圆锥截线(这是一个三角形)〔命题3〕和另一圆形的圆锥截线(这个切割要使一个角和底角之一相等),或者使(截面)与(底)平行〔命题4〕,或使切割是反位面〔命题5〕.

再下来,便是从最早的两种线(直线、圆周)到新线之间起桥梁作用的那些命题,其中头一个〔命题6〕是预备性的——它给出一个平分面;第二个〔命题7〕给出一个平分线,这条线是使圆锥截线呈现为既非直线也非圆周的先决条件. 这个命题告诉我们,事实上,还有新的类型(的圆锥截线),并把它们将是什么分别讲清楚.

再后,他得出(用切割一个不论延展得多远的单个曲面的一侧的方法)〔命题 8〕这样一个圆锥截线,像一个可以无限延长的直线那样无限地拉长,但却有一直径(在其端点处以某种方式弯曲过来),这又与直线并不相像;他还得出(用切割这单个曲面的两侧的方式——必要时须延长——但这一延长是为了避免形成一角和二底角的任何一个相等)〔命题 9〕,另外一个像圆那样的.封闭曲线的圆锥截线,但它的垂直半弦却并非它把直径分出二线段之间的比例中项,从这一点来看,它又与圆并不相像.

最后的〔命题 10〕,他证明圆锥截线不起伏.

在以后的几个命题中,Apollonius 要给出几个作为新型曲线的圆锥截线,这开头的十个命题就这样构成了展示这些新型曲线的序言.

序言开始向人们证明,圆锥面毫不起伏,不管是从旁边去看(第一命题)还是从上方去看(第二命题),接着又立即向我们证明(第 3 命题)用平面沿直线从顶点切入圆锥的表面,根本不起伏,甚至连弯曲也不会,序言结束时又证明(第 10 命题)用平面避开顶点沿曲线切入圆锥的表面,就像被切入圆锥面那样,弯曲而不起伏,这样,序言结尾命题关于圆锥截线所说到的也是它开始时那两个命题关于圆锥面所说到的——没有在任何地方起伏,为什么强调没有起伏竟显得如此重要呢? 因为从这件事我们得知,为什么我们用来切割圆锥面以取得我们的第一批非圆形曲线的是一个平面,用平面来切割圆锥的表面,会保证我们所得出的非圆形曲线比用其他方法从圆锥面所得到的非圆形曲线更为简单,如果画出在一个圆锥的表面上的线是起伏的,那它就无法用一个平面来切入圆锥面而得到它——换言之,我们无法在一个平面上用滑动的方法把它试作出来.

在序言的开头和结尾所涉及的关于无起伏的命题之间,Apollonius 插入一些命题,从这些命题处我们得知,当用平面切割时,圆锥面可能产生的曲线是:不只是完完全全的直或完完全全的圆的截线,而且还会是有趣的混合线,其性质跟基本线——直的或圆的——相仿,圆锥面给出有趣的混合线是由于它本身就是一个混合面——从一个方面讲是平的,从另一个方面讲又是圆的:从上方去看,它像是一叠越来越大的圆;从侧面去看,它像是许多越来越大的相似三角形所构成的一个梯子.

要是深入地谈论靠切割所取得的各种新型曲线,我们就必须把这些新线中的各种线段的大小作一比较.这是怎么一回事呢?

圆锥从上方去看像一叠圆,如果我们从这些叠圆中为我们自己切出一个圆来,我们就能(把这个圆的直径分为两段,该处的垂直半弦就是二线段的比例中项)得出一个正方形与一个矩形相等的结果.

圆锥从侧面去看像一叠相似三角形,如果我们从这一叠为我们自己切下两个三角形来,我们就能(使用作为边的线段之比,将两个比的复比用各不同线段之比表示出来)得出不同的长方形的相等关系.

把这两种观测——直线和圆的方面——的结果放在一起,就有可能给出一些信息:当平面和一圆锥交截致使被截出的在一个平面内的曲线既不直也不圆.

利用两个矩形的相等来简捷提供四条线段成比例,并利用二矩形之比来简捷提供两线段之比的积,以上做法就是可以的.

第十一、第十二和第十三命题

在序言中提出的那些命题之后又提出了这些命题,但对圆锥截线的研究仍然没有脱离“开头”二字,尽管已定义了截线.

Apollonius 清楚地说明某些线段间的大小关系,从而捕捉到这些曲线图形,他用复杂的操作,证明了大小之间的关系是如何告知图形的样子的.

Apollonius 似乎是这样一个人:他根据横线上凸显出来的矩形是否沿边下降,或降过了头,或降得还到不了他所立异的名曰“竖直边”的线段,而给这些曲线命名,因此他很可能是有史以来第一个为这所有三种截线导出这条线的人,至于是什么使他这样做,他对此只字未提.

他所立异的这些线段和这些线段所构成的让我们注视的“eide”,都是在展示“logoi”,告知图形样子的东西——他摆弄这些东西来表示它们——正是与圆锥截线的曲线有关的某些线段大小之间的关系,他做这件事,在两处都是靠比率来完成的.

在第一部分里,必须考虑的事是在圆中发生的事情.过纵线与横线的交点引与轴三角形的底边的平行线与轴三角形的两腰相交,这个交点将所引平行线段分成两段,则纵线便是这两段的比例中项,换句话说,即其中一段与纵线的比如同这纵线与另一段的比.

在第二部分里,必须考虑的事发生在直线形,即轴三角形中,一段与横线的比为一常数比;另一段或者它本身是常量(在齐曲线(抛物线)的情形里);或者它本身不是常量,但与某个整个线段有一常数比,该线段的一部分是常量的横截边,另一部分即横线(在超曲线(双曲线的一支)的情形里);或者它本身不是常量,但与某个整个线段的一部分有一常数比,该线段以常量的横截边为整个线段,而另一部分即横线(在亏曲线(椭圆)的情形里).

所以定义圆锥截线这件事的核心是:纵线是两个线段的比例中项——一个线段和横线的比是一常数,而另一个线段,或者它本身是常量,或者在把纵线加到常量的横截边或从其中减去它所得的线段,那另一线段与之有常数比.

从上向下看,我们得到纵线这个比例中项;从侧面看,我们得到与横线有关的那些关系的恒定性.

在所有这三个命题中,当谈到纵线是一个比例中项时,很容易忽略掉从上向下所看到的正方形与矩形相等时两种比率相同的属于中心地位的性质(前者是其边为纵线的正方形,后者则是处于中间地位的矩形,夹此矩形的二边是纵线所分出的,穿过轴三角形二腰的,与底边平行的线段上的两个线段).

又在所有这三个命题中,在侧面观测的两个相等矩形的关系里(一个是处于中间地位的矩形,另一是以横线为边的矩形),很容易忽略掉这样一个事实,即两种比率的恒定性这一事实居于中心地位,两种比率的每一种都涉及两线段之一是纵线在穿过轴三角形二腰且与底边平行的线段上所截出的(这些线段是居于中间位置的矩形的边),这些居中的比率深藏于证明过程中,它们处于竖直边规定的比(我们从此开始)和包含作为自身条件之一的居间矩形的比中间,则那些居间矩形和以横线为边的矩形是相等的(因此最终将与以纵线为边的正方形相等).

另外,还有一个侧视的等式具有核心作用的东西尚未放到突出的位置上,有另一种比率的恒定性是区分截线这种事情的核心,对齐曲线(抛物线)的侧视部分里,中间部分不用任何中间步骤就直接从竖直边的界说比流向结尾部分的必不可少的矩形之比,但在超曲线(双曲线的一支)和亏曲线(椭圆)的侧视部分里,在流向(结尾部分)中却有一中间步骤:另有一个常数比处于从竖直边规定的比到矩形之比的活动之中.

我们不得不下一番工夫来瞧一瞧,Apollonius 在对上述几个命题的复杂叙述的背后到底隐藏着什么,而所有这一切的核心,正如我们已看到的,是某些线段的相同和某些另外线段之比的恒定性.这些线段的尺寸并不是恒定的,但它们的比率是根据某些别的恒定线段表达出来的,而把这些线段扯进来却是为了一个在界说性命题中尚不明确的目的,这在很大程度上就是问题复杂性的原因所在,而这一复杂性又使人很难弄懂 Apollonius 在这些命题中到底要干什么.

其次,下边将要来到的界说性命题中的最后一个:第 14 命题,在这个命题中,人们看到的并不只限于界说,在它之后,Apollonius 在他的曲线论的第 I 卷书中,还将再提出 46 个命题.假若在此处考虑这 46 个命题是怎样被放在一起的,那将会耗费太多的时间,但若在此处简洁地陈述一下第 I 卷书的其他部分为什么是必要的主要理由却是可能的.

截线的纵线与它们相应的横线有关,其间关系是由某些以它们为边的矩形的等式和不等式(也带有那些别的线段的特征——它们的大小、比率和它们所构成的某些矩形的)连系起来的.可以证明(稍后将证明),这些纵线和横线的关系是截线所特有的,也就是说,这些是刻画曲线的性质——是其他线条并不具备的特征.

但是某些事物可能有几种不同的特征,例如圆都有如下的特征性质:①一个确定的点(作为圆心)到包围着它的线条上的每一个点的距离都相等;②如下两个图形的等式,它们是由图中的线段构成的:垂直于这个圆的直径的半弦上的正方形和半弦线段把直径分成两段,由这两段所夹的矩形.

作为圆的一个定义,第一个性质更像对圆完满的不可言喻的朴素的理解——是指向第二个性质的一步,如果我们从第二性质开始会得到什么呢?我们可能把圆定义为这样一条封闭曲线:从这封闭曲线的每一个点到一给定线段作垂线,可以在其上作出一个正方形,它与垂线把给定线段分成两段,则这个正方形将与这两段所夹的矩形相等.从这个定义我们可以证明一个定理:从曲线上任何一点到定线段的中点的距离都等于曲线上任何别的点到同一中点的距离,我们可能用这一方式与圆打交道,但似乎并无任何理由来这样做,关于其他的圆锥曲线,情况又如何呢?

在圆锥曲线里,下面的事实是最重要的——它们断言圆锥曲线是:平面切割圆锥的一种特殊方式或者是有关纵线和横线的正方形、矩形性质,这种方式、性质是什么?

或许,我们应该说,切割只给出曲线——而且一旦曲线已给定,则正方形、矩形性质将刻画着它,我们能够判定所给出的曲线是哪一种圆锥线的确定种类,通过测试,对它来说保持成立的是哪一种确定的正方形、矩形性质.这将与《几何原本》中的情景相似:Euclid 的圆是由公设给出的;而它的定义是作为一种检验或对已给定的线条的推论的运用.

但是截线的名称(这里截线是新的线条或曲线,也就是说——不同于那些圆或直线的截线的名称),这些名称所谈及的不是曲线本身的容貌而是在其中设法找出一些线段所构成的 eidos,我们可以找到"轮形"(英译:wheel,希腊文中的 kuklos,常常译成"圆").但不会找到卵形(英译:egg);更准确地说,我们找到的是"亏曲线"即今日所谓的"椭圆",我们想要给曲线命名,不是从我们是怎样生成它们的,而是从它们的容貌像什么——也就是说,从某种 eidos 来命名——因而"亏曲线"(即今日所谓"椭圆")连同"齐曲线"(即今日所谓"抛物线")和"超曲线"(即今日所谓"双曲线"的一支),在没有正方形、矩形性质的情况下就很难命名.

Apollonius 给截线命名,既不是谈论它们是如何生成的,也不是谈论它们的容貌像什么,更准确地说,他给它们命名是根据他沿着它们(他所给出的线段)竖立的图形(矩形或正方形)的盈亏状态(是否与所给出的线段相齐、超过或不足)来说的.

Apollonius 已给我们证明:作出圆锥截线可得出的是曲线,那么属于那些圆锥截线的图形盈亏状态是只属于圆锥截线的吗? Apollonius 并未告诉我们,就我们所知,这样的图形盈亏状态也可以属于并非圆锥截线的某些曲线.

换句话说,Apollonius 已证明,如果一曲线可以由一平面切割某圆锥得出,则这曲线将是一个圆,一条齐曲线(抛物线),或一条超曲线(双曲线的一支),或一条亏曲线(椭圆)——但他并未证明这个逆命题①,那就是:如果一曲线是一个圆,或一条曲线(抛物线)或一超曲线(双曲线的一支),或亏曲线(椭圆),则它必可由一平面切割某一圆锥得出它.

最后,Apollonius 将证明这个逆命题,为了证明这一点,他的准备工作占用了第一卷的其余部分的绝大部分,他在这些定义圆锥截线的命题中已展示——即他在曲线旁所竖立的图形,这曲线是他切割圆锥所产生的——这些反过来又为证明那个定义圆锥截线的命题的逆命题作为准备,也许这是转入新的证明的最好时机.事实上,有一个困难较少的方式来借助它本身证明"如果",但有一个更为漂亮的方式来证明"如果"比我们也要证明"只如果"的论证更好,没有什么事实比 Apollonius 在最后的界说性命题中所准备的体制更好地表明其精干性的了,它提出二相对截线(即今日所谓的代有两支的双曲线):即第 14(命题).

第 14 命题

在第 13 命题末尾,Apollonius 已详尽无遗地论述了用一个平面切割一个圆锥的所得截线的各种可能性.

我们可以用逐次二分的办法来理解这一点:(Ⅰ)截面通过顶点,(Ⅱ)截面不通过顶点.如果是(Ⅰ),那么(A)这个截面不切割曲面,或者(B),它切割着曲面,可能情形(Ⅰ-A)产生一条直线;而(Ⅰ-B),则产生两条相交的直线.如果是(Ⅱ),那么(C)截面平行于底,或者(D),它不平行于底(但是它与底的公共交线垂直于轴三角形和底的公共交线),可能情形(Ⅱ-C)产生一个圆,如果(Ⅱ-D),则或者(i)截面为反位面,或者(ii)截面不是反位面,可能情形(Ⅱ-D-i)产生一个圆,如果(Ⅱ-D-ii)则或者是(a)截面平行于轴三角形的另一腰,或者(b)它不平行于轴三角形的任一个腰(但与轴三角形的另外

① 事实是,从Ⅰ.52-Ⅰ.60 就给出了它们的逆命题.

的边相交)，可能情形(Ⅱ－D－ii－a)产生一条齐曲线(抛物线)，如果(Ⅱ－D－ii－b)则截面或者(1)与另一腰的延长线在顶点以外相交，或者(2)与另一腰在顶点之下相交，可能情形(Ⅱ－D－ii－b－1)产生一条超曲线(双曲线的一支)，而情形(Ⅱ－D－ii－b－2)产生一亏曲线(椭圆).

那么，为什么 Apollonius 总是不断地作切割？在第 14 命题中，他又要切割什么呢？不是一个圆锥而是一个圆锥面——或者更确切地说，是一个(由两个对顶的圆锥曲面合成的)圆锥面，由于生成一个圆锥面时就生成了一个具有两个部分的曲面，把这两个部分看成两个具有相同形状，共有一点的曲面(以后简称对顶锥面).

在此之时，只有一次他曾切割一个圆锥面而不是圆锥，那是在第 4 命题里，当时，他切割一个圆锥面的截面平行于它的生成圆，并且他这样得到的新圆又变成一个圆锥的底，这个圆锥是由新截出的圆以及上述被截的圆锥面的一部分构成的，为什么他现在又要截这个圆锥面而不是一个圆锥——或者更确切的说，为什么他要截对顶的两个圆锥面所合成的圆锥曲面而不是截两个在顶点相连的圆锥呢？

假设他把两个在顶点相连的圆锥放在一起，用平面去截它们，那么他就能得到两个有相同大小和形状的截线，甚至具有相同类型的截线吗？那可不一定！在什么时候他才能确信这两个截线是相同类型的？只有这两个圆锥面是对顶曲面的时候.

当这两个图锥面是对顶曲面时，则这个轴三角形是相似的(由于它们的底是平行的，并且在它们顶点处的角是对顶角). 基于这个理由，在这种情况下，一个平面截两个曲面时，只能在这两个曲面上都截出一条超曲线(双曲线的一支).

另外，在这种情况下，不只是这两条截线都是超曲线(双曲线的一支)——它们也必须有相等的竖直边，为什么？这是因为当单个的平面在这两个圆锥面的每一个截出一超曲线(双曲线的一支)时，就会给它们一个公共的横截边，连同它们的相似的轴三角形——因而(两个截线的公共的横截边)大小相同，对每个截线的竖直边的比也相同；因此，两个竖直边相等.

为什么说两个比(横截边比竖直边)对两个截线来说是相同的呢？那是因为，在每一个截线中，横截边对竖直边的比是那个截线自己的轴. 三角形中某些线段之比的复比；但这里的两个轴三角形相似，而且在相似三角形中，各对应边之间的比都彼此相同.

为什么要在第 14 命题中费尽心力去做那些事情呢？其实，这两个截线是同一类型的，而且是一类我们以前见过的类型；此外，每条曲线正好与另一曲线有相同的大小和形状(把这两条曲线看成超曲线时它们有相同的竖直边)，而且，它们的直径彼此位于同一直线上，这种情况是值得我们费心呢，还是我们正在丧失某些有趣的东西呢？

这里，我们遇到的情况不是两个只有相同大小和形状的两条超曲线，两个具有相同大小和形状的超曲线还不是所谓的“二相对截线”(双曲线)，这与它们的位置有关，即使两个具有相同大小和形状的超曲线还有在同一直线上的直径，它们也还不是所谓的“二相对截线”，两个超曲线要成为“二相对截线”，不只是它们必须有相等的竖直边，而是它们必须有同一的横截边，一个平面切割对顶的圆锥面成薄片，能够保证产生恰好成对的“相对截线”——具有相等的竖直边和同一的横截边的一对超曲线，对一对“相对截线”来说，我们不是把两个图形胡乱地放在一起，相反地，我们讲的是一个确定位置的图形.

这个命题一开始所使用的方法使我们处于一种警戒状态,表达的顺序不同于我们以前得到截线的那些命题的顺序.这里,与以前不同,Apollonius作出截线是在得到轴三角形之前.事实上,他甚至得到纵线也是在得到轴三角形之前.换句话说,在这里,他用一个平面去切割两个锥面,而不管哪一个轴三角形、哪一组纵线.在这个命题中,我们的兴趣不是每个截线的直径所在的直线,而是两条曲线的直径是同一直线,即横截边的延长线.

一对相对截线在一起,有某个事物使它们分开;即它们所公有的横截边,然而,它还不只是使它们分开,它也使它们结合在一起,它们被那个把它们分成两个的同一事物又合成一个,它们的公共横截边把它们这一对形成一对相对截线,被它们的公共横截边既连接又分开,使人感兴趣的不是它们每一个的形状,而是它们两者放在一起所合成的图形.

我们前面讨论的三种圆锥截线,它们当中的每一个都是一条单独的线,这里讨论的与它们有什么关系?即使我们已经看到使人非相信不可的理由,把齐曲线(抛物线)的界说性命题放在其他截线的界说性命题之前,我们并未见到使人非相信不可的理由,把超曲线(双曲线的一支)的界说性命题放在亏曲线(椭圆)的界说性命题之前.如果把亏曲线提到超曲线之前——交换一下第12与第13命题的次序——使得超曲线紧紧地放在关于二双曲线的特殊一对的第14命题之前,不是更好吗?相反地,是不是有某种方式,把这种超曲线对和亏曲线联系起来——也就是把双曲线与椭圆联系起来呢?这个是否有某个事物与横截边有关?"横截"边,顺便地说一下,是Apollonius所使用的希腊术语的通常译语,一个更符合字义的译语应当是"倾斜"边(英译:"oblique" side);Apollonius所说的是"竖直边"(英译:"upright" side)和"倾斜"边;它的希腊词的含义类似于这些英语词(即upright side和obligue side).

在后面我们将会更多地看到这一点,事实上,即使我们在后面没有一下子看出来,它也是潜藏在那里的.

在第14命题的末尾,我们已经结束了定义不同的圆锥截线的命题,然而,远在这些界说性命题之前,就有一些定义,在这一卷开头的第一组定义中,Apollonius在直径的定义之后,给出了一些定义,现在我们仍未看清其理由,这是Apollonius安排给我们在随后的内容中去理解的,紧随着下一对命题(第15、16命题)之后,我们将看到第二组定义.

Harvey Flaumenhaft

1998年7月28日

卷Ⅳ[美]绿狮出版社前言

这一卷是迄今未英译的 Apollonius 的《圆锥曲线论》的第Ⅳ卷,使得幸存的七卷本,作为一个整体,终于首次有了可用的英译本. 1930 年 R. Catesby Taliaferro 为圣约翰学院(St. John's College)写出的 Apollonius 的译本,由于旨在简短,也可能受到 Thomas Heath 爵士对第Ⅳ卷的低估的影响,只选了幸存原希腊文本的四卷中的前三卷,第Ⅴ到第Ⅶ卷仅存阿拉伯文译本,已由 Gerald R. Toomer 译成英文,第八卷没有依任何形式下幸存下来.

1999 年,在我们准备 Taliaferro 关于《圆锥曲线论》卷Ⅰ-Ⅲ的译本的新版时,圣约翰学院的 Joseph Cohen 联系我们时提出可以包括第Ⅳ卷的译本. 因为他的朋友,也是他以前的学生 Michael N. Fried 最近已译出,这一意见当然是我们所欢迎的,但是没有把它附加到 Taliaferro 译本中去有两个原因:第一,我们还不能把它设计好并及时完成我们所作的承诺;第二,把 Apollonius 的篇幅整整地增加一卷将增加成本,不利于所承担的任务也许并不包括第四卷读物的学生.

经过一些讨论以及 Cohen 先生的赞助,我们决定将《圆锥曲线论》第四卷作为单行本发行,计划作为《圆锥曲线论》卷Ⅰ-Ⅲ的姊妹篇. 保持以前各卷的安排,加大页边空白,插图与命题之间的间隔也加大,尽管 Apollonius 的原文是叙事体的,连续分段,仍依照 Taliaferro 醒目的陈述方式,等式或比例式按单行写出,排在一行的中央,译文背离了 Taliaferro,避免用现代数学符号①,理由见译者的序中所提出的,正如所有绿狮出版社的书中,注文都是脚注而不是尾注,使它们易于使用.

尽管现在这个译本以前的译本曾附加在译者(Michael N. Fried)和 Sabetai Unguru 所著的《Parga 的 Apollonius 的圆锥曲线论:正文、上下文、注释》(Apollonius of Parga's Conica:Text, Confext, Subtest)(见文献书目录),译本在这一版已通盘地修订过,而且已作出一批重大的改进,增进了准确性和表述的清晰性.

Michael N. Fried 的序令人信服地表明:《圆锥曲线论》第四卷曾被许多以前的学者误解了,他们未能摆脱他们所接受的现代数学训练形成的偏见的影响,一旦将问题正确地订正过来,并理解了 Apollonius 在这一卷里试图完成的东西,作为前三卷的一个相称的姊妹篇,它便将像 Apollonius 安排的那样,结束了圆锥截线的"基础课程".

插图由 Michael N. Fried,间或也由 Willian Danahue 重新画过,这些是基于 Heiberg 的希腊文本中已含的插图绘制的.

绿狮出版社将感谢 Santa Fe 的圣约翰学院的 Meem 图书馆的帮助和支持,也包括希腊正文在贯穿这一卷整个的修订期间的长期借用在内,特别要感谢图书管理员 Inga Waite, Laura Cooley 和 Heather MacLean. 也感谢我们的 Hodson Trust Internship Program 的

① 为保持与卷Ⅰ-Ⅲ一致,卷Ⅳ的汉译文仍采用了前者的数学符号和缩写式.

夏季实习医生 Kathleen Kelly,她为本书的出版准备作出了重大贡献.

Dana Densmore
William H. Donahue
绿狮出版社

卷Ⅳ英译者序

Thomas Heath 写道：Apollonius 的《圆锥曲线论》的卷Ⅳ“从整体上看是乏味的，因而长期未引起注意”（Heath，1921，Ⅱ，157），一位伟大的思想家有时也会写出一本乏味的书，因而对 Apollonius 的《圆锥曲线论》卷Ⅳ的这个评价，Heath 可能是正确的. 但是，更加可能的是 Heath 对卷Ⅳ的轻视，是对于数学教科书的内容、兴趣以及重要性应当是什么抱有根深蒂固的偏见.

在上述评价之后，Heath 给卷Ⅴ一个大大不同的评价，他写道：“卷Ⅴ是在一个完全不同的层次上，它的的确确是这几卷中最重要的……它包含了一系列命题，这些命题是通过纯几何方法演绎的，并且实际上能够立即导出这三种圆锥曲线的每个的渐屈线，也就是说，这些渐屈线的笛卡尔方程能够容易地从 Apollonius 得到的结果导出.”（出处同上，pp. 158 – 159）之后，这些偏见被广为散布.

对于 Heath，令人遗憾的不只是对 Heath 而言，认为一本希腊数学著作究竟是深刻的还是乏味的，是把它改写为现代数学教科书之后，这个教科书所对应的现代高等数学或初等数学的程度. 事实上，如果人们把《圆锥曲线论》看成用几何语言掩盖着的代数教科书，圆锥曲线的本质是由它的方程决定的，那么，人们就可理解 Heath 以及类似于他的人为何把卷Ⅳ看成学究式的和令人厌烦的，简单地说，是乏味的.

相反地，在阅读和翻译卷Ⅳ时，我试图给 Apollonius 一个公正的待遇，远离圆锥曲线的现代数学概念，并且以 Apollonius 同时代人所关心的数学和哲学的眼光来看待这个教科书，那么人们就可以看出，卷Ⅳ一点也不乏味，而是显示了 Apollonius 在处理圆锥截线时的基本困难，当然最重要的是二相对截线的麻烦的性质，此外，这一卷也提出了一些问题，它们关系到 Apollonius 对于圆锥截线是如何出现的以及在一个平面上它们相互之间的关系的理解——而这个理解是阅读整个《圆锥曲线论》的关键. 现在，让我们来问一下，究竟卷Ⅳ是关于什么的？

一

1886 年出版了丹麦数学家 H. G. Zeuthen 的经典著作《Die Lenre von den Kegelschnitten im Altetum》，Heath 在他的著作中紧紧地追随 Zeuthen（见（Heath）Apollonius P. xi）. Zeuthen 认为卷Ⅳ的内容是通过五个点来决定圆锥曲线的. 这个问题首先与三线及四线轨迹问题有关，而三线及四线轨迹问题是卷Ⅲ后面一些命题的主旨；其次，这个问题与 Zeuthen 具有较大兴趣的一个问题有关，特别重要的是使用上述结果，就可以给这个问题一个代数解释（见 pp. 126ff）. 然而，这就是卷Ⅳ真正所关心的吗？ 它真的是针对这类问题解答的研究吗？ 在介绍卷Ⅳ的信件中，Apollonius 确实告诉我们，卷Ⅳ的内容与问题的解答和分析有关，但是，他说这个的理由似乎更倾向于阻挡说它们没有用处的批评，并不是说问题的解答和分析是这卷的重要目的，并且，他并没有详细说明这些问题是什么，他写出的是“这些定理的研究在问题的综合以及可能性限度（cdiorismous）方面也有重要的应用”，因而，Nicoteles 没有说真话，他说由 Conon 发现的东西中〔关于圆锥截线彼此相遇的点数〕没有任何东西对可能性限度有用,其原因是他与Conon有争论;然而,即使可能性限度能够不用这些东西而得到,但仍然确有一些事情使用这些东西就变得容易理解,例如,一个问题是否可以用多种方法解答,究竟有几种方法,以及它是否无解.

Apollonius使他自己远离这类争论,他在这封信的结尾说道,除了它可能具有的任何应用之外,卷Ⅳ处理的问题是它本身值得研究的问题,这个说明不是随随便便地经常做出的,Apollonius只是在《圆锥曲线论》的另外一个地方做出了类似的说明——在卷Ⅴ的前言之中(这就使人们对Heath的极高的评价卷Ⅴ和极低地评价卷Ⅳ有点啼笑皆非),于是,在问卷Ⅳ究竟是关于什么的时候,我们必须考虑这个对于两卷的共同的说明,并且避免寻求卷Ⅳ对其他问题的帮助,从现代的思想方法来说,它的重要性似乎比实际包含得更多.

实际情况是,在介绍卷Ⅰ以及介绍整个《圆锥曲线论》的前言以及介绍卷Ⅳ的前言中,Apollonius明白地告诉了我们卷Ⅳ的内容:"这一卷讨论一个圆锥截线与另一个圆锥截线或一个圆周相交的最大点数,进而一个圆锥截线或一个圆周与二相对截线相交的最大点数.除此之外,还有几个类似性质的问题,那些都是关于二相对截线交二相对截线的最大点数的(这是卷Ⅳ的主题之一,它在卷Ⅰ的序言中已明白提及).

Apollonius指出,Conon讨论过一个圆锥截线或一个圆周与另一个圆锥截线相交的情形,但是,Conon的证明是不正确的,Apollonius进一步指出,联系Conon的有毛病的证明,Nicoteles评论到,一个圆锥截线与二相对截线相交的情形也可以解决,但是,Apollonius查明Nicoteles以及其他任何人都没有提供一个证明.Apollonius说,至于二相对截线交二相对截线的最大点数,没有人曾经注意过这个问题,像在卷Ⅰ序言中所说的,Apollonius向他的读者承诺,他们可以在这一卷中看到所熟悉的问题的较完整及较严格的处理(因而,更正确的处理)以及全新的内容,它就是与二相对截线有关的内容.

在《圆锥曲线论》中的二相对截线的重要性不能过分强调,二相对截线的存在可能在Apollonius之前已经知道,正如在卷Ⅳ的Apollonius写的前言中说到Conon及Nicoteles时所提及的.但是,令人极为怀疑,在圆锥曲线论之前,还有什么地方更多地叙述过它们,二相对截线是奇怪的,在圆锥曲线论中阐述命题时,Apollonius通常总是把它们与其他的圆锥截线分开.这种奇异性在某种程度上与它们的个数有关,尽管有一种感觉,二相对截线是一个曲线,但是从视觉来看,它们是两个.因而,像Apollonius这些人,当他们的关于曲线的著作总是由彻底的几何观点支配时*,二相对截线的单复性质就给他们一个巨大的吸引力,但是,同时也给他们带来一些困难,人们在《圆锥曲线论》卷Ⅰ中对它已有感觉.

例如,考虑在卷Ⅰ中给出的"横截直径"与"竖直直径"的定义,Apollonius写道:对于位于一个平面上的任何两条曲线,若一直线截这两条曲线并且平分所有与两曲线中任一条相截而又平行于某一直线的线段,我称它为"横截直径"……,若一直线位于这两条曲线之间并且平分所有截于两曲线之间而又平行于某一直线的线段,我称它为"竖直直径"…….显然,它们涉及的是完全一般意义上的两条曲线,但是这些定义明确地针对二相对截线.Apollo-

*Apollonius的几何观点以及有关的问题较深入的讨论见我和Sabetai Unguru的书:Apollonius of perga's Conica:Text, Context, Subtext.

nius 本人没有明确这一点(他也不可能明确这一点,由于还没有定义二相对截线及任一个其他的圆锥截线),并且没有图形来提示这个意图,但是,第五世纪末期的 Apollonius 的评论家 Eutocins 的确有一个图形来说明"横截直径"及"竖直直径"的定义,尽管它也是针对一般性的,但是,它看起来好像是一个双支的双曲线(即二相对截线).从"横截直径"及"竖直直径"的定义来看,人们可能得出这样一个结论,对于 Apollonius 来说,二相对截线明确地是两个不同的曲线.但是,当人们查看这些定义在这个书中应用时,甚至不用的时候,这个问题好像很不清楚.

例如,Apollonius 常常使用词"横截的(plagin)"来描述单个曲线的直径,于是,在命题Ⅰ.13 的末尾,他把椭圆的直径称作"横截边"*,在介绍二相对截线的命题Ⅰ.14 中,他把每一超曲线(双曲线的一支)的直径称作"这个图形的横截边(tou eidous hē plagia pleura)."在此,Apollonius 的确把二相截线作为两个超曲线.然而,无论在哪一种情形,Apollonius 都没有明显地提及"横截直径",于是,使得整个事情更加含糊不清,"竖直直径"的定义只对两个曲线有意义,它在卷Ⅰ的命题中从来没有出现,只是简短地出现在卷Ⅱ中(例如Ⅱ.37,38),在人们期望在卷Ⅰ中找到"竖直直径"的地方,人们找到了"第二直径",或者更多地称为"共轭直径",它是在命题Ⅰ.16 后面定义的,即使在 Apollonius 明白提及竖直直径的两个命题Ⅱ.37,38 中,他很快地指出,它是共轭于横截直径的,相对于竖直直径,Apollonius 更喜欢共轭直径,因为共轭直径对一个或两个曲线同样地有定义(Kampulēs grmmēs kai duo kampulōn grammōn),并且这就允许在某种程度上避免二相对截线的单复数问题.

在第Ⅳ卷中,Apollonius 更明显地确信,二相对截线事实上是两个曲线,在卷Ⅳ的许多地方,明显地把二相对截线称为两个曲线.例如,命题Ⅳ.15 一开始,如果在"二相对截线中,一个点取在两个截线之间(metaxu tōn duo tomōn)……",这并不意味着相对截线的困难已经消失,它只能变得更加忧虑,正是这一点,它大量地隐藏在许多没完没了的事例之中,使本卷的读者感到了厌倦.然而,对于细心的读者,这些事例特别明显地展现了 Apollonius 解决二相对截线的困难的方法,作为例子,让我们来看Ⅳ.1 - 8.

Ⅳ.1 说"如果在一个圆锥截线或一个圆的外面取一点,从这一点对截线画出二直线,其一与这截线相切,另一与这截线相交于两点,在曲线之内的线段被分为两段,它们的比如同整个割线与这截线外介于所取点和曲线之间的线段的比,那么从切点到分点〔即分的线段之比〕的直线将与这曲线相交,且从交点到截线外所取点的直线将与这曲线相切."譬如设,令 D 是圆锥截线或一圆周 ABC 外一点,且 DB 与截线相切于 B,DEG 截这个截线于 E 和 G,那么,如果 EG 被点分割,使得

$$GZ : ZE :: GD : DE,$$

并且连接 BZ 并延长,那么 BZ 将与截线相交于 A,而 DA 将与截线相切.

---

*与此相关,人们应当注意,至少在 Heiberg 编辑的 Eutocius commentary(p. 200 - 201)中,描述横截直径及竖直直径的内容不仅包含上面我提到的提示二相对截线的图形,而且也包含提示椭圆的图形.Eutocius 可能与 Apollonius 一样,以一种矛盾的心情来对待二相对截线的单复性,无论事实如何,用并列图形的这种方法,反映了 Eutocius 与 Apollonius 同样含糊地使用 piagia.

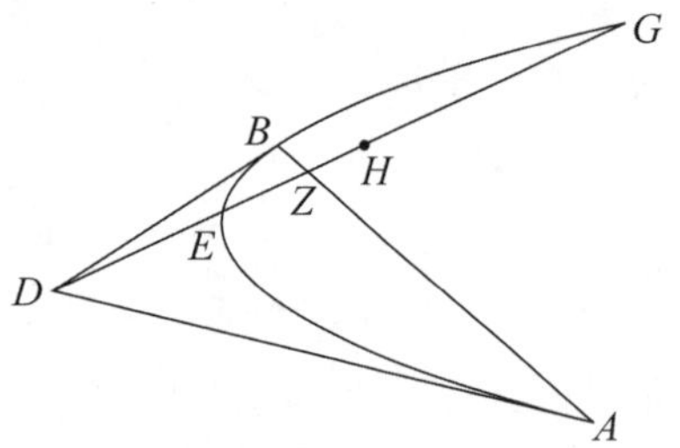

从表面上看,这正是Ⅲ.37的逆命题.命题Ⅲ.37:"如果与一圆锥截线或一个圆的圆周或二相对截线相切的二直线相交,二切点连成某直线,且从二切线交点作一直线穿过一截线并交于两点,则整个线段与在截线之外截出的线段的比,将如同截线内被二切点连线所截出的二线段之比."但是,在Ⅲ.37中涉及"一个圆锥截线或一个圆周或二相对截线(双曲线)";而在Ⅳ.1中只涉及一个"圆锥截线".在Ⅳ.2中,我们主要关心的是开头的句子:"上述这些事实是对所有截线一起进行证明的,"仍然没有说到二相对截线(双曲线).Apollonius之所以在Ⅳ.1的叙述中提及二相对截线,并且像他通常做的那样,把有关的证明放在后面,事实上,在圆锥曲线中有许多例子,Apollonius用一般的述语陈述一个命题,但是只对一个特殊情形给出证明,把其余的情形留待以后的命题去作(例如在Ⅰ.52-53中的那样),然而在此处,Apollonius让二相对截线(双曲线)悄然进入Ⅳ.4,并且把有关相对截线的情形逐渐地展开在其后的命题中.

有三种可能的理由来说明Apollonius为什么这样做.第一个可能是Apollonius利用它们在Ⅲ.37中出现而在Ⅳ.1中缺席来吸引读者的注意力于二相对截线(双曲线)的情形,第二个可能是他嘲笑像Nicoteles这些前辈,因为由解答任意两个圆锥截线可能相交的最大点数问题的方法,也能够解答关于二相对截线(双曲线)的问题.但是我认为最令人信服的理由是,Apollonius认为关于齐曲线(抛物线)、亏曲线(椭圆)、超曲线(双曲线的一支)的较小困难的情形是理解关于二相对截线(双曲线)的情形的入口,还有与此相联系的一点是重要的,在命题Ⅳ.1-8之间几乎没有或者说没有逻辑依赖性,Apollonius从三个原始的圆锥曲线到二相对截线(双曲线)的道路似乎更多地是类比而不是严格的演绎.所谓类比,我的意思是"这样一个推理方法,用这个方法,一个东西或一组东西可比作另一东西或者把它们看成与另外一个东西是一样的(在两种特定的情形之间有一种相似性,其中一种是未知的或者不完全知道,而另一种是已知的)……"见Lloyd*.

人们在Ⅳ.1-8中看到的是,Apollonius从较容易想象的齐曲线(抛物线),亏曲线(椭圆),超曲线(双曲线的一支)到二相对截线(双曲线)的过程.第一步,在Ⅳ.2中,Apollonius几乎没有证明任何东西;他只是解释Ⅳ.1的证明对超曲线(双曲线的一支)是有效的,只要点D在渐近线的夹角之内.然而,Ⅳ.2把超曲线(双曲线的一支)放到了它的渐近线之内,而渐近线是理解二相对截线(双曲线)的关键,渐近线以及横截直径统一了二相对截线(双曲线),由于二相对截线(双曲线)的渐近线是共同的**,这是Apollonius在Ⅱ.15中证明的.在具体地制作二相对截线(双曲线)的图形时,渐近线也是关键.于是,从Ⅳ.2开始,点D相对于渐近线就有了一个确定的位置,同样的情况也适用于二相

---

*G. E. R. Lloyd, Polarity and Analogy. p. 175.

**从这个意义上来看,渐近线也统一了相对共轭截线,这是Apollonius在Ⅱ.17中证明的,然而,与二相对截线(双曲线)不同,二相对截线(双曲线)及它们的共轭截线从来也没有被看作一个,由于这一对是不能由单个圆截曲面产生的.

对截线(双曲线).在Ⅳ.4中,D是在渐近线夹角的邻角之内,BZ将截这二相对截线(双曲线)于点Q,并且DQ是在Q的切线,在Ⅳ.5中,D在渐近线上,此时BZ平行于这个渐近线,因而,它不再截相对截线的任何一支.

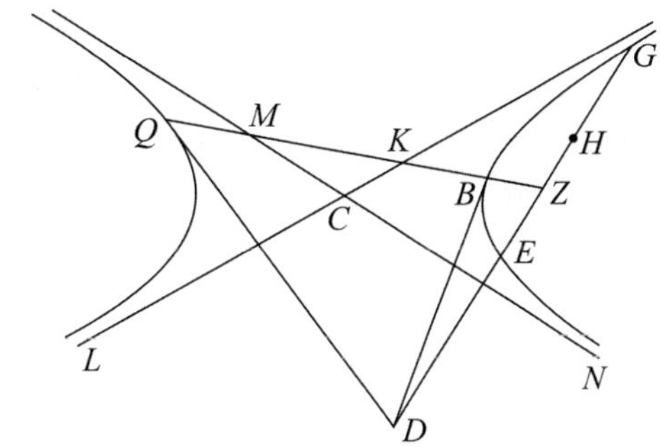

严格地说,Ⅳ.5不是Ⅲ.39的逆命题,而是Ⅲ.35的逆命题:由于在Ⅳ.5中没有新的纯文字的阐述(即没有新的条件从句),因而,Ⅳ.5可看作Ⅳ.4的延续,并且是从截到不截,它应当看作命题Ⅳ.1-4的"否定类比"*.相反地,命题Ⅳ.6确有一个新的纯文字的阐述:"如果在超曲线(双曲线的一支)之外取一点,从这个点对这截线画出二直线,其一与这截线相切,另一与二渐近线之一平行.若后一直线上在截线之内的一部分(线段)等于被截出的介于截线和所取点之间的部分(线段),则从前一直线的切点到延长点所连直线将与这截线相交,且从交点到外部那个点所连的直线将与这截线相切."命题Ⅳ.6也不是Ⅲ.37的逆命题,而是Ⅲ.30的逆命题.由我们刚才关于Ⅳ.4-5说过的话,它应当看成是Ⅳ.1或Ⅳ.2的一个"否定类比",由于它像Ⅳ.2一样,开始只是对超曲线(双曲线的一支),在图上完全相同的字母使它容易找到其联系:点D在超曲线(双曲线的一支)的外面并且在渐近线的夹角之内;BD切截线于B,而DE平行于一渐近线,并截这个截线于一点E,它代替了截这个截线于两点,那么,截直线ZE等于DE,连接BZ并延长,BZ将截这个截线于点A,而DA将与这个截线切于A.命题Ⅳ.7及Ⅳ.8排在Ⅳ.6之后的情况,完全是仿效Ⅳ.2-5中的模式的,而在Ⅳ.7中,D在渐近线的邻补角内,且BZ截二相对线(双曲线)于Q(左图),而在Ⅳ.8中,D在渐近线上(右图),并且BZ平行于这个渐近线.虽然Ⅳ.7与Ⅳ.8分别是Ⅲ.31与Ⅲ.34的逆命题,但是,应当清楚地看到,卷Ⅳ中这前八个命题的地位是由它们与Ⅳ.1的类比关系决定的,否则(由于正如我在上面所说的,演绎结构不能决定命题Ⅳ.1-8的顺序),它们可能以其逆的顺序被安排在卷Ⅲ中.

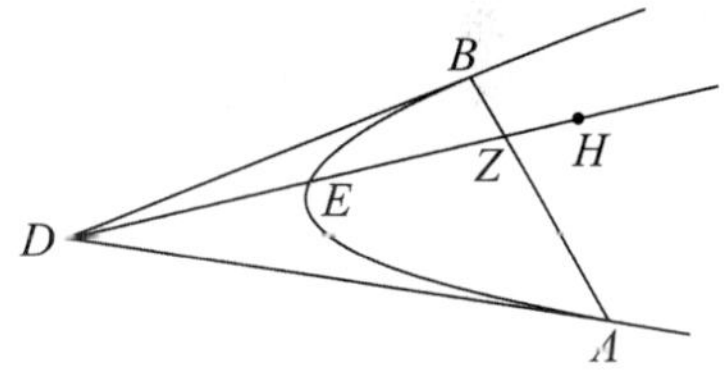

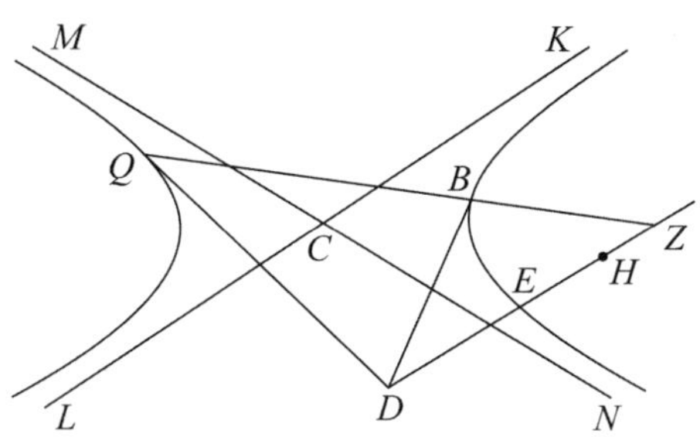

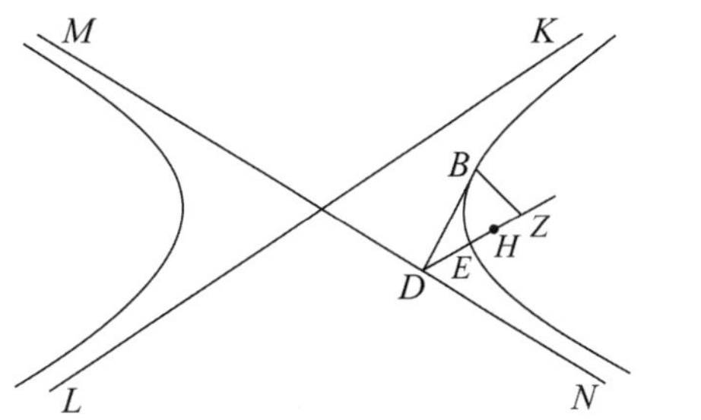

尽管Heath认为开始于Ⅳ.9的一系列命题只是提供一个方法来构造从一个外点到

---

*Lloyd, loc, cit.

圆锥截线的两条切线的*.但是,人们更容易把这些命题看成命题Ⅳ.1－8的进一步延续.命题Ⅳ.9说“如果从同一点〔在上述命题中的点D〕引出二直线,每一条都与一圆锥的一个截线或一个圆周交于两点,而且在截线内的线段都被分成两段,它们的比如同整个割线与在外截出的线段的比,则通过两个分点的直线将与这截线交于两点,从交点到外面那个点的二直线将与这截线相切.”于是代替Ⅳ.1中一条直线接触圆锥截线而另一条截这个截线于两点,在Ⅳ.9中,开始的图形是由两条截线DQE和DHZ构成的,它们分别截这个截线于点Q、E与Z、H;那么,点L与K分别割DQE与DHZ,使得

$$EL:LQ::DE:QD,$$

$$ZK:KH::DZ:DH.$$

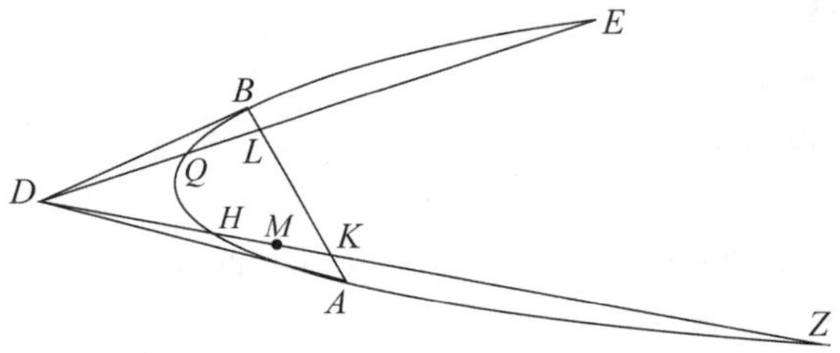

这个命题证明了连接L、K的直线将截这个截线于两点B、A,并且直线DB与DA将与这截线相切.想象Ⅳ.1一样,命题Ⅳ.9只涉及一个圆锥截线,而不涉及二相对截线(双曲线).并且,Ⅳ.9之后的命题排列正是遵循Ⅳ.1之后的命题排列的模式,甚至使用了相同的表述方法.正像在Ⅳ.1－8中使用的方法,Apollonius从一个圆锥截线即齐曲线(抛物线),亏曲线(椭圆)到超曲线(双曲线的一支)以及它的渐近线,再到二相对截线(双曲线).同时不难看出,在Ⅳ.1－8中的模式也是这一卷的总结构的模式,这一卷的主要定理是Ⅳ.25,38,55.Ⅳ.25证明了一个圆锥截线不能交另一个圆锥截线或圆周多于两点;Ⅳ.38证明了一个圆锥截线不能交二相对截线(双曲线)多于四点;Ⅳ.55只是关于二相对截线(双曲线)的,证明了两二相对截线相互相交不能多于四个点.

从一个圆锥截线到超曲线(双曲线的一支)及它的渐近线,再到二相对截线(双曲线),从切线到渐近线,从相切到平行,这样一个类比过程反复地,既在小范围也在大范围进行.然而,这种重复并没有给虚心的读者带来一种单调的感觉,而是一种快乐——我认为这是真正喜爱卷Ⅳ的原因之一.人们可以看出,用这种既快乐又精明的方法Apollonius如何为本卷的主要目的而奋斗,二相对截线如何交其他的圆锥截线和别的相对截线的问题,此外还可看出,他是如何给出这个问题的基础及其来龙去脉的.

二

直至目前所说的话应当使读者相信,为了理解和评价在这一卷中以及在《圆锥曲线论》的其他部分中Apollonius的成就,必须牢记他在卷Ⅳ中处理二相对截线(双曲线)的方法.当然,还存在着他处理这一问题的许多详细情况我还没有说到,而当读者仔细阅读

*这些命题可以作为这样一个方法的基础,它不是此处考虑的问题:它们可以作为这样一个方法的基础,但是,这不可能是Apollonius从Ⅳ.9开始的一系列命题中的主要目的,如果是的话,为什么这个目的既没有在这一卷的前言中,也没有在对卷Ⅳ作总的描述的卷Ⅰ的前言中提及?此外,它在另外一个地方提供了圆锥截线的切线的构造,为什么在此处不介绍一个明确的构造?

这个教科书时，这些情况将无疑对深入的探讨提供许多机会，换句话说，读者必须记住，卷Ⅳ不是关于二相对截线（双曲线）本身的，它是关于在平面上的圆锥截线相交的，这就自然地提出了另一个更一般和更基础的问题，即除了关于它们相交的点数问题之外，Apollonius 是如何理解圆锥截线相交的方式的？

由于圆锥截线被想象在某个地方相交，人们应当一开始就问“在哪里？”这个问题比它看起来更不清楚，其实质是 Apollonius 的几何与 Descarte 几何，即解析几何的差别. 由于解析几何开始于平面，它有一个单独的参考平面（我们只说平面解析几何），即 Descarte 平面，并且它上面的点从开始就给定了位置. 事实上，人们在这个平面上能做的所有事情就是给定位置，Descarte 平面是一个抽象概念，一个平面之中没有东西的平面（尽管 Aristotle 反对这种概念 *）. 在它之中的所有东西都是由它们的点的位置来决定，并且，这些东西的性质必须同位置的术语，即用坐标来给出，仅当人们允许一个长度抽象地对应一个数，或者一对长度对应一对数时，这种坐标才是可以想象的**.

在这种情况下，任何东西的讨论以及它们的性质都是基于把它们与数以及变元和方程联系起来的可能性，因此，探究曲线的交点变成探究交点的位置，或者说，通过决定它们的坐标来探究决定这些点的方程，不用说，当谈及代数方程而不是它们决定的对象时，有时会避免与这些对象的性质有关的某些理论上的困难（例如：二相对截线（双曲线）到底是两个还是一个曲线），由于这些对象只表示方程中包含的东西.

在 Apollonius 的几何中，也有一个参考平面，它是明显地出现在卷Ⅰ末尾的“构造”中的平面，这个参考平面，或者“切割平面”不是圆锥截线的一个抽象平面，它正是产生它们的平面——截面. 圆锥截线总是在这个平面上，并且，除非 Apollonius 另外说明，所说到的任何一事物必须假设它也在那里. 例如，当在Ⅰ.24 中 Apollonius 断言：“如果一直线与齐曲线（抛物线）或超曲线（双曲线的一支）相遇于一点，当在两端延长时都落在这截线之外（即相切），则它将与这截线的任一直径相交”，他可以泰然地忽略掉该直线不在截面之内（那时该命题显然不真实）的事实，因而，圆锥截线出现以及画出它们有关的线和点的平面就是那个实在的截面；在这个意义上，称那个平面为参考平面才是正确的.

显然，对 Apollonius 来说，圆锥截线相交的方式完全依赖于圆锥截线是如何出现在给定的截面上，后者是Ⅰ.52 - 60 的主题. 例如，在Ⅰ.52 中，要求我们“在这个平面上（heurein en epipedōoi）找出称为齐曲线（抛物线）的圆锥截线”. 为此，我们从“设置”一个平面开始，在这个平面上一条直线的位置是确定的（这并不意味着像在解析几何中一样被预先定位的，它只是位置确定，不得再有改动）***而且在一端被限定，以及另外一条只给定

---

*见 Arstotle《物理学》卷Ⅳ，关于地方和孔隙.

**对于在这个对应中数所起的作用，需要用根本不同于 Euclid 时代所理解的数（即数是由单位组成的复合体），或者如 Tacub kline 所说的“特定事物的特定的数.”理解数的这种变化是 16 世纪和 17 世纪的成果，它也是解析几何一直等到 Descarte 时代才出现的原因，显然，详尽地讨论这些事情离题太远了，读者可以在下述文献中找到深入的讨论：Tacob kline 的《希腊数学及代数的起源》，特别是第 12 章，去找到它们的充分的讨论.

***见基督教徒 Marinus Taisbak 的《Elements of Euclid's Data》关于“给定位置”的一个颇有启发性的讨论.

大小的线段,为此,我们想象(noein)一个圆锥被这个平面截出一个齐曲线(抛物线),它以平面上给定的直线为它的直径,以直径的端点为它的顶点,以给定大小的线段作为它的竖直边.这里,Apollonius 使用了“想象”一词,他只要求一个圆锥“被设想到”,这就提示人们在Ⅰ.52 中的作用,不是完全的作图;至少它不比Ⅰ.11 的作图多,尽管命题Ⅰ.52(连同Ⅰ.53)是作为一个作图题提出来的,但它的确是Ⅰ.11 的逆命题,I.11-14 说明不同的平面如何截一个给定的圆锥面,来产生不同的圆锥截线,各个截线具有它自己的特征性质;相反地,从Ⅰ.52 开始的一系列命题说明不同的圆锥如何在一个给定的平面上产生不同的圆锥截线,每个截线有规定的竖直边、直径以及顶点.

事实上,卷Ⅰ末尾的一系列命题对圆锥截线来说和《几何原本》中卷Ⅰ的公设 1 和 3(它们允许你在一平面上画出一直线和位于平面上任何处、有任意大小的圆)具有相应的作用.特别地,这些命题对卷Ⅳ的重要性是明显的,它们为在一个单个平面上画出任意多个有任何直径、顶点及竖直边的圆锥截线提供理论基础.与此相关,卷Ⅰ最后一个命题涉及一个平面上同时画出二相对截线(双曲线)与它的共轭截线*.

我认为卷Ⅳ与卷Ⅰ末尾这些命题之间的这种紧密联系正是为什么 Apollonius 称卷Ⅳ为“基础课程”两个原因之一.事实上,卷Ⅳ被看作是基础的乍看起来并不明显,表面上,卷Ⅳ似乎与“较详尽的论述”的卷Ⅴ-Ⅷ,而不是与其他“基础的”卷Ⅰ-Ⅲ有更多的共同之处,卷Ⅳ中的命题从来也没有在后面几卷中(至少既没有用在现存的卷Ⅴ-Ⅶ中,也没用在 Halleg 重建的卷Ⅷ之中).并且,像后几卷一样,它是局限在一组狭窄的问题之中,卷Ⅳ关心圆锥截线的相等和相似①,其末尾的命题与卷Ⅰ末尾的命题遥相呼应,因而,卷Ⅳ似乎应当称为基础部分.

问题的部分原因是 Apollonius 没有说出一个准则,由它来判别这一卷是否为基础,可能他认为没有必要这样作,由于“职业”数学家,像得到卷Ⅰ-Ⅲ的 Eudemus 或得到卷Ⅳ-Ⅶ(可能有卷Ⅷ)的 Attalus 都会感到解释那一卷书是基础是不必要的.然而,从 Aristotle 对“基础”的评价,特别是 Proclus 后来评价 Euclid《几何原本》的基础性质来看,明显地,“基础的”并不意味着“容易”或着“只对初学者”而是“根本的”意思**.

特别地,从《圆锥曲线论》中,作为基础意味着接近圆锥线的几何起源,事实上,在区分前四卷和后四卷时这是极其重要的,这个由卷Ⅴ的前言推知,Apollonius 说:“对于我们来说,在卷Ⅰ中已经证明的那些东西〔与截线的切线有关〕的证明中没有使用最短线的材料,由于我们要使那些东西出现的地方接近导出这三种截线的讨论,……”*** 当然,Apol-

---

*这并不包含画一个圆和另一个圆锥截线;这已在Ⅰ.55 中见到过了.但是,在任一平面上画出一个圆并不需要比 Eucl. Ⅰ公设 3 更多的限制条件.

①“相等与相似”内容不在卷Ⅳ中,而是在卷Ⅵ中.

**见 Aristotle《形而上学》1014Q 26-1014b 16 和 Proclus 在 Eucl. p. 70-73(Friedlein),特别在后者中,Proclus 写道:“如果我们从基础开始,我们将能够理解这个科学中的其他部分;没有基础,我们就不能掌握其他的复杂的内容,并且,学习其他的内容将超过我们的努力,最简单、最基本的和最接近基本原理的定理以适当的顺序集中在这儿〔在《几何原本》里〕,而其他命题的证明将以它们作为最明显的事实,并且以它们为基础继续进行下去”(Gleen R. Morrow).

***Toomer 从阿拉伯文本 Bānū Mūsā in Apollonius Conics Books Ⅴ to Ⅶ.

lonius 所说的“导出”是把圆锥截线的起源真的看作一个圆锥的截线，与此相关，读者也将认识到他恰当地提及原始直径，由于它正是直接从圆锥切割时出现的那个直径，它的原始是指切割过程，而不是与它有关的其他任何关系的简单性，这就使得原始直径真正成为一个基本直径.

卷Ⅳ属于基础部分，由于它的直接基础以及基本假设在于不同的圆锥截线，能够一起放在一个给定平面的任何地方，并且，这个使它与命题Ⅰ.52－60 有密切的联系，这些命题是导出圆锥截线的逆命题，也是卷Ⅰ的最后一个高潮.

无疑地，卷Ⅳ扎根于实在地导出圆锥截线的过程中，这正是它属于 Apollonius 的“基础课程”的主要原因. 但是，次要的理由也应在此提到：卷Ⅳ的主旨与《几何原本》中卷Ⅲ中关于圆的命题的主旨是极其类似的，圆锥截线和圆之间的类似性是明显的，并且其重要性贯穿在《圆锥曲线论》中，当人们分别比较命题Ⅱ.26，Ⅱ.45，Ⅱ.47，Ⅲ.16，Ⅲ.17 与《几何原本》的Ⅲ.4，Ⅲ.1，Ⅲ.30，Ⅲ.36，Ⅲ.35 时就会证实这一点. 有时甚至连表述的语句也相同，例如，Ⅱ.26 陈述说：“如果在一亏曲线（椭圆）或一个圆的圆周内，两条线段至少有一个不通过中心，则它们决不会互相平分”. 而 Eucl. Ⅲ.4 陈述说：“如果在一个圆中，两条相交弦至少有一条不过圆心，则它们便不会互相平分”. Eutocius 在他对卷Ⅳ的评注本里一开始便指出了《圆锥截线论》卷Ⅳ中的用语与 Euclid 在关于圆的一卷中的用语有着密切的关系，尽管他没有确切地说出《几何原本》中的哪些命题. 但显然是指 Eucl. Ⅲ.10 和Ⅲ.13，Ⅲ.10 说：“一个圆截另一个圆，其交点不多于两个”，Eucl. Ⅲ.13 说：“一个圆和另外一个圆无论是内切还是外切，其切点不多于一个”. 前者对应于命题Ⅳ.25，38，55，它们并在一起，断言：圆锥截线（包括二相对截线（双曲线））不能彼此相交多于四个点，而后者对应命题Ⅳ.27，40，51，57，它们并在一起，断言：如圆锥截线（也包括二相对截线（双曲线））相切于两点，它们不会再相切于第三点.

除此之外，也还存在着其他的对应，尽管不是那么直接，例如，Eucl. Ⅲ.11，12，它们断言，二圆相切时，连接二圆心的直线必经过二圆的切点，这可以与Ⅳ.34 相联系，它断言，如果有相同中心的亏曲线（椭圆）或圆，它们相切于两点，则连接二切点的直径将通过其公共的中心，Eutocius 特别地把 Apollonius 在卷Ⅳ中使用反证法（reductio ad absurdum）与 Euclid 在它的卷Ⅲ中使用反证法联系了起来. 但是，很难看出它们之间的明显的联系，譬如说在Ⅳ.25 的后半部和 Eucl. Ⅲ.10 中应用时就是这样. Euclid 的《几何原本》卷Ⅲ中的命题与《圆锥曲线论》卷Ⅳ中的命题之间的类似性完全确定了卷Ⅳ的基础特征. 因为从那个类似性，卷Ⅳ的基础性不只是由于它接近圆锥截线的几何起源，而且也由于它与圆的紧密关系，而圆的熟悉、有用以及简明使它成为任何几何研究的基本对象.

上述所讨论的问题，即卷Ⅰ与卷Ⅳ中圆锥截线的基本的几何导出的关系，它的专心于二相对截线（双曲线）问题，它与关于圆的研究的联系，以及类比的思路等等是阅读《圆锥曲线论》卷Ⅳ的正确开端. 上述讨论也包括被《圆锥曲线论》的代数解释完全弄混乱的问题，像 Heath 和 Zeuthen 所做的那样，由于在那个解释中，在Ⅰ.11－14 中的圆锥只是帮助导出圆锥截线的方程的，或者根本上只是一个描述已给方程的工具*；因而，《圆锥曲线

*见 Zeuthen 的 Die Lehre，第 2～3 章.

论》便是建立在代数基础上而不是几何基础上，于是，不只人们可以代数地解释在《圆锥曲线论》中的结果(而且已经通晓代数和解析几何的人能够做到这个)，而且在某种意义上，人们必须用这种方法解释它们. 相应地，关于圆锥截线，二相对截线(双曲线)，以及圆之间的类比就成为一件多余的事情，由于它们之间的关系几乎平凡地显示在它们的方程的形式中——毕竟这就是代数的伟大力量. 进而，曲线的相交变成解联立方程. 事实上，当人们阅读了 Descartes 的《几何学》之后，人们就认识到当几何被代数化之后，曲线的许多性质以及它们的相交与方程的性质以及它们的根比较起来就完全处在一种次要的地位上. 无怪乎 Heath 和 Zeuthen 认为卷Ⅳ是乏味的并且寻找超出本卷研究范围之外的问题. 相反地，我希望上面所述能给读者这样一种感觉：卷Ⅳ就它本身而言是深刻的和有趣的.

三

在鼓励读者根据自己的条件去读卷Ⅳ时，我要公布译文与原书不一致的地方. 毕竟此处给出的是卷Ⅳ的一个译本，而任何译本都会使读者远离原著本身一步，相反地，要想完全一致即根本就不翻译《圆锥曲线论》，只能让大多数读者毫无帮助地停留在口译者面前，只有浅薄的知识，对 Apollonius 说此道彼只有点头承认它们，于是，从一开始承担翻译卷Ⅳ时，我就同意作出妥协，我唯一能作出的补偿便是尽可能坦率地说出哪些原则在支配这个翻译以及在哪些地方与原文有明显的偏离，现在我就来做这件事情.

正如我在这个序开头处所说的，在译出这本书时，最迫切要求做到的便是尽可能地避免一切外来的因素和犯有时代错误的因素. 据此，在译文中没有用现代的符号①. 不管它多么像是有益的，包括 Taliaferro 在译卷Ⅰ－Ⅲ时使用的"使知识和研究方法变得容易一些的那些符号和缩写式"(但是，我在对正文作脚注时，仍保留着 Taliaferro 的那些惯例、常规)，除了一个例外，我在圆锥截线相遇时对不同方式所描述的使用了不同的字句：例如我译'sumballein'为'相遇'，'temnein'为'相截'，'sumpiptein'为'相交'，对这个的例外是我把'ephaptesthai'和'epipsauein'译为'相切'. 另一方面，我完全地使用拉丁字母代替希腊字母，我使用一种对应表，其中(只有两个例外——'theta'和'psi')拉丁字母相当于希腊字母，不论在声音或者形状方面都相当，例如'G'相当于'gamma'，而'H'相当于'eta'(这个对应表就在这个序的后面).

一个较严重的偏离里，希腊文是由一般被动祈使句来代替我们现在使用的完成式被动祈使句，但是，不能无保留地这样做，严格地说，在我写出"Let same point D be takes outside the section"(仅某点 D 被取在截线之外)，一个更符合逐字直译应当是"Let some piont D have been taken(eilēphthō) outside". eilēphthō 是 lambanein 的完成式被动祈使形式，在几乎所有的希腊数学中，这是一个规则，在预先嘱咐了作图的一种常用形式*. 我都译成一般被动祈使句，只是为了避免过度笨拙的英译，特别是一连串这样的指令的地方. 然而，普遍使用这个语法规则可能显示希腊数学证明的一种主要特征，关于这个问题，

① 卷Ⅳ的汉译文保留了与卷Ⅰ－Ⅲ一致的数学符号和缩写式.

*Heath, Euclid, I. p. 242.

lechterman 写道:“除了少数几个值得注意的例外,Euclid 选择了把这些动词〔作为‘操作’的动词〕用成完成式被动祈使形式,在一点处平分一个线段表述成‘let it have been cut in two’(tetmesthō... dicha)(设它已被划分成两个)…这一风格上的特性的重要性是双重的:首先,Euclid 并未教导或同意一个读者去完成一个确定的操作,我只是把这个操作抛开成为不受个人情感影响的,被动的形式;其次,完成式的时态告诉我们,有关的操作在读者尚未与正要开展的证明遭遇以前就已执行过了,……现在,我们真的是处于尚不熟悉的领域之中. 至于,为了强调 Speusippeans 方向 Euclid 要求我们的,不是去完成在我们手头的操作,也不是去观察他人在我们眼前完成这个操作,而是去考虑这个操作已经由一位无名的人在‘现时这一刻’之前所完成的,而是紧跟着去清查从文字叙述到结论的活动. 这个语言操作者不能把时间过多地压后到如此多,使得不论是教师还是学生都不在场*.”

Taishak 绝妙地描述了这种情况:“在这个阶段引进有效的作图者是适宜的,上帝之手(The Helping Hand),希腊几何学中的杂役是众所周知的,他明白:所画直线、所取点、所作垂线,等等,完成式被动语态的祈使句是它的语言‘面具’(verbal mask). 一个读过希腊文本的 Euclid《几何原本》的人没有谁不熟悉那些命令和说教的:‘从顶点 A 画出中线’或‘用那条割线截这个圆’或‘把那些正方形加在一起’. 这上帝的手总是知道,这些事情在什么时候是要完成的,我总是奇怪,为什么曾经继承希腊数学的欧洲没有完成式被动语态的祈使语句.”**

另一折中处理是为了可读性形成的可以省略的括号,它指明那些加添的字句,其中大多数只是为了把一句希腊语句改成一个英语语句,这样,做了这些之后,就表明了这里插入的每个“the(这个)”“if(如果)”或“then(这时,于是)”……确实是过度地卖弄学问的行为,但两个通篇作出的插入应予指出,因为它们关系到本书到底应当代数地阅读还是几何地阅读的问题. 在希腊的数学教科书中,短语“to hupō tōn AB, CD pericehomenon orthogōnion”的“to apo tēs AB tetragōnon”分别意味着“the ractongle contained by AB, CD”和“the square on AB”(“由 AB,CD 所夹的矩形”和“AB 上的正方形”)总是简缩成“to hupō tōn AB,CD”和“to apo AB”,即“that under AB,CD”和“that on AB”,这些短语常常被译成“$AB\times CD$”及“AB^2”. 在这一译文中,我选择了我认为更加远离两个有害的译法,把凡是出现短语“to hupō tōn AB,CD”和“to apo AB”的地方一律译成“the rectangle contained by AB,CD”(由 AB,CD 所夹的矩形)和“the square on AB”(AB 上的正方形).

如上所述,我选择的某些约定背离了 Taliferro 的约定,因而也背离了绿狮出版社关于卷Ⅰ-Ⅲ的约定. 然而,有些另外的约定我还是乐意接受的,其中之一便是让附图重复出现,使得一个所给的图总是随同有关的课文一起出现;还有,也像《圆锥曲线论》卷Ⅰ-Ⅲ那样,只有专有的(纯文字的)陈述才用斜体印出;当一个命题没有这种陈述(例如Ⅳ.19)时,或者一个命题是前一个的续篇(例如Ⅳ.2-5)时,便不用斜体.

至于这个希腊文本,我从头到尾都使用 Heiberg 的拉丁文译本,而不顾及它的关于代

*Lechterman《几何学的伦理学》(The Ethics of Geometry)p. 65.

**Taisbak “Elements of Euclid’s Data” p. 144.

数符号的自由使用,但是他的拉丁文译本像 Ver Eecke 的法文译本一样,仍有很大的用处.

感谢辞

尽管这是细小的一卷,如果没有许多人的忠告、支持和鼓励,它是不能完成的,他们全都值得我对他们的感谢.这其间第一个我要感谢的是我的朋友和老师 Sabetai Urguru,他通读了译文和序言,并且后来还总是乐意地听取我的询问,并指导我仔细考虑;其次,一位当然是 Joe Cohen,他促成我与绿狮出版社开始联系,有许多场合我得请教于他;感谢 Bill Danahue,关于译本他给予了极具创见的评论,其中一件使我改正了出现在草稿上使我陷于困窘不安的严重错误;我也要感谢 Hagai Resnik,他在我对付计算机时(常引起痛苦)给予他老练的帮助.还有,我对 Harvey Flaumenhalf 也有长期未提过的谢意,他在差不多二十年前首次把 Apollonius 介绍给我,事实上,我确信我们当时的谈话一直在我关于 Apollonius 的思考中起着作用.最后,我要感谢我的妻子 Yifat 以及我们的女儿 Avigail 和 Inbar,就因为她们使这个世界成为一个愉快的地方,并且战胜所有困苦、忧虑以及挫折.

Michael N. Fried

2000 年 9 月 Revivim.

对本书所用的缩写式和符号的说明

$A=B$	表示 A 等于 B；
$A>B$	表示 A 大于 B；
$A<B$	表示 A 小于 B；
$A+B$	表示 A 加上 B；
$A-B$	表示从 A 减去 B；
$A:B::C:D$	表示 A 比 B 如同 C 比 D①；
$EM:MP$ comp. $DM:MR$	表示 EM 比 MP 与 DM 比 MR 的复比②；
rect. $AB\cdot CD$	表示 AB 和 CD 所夹的矩形；
sq. AB	表示在 AB 上的正方形；
ar. XT	表示面片 XT；
pllg. GD	表示平行四边形 GD；
trgl. ABC	表示三角形 ABC；
quadr. $LFGD$	表示四边形 $LFGD$；
(Ⅰ.3)	表示第 Ⅰ 卷的命题3；
(Eucl. Ⅲ.2)	表示《欧几里得几何原本》③ 第 Ⅲ 卷的命题2；
*, **, …	表示英译者注；
①,②,…	表示汉文译者注；
(……)	表示英译者语；
〔……〕	表示汉译者语.

---

① 参看 Eucl. V. 定义 5、6.
又 $A:B::C:D$ 与现在 $A:B=C:D$ 等价.

② 两比的复比如同两前项所夹的矩形比两后项所夹的矩形，
即 $EM:MP$ comp. $DM:MR::$ rect. $EM\cdot DM$: rect. $MP\cdot MR$.

③ 可参看：《欧几里得几何原本》. 兰纪正，朱恩宽，译. 梁宗巨，张毓新，徐伯谦校订. 陕西科学技术出版社 2003 年 6 月第 2 版.

本书中圆锥曲线的汉译名词与现在名称的对照

齐曲线	抛物线
超曲线	双曲线的一支
亏曲线	椭圆
二相对截线	双曲线①

①阿波罗尼奥斯把它是作为两条截线来对待的.

第Ⅰ卷

APOLLONIUS　致 EUDEMUS

敬礼

如果您贵体康复,诸事顺心,活得好,我们也活得很好. 在我与您同在 Pergamum 的时日里,我看到您相当热切地关心我正从事的关于圆锥截线的著作,因此我把这修订过的第Ⅰ卷送交给您,并将其余几卷在我们感到满意时赶写出来. 因为我不相信您会忘记我在那次意见听取会上我是怎样应承几何学家 Naucrates 的要求作出关于这些圆锥截线的计划的,他和我们曾一同参加 Alexandria 讲演会,由于他即将离开,我是怎样仓促地立即把它们安排在八卷书中,来不及修订,只是把我们所取得的结果写下来,打算只作最后一次润色就传递它们. 现有有机会逐卷改正它们、出版它们,又用时常交往的那些人中有些只熟悉修订以前的第Ⅰ卷和第Ⅱ卷:如果您发现它们在形式上有所不同,请不要惊异.

在八卷书中,前四卷属于基础课程,第Ⅰ卷包含着三种截线及二相对截线形成和它们中所作出的主要性质(τὰἀρχικὰ συμπτώματα,英译:the principal properties)比其他事物的写作更详尽. 第Ⅱ卷包含着与直径和轴、还有渐近线有关的性质(τὰ συμβαίνοντα,英译:the properties)和对可能性的限制条件一般有用和必要用到的其他事物(πρὸς τοὺς διορισμούς,英译:and other things of a general and necessary use for limits of possibility). 至于什么是我称为直径和什么是我称为轴的东西你将从这一卷找到. 第Ⅲ卷包含许多对立体轨迹的作图和可能性的限制条件,令人不可思议的和最完美的定理,其中绝大部分都是新的,而且当我们掌握这些时我们便知道,Euclid 未曾作出的三线和四线轨迹,只有它的偶然的部分才被不很愉快地被解出,因为没有我们所发现的另外的事实它们就不可能圆满地解出. 第Ⅳ卷表明,一个圆锥的截线与另外一个或一个圆的圆周有多少方式彼此相交,还包含着另外的事实,没有一件是我们的前辈们所写过的,那就是:一个圆锥截线或一个圆的圆周相遇及二相对截线与另二相对截线相遇时可能有多少个交点的问题,其余各卷的处理是比较详尽的,因为有大量的论述是关于极大线和极小线的;一个圆锥截线和另一个彼此全等和相似的论述;关于限制条件的定理的论述;关于圆锥截线的决定的论述. 因此,的确地,当它们全部发表时,那些偶然发现的事实,当它们被看为适当的时候,就可以判定它们,再见.

第一组定义

1. 如果从一点到与它不在同一平面内的一个圆的圆周引一直线,这直线在两端无限延长. 将这点保持固定,使这直线沿着这圆的圆周旋转直到它又回到它开始移动的位置,于是生成一个由两个彼此对顶的曲面所合成的曲面,两个曲面的每一个随着生成直线无限延长都将无限地扩大,我称这曲面为圆锥曲面,而这固定点称为它的顶点,从这顶点到这圆的圆心引一直线,称为它的轴.

2. 由这个圆和这圆锥曲面的介于顶点和这圆圆周间的部分所包围的图形,我称之为圆锥. 圆锥曲面的顶点也称为该圆锥的顶点,从这顶点到这圆圆心的线段称为该圆锥的轴,而这个圆称为该圆锥的底.

3. 那些其轴垂直于其底的圆锥称为直圆锥;那些其轴不垂直于其底的则称为斜圆锥.

4. 考虑一个平面上的任一曲线,如果从它画出一直线,它平分着所有平行于某一直线且与这曲线交出的线段,则我称这直线为(这曲线的一条)直径;而且把这直线上位于这曲线上的端点称为这曲线的顶点;以后经常说:这些平行线段[①]的每一条都是对这直径依纵线方向[②]引出的(τεταγμὲνως ἐπὶ τήν διάμετρον κατῆχθαι,英译:each of these parallels is drawn or dinatewise to the diameter).

5. 同样的,考虑一个平面上的任二曲线,如果某直线与这二曲线都相交,而且平分着所有平行于某直线,且与二曲线的任一交出的线段,则我称这直线为这二曲线的横截直径(διάμετρος πλαγία,英译:the transverse diameter);而且把这直径的位于二曲线上的端点称为二曲线的顶点;如是某直线位于二曲线之间,它平分着所有平行于某直线,且在这二曲线间的线段,则称这条直线为这二曲线的竖直直径(διάμετρος ὀρθία,英译:the upright diameter);以后经常说:这些平行线段的每一条都是对(横截、竖直)直径依(各自的)纵线方向引出的.

6. 对一平面上的一条或两条曲线来说,如果二直线中每一条都是一直径,它平分着所有与另一平行的线段,则我称它们为这一曲线或这二曲线的共轭直径(συζυγεῖς διαμέτροι,英译:the conjugate diameters).

7. 对一平面上的一条或两条曲线来说,如果其直径与所截平行线段交成直角时,则我将这直线(直径)称为这一曲线或这二曲线的轴.

8. 对一平面上的一条或两条曲线来说,其共轭直径与所截平行线段彼此交成直角时,则称这二直线为这一曲线或这二曲线的共轭轴.

---

① 这些线段都是这直径所平分过的线段的一半,一端在截线上,一端在直径上,即下文所说的"纵线".

② 由于 Apollonius 并未提出"坐标"概念,因此我们将"ordinate"译成"纵线". 将"abscissa"译成"横线".

纵线这个概念与直径有关,对于每条直径,它所平分的线段的方向都是确定的,这些被直径所平分的线段的方向便是这直径的"纵线方向".

命　题

命题 1

从圆锥曲面的顶点到这曲面上的一点所连接的直线都在该曲面上.

设有一圆锥曲面,其顶点为点 A,在这圆锥曲面上取某个点 B,并连接出一直线 ACB.

我断言　直线 ACB 在这圆锥曲面上.

因为,如果可能的话,设它(直线 ACB)不在它(这圆锥曲面)上,设直线 DE 是生成这个曲面的直线,而 EF 是 DE 沿之移动的那个圆的圆周. 若点 A 保持固定,直线 DE 沿着圆周 EF 移动,它也将通过点 B(定义 1),于是两线段将有相同的端点,这是不合理的.

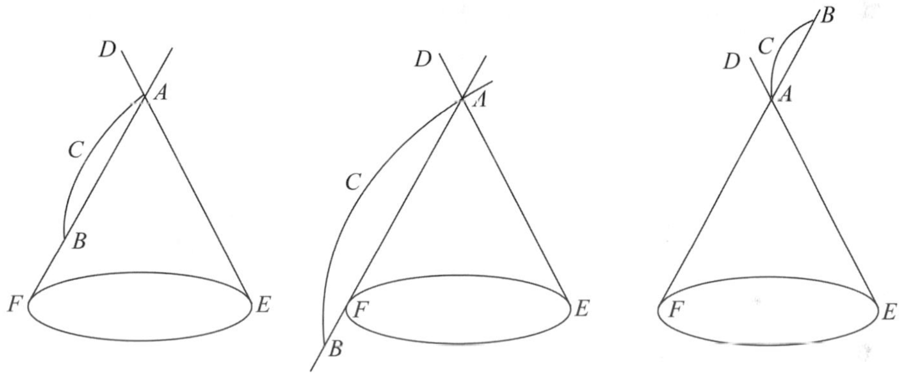

所以连接从 A 到 B 的直线不能不在该曲面上.

推论

显然,如果连接从顶点到这曲面内的某点的直线,它将在这圆锥曲面内;又如果连接从顶点到这曲面外的某点的直线,则它将在这曲面之外.

命题 2

如果在两个对顶的圆锥面的任何一个上取两点,且连接这两点的线段延长后不过顶点,则该线段在曲面内,而它的延长线在曲面外.

设有一圆锥曲面,其顶点为 A,圆 BC 是生成这曲面的直线沿其圆周移动的那个圆,在两对顶圆锥面的任何一个上取两点 D 和 E,且设连接两点的线段延长后不过点 A.

我断言　线段 DE 在圆锥曲面内,而其延长线将在这曲面之外.

连接 AE 和 AD 并延长,那么它们将与该圆的圆周相交(Ⅰ.1). 设交点为 B 和 C,连

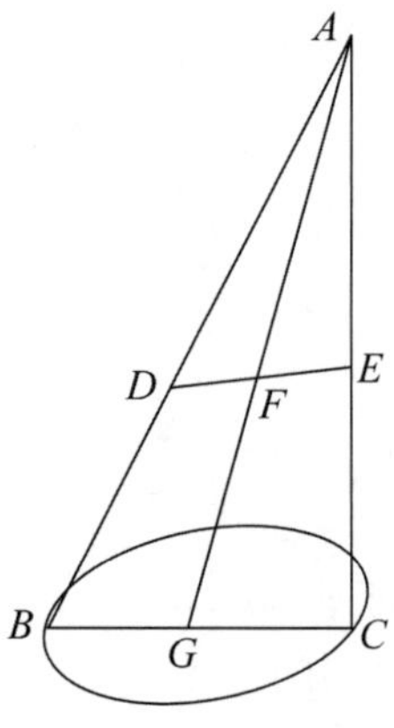

接 BC. 则线段 BC 在圆内,因而也在圆锥曲面内.

然后在 DE 上取一点 F,连接 AF 并延长,它将与线段 BC 相交;这是因为三角形 BCA 在一个平面内(Eucl. Ⅺ. 2),设其交点为 G. 由于这时点 G 在圆锥曲面内,所以直线 AG 也将在圆锥曲面内(Ⅰ.1 推论),因而点 F 也在这圆锥曲面内. 于是同样可证明所有在线段 DE 上的点都在这曲面内,所以线段 DE 在这曲面内.

另外,若将 DE 延长到 H,我说它(点 H)将在圆锥曲面之外.

因为,如果可能的话,设点 H 不在这圆锥曲面之外,连接 AH 并延长,则它将或者与这圆的圆周相交或者落在该圆周内(Ⅰ.1 和推论). 而这是不可能的,因为它与 BC 的延长线相交,就像点 K 那样. 所以线段 EH 在曲面之外.

所以线段 DE 在圆锥曲面的内部,而其延长线在圆锥曲面的外部.

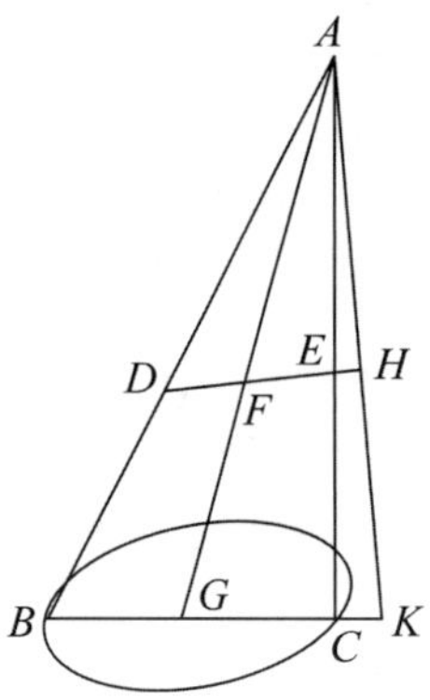

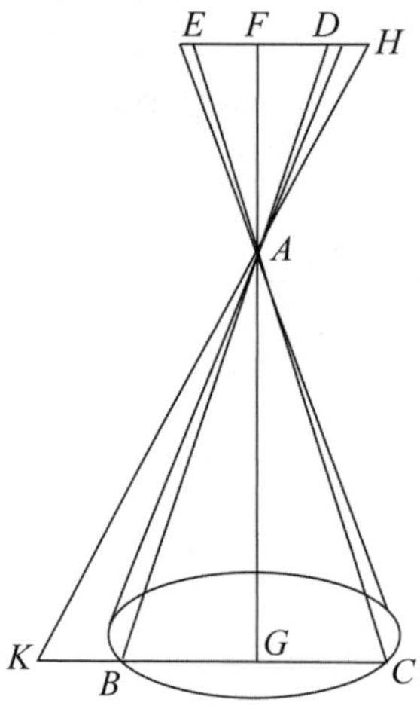

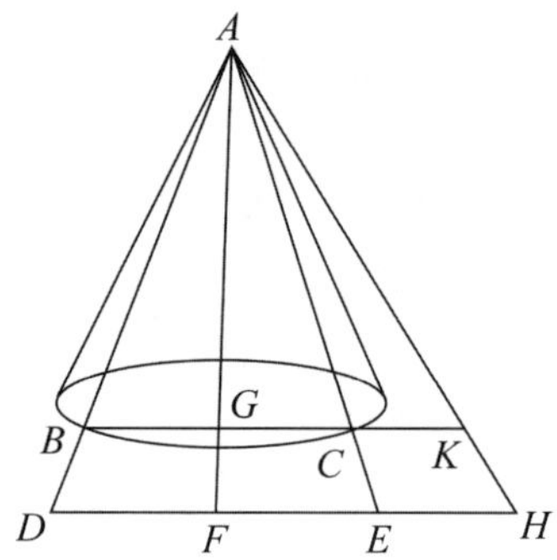

命题 3

如果一个圆锥被一过顶点的平面所截,其截面是一个三角形.

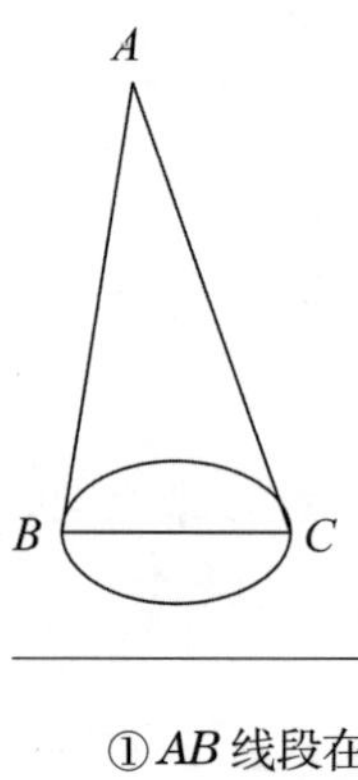

设有一个圆锥,其顶点为点 A,其底为圆 BC,它又被某个过顶点 A 的平面所截,它在圆锥面上形成的截线为线 AB 和 AC,在圆锥底上的截线为线段 BC.

我断言 (截面)ABC 是一个三角形.

因为,由于从 A 到 B 的连线是截平面与圆锥面的交线,所以 AB 是一线段①,同样地,AC 也是一线段,而 BC 也是一线段,所以 ABC 是一个三角形.

所以,如果一个圆锥被一过顶点的平面所截,其截面是一个三角形.

① AB 线段在圆锥面上,但是它也在所提到的截面上,所以线段 AB 是圆锥面和截面的交线.

命题 4

如果两个对顶的曲面是由生成它的直线沿着一个圆的圆周移动而产生的，且这两锥面的任一个被某个与这圆平行的平面所截，则这截面在这圆锥曲面内切出一个圆心在其轴上的圆，该圆与圆锥曲面在顶点一侧的部分所包围的图形将是一个圆锥.

设有一圆锥曲面，其顶点为点 A，生成它的直线沿之移动的那圆是 BC；设它被某个平行于圆 BC 的平面所截，在曲面上的截线为 DE.

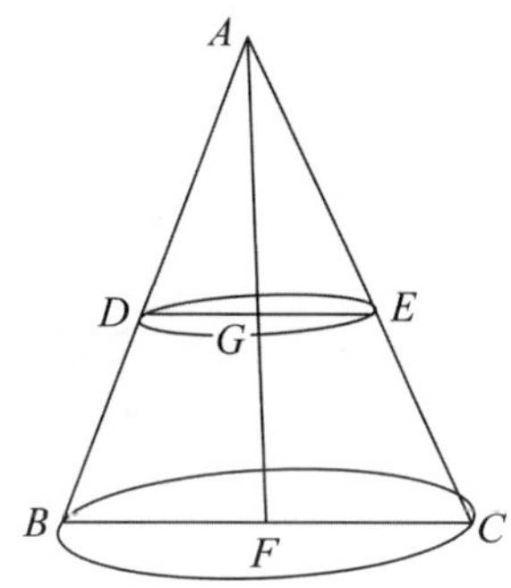

我断言截线 DE 是一个圆心在轴上的圆（的圆周）.

因为，设点 F 为圆 BC 的圆心，连接 AF，于是 AF 是轴（定义1），它与这截面相交，设它与它交于点 G，过 AF 作一平面，则截面将是三角形 ABC（Ⅰ.3）. 又因点 D、G 和 E 是截面上的点，也在三角形平面上，所以 DGE 是一线段（Eucl. Ⅺ.3）.

另外在截线 DE 上任取一点 H，连接 AH 并延长，则它必与圆周 BC 相交（Ⅰ.1），设交于点 K，连接 GH 和 FK，又因两平行平面 DE 和 BC 被平面 ABC 所截，那么它们的交线是平行的（Eucl. Ⅺ.6），所以线段 DE 平行于线段 BC. 同理，线段 GH 也平行于线段 KF. 于是

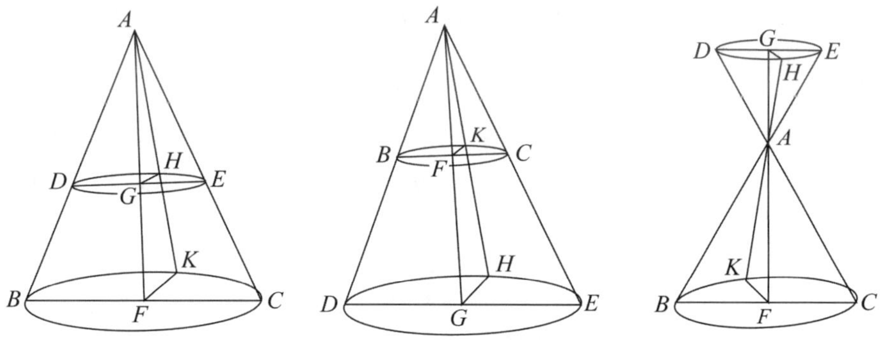

$$FA:AG::FB:DG::FC:GE::FK:GH\text{(Eucl. Ⅵ.4)}.$$

又 $$BF=KF=FC.$$

所以也有 $$DG=GH=GE\text{(Eucl. Ⅴ.9)}.$$

同样地我们可证所有从点 G 到截线 DE 所作的线段都彼此相等.

所以截线 DE 是一个圆心在轴上的圆.

显然，由圆 DE 和圆锥面在顶点一侧被截出的部分所包围的图形是一个圆锥.

这里同时也证明了，截面和轴三角形的交线是该圆的一个直径.

命题 5

如果一个斜圆锥被过轴且垂直于底(面)的平面所截,它也被另一平面所截,该平面一方面与轴三角形(平面)交成直角,另一方面在顶点一侧截出一个与轴三角形反向(ὑπεναντίως,英译:subcontrariwise)相似的三角形.则这截线是一个圆,并称此截平面为反位面(ὑπεναντία,英译:subcontrary).

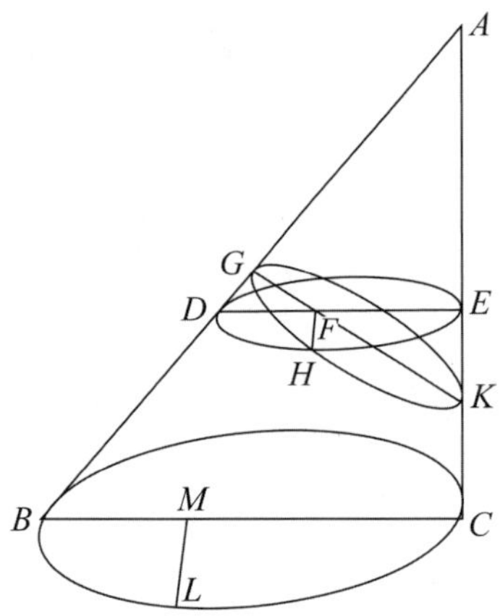

设有一斜圆锥,其顶点为点 A,其底为圆 BC,它被一过轴且垂直圆 BC 的平面所截,其截面为三角形 ABC(Ⅰ.3),它也被另一垂直于三角形的平面所截,并且在点 A 的一侧截出一个与三角形反向相似的三角形 AKG,即使得角 AKG 等于角 ABC. 设它在锥面上的截线为 GHK.

我断言 这截线是一个圆.

因为,若在截线 GHK 及圆周 BC 上分别任意地取点 H 及 L,以点 H 和 L 向三角形 ABC 平面引垂线,则它们将与两平面的交线相交(Eucl. Ⅺ. 定义 4). 如 FH 和 LM 那样,于是 FH 平行于 LM(Eucl. Ⅺ.6).

然后过 F 作直线 DEF 平行于 BC;又由于 FH 也平行于 LM. 所以过 FH 和 DE 的平面平行于这个圆锥的底(Eucl. Ⅺ.15),于是它是一个以线段 DE 为直径的圆(Ⅰ.4).

所以 $\text{rect.}\, DF \cdot FE = \text{sq.}\, FH$(Eucl. Ⅲ.31,Ⅵ.8 推论和 Ⅵ.17).

又因为 ED 平行于 BC,角 ADE 等于角 ABC,而角 AKG 已假设等于角 ADE,因此角 AKG 等于角 ADE,又在点 F 处的对顶角也相等,所以三角形 DFG 相似于三角形 KFE,从而有

$$EF : FK :: GF : FD \text{(Eucl. Ⅵ.4)},$$

所以 $\text{rect.}\, EF \cdot FD = \text{rect.}\, KF \cdot FG$(Eucl. Ⅵ.16).

但是已证明 $\text{sq.}\, FH = \text{rect.}\, EF \cdot FD$;

因而 $\text{rect.}\, KF \cdot FG = \text{sq.}\, FH$.

同样地,从截线 GHK 上所有点向直线 GK 所作垂线上的正方形也都可证明等于线段 GK 上被截出两线段所夹的矩形.

所以这截线是一个以线段 GK 为直径的圆.

命题 6

如果一个圆锥被一过其轴的平面所截,在这圆锥的面上取不在轴三角形

边上的一点,从它引一线段平行于底圆上某一由圆周画出的到三角形底边的垂线,则所引直线将与轴三角形相交.若再进一步将它延长到曲面另一侧,则(所得线段)将被这三角形所平分.

设有一圆锥,其顶点为点 A,其底为圆 BC,它被一过其轴的平面所截,其截面为三角形 ABC(Ⅰ.3);在圆周上任取一点 M 作直线 MN 垂直于线段 BC,然后再在圆锥面上取一点 D,过 D 作 直线 DE 平行于 MN.

我断言　DE 延长后将与三角形 ABC 的平面相交;而且,若进一步延长到圆锥的另一侧直到交于圆锥面,则(所得线段)将被三角形 ABC 所平分.

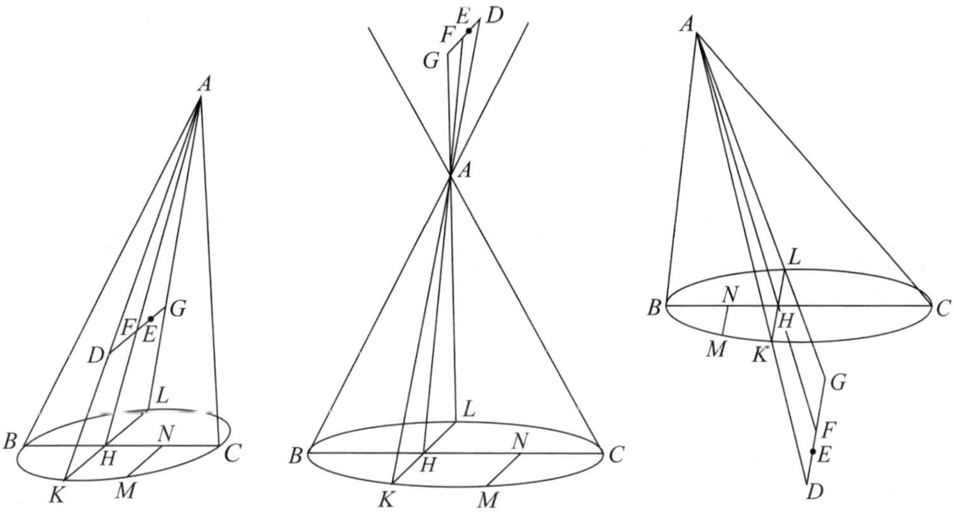

连接 AD 并延长,于是它将与圆 BC 的圆周相交(Ⅰ.1),设相交于 K,且从 K 作出直线 KHL 垂直于 BC,则 KL 平行于 MN,从而也平行于 DE(Eucl. Ⅺ.9).连接线段 AH.由于这时在三角形 AHK 内,DE 平行于 HK,所以 DE 延长后将与 AH 相交,但是 AH 在 ABC 的平面内,所以 DE 将与三角形的平面相交.

由于 DE 延长后与 AH 相交,设交点为 F,又将 DF 延长到与圆锥面相交,设其交点为 G.

我断言　DF 等于 FG.

因为,由于 A、G、L 是圆锥面上的点,但也在过线段 AH、AK、DG 和 KL 的平面内,即过圆锥顶点的三角形(Ⅰ.3),所以点 A、G 和 L 在圆锥面与三角形的交线上,所以过 A、G 和 L 的线是一直线,由于这时在三角形 ALK 内所作线段 DG 平行于底边 KHL,而线段 AFH 与它们相交,所以

$$KH : HL :: DF : FG \text{(Eucl. Ⅵ.4)}.$$

但是 KH 等于 HL,这是因为 KL 在圆 BC 中是一条垂直于直径的弦(Eucl. Ⅲ.3).所以 DF 等于 FG.

命题7

如果一个圆锥被一过其轴的平面所截,它也被另一平面所截,且该平面与圆锥底的交线垂直于轴三角形的底或底的延长线,如果从这截面在圆锥面上所截得的截线上作直线平行于底上的交线,那么这些直线将与两平面的交线相交,又若进一步延长到这截线的另一侧,那么所得线段将被两平面的交线所平分;如果圆锥是一个直圆锥,则底面上的交线垂直于平面的交线,但是,如果圆锥是一个斜圆锥,则仅当轴三角形面垂直于圆锥底面时,底面上的交线才垂直于两平面的交线.

设有一圆锥,其顶点为点 A,其底为圆 BC,它被一过其轴的平面所截,其轴截面为三角形 ABC(Ⅰ,3),它也被另一平面所截,设该平面与其底的交线 DE 垂直于线段 BC 或它的延长线,设在圆锥面上的交线为截线 DFE,又设截面和三角形的交线为 FG,再在这截线上任取一点 H,过 H 作直线 HK 平行于直线 DE.

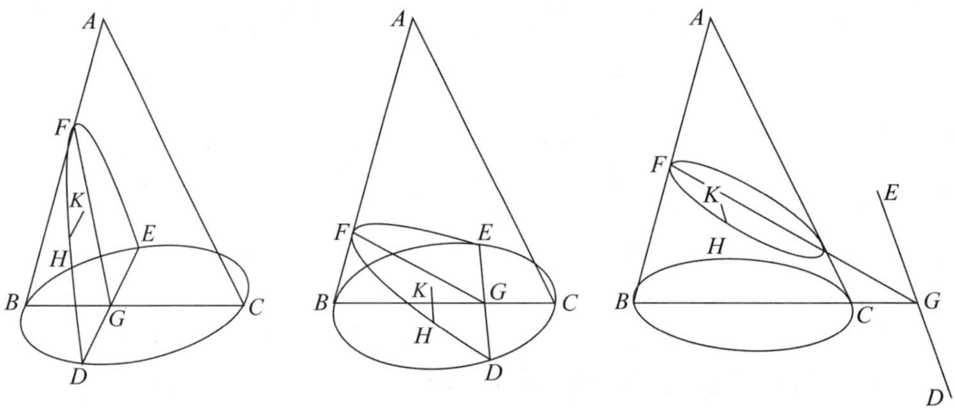

我断言　直线 HK 与直线 FG 相交,而且,当 HK 延长到截线 DFE 的另一侧时,所得线段将被 FG 平分.

因为,由于以点 A 为顶点,以圆 BC 为底的圆锥被过轴的平面所截,其截面为三角形 ABC,又在圆锥面上取某点 H,但它不在三角形的边上,又因直线 DG 垂直于 BC,所以过 H 所作的平行于 DG 的直线 HK 就与三角形 ABC 相交,而且 HK 延长到圆锥面另一边,它将被三角形所平分(Ⅰ.6).

再者,由于从 H 所作的平行于 DE 的直线与三角形 ABC 相交,而且它也在截线 DFE 的平面内,所以它将与截面和三角形的交线 FG 相交,若将其延长到截线的另一边,则(所得线段)将被 FG 所平分.

这个圆锥要么是一个直圆锥,要么是所考虑的轴三角形垂直于圆 BC,要么两种情况都不是.

首先设圆锥是一个直圆锥,这时三角形 ABC 将垂直于 BC(定义3,Eucl. Ⅺ. 18).因

为平面 ABC 垂直于平面 BC,又在两平面之一平面 BC 内所作的直线 DE 垂直于它们的交线 BC,所以直线 DE 垂直于三角形 ABC(Eucl. Ⅺ. 定义 4). 因而垂直于三角形上所有与它相交的直线(Eucl. Ⅺ. 定义 3),于是 DE 也就垂直于直线 FG.

此外,设这圆锥不是一个直圆锥,现在如果轴三角形 ABC 垂直于圆 BC,我们可同样证明 DE 垂直于 FG.

当轴三角形不垂直于圆 BC,我说 DE 不垂直于 FG. 否则,若 DE 垂直于 FG,而它也垂直于直线 BC. 所以 DE 与两直线 BC 和 FG 都垂直,因而它也将垂直于过 BC 和 FG 的平面,但是过 BC 和 FG 的平面是三角形 ABC,所以 DE 垂直于三角形 ABC,但是圆 BC 是过 DE 的平面;所以圆 BC 垂直于三角形 ABC,因此三角形 ABC 也将垂直于圆 BC. 这与假设不符,所以直线 DE 不垂直于直线 FG.

推论

由以上证明可知,直线 FG 是截线 DFE 的直径,因为它平分所作的平行于直线 DE 的线段(弦). 又显然可知,被直线 FG 所平分的线段不一定垂直于它.

命题 8

如果一个圆锥被过其轴的平面所截,它也被另一平面所截,且该平面与圆锥底的交线垂直于轴三角形的底,又如果在圆锥面上所得到的截线的直径或者平行于三角形的一边,或者延长后在圆锥顶点之外与一边的延长线相交,如果这圆锥面和截面都无限地延伸,则这截线也将无限地延长,而且从圆锥截线上所作的平行于圆锥底的那个直线(交线)的直线,它将从直径顶点起在直径上截出等于任一已知的线段.

设有一圆锥,其顶点为点 A,其底为圆 BC,它被一过其轴的平面所截. 其轴截面为三角形 ABC(Ⅰ.3). 它也被另一平面所截,它与圆 BC 的交线 DE 垂直于 BC,并设它与圆锥面的交线为 DFE. 设截线 DFE 的直径 FG 或者与直线 AC 平行或者延长后在顶点之外与 AC 相交(Ⅰ.7 和推论).

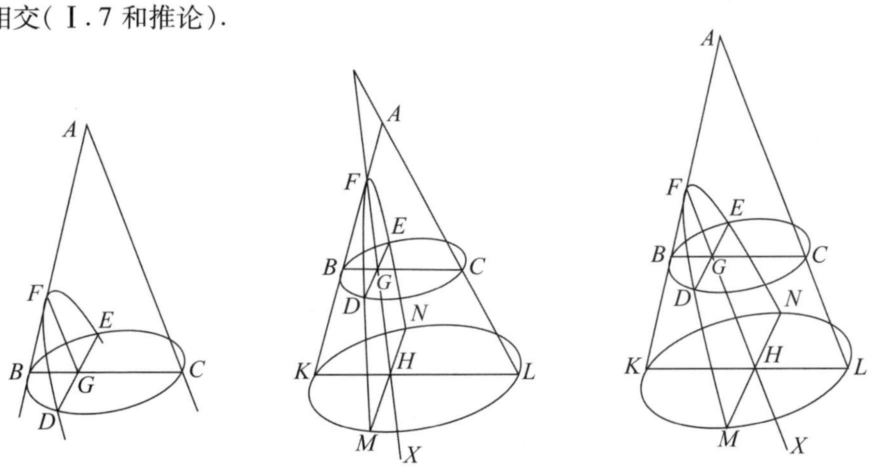

我断言　如果圆锥面和截面都无限地延伸,则截线 *DFE* 也将无限地延长.

因为,若圆锥面和截面都无限地延伸,那么线段 *AB*,*AC* 和 *FG* 显然将随之延长,由于 *FG* 或平行于 *AC*,或者在延长后与它在点 *A* 之外的延长线相交,所以 *FG* 和 *AC* 在向 *C* 和 *G* 的方向上延长将不再相交,于是它们在延长后,若在直线 *FG* 上任取一点 *H*,过 *H* 作直线 *KHL*、*MHN* 分别平行于 *BC*、*DE*,于是过 *KL* 和 *MN* 的平面平行于过 *BC* 和 *DE* 的平面(Eucl. Ⅺ. 15). 所以面 *KLMN* 是一个圆(Ⅰ.4).

又由于点 *D*、*E*、*M* 和 *N* 在截面内也在圆锥面上,所以它们在截线上,于是截线 *DEF* 被延长到点 *M* 和 *N*. 所以随着圆锥面和截面延伸到圆 *KLMN*,截线 *DFE* 也将延长到点 *M* 和 *N*. 同样可证,若圆锥面和截面无限地延伸,这截线 *MDFEN* 也将无限地延长.

又很显然地,在直线 *FH* 上,可在点 *F* 的一侧截出一线段等于任一已知线段. 因为,如果我们截取线段 *FX* 等于已知的线段,然后过 *X* 作直线平行 *DE*,它将与截线相交,就如同过 *H* 的直线已被证实与截线交于点 *M* 和 *N*. 那样,结果某直线被作出,它与截线相交且平行于 *DE*,在 *FG* 上,在点 *H* 一侧截出一线段等于已知线段.

命题 9

如果一个圆锥被一个与轴三角形的两边都相交的平面所截,且该平面既不与底平行也不是它的反位面,那么这截面必不是一个圆.

设有一圆锥,其顶点为点 *A*,其底为圆 *BC*,它被某个既不与底平行也不是它的反位面的平面所截,且设在圆锥面上的截线为 *DKE*.

我断言　这截线 *DKE* 不是一个圆.

因为,如果可能,设它是一个圆,设截面与底面相交于 *FG*,点 *H* 是圆 *BC* 的圆心,从它作直线 *HG* 垂直于 *FG*,又设过 *GH* 和轴的平面交圆锥面于直线 *BA* 和 *AC*(Ⅰ.1). 由于这时 *D*、*E* 和 *G* 是过线 *DKE* 的平面内的点,同时也在过 *A*、*B* 和 *C* 的平面上,所以 *D*、*E* 和 *G* 是两平面交线上的点,所以 *GED* 是一条直线(Eucl. Ⅺ. 3).

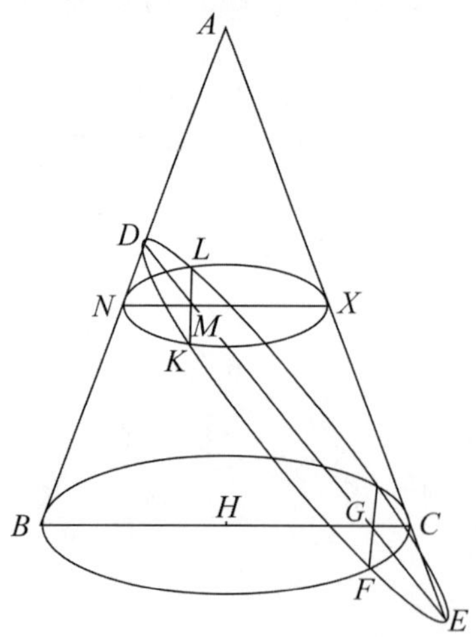

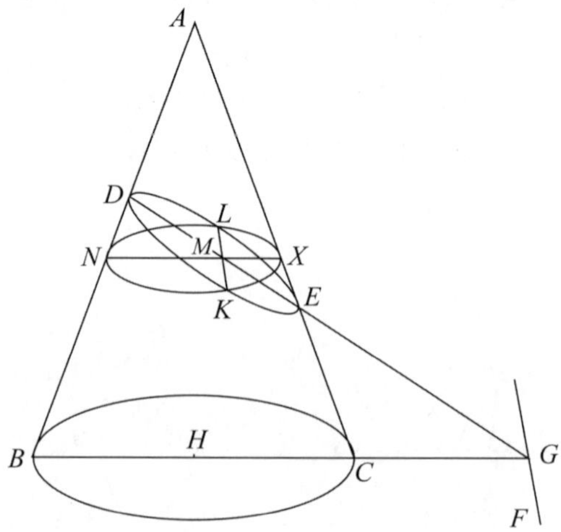

然后在线 DKE 上取一点 K，过 K 作直线 KL 平行于直线 FG；则 KM 等于 ML（Ⅰ.7）. 所以 DE 是〔所假定的〕圆 $DKEL$ 的直径（定义4）. 然后过 M 作直线 NMX 平行于 BC，但 KL 也平行于 FG，于是过 NX 和 KM 的平面就平行于过 BC 和 FG 的平面（Eucl. Ⅺ.15），即平行于底，从而这截线是一个圆（Ⅰ.4），设它是圆 NKX.

又由于直线 FG 垂直于直线 BG，KM 也垂直于 NX（Eucl. Ⅺ.10）. 因而有

$$\text{rect.}\ NM\cdot MX = \text{sq.}\ KM$$（Eucl. Ⅲ.31 Ⅵ.8 推论，Ⅵ.17）

但是
$$\text{rect.}\ DM\cdot ME = \text{sq.}\ KM,$$
这是因为线 $DKEL$ 已假定是一个圆，而线段 DE 是它的直径.

所以
$$\text{rect.}\ NM\cdot MX = \text{rect.}\ DM\cdot ME.$$
所以
$$MN : MD :: EM : MX$$（Eucl. Ⅵ.16）.

于是三角形 DMN 相似于三角形 XME，（Eucl. Ⅵ.6，Ⅵ.定义1）. 从而角 DNM 等于角 MEX. 但是角 DNM 等于角 ABC，这是因为直线 NX 平行于直线 BC，因此角 ABC 等角 MEX. 于是截面是一个反位面（Ⅰ.5），而这并不是所假设的，所以截线 DKE 不是一个圆.

命题 10

如果在一个圆锥的截线上取两点，则连接这两点的线段将在这截线之内，其延长线将在截线之外.

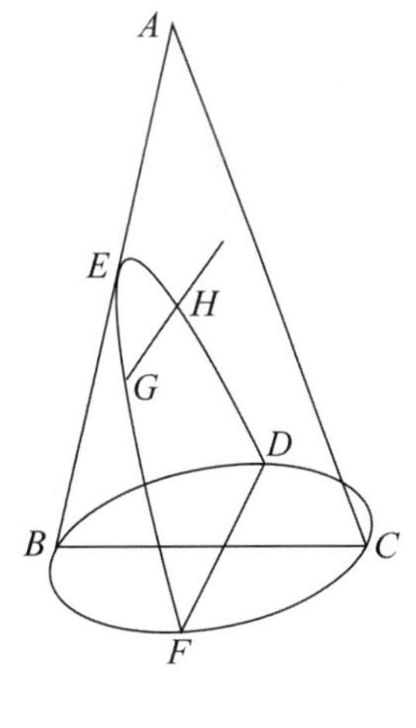

设有一圆锥，其顶点为点 A，其底为圆 BC，它被一过其轴的平面所截，其截面为三角形 ABC（Ⅰ.3）. 它也被另一〔不过顶点的〕平面所截，设在圆锥面上的截线为 DEF，然后在截线 DEF 上取两点 G 和 H.

我断言　连接两点 G 和 H 的线段将在截线 DEF 之内，其延长线将在截线 DEF 之外.

因为，由于一个顶点为点 A，底为圆 BC 的圆锥被一过其轴的平面所截，由于在圆锥面上所取两点 G 和 H 不在轴三角形的一个边上，又因为连接 G 和 H 的直线不过顶点 A，所以连接 G 和 H 的线段必在圆锥之内，而其延长线必在圆锥之外（Ⅰ.2）；因此也自然在截线 DFE 之外.

命题 11

如果一个圆锥被一过其轴的平面所截，它也被另一平面所截，该平面与圆锥的底的交线垂直于轴三角形的底边，又若截线的直径平行于轴三角形的

一边,如果从截线到它的直径所连接的线段平行于截面与圆锥底的交线,则其中任意一个线段上正方形将等于一个矩形,其矩形的一边是在直径上从其顶点开始,由上述线段截得的线段,另一边是它与圆锥顶点和截线顶点之间的线段之比如同轴三角形底上正方形与轴三角形其余两边所夹矩形之比. 这样的一条截线称为齐曲线[①][②](παραβολή,英译:parabola. 也就是现在称为抛物线的曲线).

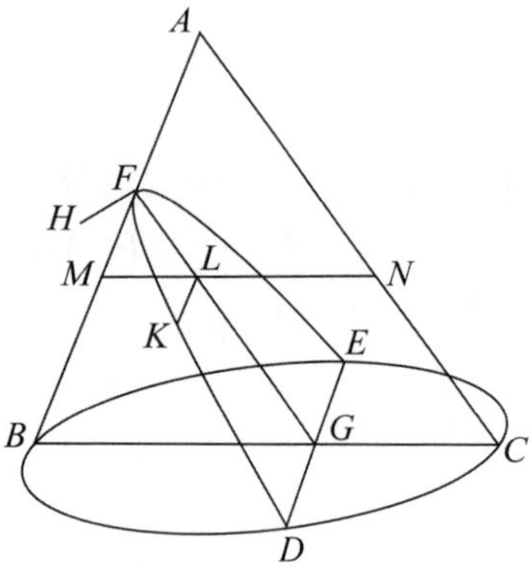

设有一圆锥,其顶点为点 A,其底为圆 BC,它被过其轴的平面所截,其截面为三角形 ABC(Ⅰ.3),它也被另一平面所截,该平面与这圆锥之底的交线 DE 垂直于线段 BC. 且设它与圆锥面的交线为截线 DFE,其截线的直径 FG(Ⅰ.7 和定义 4)平行于轴三角形的一边 AC,又从点 F 作线段 FH 垂直于 FG,并使其满足

sq. BC : rect. $BA \cdot AC$ :: FH : FA[③].

又设 K 是在截线上所取的某个点,过 K 作直线 KL 平行于 DE(交 FG 于 L).

我断言　sq. KL = rect. $HF \cdot FL$.

事实上,若过 L 作直线 MN 平行于 BC,而 DE 也平行于 KL,所以过 KL 和 MN 的平面平行于过 DE 和 BC 的平面(Eucl. Ⅺ.15),即平行于圆锥的底,所以过 KL 和 MN 的截面便是以 MN 为直径的圆(Ⅰ.4). 又 KL 垂直于 MN,这是因为 DE 垂直于 BC(Eucl. Ⅺ.10).

所以　rect. $ML \cdot LN$ = sq. KL(Eucl. Ⅲ.31,Ⅵ.8 推论,Ⅵ.17).

又因　sq. BC : rect. $BA \cdot AC$ :: HF : FA,

而且　sq. BC : rect. $BA \cdot AC$

:: BC : CA comp. BC : BA(Eucl. Ⅵ.23)

所以　HF : FA :: BC : CA comp. BC : BA.

但是　BC : CA :: MN : NA :: ML : LF(Eucl. Ⅵ.4),

而且　BC : BA :: MN : MA :: LM : MF :: NL : FA(Eucl. Ⅵ.4,Ⅵ.2)

所以　HF : FA :: ML : LF comp. NL : FA.

---

① 见〔美〕莫里斯·克莱因《古今数学思想》中译本第一册,上海科学技术出版社,2002 年 7 月出版. p. 104

② 见梁宗巨著《世界数学通史》上册,辽宁教育出版社,2001 年 4 月出版. p. 384

③ 这个构造的中间步骤如下:

求长 M 使得　AB : BC :: BC : M(Eucl. Ⅵ.11).

于是　sq. BC = rect. $AB \cdot M$(Eucl. Ⅵ.17),

所以　sq. BC : rect. $BA \cdot AC$ :: rect. $AB \cdot M$: rect. $BA \cdot AC$ :: M : AC.

取 FH 使得　M : AC :: FH : FA(Eucl. Ⅵ.12),

所以　sq. BC : rect. $BA \cdot AC$ :: FH : FA(Eucl. Ⅴ.11).

又 Ⅰ.12 和 Ⅰ.13 也有类似的情况.

但是 $\text{rect. } ML \cdot LN : \text{rect. } LF \cdot FA$

$:: ML : LF \text{ comp. } LN : FA$ (Eucl. Ⅵ. 23),

所以 $HF : FA :: \text{rect. } ML \cdot LN :: \text{rect. } LF : FA.$

但是,将线段 *FL* 取为公共高,

则有 $HF : FA :: \text{rect. } HF \cdot FL : \text{rect. } LF \cdot FA$ (Eucl. Ⅵ. 1),

所以 $\text{rect. } ML \cdot LN : \text{rect. } LF \cdot FA$

$:: \text{rect. } HF \cdot FL : \text{rect. } LF \cdot FA$ (Eucl. Ⅴ. 11).

所以 $\text{rect. } ML \cdot LN = \text{rect. } HF \cdot FL$ (Eucl. Ⅴ. 9).

但是 $\text{rect. } ML \cdot LN = \text{sq. } KL,$

所以也有 $\text{sq. } KL = \text{rect. } HF \cdot FL.$

将这样的截线称为齐曲线,将 *HF* 称为沿直径 *FG* 的纵线方向所作的(纵线)线段都以正方形贴合到其上的线段 * ①,也把它称为竖直边(ὀρθία,英译:*upright side*).

命 题 12

如果一个圆锥被一过轴的平面所截,也被另一平面所截,该平面与这圆锥之底的交线垂直于轴三角形的底边,而所得截线的直径延长后与轴三角形一边在圆锥顶点以外的延长线相交. 若从截线到它的直径所连接的(纵线)线段平行于截面与圆锥底的交线,则其中任一个上的正方形将等于贴合于一线段〔参量〕的某个(矩形)面,其中轴三角形外角所对截线的直径延长部分与该线段〔参量〕之比如同连接从圆锥顶点到三角形底且平行于直径的线段上正方形与该线段分三角形底边上两线段所夹的矩形之比,而该面的宽是截线到直径的连线在直径上截取的从其顶点开始的线段,并且超出一个图形,这个图形相似于由三角形外角所对直径延长的线段与参量所夹的矩形,且有相似位置,将这样的截线称为超曲线②(ὑπερβολή,英译:hyperbola. 它只是现在所称双曲线的一支).

设有一圆锥,其顶点为点 *A*,其底为圆 *BC*,它被一过轴的平面所截,其截面为三角形

---

*这段话的希腊原文是ἡ παῤ ἥν δύνανται αὶ καταγόμεναι τεταγμένωζ ἐπὶ τὴν σιάμετρον,很快就缩写成ἡπαῤ ἥν δύνανται αἱ καταγόμεναι 和ἡ παῤ ἥν σὑνανται. 我们将用"参量"这个词来翻译它,而且在命题 14 以后,把冗长的句子简缩成"对直径的纵线参量".

① 所谓线段 *KL* 以正方形贴合到 *FL* 上,是以(已知高)*FL* 为一边,作一矩形等于 *KL* 上正方形的面积,矩形另一边(底)放在 *HF* 上,使其 *HF* 一端点与矩形另一边的端点重合. 当然矩形另一边可能大于、等于或小于 *HF*. 该命题是等于关系.

② 见[美]莫里斯 · 克莱因著《古今数学思想》中译本(第一册). 张理京,张锦炎译,上海科技出版社 1979 年 10 月. p. 104.

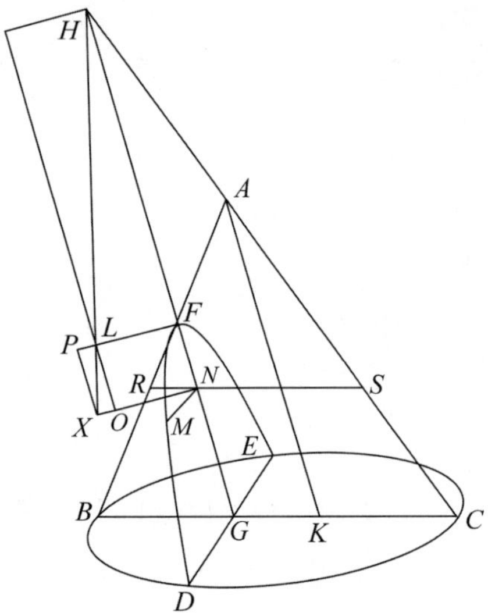

ABC(Ⅰ.3),它也被另一平面所截,该平面与圆锥底的交线 DE 垂直于三角形 ABC 的底 BC,设这平面与圆锥面的交线为截线 DFE,其直径为 FG(Ⅰ.7,定义4).它延长后与三角形的一边在圆锥顶点以外的延长线交于点 H,过点 A 作直线 AK 平行于截线的直径 FG 交 BC 于 K,再从点 F 作线段 FL 垂直于 FG,且使其满足

$$\text{sq. } AK : \text{rect. } BK\cdot KC :: FH : FL.$$

又在截线上任取某点 M,作直线 MN 平行于 DE(交 FG 于 N),过 N 作直线 NO 平行于 FL,连接直线 HL 并延长交 NO 于 X,再过 L 和 X 作直线 LO 和 XP 平行于 FN.

我断言　MN 上正方形等于矩形 FX,它是贴合于 FL 的以 FN 为宽的矩形,且超出的图形 LX 相似于 HF 与 FL 所夹的矩形.

因为,过 N 作直线 RNS 平行于 BC;又 NM 也平行于 DE,所以过 MN 和 RS 的平面平行于过 BC 和 DE 的平面,即平行于圆锥的底(Eucl. Ⅺ.15).于是过 MN 和 RS 的截面将是以线段 RNS 为直径的圆(Ⅰ.4).而且 MN 垂直于 RNS.所以

$$\text{rect. } RN\cdot NS = \text{sq. } MN.$$

又因　$\text{sq. } AK : \text{rect. } BK\cdot KC :: FH : FL$,

而且　$\text{sq. } AK : \text{rect. } BK\cdot KC :: AK : KC \text{ comp. } AK : KB$(Eucl. Ⅵ.23),

所以也有　$FH : FL :: AK : KC \text{ comp. } AK : KB$.

但是　$AK : KC :: HG : GC :: HN : NS$(Eucl. Ⅵ.4),

而且　$AK : KB :: FG : GB :: FN : NR$.

所以　$HF : FL :: HN : NS \text{ comp. } FN : NR$.

而且　$\text{rect. } HN\cdot NF : \text{rect. } SN\cdot NR$

$:: HN : NS \text{ comp. } FN : NR$(Eucl. Ⅵ.23).

所以也有　$\text{rect. } HN\cdot NF : \text{rect. } SN\cdot NR$

$:: HF : FL :: HL : NX$(Eucl. Ⅵ.4).

但是,将线段 FN 取为公共高,

那么　$HN : NX :: \text{rect. } HN\cdot NF : \text{rect. } FN\cdot NX$(Eucl. Ⅵ.1).

所以也有　$\text{rect. } HN\cdot NF : \text{rect. } SN\cdot NR$

$:: \text{rect. } HN\cdot NF : \text{rect. } XN\cdot NF$(Eucl. Ⅴ.11).

所以　$\text{rect. } SN\cdot NR = \text{rect. } XN\cdot NF$(Eucl. Ⅴ.9).

但是已证明　$\text{sq. } MN = \text{rect. } SN\cdot NR$;

所以也有　$\text{sq. } MN = \text{rect. } XN\cdot NF$.

但是 XN 及 NF 所夹的矩形便是矩形 XF,所以线段 MN 上正方形等于矩形 XF,即贴合于线段 FL 的,以 FN 为宽的,超过了一个矩形 LX,它相似于 HF 和 FL 所夹的矩形(Eucl. Ⅵ.24).

将这样一条截线称为超曲线,将 FL 称为沿直径 FG 的纵标方向所作的(纵线)线段都以正方形贴合到其上的线段,也称为竖直边;而线段 FH 称为横截边.

命题 13

如果一个圆锥被一过其轴的平面所截,也被另一平面所截,该平面一方面与轴三角形的两边都相交,另一方面它既不与底平行也不是(底平面的)反位面,又若圆锥的底与截面的交线要么与轴三角形的底垂直相交,要么与它的延长线垂直相交,如果从截线到它的直径所连接的(纵线)线段平行于截面与圆锥底的交线,则其中任一个上的正方形将等于贴合于一线段〔参量〕上的某个(矩形)面,其中截线的直径与该线段〔参量〕之比如同连接从圆锥顶点到轴三角形的底直线且平行于截线直径的线段上正方形与该线段在轴三角形底直线上与其他两边截得的两线段所夹的矩形,该面的宽是截线到直径的连线在直径上截取的从其顶点开始的线段,并且亏缺一个图形,这图形相似于由直径和参量所夹的矩形,且有相似位置,将这样的截线称为亏曲线①(ἐ-λλειψις,英译:ellipse. 也就是现在称为椭圆的曲线).

设有一圆锥,其顶点为点 A,其底为圆 BC,被一过其轴的平面所截,其截面为三角形 ABC. 而且也被另一平面所截,该平面一方面与轴三角形两边相交,另一方面它既不与圆锥底平行也不是(它的)反位面,且设在圆锥面上的交线为截线 DE,又设圆锥底平面与截面的交线 FG 垂直于直线 BC,设截线的直径是线段 ED(Ⅰ.7,定义 4). 从 A 作直线 AK 平行于 ED(交 BC 于 K). 从 E 作线段 EH 垂直于 ED,且使其满足

sq. AK : rect. $BK \cdot KC$ :: DE : EH.

又在截线上任取一点 L 作直线 LM 平行于 FG(交 ED 于 M).

我断言　线段 LM 上正方形等于贴合于 EH 上的某个〔矩形〕面,它以 EM 为宽,而亏缺一个相似于 DE 和 EH 所夹的矩形的图形.

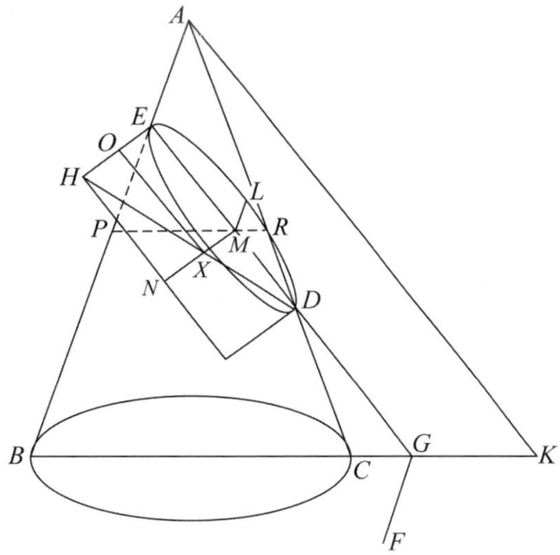

设连接线段 DH,一方面过 M 作直线 MXN 平行于 HE,另一方面过 H 和 X 作直线 HN 和 XO 平行于 EM,并过 M 作直线 PMR 平行于 BC.

① 见[美]莫里斯·克莱因著《古今数学思想》中译本(第一册). 张理京,张锦炎译,上海科技出版社 1979 年 10 月. p. 104.

则由于 PR 平行于 BC,而 LM 平行于 FG,所以过 LM 和 PR 的平面平行于过 FG 和 BC 的平面,即平行于圆锥的底(Eucl. Ⅺ. 15). 若过 LM 和 PR 作截面,其截面将是以 PR 为直径的圆(Ⅰ.4). 而且 LM 垂直于 PR,所以

rect. $PM \cdot MR$ = sq. LM.

又因为 sq. AK : rect. $BK \cdot KC$ :: ED : EH,

而且 sq. AK : rect. $BK \cdot KC$ :: AK : KB comp. AK : KC(Eucl. Ⅵ. 23),

但是 AK : KB :: EG : GB :: EM : MP(Eucl. Ⅵ. 4),

而且 AK : KC :: DG : GC :: DM : MR(Eucl. Ⅵ. 4),

所以 DE : EH :: EM : MP comp. DM : MR.

但是 rect. $EM \cdot MD$: rect. $PM \cdot MR$

:: EM : MP :: DM : MR(Eucl. Ⅵ. 23).

所以 rect. $EM \cdot MD$: rect. $PM \cdot MR$

:: DE : EH :: DM : MX(Eucl. Ⅵ. 4).

而且,取线段 ME 为公共高,

于是 DM : MX :: rect. $DM \cdot ME$: rect. $XM \cdot ME$(Eucl. Ⅵ. 1).

所以也有 rect. $DM \cdot ME$: rect. $PM \cdot MR$

:: rect. $DM \cdot ME$: rect. $XM \cdot ME$(Eucl. Ⅴ. 11),

所以 rect. $PM \cdot MR$ = rect. $XM \cdot ME$(Eucl. Ⅴ. 9).

但是已证明 rect. $PM \cdot MR$ = sq. LM;

所以也有 rect. $XM \cdot ME$ = sq. LM.

所以线段 LM 上正方形等于贴合于线段 EH 上的矩形 MO,该矩形以 EM 为宽且亏缺一个相似于 DE 和 EH 所夹的矩形的图形 NO(Eucl. Ⅵ. 24).

将这样的一条截线称为亏曲线,将 HE 称为沿直径 DE 的纵线方向所作的(纵线)线段都以正方形贴合到其上的线段,也称为竖直边,把线段 ED 称为横截边.

命题 14

如果(圆锥曲面的)两个对顶的锥面都被一个不过顶点的平面所截,那么这两个锥面上每一个上所得到的截线都是所谓的超曲线,而且这两条截线具有共同的直径;又从截线到直径所作的平行于圆锥底上交线的线段都以正方形贴合其上的线段(参量)是相等的;而且介于两截线之间的线段是两截线共同的横截边. 这样的两条截线被称为是相对的(ἀντικείμεναι,英译:opposite).

设有对顶的两个锥面,其顶点为 A,它们都被同一个不过顶点的平面所截,设在两锥面上的截线为 DEF 和 GHK.

我断言 截线 DEF 和 GHK 每一个都是所谓的超曲线.

事实上,设圆 $BDCF$ 是生成锥面的直线沿之移动的那个圆,而且平面 $XGOK$ 是在对顶锥面上与它(圆 $BDCF$)平行的截面;线段 DF 及 GK 为截面 DEF 和 GHK 与两圆的交

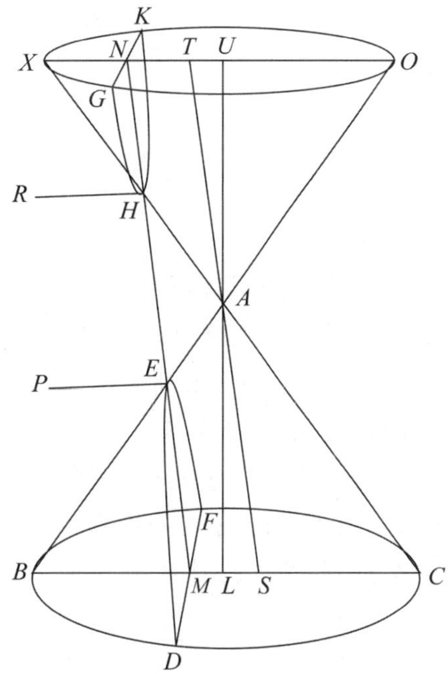

线(Ⅰ.4),则它们互相平行(Eucl. Ⅺ.16).又设直线 *LAU* 为圆锥曲面的轴,两点 *L* 和 *U* 分别是两圆的圆心,从 *L* 作直线垂直于 *FD* 并延长到点 *B* 和 *C*,过直线 *BC* 和轴作一平面,则它与两圆的交线 *XO* 和 *BC* 是平行的(Eucl. Ⅺ.16),且直线 *BAO* 和 *CAX* 在圆锥曲面上(Ⅰ.1 和定义 1).

于是,线段 *XO* 将垂直于线段 *GK*,这是因为 *BC* 也垂直于 *FD*,且它们各自互相平行(Eucl. Ⅺ.10).又因为过轴的平面与两截线(*DEF* 和 *GHK*)之内相交于点 *M* 和 *N*,虽然这平面也与两截线相交,设它交它们于 *H* 和 *E*;因此 *M*、*E*、*H* 和 *N* 都在过轴的平面上,也是截线所在平面上的点;所以线 *MEHN* 是一条直线(Eucl. Ⅹ.3).同样显然地,*X*、*H*、*A* 和 *C* 在一条直线上,*B*、*E*、*A* 和 *O* 也在一条直线上,因为它们都在这圆锥曲面和过轴的平面上(Ⅰ.1).

然后从 *H* 和 *E* 分别作线段 *HR* 和 *EP* 垂直于 *HE*,又过 *A* 作直线 *SAT* 平行于 *MEHN*,并设使其满足

$$HE : EP :: \text{sq. } AS : \text{rect. } BS \cdot SC,$$

和

$$EH : HR :: \text{sq. } AT : \text{rect. } OT \cdot TX.$$

这时由于一个顶点为点 *A*,底为圆 *BC* 的圆锥已被一过其轴的平面所截,其截面为轴三角形 *ABC*;它也被另一平面所截,其与圆锥底的交线 *DMF* 垂直于 *BC*,且与圆锥面的交线为截线 *DEF*;而且直径 *ME* 的延长线与轴三角形一边在顶点之外的延长线相交,又过点 *A* 作线段 *AS* 平行于截线的直径 *EM*,又从 *E* 已作线段 *EP* 垂直于 *EM*,并满足

$$EH : EP :: \text{sq. } AS : \text{rect. } BS \cdot SC.$$

所以截线(*DEF*)是一个超曲线(Ⅰ.12),且 *EP* 是对直径 *EM* 纵线方向所作的线段[纵线]都以正方形贴合其上的线段[参量],而线段 *HE* 是图形的横截边.

而且同样地,截线 *GHK* 也是一个超曲线,它的直径是 *HN*,而 *HR* 是对直径 *HN* 纵线方向所作的线段[纵线]都以正方形贴合其上的线段,而图形的横截边是 *HE*.

我又断言　线段 *HR* 等于线段 *EP*.

因为 *BC* 平行于 *XO*,

所以
$$AS : SC :: AT : TX,$$

和
$$AS : SB :: AT : TO.$$

但是
$$\text{sq. } AS : \text{rect. } BS \cdot SC :: AS : SC \text{ comp. } AS : SB \text{(Eucl. Ⅵ.23)},$$

和
$$\text{sq. } AT : \text{rect. } XT \cdot TO :: AT : TX \text{comp. } AT : TO;$$

所以
$$\text{sq. } AS : \text{rect. } BS \cdot SC :: \text{sq. } AT : \text{rect. } XT \cdot TO.$$

也有
$$\text{sq. } AS : \text{rect. } BS \cdot SC :: HE : EP,$$

和
$$\text{sq. } AT : \text{rect} XT \cdot TO :: HE : HR.$$

所以也有 $HE : EP :: EH : HR$(Eucl. Ⅴ.11).

所以 $EP = HR$(Eucl. Ⅴ.9).

命题 15

如果在一亏曲线上,从直径的中点依纵线方向作出一线段,在两个方向延长到亏曲线,又如果使其此延长线段比这直径如同这直径比某个线段,那么从亏曲线上一点到延长线段且平行于直径的线段上正方形将等于一个面,该面贴合于那个第三比例线段,其宽为原延长线段被该平行于直径的线段所截出的线段,且亏缺一个图形,它相似一个由延长线段和参量(即第三比例线段)所夹的矩形;又如果所作的平行于直径的线段再延长到亏曲线另一边,则这个线段将被已作的延长线所平分.

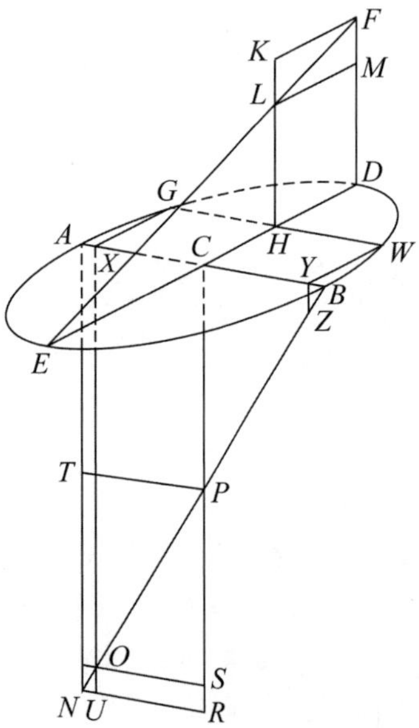

设有一亏曲线,其直径是线段 AB,平分 AB 于点 C,过 C 依纵线方向作直线 DCE 并在两个方向延长到亏曲线. 又从点 D 作线段 DF 垂直于 DE,并使其满足

$$DE : AB :: AB : DF.$$

又在亏曲线上取某一点 G,过 G 作直线 GH 平行于 AB(交 DE 于 H). 过 H 作直线 HL 平行于 DF,再过 F 及 L 作直线 FK 和 LM 平行于 HD.

我断言　线段 GH 上正方形等于面 DL,它是贴合于 DF 上,其宽为线段 DH 且亏缺一个相似于由 ED 和 DF 所夹的矩形.

为此,设 AN 是对于直径 AB 的纵线参量[AN 垂直于 AB],连接 BN;过 G 作 GX 平行于 DE(交 AB 于 X),再过 X 和 C 作直线 XO 和 CP 平行于 AN,又过 N、O 和 P 作直线 NU、OS 和 TP 平行于 AB.

所以 sq. DC = ar. AP,

sq. GX = ar. AO(Ⅰ.13).

又因 $BA : AN :: BC : CP :: PT : TN$(Eucl. Ⅵ.4),

而且 $BC = CA = TP$.

和 $CP = TA$,

所以 ar. AP = ar. TR,

和 ar. XT = ar. TU.

由于也有 ar. OT = ar. OR(Eucl. Ⅰ.43),

且面 NO 是公用的,

所以 ar. TU = ar. NS.

但是　$\text{ar. } TU = \text{ar. } TX.$

而 TS 是公用的，

所以　$\text{ar. } NP = \text{ar. } PA = \text{ar. } AO + \text{ar. } PO;$

于是　$\text{ar. } PA - \text{ar. } AO = \text{ar. } PO.$

也有　$\text{ar. } AP = \text{sq. } CD, \text{ar. } AO = \text{sq. } XG,$

和　$\text{ar. } OP = \text{rect. } OS \cdot SP.$

所以　$\text{sq} \cdot CD - \text{sq} \cdot GX = \text{rect. } QS \cdot SP.$

因为也有，线段 DE 已在点 C 被分为相等的两段，又在点 H 被分为不等的两段，

所以　$\text{rect. } EH \cdot HD + \text{sq. } CH = \text{sq. } CD$(Eucl. Ⅱ.5)，

或　$\text{rect. } EH \cdot HD + \text{sq. } XG = \text{sq. } CD.$

所以　$\text{sq. } CD - \text{sq. } XG = \text{rect. } EH \cdot HD;$

但是　$\text{sq. } CD - \text{sq. } XG = \text{rect. } OS \cdot SP;$

所以　$\text{rect. } EH \cdot HD = \text{rect. } OS \cdot SP.$

又因　$DE : AB :: AB : DF,$

所以　$DE : DF :: \text{sq. } DE : \text{sq. } AB$(Eucl. Ⅵ.19 推理).

也就是　$DE : DF :: \text{sq. } CD : \text{sq. } CB$(Eucl. Ⅴ.15).

和　$\text{rect. } PC \cdot CA = \text{rect. } PC \cdot CB = \text{sq. } CD$(Ⅰ.13)；

又因　$DE : DF :: EH : HL$(Eucl. Ⅵ.4)，

或　$DE : DF :: \text{rect. } EH \cdot HD : \text{rect. } DH \cdot HL.$ (EuclⅥ.1，Ⅴ.11)，

又因　$DE : DF :: \text{rect. } PC \cdot CB : \text{sq. } CB,$

和　$\text{rect. } PC \cdot CB : \text{sq. } CB :: \text{rect. } OS \cdot SP : \text{sq. } OS,$ *

所以也有

$$\text{rect. } EH \cdot HD : \text{rect. } DH \cdot HL :: \text{rect. } OS \cdot OP : \text{sq. } OS.$$

又　$\text{rect. } EH \cdot HD = \text{rect. } OS \cdot SP;$

所以　$\text{rect. } DH \cdot HL = \text{sq. } OS = \text{sq. } GH.$

所以线段 GH 上的正方形等于面 DL，它是贴合于 DF 上，且亏缺一个相似于由 ED 和 DF 所夹的矩形的图形 FL(Eucl. Ⅵ.24).

这时，我也可断言，如果 GH 延长到亏曲线的另一边，那么它将被 DE 所平分.

为此，设 GH 延长交亏曲线于 W，且 W 作 WY 平行于 GX(交 AB 于 Y)，过 Y 作 YZ 平行于 AN. 因为 $GX = WY$，

所以也有　$\text{sq. } GX = \text{sq. } WY.$

但是　$\text{sq. } GX = \text{rect. } AX \cdot XO$(Ⅰ.13)，

和　$\text{sq. } WY = \text{rect. } AY \cdot YZ$(Ⅰ.13).

---

*这是从以下的比例式推知的：

$PC : CB :: PS : OS$(Eucl. Ⅵ.4)，

和　$PC : CB :: \text{rect. } PC \cdot CB : \text{sq. } CB,$

和　$PS : OS :: \text{rect. } PS \cdot OS : \text{sq. } OS$(Eucl. Ⅵ.1).

所以 $OX : ZY :: YA : AX$(Eucl. Ⅵ. 16).

以及 $OX : ZY :: XB : BY$(Eucl. Ⅵ. 4);

所以也有 $YA : AX :: XB : BY$.

由分比例 $YX : AX :: YX : BY$(Eucl. Ⅴ. 17).

所以 $AX = YB$.

又因 $AC = CB$;

所以也有(二式相减的)差 $XC = CY$;

于是就有 $CH = HW$.

所以线段 HG 延长到亏曲线另一边,所得线段(GW)将被线段 DH 所平分.

命题 16

如果过二相对截线①的横截边的中点作直线平行于依纵线方向的直线,则这条直线将是提到的直径关于相对截线的共轭直径.

设有二相对截线,其直径为直线 AB,平分线段 AB 于 C,过 C 作平行于[关于直径 AB 的]依纵线方向的直线 CD.

我断言 直线 CD 是直径 AB 的共轭直径.

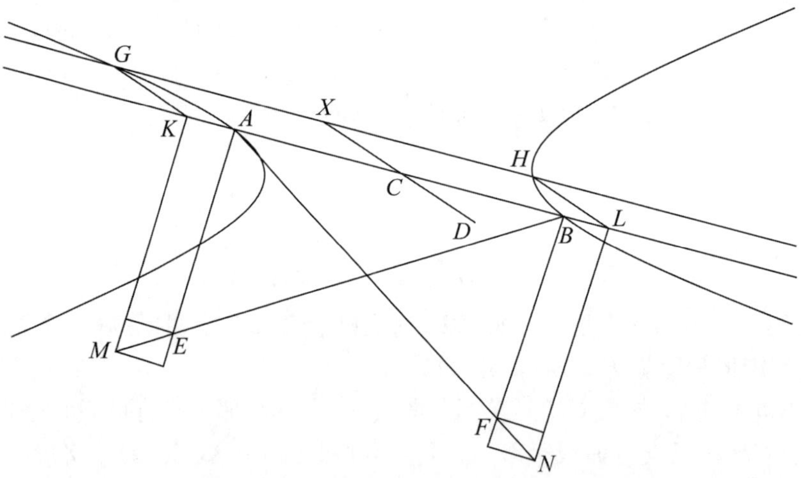

为此,设线段 AE 及 BF 为参量,连接线段 AF 和 BE 并延长,在任一截线上任取一点 G,过 G 作直线 GH 平行于 AB(交另一截线于 H),又从 G 及 H 依纵线方向作出直线 GK 和 HL,再过 K 和 L 作直线 KM 和 LN 分别平行于 AE 和 BF. 这时由于

$$GK = HL\text{(Eucl. Ⅰ. 34)},$$

① 由Ⅰ. 14 得到"相对的两条截线(两条超曲线),这样相对两条截线称为二相对截线(opposite sections). 也就是现在称为"双曲线"的曲线. 对于二相对截线,我们也把其一支称为另一支的相对截线(opposite section).

所以也有　$\text{sq.}\,GK = \text{sq.}\,HL.$

但是　$\text{sq.}\,GK = \text{rect.}\,AK\cdot KM$(Ⅰ.12),

和　$\text{sq.}\,HL = \text{rect.}\,BL\cdot LN$(Ⅰ.12);

所以　$\text{rect.}\,AK\cdot KM = \text{rect.}\,BL\cdot LN.$

又因为　$AE = BF$(Ⅰ.14),

所以　$AE : AB :: BF : BA$(Eucl. Ⅴ.7).

但是　$AE : AB :: MK : KB$(Eucl. Ⅵ.14),

同样　$BF : BA :: NL : LA$(Eucl. Ⅵ.4).

因而　$MK : KB :: NL : LA.$

但是,取 KA 为(rect. $MK\cdot KA$ 和 rect. $BK\cdot KA$ 的)公共高,

那么　$MK : KB :: \text{rect.}\,MK\cdot KA : \text{rect.}\,BK\cdot KA,$

又取 BL 为(rect. $NL\cdot LB$ 和 rect. $AL\cdot LB$ 的)公共高,

那么　$NL : LA :: \text{rect.}\,NL\cdot LB : \text{rect.}\,AL\cdot LB.$

因而　$\text{rect.}\,MK\cdot KA : \text{rect.}\,BK\cdot KA :: \text{rect.}\,NL\cdot LB : \text{rect.}\,AL\cdot LB.$

由更比例　$\text{rect.}\,MK\cdot KA : \text{rect.}\,NL\cdot LB$

$:: \text{rect.}\,BK\cdot KA : \text{rect.}\,AL : LB$(Eucl. Ⅴ.16).

又(已证得)　$\text{rect.}\,AK\cdot KM = \text{rect.}\,BL\cdot LN;$

所以　$\text{rect.}\,BK\cdot KA = \text{rect.}\,AL\cdot LB;$

于是　$AK = LB.$ *

但是也有　$AC = CB,$

因而　$KC = CL;$

于是就有　$GX = XH.$

所以线段 GH 平行于 AB 且被直线 XCD 所平分. 所以直线 XCD 是直径且与直径 AB 共轭(定义5,6).

第二组定义

9. 对于超曲线和亏曲线这两者来说,其直径的中点称为这截线的中心;而且把从中心到这截线所引的线段称为这截线的半径.

10. 同样,二相对截线的横截边的中点称为(它们的)中心.

11. 从中心引出一直线(或线段)平行于(对该直径的)一纵线,若是这图形(εἶδος,英译:figure)的两边的比例中项①. 而且它被中心所平分,称为第二直径.

---

*达到这个结果的中间步骤如下:如果

$\text{rect.}\,BK\cdot KA = \text{rect.}\,AL\cdot LB.$

则　$BK : LB :: AL : KA$(Eucl. Ⅵ.16).

但是　$(BK + LB) : LB :: (LA + AK) : KA$(Eucl. Ⅴ.18);

即　$KL : LB :: LK : KA;$

所以　$LB = KA$(Eucl. Ⅴ.7 推论, Ⅴ.9).

①图形的两边指的是竖直边和横截边.

命题 17

如果在一圆锥截线上,从顶点画出平行于一纵线的直线,则它将落在这截线之外(参看 Eucl. Ⅲ.16).

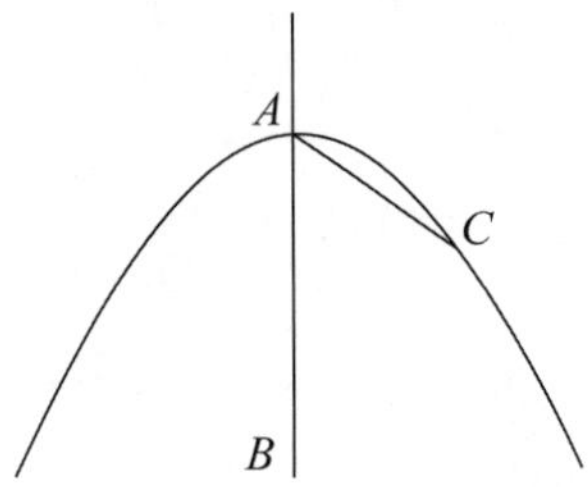

设有一圆锥截线,它的直径是 AB.

我断言　从顶点 A 所作的平行于一纵线的直线,该直线将落在截线之外.

因为,如果可能,设它落在截线内,如 AC. 由于点是圆锥截线上任一点,那么从 C 点所作的平行于一纵线的直线在截线内与直径 AB 相交并被它平分(Ⅰ,7). 但这是不可能的,因为如果延长线段 AC,它将落在截线之外(Ⅰ.10).

所以从顶点 A 所作的平行于纵线的直线将不落在截线内,而是落在截线之外;因而它与截线相切.

命题 18

如果与一圆锥截线相遇的直线向两端延长后都落在这截线之外,又在这截线之内取某个点,过该点作与截线相遇直线的平行线,若将平行线向两端延长,则它必与这截线相交.

设有一圆锥截线和与它相遇的直线 AFB,而且当它向两端延长后,都落在这截线之外,又在这截线之内取某个点 C,过 C 作出直线 CD 平行于 AB.

我断言　直线 CD 向两端延长将与这截线相交.

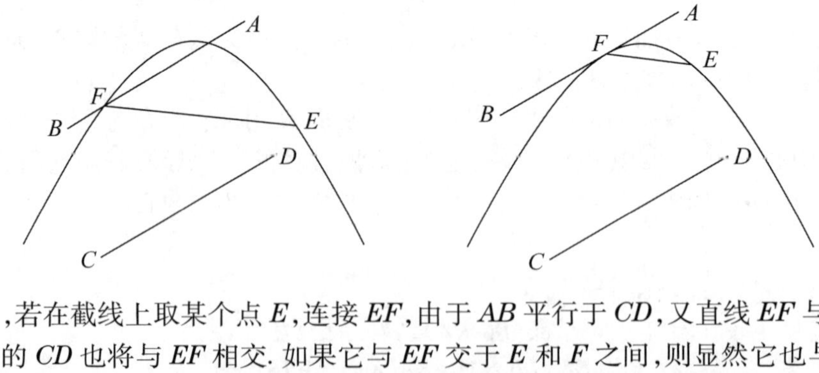

因为,若在截线上取某个点 E,连接 EF,由于 AB 平行于 CD,又直线 EF 与 AB 相交;所以延长的 CD 也将与 EF 相交. 如果它与 EF 交于 E 和 F 之间,则显然它也与这截线相交,但若相交于 E 点之外,则它将首先与截线相交,所以 CD 延长后在 D 和 E 的一侧与这

截线相交. 此外同样可证明 CD 延长后在 C 和 F 侧也与截线相交①. 所以 CD 向两端延长后将与这截线相交.

命题 19

在每一个圆锥的截线内,任何一条从直径所作的平行于纵线的直线都将与这截线相交.

设有一个圆锥的截线,其直径是 AB,在这直线上取某个点 B,过 B 作出直线 BC 平行于一纵线.

我断言 BC 延长后将与这截线相交.

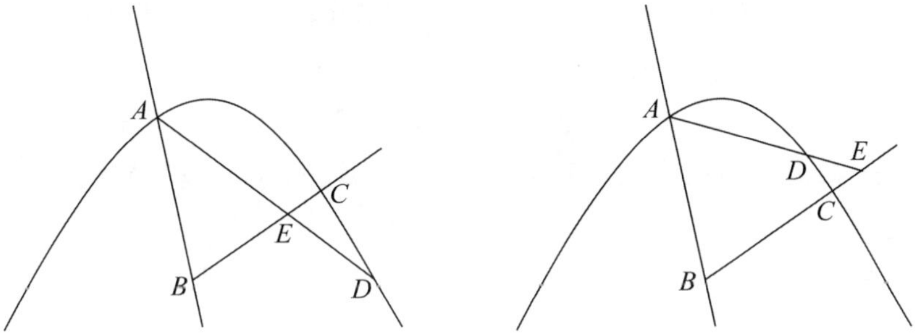

因为,若在这截线上取某个点 D,但 A 在这截线上;所以从 A 到 D 连成的线段将落在这截线之内(Ⅰ.10). 又从 A 作出的平行于一纵线的直线落在这截线之外(Ⅰ.17);而且直线 AD 与它相交,以及直线 BC 平行于纵线,所以 BC 也将与 AD 相交. 如果它与 AD 相交于 A 和 D 之间,则显然它也与截线相交,但若在点 D 以外相交于 E,则它将首先与这截线相交,所以从点 B 作出的平行于纵线的直线将与这截线相交.

命题 20

如果在一齐曲线内,二线段依纵线方向放置到该直径上,则在它们上正方形之比如同它们在这直径上所截出的以顶点开始的二线段*②之比.

设有一齐曲线,其直径为直线 AB,又在它上面取两点 C 和 D 作关于直径 AB 的纵线线段 CE 和 DF.

我断言

---

① 原书为"……在 F 和 B 一侧……"

*这些被截出的线段,通常称为所截出的"横坐标"(英译:abscissas),它是从拉丁译语 abscindere 转译的.

② 但 Apollonius 并未提及"坐标",因而我们仍将译为"横线".

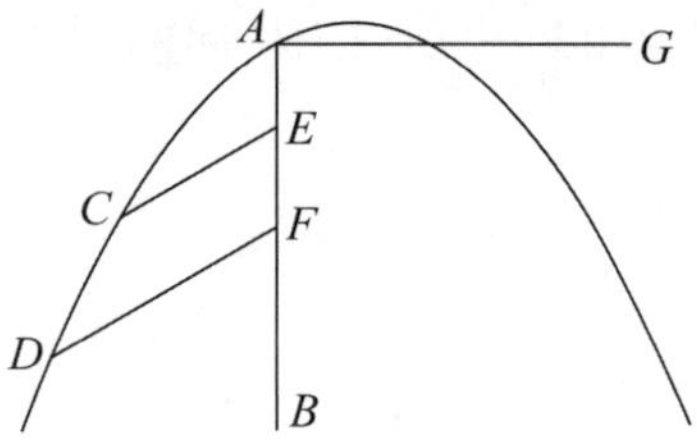

$$\text{sq. } DF : \text{sq}CE :: FA : AE.$$

为此,设 AG 为参量;所以

$$\text{sq. } DF = \text{rect. } FA \cdot AG.$$

和 $$\text{sq. } CE = \text{rect. } EA \cdot AG(\text{Ⅰ}.11).$$

所以 $\text{sq. } DF : \text{sq. } CE :: \text{rect. } FA \cdot AG : \text{rect. } EA \cdot AG.$

但是 $\text{rect. } FA \cdot AG : \text{rect. } EA \cdot AG :: FA : AE.$ (Eucl. Ⅵ. 1);

因而 $$\text{sq. } DF : \text{sq. } CE = FA : AE.$$

命题 21

如果在超曲线或亏曲线,或一个圆的圆周内,作对直径的纵线,则任一纵线上的正方形与一矩形之比如同这图形的竖直边(参量)与横截边之比,而夹此矩形的二边是纵线在直径上截出的、以横截边两端点开始的线段;而且这些正方形之比如同我们所说到的各对(以横截边端点起)在直径上截出的线段所夹的矩形之比.

设有一超曲线或亏曲线,或一个圆的圆周,其直径为 AB,而其参量为线段 AC,线段 DE 和 FG 是关于直径的纵线.

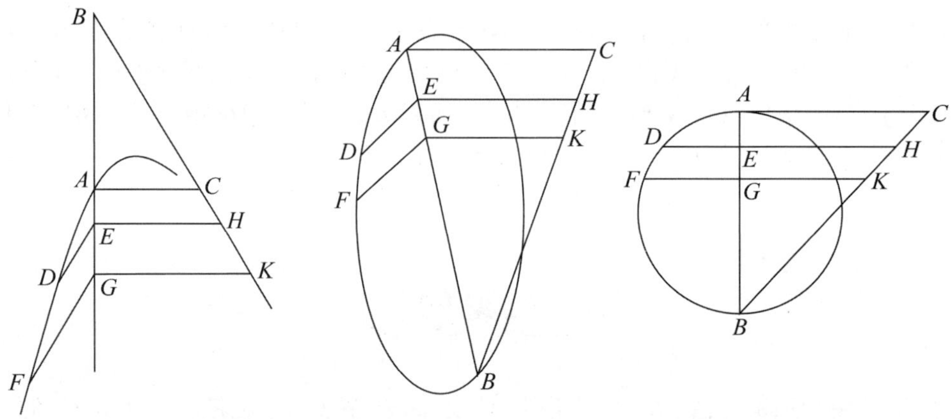

我断言 $$\text{sq. } FG : \text{rect. } AG \cdot GB :: AC : AB$$

和 $$\text{sq. } FG : \text{sq. } DE :: \text{rect. } AG \cdot GB : \text{rect. } AE \cdot EB.$$

因为,若将确定着图形的直线 BC 连接,并过 E 和 G 作平行于 AC 的线段 EH 和 GK. 所以

$$\text{sq. } FG = \text{rect. } KG \cdot GA$$

和 $$\text{sq. } DE = \text{rect. } HE \cdot EA(\text{Ⅰ},12,13).$$

又因 $$KG : GB :: CA : AB;$$

而且,取 AG 为公共高,于是

$$KG : GB :: \text{rect. } KG \cdot GA : \text{rect. } BG \cdot GA.$$

所以　$CA : AB :: \text{rect. } KG \cdot GA : \text{rect. } BG \cdot GA$

或　$CA : AB :: \text{sq. } FG : \text{rect. } BG \cdot GA.$

同理也有　$CA : AB :: \text{sq. } DE : \text{rect. } BE \cdot EA.$

因而　$\text{sq. } FG : \text{rect. } BG \cdot GA :: \text{sq. } DE : \text{rect. } BE \cdot EA;$

由更比例，于是有

$$\text{sq. } FG : \text{sq. } DE :: \text{rect. } BG \cdot GA : \text{rect. } BE \cdot EA. \ ^*$$

命题 22

如果一直线与齐曲线或超曲线交于两点，而在截线内不与直径相交，则它在延长后将与这直径交于截线之外.

设有一齐曲线或超曲线，其直径为直线 AB，而且某直线与这截线交于两点 C 和 D.（且在截线内不与直径相交.）

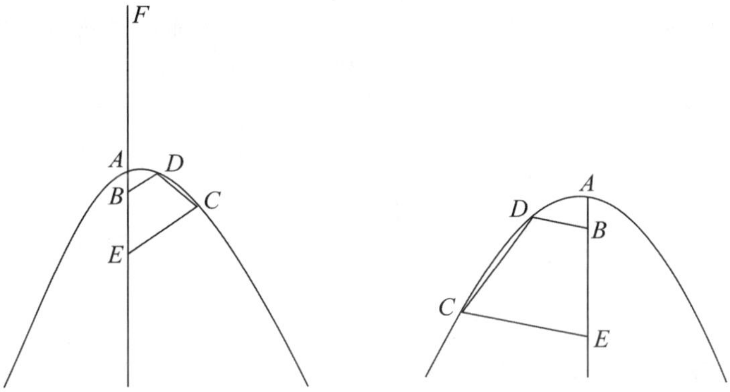

我断言　直线 CD 如果延长，它将与直径交于截线之外.

因为，若从 C 和 D 作关于直径的纵线 CE 和 DB；首先假设这截线是一齐曲线，这时由于在齐曲线中有

$$\text{sq. } CE : \text{sq. } DB :: EA : AB(\text{Ⅰ}.20).$$

又　$EA > AB,$

所以也有　$\text{sq. } CE > \text{sq. } DB.$

结果也有　$CE > DB.$

又它们是平行的；所以 CD 在延长后将与这直径在这截线之外相交(Ⅰ.10).

但是若它是一超曲线[AF 为其横截边]. 因为在超曲线内有

---

*Eutocius 注释说：“注意，参量即竖直边，在圆的情况下与直径相等.

因为，如果　$\text{sq. } DE : \text{rect. } AE \cdot EB :: CA : AB,$

而且只在圆的情形里才有　$\text{sq. } DE = \text{rect. } AE \cdot EB,$

所以也有　$CA = AB.$

同时，也须注意，圆周上的纵线在任何情况下，都垂直于直径，而且还平行于 AC(Eucl. Ⅲ,3,4).

sq. CE : sq. DB

:: rect. $FE \cdot EA$: rect. $FB \cdot BA$(Ⅰ.21),

(显然　rect. $FE \cdot EA$ > rect. $FB \cdot BA$)

所以也有　sq. CE > sq. DB.

(于是 $CE > DB$.)

又它们是平行的,所以 CD 在延长后将与直径在这截线之外相交.

命题 23

如果一直线位于二(共轭)直径*之间与亏曲线相交,如果将其延长,它将与每一个直径交于截线之外.

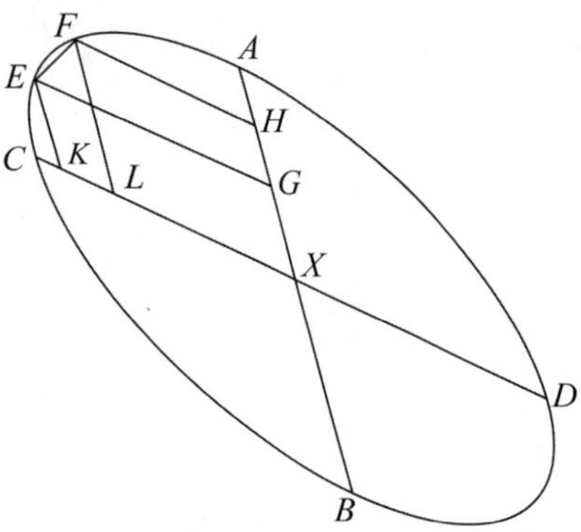

设有一亏曲线,其二直径为线段 AB 及 CD(Ⅰ.15),又某一直线 EF 位于直径 AB 及 CD 之间与这截线相交.

我断言　EF 在延长后将与 AB 和 CE 的每一条在截线之外延长相交.

因为,若以 E 及 F 作对直径 AB 的纵线 GE 和 FH;作对直径 CD 的纵线 EK 和 FL.

所以

sq. EG : sq. FH :: rect. $BG \cdot GA$: rect. $BH \cdot HA$(Ⅰ. 21)

和sq. FL : sq. EK :: rect. $DL \cdot LC$: rect. $DK \cdot KC$(Ⅰ.21).

又　rect. $BG \cdot GA$ > rect. $BH \cdot HA$,

这是因为点 G 离中点较近(Eucl. Ⅱ.5**);

和　rect. $DL \cdot LC$ > rect. $DK \cdot KC$;

所以也有　sq. GE > sq. FH,

和　sq. FL > sq. EK;

所以也有　$GE > FH$,

和　$FL > EK$.

---

*直到现在,Apollonius 利用定理Ⅰ.6,13,15 已证明,对每个亏曲线至少存在一个直径和一对共轭直径.所以在此称“两条直径”.以后,他还将证明存在无数多对这种直径,对于二相对截线来讲也是这样.

**由 Eucl. Ⅱ.5

sq. XB = rect. $BG \cdot GA$ + sq. GX

和　sq. XB = rect. $BH \cdot HA$ + sq. HX.

所以　rect. $GB \cdot GA$ + sq. GX = rect. $BH \cdot HA$ + sq. HX.

但是　$HX > GX$,

于是　sq. HX > sq. GX.

所以　rect. $BG \cdot GA$ > rect. $BH \cdot HA$.

而且 GE 平行于 FH，FL 平行于 EK；所以直线 EF 延长后将与直径 AB 和 CD 的每一个在这截线之外相交（Ⅰ，10；Eucl. Ⅰ.33）.

命题 24

如果一直线与齐曲线或超曲线相遇于一点，当向两边延长时落在这截线之外（即相切），则它将与这截线的直径相交.

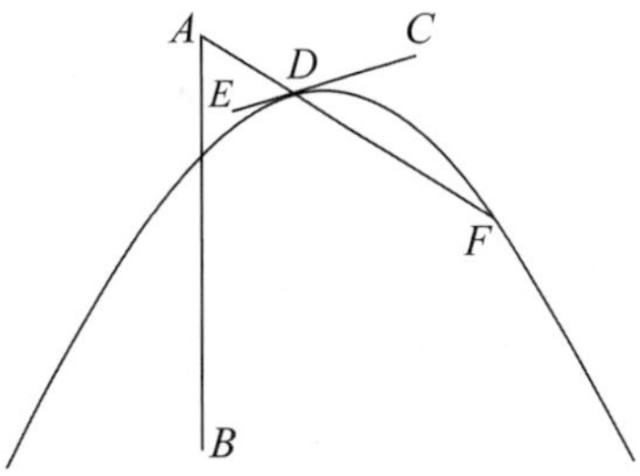

设有一齐曲线或超曲线，其直径为直线 AB，又直线 CDE 与这截线相遇于 D. 当它向两边延长时，它落在这截线之外.

我断言　它将与直径 AB 相交.

因为，若在截线上取某个点 F，连接 DF；则 DF 在延长后将与这截线的直径相交（Ⅰ.22）. 设交于 A 点；而直线 CDE 位于这截线与直线 FDA 之间，因而线段 CDE 延长后将与这直径在这截线之外相交.

命题 25

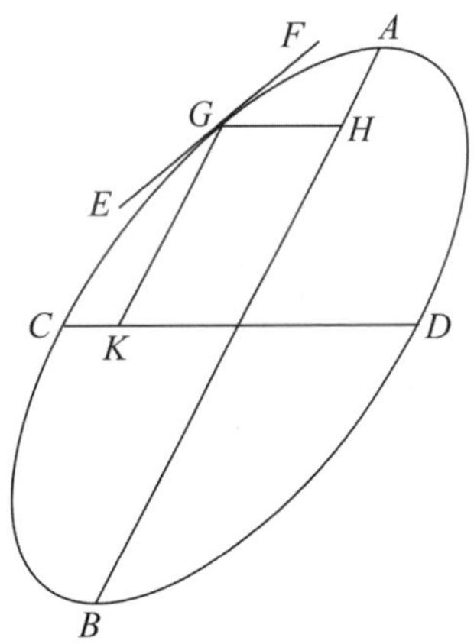

如果一直线与亏曲线于两（共轭）直径之间相遇，它向两边延长后都落在这截线之外，它将与二直径的每一条相交.

设有一亏曲线，其二直径为线段 AB 和 CD（Ⅰ.15），某直线 EF，位于二直径之间与它（这截线）相遇于点 G，而且向两边延长后落在这截线之外.

我断言　直线 EF 将与直线 AB 及 CD 的每一条相交.

若线段 GH 和 GK 分别是对 AB 的纵线和对 CD 的纵线，由于 GK 平行于 AB（Ⅰ.15），而直线 GF 已与 GK 相交，所以它将与直线 AB 相交. 同样地，直线 EF 也将与直线 CD 相交.

命题 26

如果在一齐曲线或超曲线上作一直线平行于这截线的直径，则它与这截线仅交于一点.

首先设有一齐曲线，其直径为直线 BAC，而其竖直边为线段 AD. 又作直线 EF 平行于 AB.

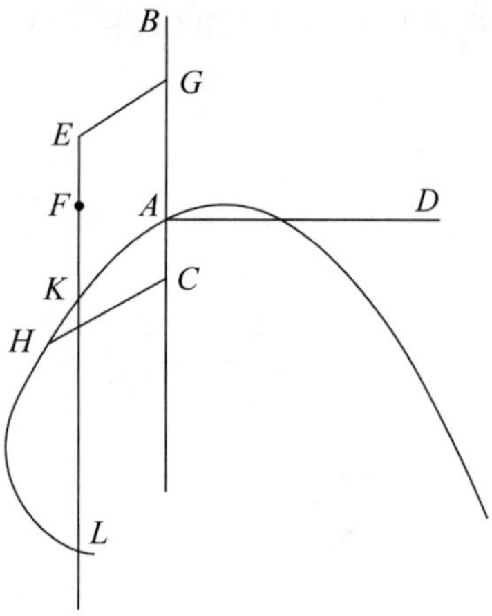

我断言　直线 EF 延长后将与这截线相交.

为此,在 EF 上取某点 E,并过 E 作平行于一纵线的直线 EG(交 AB 于 G),并使得

$$\text{rect. } DA \cdot AC > \text{sq. } GE.$$

又从 C 作关于 AB 的纵线线段 CH(Ⅰ.19). 所以

$$\text{sq. } HC = \text{rect. } DA \cdot AC(\text{Ⅰ}.11).$$

但是
$$\text{rect. } DA \cdot AC > \text{sq. } EG;$$

所以
$$\text{sq. } HC > EG.$$

而且它们是平行的;所以 EK 延长后与线段 HC 相交;于是它也与这截线相交,设相交于 K.

然后可证 K 是唯一的交点.

因为,如果可能的话,设它们也交于另一点 L,这时由于一直线与一齐曲线相交于两点,若将它延长,则将与这截线的直径相交(Ⅰ.22). 而这是不合理的,因为按假设它们是平行的. 所以直线 EF 延长后与这截线仅交于一点.

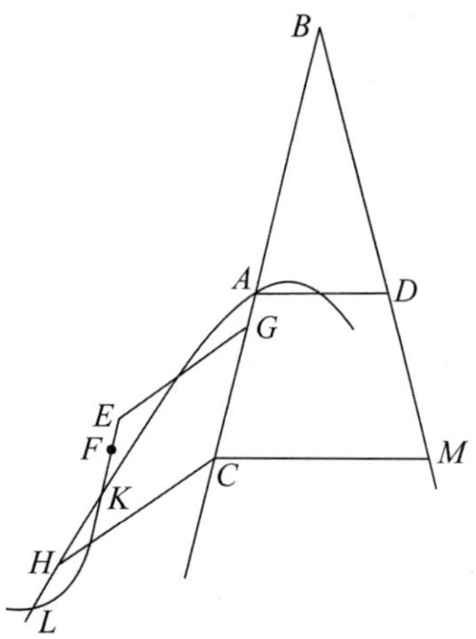

其次设截线为一超曲线,而且线段 AB 为这图形的横截边. 线段 AD 是竖直边,连接 BD 并延长. 这时用同样作图,又从点 C 作直线 CM 平行于 AD(交 BD 于 M). 则由于

$$\text{rect. } MC \cdot CA > \text{rect. } DA \cdot AC.$$

和
$$\text{sq. } CH = \text{rect. } MC \cdot CA,$$

和
$$\text{rect. } DA \cdot AC > \text{sq. } GE,$$

所以也有
$$\text{sq. } CH > \text{sq. } GE.$$

于是就有
$$CH > GE.$$

于是与第一种情形中相同的事实可得,直线 EF 与该截线仅交于一点.

命题 27

如果一直线[在截线内]与一齐曲线的直径相交,则在其两边延长后将与这截线相交.

设有一齐曲线,其直径为直线 AB,某一直线 CD 在这截线内与它相交.

我断言　直线 CD 向其两边延长后将与这截线相交.

因为,若从点 A 作直线平行于一纵线;则直线 AE 将落在截线之外(Ⅰ.17).

那么直线 CD 要么与直线 AE 平行,要么与它不平行.

现在,如果 CD 平行于 AE,那么它已依纵线方向画出,结果在两边延长后,它将与这截线相交(Ⅰ.18).

其次,设它与 AE 不平行,设它延长后交 AE 于点 E. 那么,显然它在 E 点一侧与截线

相交；因为如果 CD 与 AE 相交，它就更有理由与这截线相交.

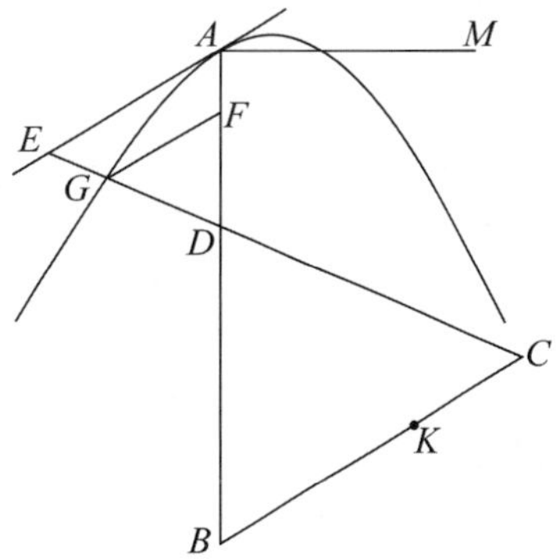

如果向另一边延长，我断言，它也与截线相交，为此，设线段 MA 是参量和 GF 是纵线.

且使

sq. AD = rect. $BA \cdot AF$(Eucl. Ⅵ. 11，Ⅵ. 17)，

又设直线 BK 平行于这纵线(GF)，且与直线 CD 交于 C.

由于　rect. $BA \cdot AF$ = sq. AD.

因此　$AB : AD :: AD : AF$;

因而　$BD : DF :: AB : AD$(Eucl. Ⅴ. 19).

所以也有　sq. BD : sq. DF :: sq. AB : sq. AD.

但是由于　sq. AD = rect. $BA \cdot AF$.

因此　$AB : AF$ :: sq. AB : sq. AD :: sq. BD : sq. FD.

但是　sq. BD : sq. DF :: sq. BC : sq. FG，

以及　$AB : AF$ :: rect. $BA \cdot AM$: rect. $FA \cdot AM$.

所以　sq. BC : sq. FG :: rect. $BA \cdot AM$: rect. $FA \cdot AM$;

由更比例

sq. BC : rect. $BA \cdot AM$ :: sq. FG : rect. $FA \cdot AM$.

但是　sq. FG = rect. $FA \cdot AM$(Ⅰ. 11).

所以也有　sq. BC = rect. $BA \cdot AM$.

但是线段 AM 是竖直边，而线段 BC 平行于一纵线，所以这截线通过点 C(Ⅰ. 11 的逆命题)，因而直线 CD 与这截线交于点 C.

命题 28

如果一直线与二相对截线之一相切，又在另一截线内任取某一点，并通过它作一直线平行于这切线，则该直线向两边延长后，将与这截线相交.

设有二相对截线，其直径为 AB，直线 CD 与截线 A 相切，又在另一截线之内任取一点 E，过 E 作直线 EF 平行于直线 CD.

我断言　直线 EF 向两边延长后将与这截线相交.

因为已证明直线 CD 在延长后将与直径 AB 相交(Ⅰ. 24)，而 EF 平行于它，所以 EF 延长后将与这直径相交. 设相交于点 G，取 AH 等于 GB，过 H 作 HK 平行于 EF(与截线 A 交于 K)(Ⅰ. 18). 作对直径 AB 的纵线 KL，又使 GM 等于 LH，作直线 MN 平行于 KL(交 EG 于 N). 因为 KL 平行于 MN，KH 平行于 GN，而且 $LHGM$ 是一条直线，所以三角形 KHL 相似于三角形 NGM.

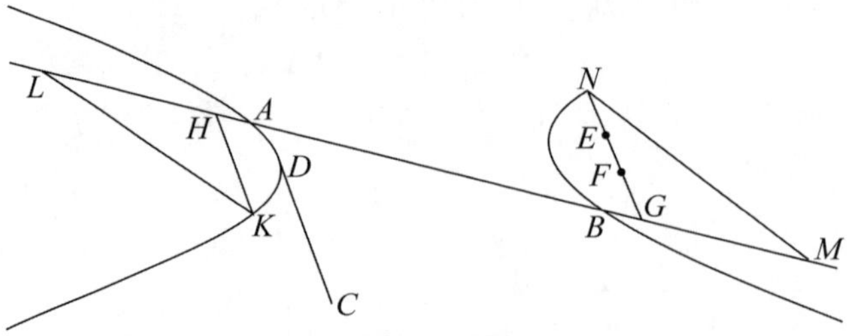

而 $LH = GM$;

所以 $KL = MN$.

于是也有 sq. KL = sq. MN.

又因 $LH = GM$,

和 $AH = BG$,

而 AB 是公用的,所以 $BL = AM$;

所以 rect. $BL \cdot LA$ = rect. $AM \cdot MB$.

所以 rect. $BL \cdot LA$: sq. LK :: rect. $AM \cdot MB$: sq. MN.

和 rect. $BL \cdot LA$: sq. LK :: 横截边 : 竖直边(Ⅰ.21);

所以也有 rect. $AM \cdot MB$: sq. MN :: 横截边 : 竖直边.

所以点 N 在这截线上. 于是 EF 延长后与这截线相交于点 N(Ⅰ.21).

此外同样可证 EF 向另一边延长也将与这截线相交.

命题 29

如果从二相对截线的中心作一直线与二截线的任意一个相交,则它在延长后将与另一截线相交.

设有二相对截线,其直径为直线 AB,其中心为点 C,又设直线 CD 与截线 AD 相交.

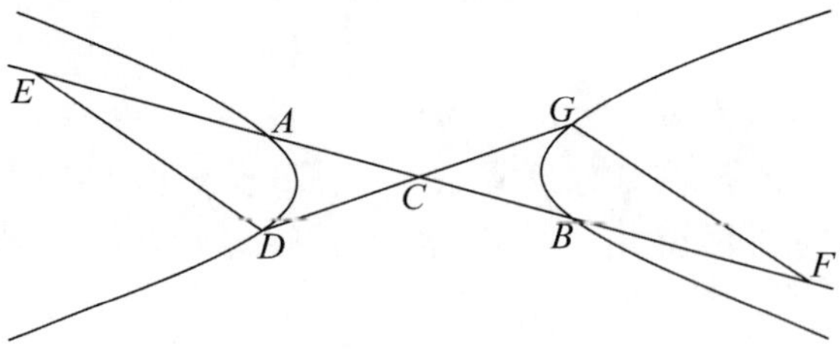

我断言　直线 CD 也将与另一截线相交.

为此,设作出的线段 DE 为其(关于直径 AB)纵线. 取线段 BF 等于 AE. 过 F 作纵线 FG(Ⅰ.19).

因 $EA = BF$,

而 AB 是公用的,所以

rect. $BE \cdot EA$ = rect. $BF \cdot FA$.

又因 rect. $BE \cdot EA$: sq. DE :: 横截边 : 竖直边(Ⅰ.21).

但是也有 rect. $BF \cdot FA$: sq. FG :: 横截边 : 竖直边(Ⅰ.21),

所以也有

rect. $BE \cdot EA$: sq. DE :: rect. $BF \cdot FA$: sq. FG(Ⅰ.14).

但是 rect. $BE \cdot EA$ = rect. $BF \cdot FA$;

所以也有 sq. DE = sq. FG.

由于这时 $EC = CF$,

而且 $DE = FG$,

而 EF 是一直线,而且 ED 平行于 FG,所以 DG 也是一直线(Eucl. Ⅵ.32). 因而 CD 也将与另一截线相交.

命题 30

如果在一亏曲线或二相对截线内,过其中心作直线并向两边延长与截线相交,则它将被这中心所平分.

设有一亏曲线或二相对截线,其直径为直线 AB,其中心为点 C,过 C 作直线 DCE(交截线于点 D 和 E)(Ⅰ.29).

我断言 线段 CD 等于线段 CE.

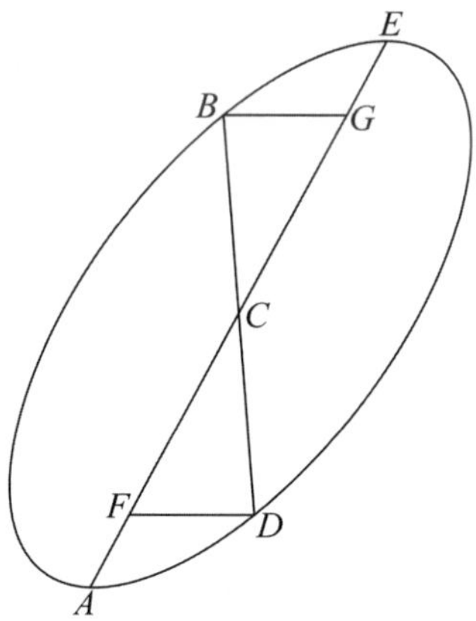

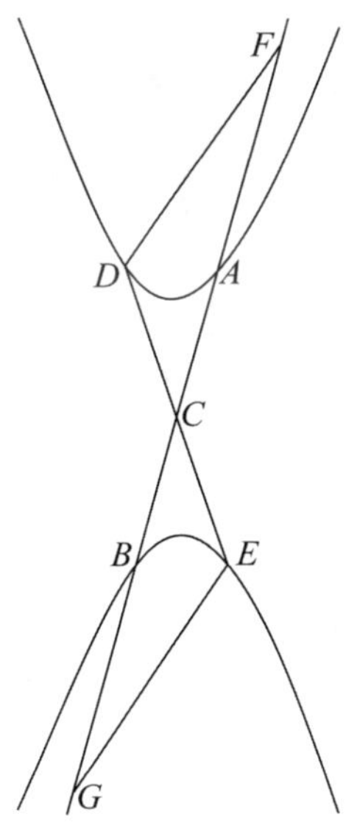

为此,作纵线 DF 和 EG. 于是

rect. $BF \cdot FA$: sq. FD :: 横截边 : 竖直线(Ⅰ.21),

但是也有 rect. $AG \cdot GB$: sq. GE :: 横截边 : 竖直边(Ⅰ.21).

所以也有

rect. $BF \cdot FA$: sq. FD :: rect. $AG \cdot GB$: sq. GE (Eucl. Ⅴ.11).

由更比例 rect. $BF \cdot FA$: rect. $AG \cdot GB$ :: sq. FD : sq. GE.

但是

sq. FD : sq. GE :: sq. FC : sq. CG(Eucl, Ⅵ. 4, Ⅴ16. Ⅵ. 22);

所以由更比例　rect. $BF\cdot FA$: sq. FC :: rect. $AG\cdot GB$: sq. CG.

所以也有,在亏曲线情况下取合比例*,而在相对截线情况下取分比例,**得

sq. AC : sq. CF :: sq. BC : sq. CG(Eucl. Ⅱ5,6);

但是　sq. CB = sq. AC;

所以也有　sq. CG = sq. CF.

所以　$CG = CF$.

而且 DF 平行于 GE;所以也有 $DC = CE$.

命题 31

如果在超曲线图形的横截边上取某个点,从截线顶点截下一个不小于图形横截边一半的线段,又从它作出一个与截线相遇的直线,则它进一步延长后,它将在靠近这截线的一侧落入这截线之内.

设有一超曲线,其直径为直线 AB,C 是这直径上的某个点,它所截下的线段 CB 不小于 AB[横截边]的一半,又从它作出某直线 CD 与这截线相遇(于 D 点).

我断言　直线 CD 在延长后将在截线之内.

因为,如果可能,设它像 CDE 那样落在这截线之外(1.24),又(从其上)任取一点 E 依纵线方向作线段 EG(交截线于 F),又作 DH 为纵线;

首先设 AC 等于 CB.

因为　sq. EG : sq. DH > sq. FG : sq. DH(Eucl. Ⅴ. 8, Ⅵ. 22),

但是　sq. EG : sq. DH :: sq. CG : sq. CH;

这是因为 EG 平行于 DH,而且

sq. FG : sq. DH :: rect. $AG\cdot GB$: rect. $AH\cdot HB$(Ⅰ,21),

---

*由 Eucl. Ⅴ. 18(合比定理)

(rect. $BF\cdot FA$ + sq. FC): sq. FC :: (rect. $AG\cdot GB$ + sq. CG): sq. CG.

由 Eucl. Ⅱ. 5,

sq. AC = rect. $BF\cdot FA$ + sq. CF,

sq. BC = rect. $AG\cdot BG$ = sq. CG.

所以,代入后有　sq. AC: sq. FC :: sq. BC: sq. CG.

**由 Eucl. Ⅴ. 19(分比定理)

(sq. CF − rect. $BF\cdot FA$): sq. CF :: (sq. CG − rect. $AG\cdot GB$): sq. CG.

由 Eucl. Ⅱ. 6.

sq. CF − rect. $BF\cdot FA$ = sq. AC,

sq. CG − rect. $AG\cdot GB$ = sq. CB.

代入后有　sq. AC: sq. FC :: sq. BC: sq. CG.

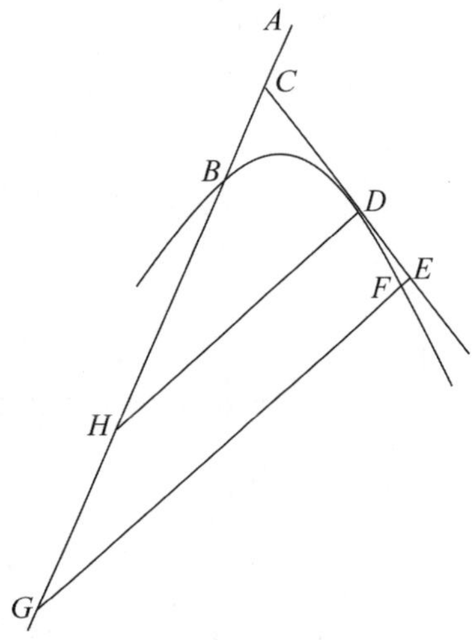

所以　sq. CG: sq. CH > rect. $AG \cdot GB$: rect. $AH \cdot HB$. *

交换两内项,有

sq. CG : rect. $AG \cdot GB$ > sq. CH : rect. $AH \cdot HB$.

于是由分比例

[(sq. CG − rect. $AG \cdot GB$) : rect. $AG \cdot GB$ >

(sq. CH − rect. $AH \cdot HB$) : rect. $AH \cdot HB$]

有　　sq. BC : rect. $AG \cdot GB$ >

sq. CB : rect. $AH \cdot HB$(Eucl. Ⅴ. 17, Ⅱ. 6);

而这是不可能的(Eucl. Ⅴ. 8),所以直线 CDE 不会落在截线之外,因而落在这截线之内.

推论

同理从线段 AC($BC > AC$)上某一点作出的直线与这截线相遇,那么它的延长线也将落在这截线之内.

命题 32

如果过一圆锥截线的顶点作一直线平行于一纵线,则它与这截线相切,而且不会有另一直线落在这圆锥截线和这一直线之间的孔隙之中.

设有一圆锥截线,首先设它是齐曲线,其直径为直线 AB,又从 A 作出一直线 AC 平行于一纵线.

现在已证它上面与 A 不同的点将落在这截线之外(1.17).

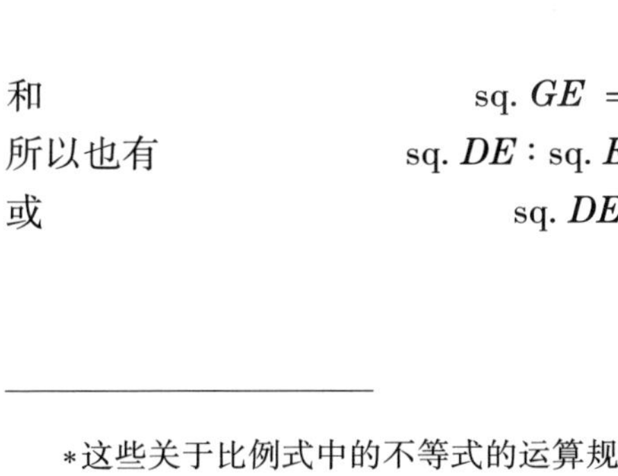

然后,我断言不会有另外直线落在这直线 AC 与这截线之间的孔隙之中.

因为,如果可能,设有直线 AD 插入在直线 AC 与这截线之中,在 AD 上任取一点 D,依纵线方向作出线段 DE(交截线于点 G),又设线段 AF 为纵线参量,因为

sq. DE : sq. EA > sq. GE : sq. EA

(Eucl. Ⅴ. 8, Ⅵ. 22),

和　　sq. GE = rect. $FA \cdot AE$(Ⅰ. 11),

所以也有　　sq. DE : sq. EA > rect. $FA \cdot AE$: sq. EA,

或　　sq. DE : sq. EA > FA : EA.

*这些关于比例式中的不等式的运算规则在 Euclid 的《原本》卷Ⅴ中并未发展出来,但它们可以从关于 Euclid 的理论中推导出来.

然后作 HA 使其满足 $\quad \text{sq.}\,DE : \text{sq.}\,EA :: FA : HA.$ *

过点 H 作直线 HLK 平行于 ED(分别交截线和 AD 于 L 和 K).

这时由于 $\quad \text{sq.}\,DE : \text{sq.}\,EA :: FA : AH :: \text{rect.}\,FA \cdot AH : \text{sq.}\,AH,$

和 $\quad \text{sq.}\,DE : \text{sq.}\,EA :: \text{sq.}\,KH : \text{sq.}\,AH$(Eucl. Ⅵ.4,Ⅵ.22),

和 $\quad \text{sq.}\,HL = \text{rect.}\,FA \cdot AH$(Ⅰ.11),

所以也有 $\quad \text{sq.}\,KH : \text{sq.}\,HA :: \text{sq.}\,LH : \text{sq.}\,HA.$

所以 $\quad KH = HL;$

而这是不合理的,所以不会有另外的直线落在直线 AC 与这截线之间的孔隙之中.

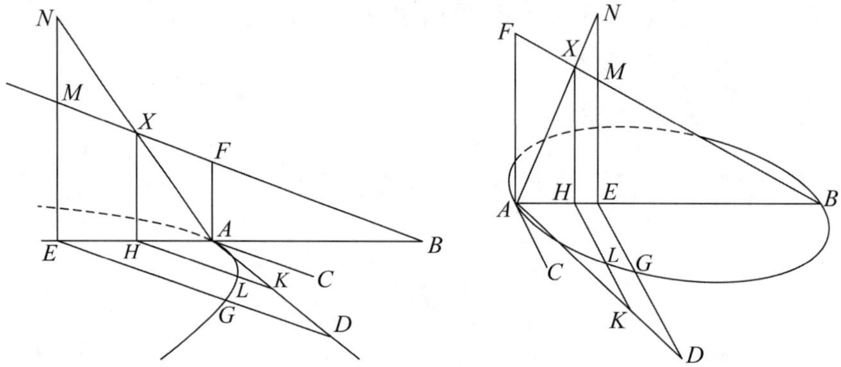

其次,设这截线为一超曲线或亏曲线,或一圆的圆周,其直径为直线(或线段)AB,它的竖直边为线段 AF;连接 BF 并延长,从点 A 作直线 AC 平行于一纵线.

现已证 AC 在截线之外(Ⅰ.17).

此外,我断言 不会有另外的直线落在直线 AC 与这截线之间的孔隙之中.

因为,如果可能,设有直线 AD 插入在直线 AC 与截线之间,在 AD 上任取一点 D,过 D 依纵线方向作出线段 DE(交截线于 G),又过 E 作直线 EM 平行于 AF.

因为 $\quad \text{sq}\cdot GE = \text{rect.}\,AE \cdot EM$(Ⅰ.12,13)

然后作 EN 使其满足

$$\text{rect.}\,AE \cdot EN = \text{sq.}\,ED$$

连接 AN 与直线 FM 交于 X,并过 X 作直线 XH 平行于 FA(交 BE 于 H).过 H 作直线 AC 的平行线(分别交 AD 和截线于 K 和 L).

这时,由于 $\quad \text{sq.}\,DE = \text{rect.}\,AE \cdot EN,$

因此 $\quad NE : DE :: DE : EA;$

所以 $\quad NE : EA :: \text{sq.}\,DE : \text{sq.}\,EA$(Eucl. Ⅵ.9 推论,Ⅵ.22,Ⅴ.11).

---

*这个构造的中间步骤如下:

求长 M 使得 $\quad DE : EA :: EA : M$(Eucl. Ⅵ.11),

于是 $\quad DE : M :: \text{sq.}\,DE : \text{sq.}\,EA$(Eucl. Ⅵ.19 推论),

在 AB 上找一点 H,使得

$$DE : M :: FA : HA \text{(Eucl. Ⅵ.12)},$$

所以 $\quad \text{sq.}\,DE : \text{sq.}\,EA :: FA : HA$(Eucl. Ⅴ.11).

但是　$NE : EA :: XH : HA$,

和　sq. DE : sq. EA :: sq. KH : sq. HA.

所以　$XH : HA$ :: sq. KH : sq. HA;

所以　$XH : HK :: KH : HA$(Eucl. Ⅵ. 9 推论的逆命题)

所以　sq. KH = rect. $AH \cdot HX$;

但是也有　sq. LH = rect. $AH \cdot HX$(Ⅰ. 11,12);

所以　sq. KH = sq. HL;

而这是不合理的,所以不会有另外的直线落在直线 AC 与这截线之间的孔隙之中.

命题 33

如果在一齐曲线上取某个点,从它对直径作出一纵线,它在直径上从顶点截出一线段,又在同一直线(直径)上从端点(在另一侧)量取一线段与上述线段相等,那么连接得到的点和所取点的直线将与这截线相切.

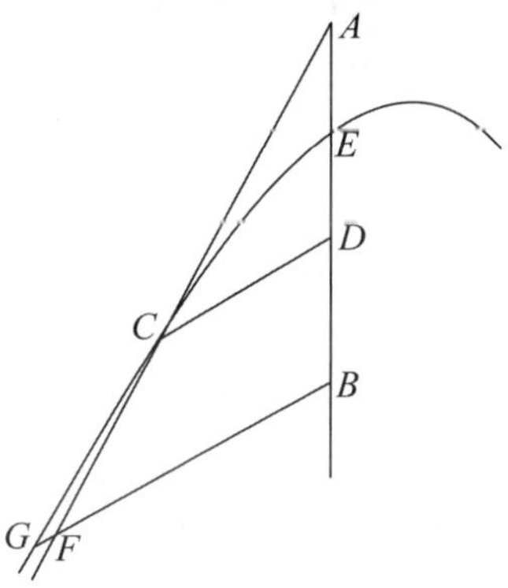

设有一齐曲线,其直径为直线 AB,而 CD 是对直径所作的纵线,取线段 AE 等于线段 ED,再连接直线 AC.

我断言　直线 AC 延长后将落在这截线之外.

因为,如果可能,设它落在这截线之内,如直线 CF 那样,作对直径的纵线 GB(交直线 AF 于 F). 那么由于

sq. BG : sq. CD > sq. FB : sq. CD,

但是　sq. FB : sq. CD :: sq. AB : sq. AD,

和　sq. BG : sq. CD :: $BE : DE$(Ⅰ. 20),

所以　$BE : DE$ > sq. BA : sq. AD.

但是　$BE : DE$ :: 4rect. $BE \cdot EA$: 4rect. $DE \cdot EA$;

所以也有　4rect. $BE \cdot EA$: 4rect. $DE \cdot EA$ > sq. AB : sq. AD

交换内项,有

4rect. $BE \cdot EA$: sq. AB > 4rect. $DE \cdot EA$: sq. AD;

而这是不合理的;

因为由于　$AE = ED$,

因此　4rect. $DE \cdot EA$ = sq. AD.

但是　4rect. $BE \cdot EA$ < sq. AB;

这是因为 E 不是 AB 的中点(Eucl. Ⅱ. 5),所以直线 AC 并不落在这截线之内;因此直线 AC 与这截线相切.

命题34

如果在一超曲线或亏曲线,或一个圆的圆周上取某个点,过该点作对于直径的纵线,如果它在图形的横截边上截出从横截边两端点开始的两线段之比,如同横截边直线上一点到横截边对应两端点的两线段之比,那么在横截边上取的点与截线上所取的点连接的直线将与这截线相切.

设有一超曲线或亏曲线,或一个圆的圆周,其直径为直线(或线段)AB,在这截线上取某点C,从C对直径作纵线CD.(在AB上取点E)使其满足

$$BD:DA::BE:EA^{*},$$

连接直线EC.

我断言　直线EC与这截线相切.

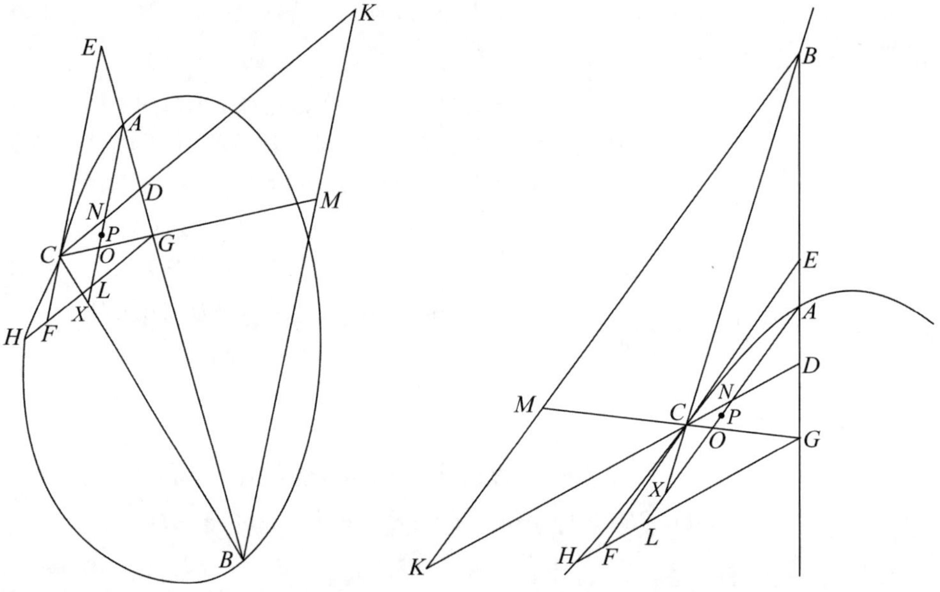

因为,如果可能,设它们相交,像直线ECF那样,在ECF上取一点F,过F作纵线方向的直线GFH(分别交直径与截线于G和H),再过A和B作直线AL和BK平行于EC,连接直线CD、BC和GC并延长分别交BK、HG和BK于K、X和M.因为

$$BD:DA::BE:EA,$$

但是
$$BD:DA::BK:AN,$$

---

*这个作图是容易的,在超曲线的情形里,取合比例

$$(BD+DA):DA::BA:EA;$$

而在亏曲线情形里取分比例

$$(BD-DA):DA::BA:EA.$$

和　$BE:AE::BC:CX::BK:XN$(Eucl. Ⅵ. 4)

所以　$BK:AN::BK:XN$;

所以　$AN = NX$.

所以　rect. $AN \cdot NX >$ rect. $AO \cdot OX$(Eucl. Ⅵ. 37; Ⅱ. 5)

所以　$NX:XO > OA:AN$. *

但是　$NX:XO::KB:BM$(Eucl. Ⅵ. 4);

所以　$KB:BM > OA:AN$.

所以　rect. $KB \cdot AN >$ rect. $BM \cdot OA$.

于是

rect. $KB \cdot AN$: sq. $CE >$ rect. $BM \cdot OA$: sq. CE(Eucl. Ⅴ. 8).

但是　rect. $KB \cdot AN$: sq. CE :: rect. $BD \cdot DA$: sq. DE.

这是由三角形 BKD、ECD 和 NAD 的相似而得出的**

而且　rect. $BM \cdot OA$: sq. CE :: rect. $BG \cdot GA$: sq. GE;

但是　rect. $BD \cdot DA$: rect. $AG \cdot GB$ :: sq. CD : sq. GH(Ⅰ. 21),

和　sq. DE : sq. EG :: sq. CD : sq. FG(Eucl. Ⅵ. 4, Ⅵ. 22)

所以　rect. $BD \cdot DA$: sq. $DE >$ rect. $BG \cdot GA$: sq. GE.

于是交换内项

---

*Eutocius 注释说:“因为,由于

rect. $AN \cdot NX >$ rect. $AO \cdot OX$.

设　rect. $AN \cdot NX =$ rect. $AO \cdot XP$.

这里 XP 是某个线段,满足 $XP > XO$;

所以　$OA:AN::NX:XP$.

但是　$NX:XO > NX:XP$(Eucl. Ⅴ. 8)

因而　$NX:XO > OA:AN$.

此外其逆也显然成立,如果

$NX:XO > OA:AN$,

则　rect. $XN \cdot NA >$ rect. $AO \cdot OX$.

为此,设　$OA:AN::NX:XP$,

其中　$XP > XO$;

所以　rect. $XN \cdot NA =$ rect. $AO \cdot XP$;

于是　rect. $XN \cdot NA >$ rect. $AO \cdot OX$.”

**Eutocius 注释说“因为 AN、EC 和 KB 互相平行,

所以　$AN:EC::AD:DE$,

和　$EC:KB::ED:DB$,

所以由首末比　$AN:KB::AD:DB$;

所以也有　sq. AN : rect. $AN \cdot KB$ :: sq. AD : rect. $AD \cdot DB$;

但是　sq. EC : sq. AN :: sq. ED : sq. AD;

于是由首末比　sq. EC : rect. $AN \cdot KB$ :: sq. ED : rect. $AD \cdot DB$;

由反比例　rect. $KB \cdot AN$: sq. EC :: rect. $AD \cdot DB$: sq. ED.”

对于以下的比例式,类似的证明仍成立.

$$\text{rect. } BD \cdot DA : \text{rect. } BG \cdot GA > \text{sq. } DE : \text{sq. } GE.$$

所以也有 $\text{sq. } CD : \text{sq. } HG > \text{sq. } CD : \text{sq. } FG$

于是 $HG < FG$(Eucl. Ⅴ.10);

而这是不可能的,所以直线 EC 不会与这截线相交,因而直线 EC 与这截线相切.

命题 35

如果一直线与一齐曲线相切,它与直径在截线之外相交,从切点作对直径的纵线,它将在直径上截出一个从顶点开始的线段,与直径上从截线顶点到切线〔与直径的交点〕之间的线段相等,而且没有任何直线会落在这切线与这截线之间的孔隙之中.

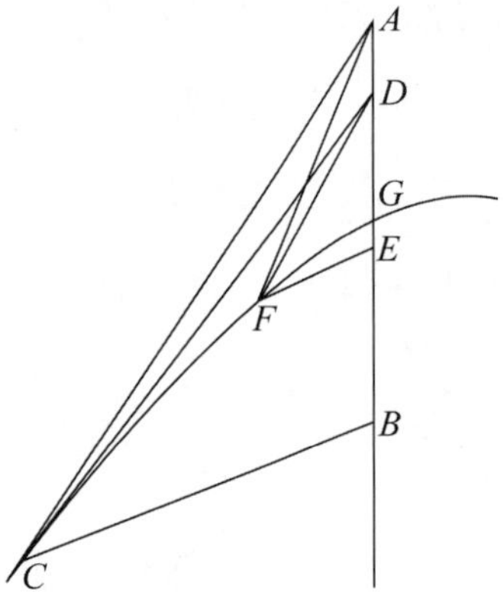

设有一齐曲线,其直径为直线 AB,直线 AC 是截线的切线(切点为 C),线段 CB 是对直径的纵线.

我断言　线段 AG 等于线段 GB.

因为,如果可能,设它们不相等,设取线段 GE 等于 AG,过 E 作对直径 AB 的纵线 EF,连接 AF,于是 AF 延长后将与直线 AC 相交(Ⅰ.33);而这是不可能的,因为两直线有相同的端点,所以,线段 AG 不会不等于线段 GB,所以它等于它.

此外,还可证没有直线会落在直线 AC 和这截线之间的孔隙之中.

因为,如果可能的话,可设直线 CD 落在其间,则可量取 GE 等于 DG,过 E 作纵线 EF,于是直线 DF 与截线相切(Ⅰ.33);因此它(DF)在延长后将落在这截线之外,结果它(直线 DF)将与 DC 相交,因而两线段将有共同的端点;这是不可能的,所以没有任何直线会落在这截线和这直线 AC 之间的孔隙之中.

命题 36

如果某直线与超曲线或亏曲线,或一个圆的圆周相切,并与其横截边相交,又从切点作对直径的纵线,那么纵线与横截边的交点到横截边两端点线段之比,如同切线与直径之交点到横截边两端对应顶点线段之比;而且不会有另一直线落在这切线与圆锥截线之间的孔隙之中.

设有一超曲线或亏曲线,或一个圆的圆周,其直径为直线(或线段)AB,又设直线 CD 是切线,且 CE 是对直径的纵线.

我断言 $BE : EA :: BD : DA$.

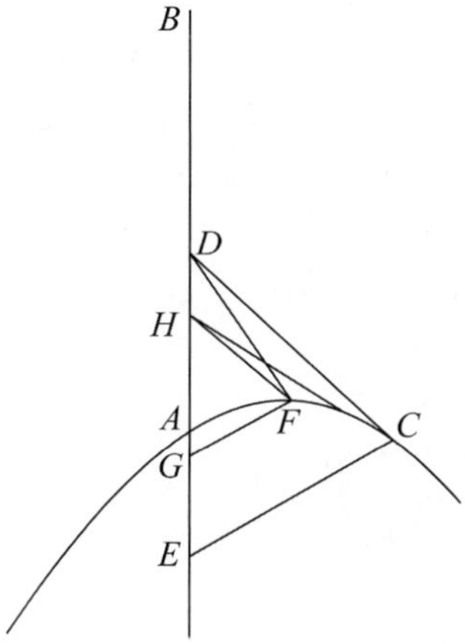

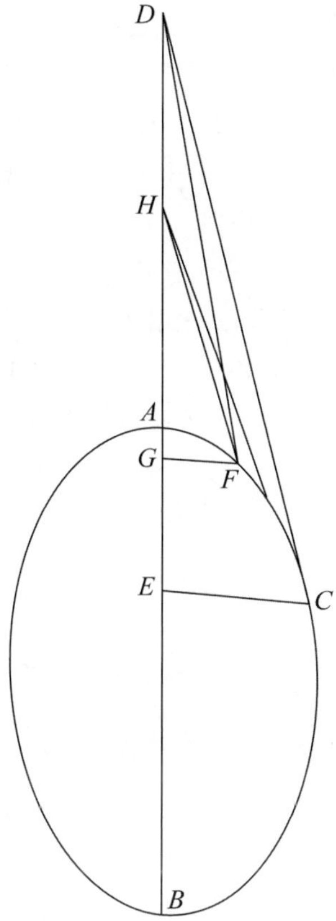

因为,如果上式不成立,可设有

$$BD : DA :: BG : GA,$$

而线段 GF 是对直径的纵线;于是从 D 到 F 连接的直线将与这截线相切(Ⅰ. 34);所以延长后将与 CD 相交,于是两直线将有相同的端点;这是不可能的.

还可证没有直线会落在这截线与直线 CD 之间.

因为,如果可能,设直线 CH 落在它们之间,并设使其满足

$$BH : HA :: BG : GA,$$

而线段 GF 为对直径的纵线;所以从 H 到 F 连接的直线,在延长后将与 CH 相交(Ⅰ. 34),所以两直线将有相同的端点;这是不可能的. 所以在这截线和直线 CD 之间不会再有其他直线.

命题 37

如果与一超曲线或亏曲线,或一个圆的圆周相切的直线与直径相交,又从切点作对于直径的纵线,那么从截线的中心到纵线与直径交点的线段与从截

线的中心到切线与直径交点的线段所夹的矩形将等于这截线半径上[①]的正方形,且从中心到纵线与直径交点的线段与纵线和切线(在直径上)的线段所夹的矩形与纵线上正方形之比,如同横截边比竖直边.

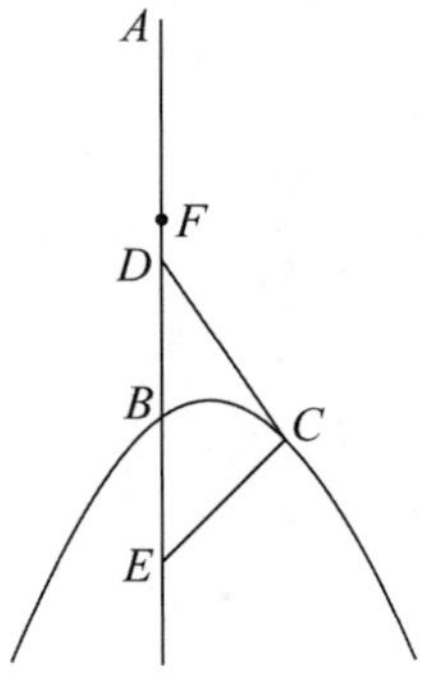

设有一超曲线或亏曲线,或一个圆的圆周,其直径为直线(或线段)AB,设直线 CD 为所作的切线(C 为切点),而线段 CE 是对直径的纵线,点 F 为截线的中心.

我断言 rect. $DF \cdot FE$ = sq. FB,

和 rect. $DE \cdot EF$: sq. EC :: 横截边 : 竖直边.

因为,由于 CD 与这截线相切,CE 是所作的纵线,因此

$$AD : DB :: AE : EB (\text{Ⅰ}.36).$$

于是由合比例

$$(AD + DB) : DB :: (AE + EB) : EB.$$

取二前项之半(Eucl. Ⅴ.15);在超曲线情形里,由

$$\frac{1}{2}(AE + EB) = FE,$$

和 $$\frac{1}{2}(AD + DB) = FB;$$

得 $$FE : EB :: FB : BD.$$

又由换比例 $$[FE : (FE - EB) :: FB : (FB - BD)]$$

得 $$FE : FB :: FB : FD,$$

所以 rect. $EF \cdot FD$ = sq. FB.

又因为 $$FE : EB :: FB : BD :: AF : BD,$$

由更比例 $$AF : FE :: DB : BE;$$

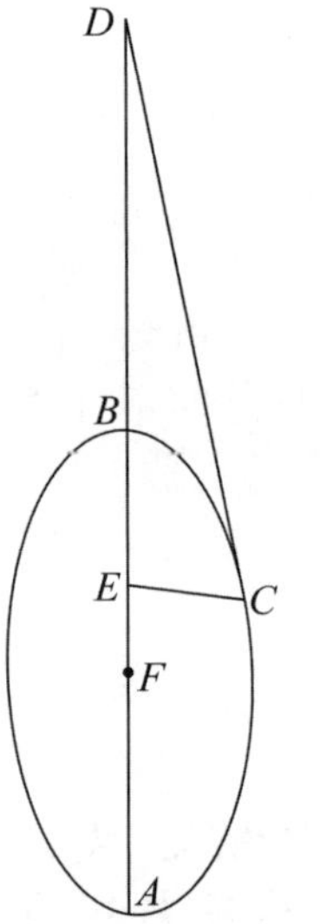

由合比例 $$AE : EF :: DE : EB;$$

于是 rect. $AE \cdot EB$ = rect. $FE \cdot ED$.

但是 rect. $AE \cdot EB$: sq. CE :: 横截边 : 竖直边(Ⅰ.21);

所以也有 rect. $FE \cdot ED$: sq. CE :: 横截边 : 竖直边.

在亏曲线和圆周的情形里,由

$$\frac{1}{2}(AD + DB) = DF,$$

和 $$\frac{1}{2}(AE + EB) = FB;$$

得 $$FD : DB :: FB : BE$$

由分比例 $$DF : FB :: BF : FE,$$

所以 rect. $DF \cdot FE$ = sq. BF.

但是 rect. $DF \cdot FE$

① 即从这截线中心到这截线顶点的线段.

$$= \text{rect. } DE \cdot EF + \text{sq. } FE(\text{Eucl. II. 3}),$$

和　$$\text{sq. } BF = \text{rect. } AE \cdot EB + \text{sq. } FE(\text{Eucl. II. 5}).$$

减去公用的 EF 上正方形;所以

$$\text{rect. } DE \cdot EF = \text{rect. } AE \cdot EB.$$

所以　$$\text{rect. } DE \cdot EF : \text{sq. } CE :: \text{rect. } AE \cdot EB : \text{sq. } CE.$$

但是　rect. $AE \cdot EB$: sq. CE :: 横截边 : 竖直边(I . 21),

所以　rect. $DE \cdot EF$: sq. CE :: 横截边 : 竖直边.

命题 38

如果与一超曲线或亏曲线,或一个圆的圆周相切的直线与第二直径相交,又从切点对同一〔即第二〕直径作出一直线平行于另一直径,那么从截线中心〔在第二直径上〕被所作平行线段(κατηγμένη)* 截出的线段,连同从截线中心〔在第二直径上〕被切线所截出的线段夹的矩形等于第二直径的一半上正方形;且平行线与第二直径的交点分别到截线中心与切线与第二直径的交点的线段夹的矩形比所作平行线段上正方形如同这图形的竖直边与横截边之比.

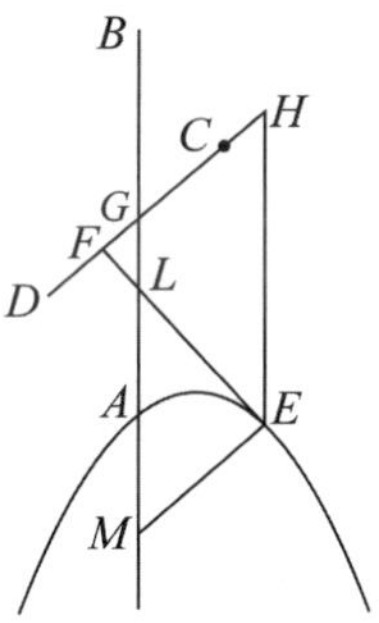

设有一超曲线或亏曲线,或圆周,其直径为直线(或线段)AGB(G 是截线的中心),其第二直径为线段 CGD,又设直线 ELF 为这截线的切线(切为点 E)交 CD 于 F;直线 HE 平行于 AB.

我断言　$$\text{rect. } FG \cdot GH = \text{sq. } GC.$$

和　rect. $GH \cdot HF$: sq. HE :: 竖直边 : 横截边.

对直径 AB 作纵线 ME;于是

rect. $GM \cdot ML$: sq. ME :: 横截边 : 竖直边(I . 37)

但是　横截边 BA : CD :: CD : 竖直边(见定义 11);

因而,横截边 : 竖直边 :: sq. BA : sq. CD(Eucl. VI. 19 推论);

而作为它们的四分之一,即是

横截边 : 竖直边 :: sq. GA : sq. GC.

所以也有　$$\text{rect. } GM \cdot ML : \text{sq. } ME :: \text{sq. } GA : \text{sq. } GC.$$

但是　$$\text{rect. } GM \cdot ML : \text{sq. } ME :: GM : ME \text{comp. } LM : ME,$$

或　$$\text{rect. } GM \cdot ML : \text{sq. } ME :: GM : GH \text{comp. } LM : ME.$$

---

*(κατηγμένη)这个字与第一直径有关,我们译成“纵线”(ordinate).但在提到第二直径时,我们宁愿坚持更接近于原文,因为,尽管在亏曲线的情形里,它确实是一个纵线,然而在超曲线情形里它仅仅是类似于一条纵线的,不过这一类似性在本书的进展中是越来越强烈的,因此将(κατηγμένη)用在两种情形里并不出乎意外,另一方面 Apollonius 在定义 5 中明确地在两种情形里都称之为“纵线”,似乎是在宣告:在本书中所设计出的类似性已经达到了顶峰了.

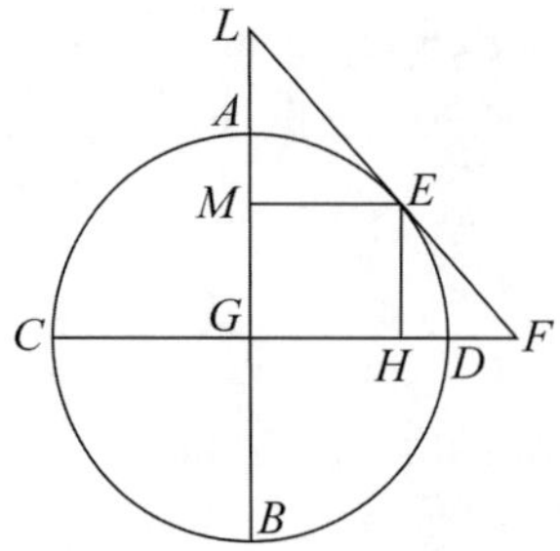

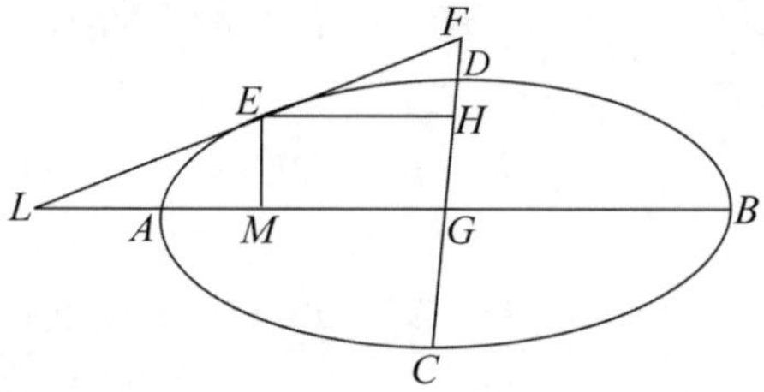

其逆比例 sq. CG : sq. GA

:: EM : MG(或 HG : GM) comp. EM : ML(或 FG : GL).

(因为 EM : MG :: HG : GM 和 EM : ML :: FG : GL)

所以 sq. GC : sq. GA :: $HG \cdot GM$comp. FG : GL,

这与 rect. $FG \cdot GH$: rect. $MG \cdot GL$ 相同.

所以 rect. $FG \cdot GH$: rect. $MG \cdot GL$ :: sq. CG : sq. GA.

由更比例

rect. $FG \cdot GH$: sq. CG :: rect. $MG \cdot GL$: sq. GA.

但是 rect. $MG \cdot GL$ = sq. GA(Ⅰ.37),

所以也有 rect. $FG \cdot GH$ = sq. CG.

又因为 竖直边 : 横截边 :: sq. EM : rect. $GM \cdot ML$(Ⅰ.37),

和 sq. EM : rect. $GM \cdot ML$ :: EM : GMcomp. EM : ML,

或 sq. EM : rect. $GM \cdot ML$

:: HG : HEcomp. FG : GL(或 FH : HE).

这与 rect. $FH \cdot HG$: sq. HE 相同;

所以 rect. $FH \cdot HG$: sq. HE :: 竖直边 : 横截边. *

命题 39

如果与一超曲线或亏曲线,或一个圆的圆周相切的直线与直径相交,又从切点作对直径的纵线,则不论所取的线段是哪一个——其中一个是纵线与直径的交点和这截线的中心之间的线段,另一个是纵线和切线在直径上交点之间的线段——这纵线与它的比将是二线段中的另一个与这纵线之比与这图形的竖直与横截边之比的复比.

---

*这是 Apollonius 所明确表明的命题的结论;要证明的是他所说到的比例式. 在 Heiberg 的希腊正文(及这个译本的以前的版本)中接下来的还有一个推断似乎明显地是一位后来的爱管闲事的人所作出的,既是不正确的陈述,也是不正确的论证,为了完整性,这个推论已收入附录 B,带有这推想出来的定理的改正过来的叙述及证明.

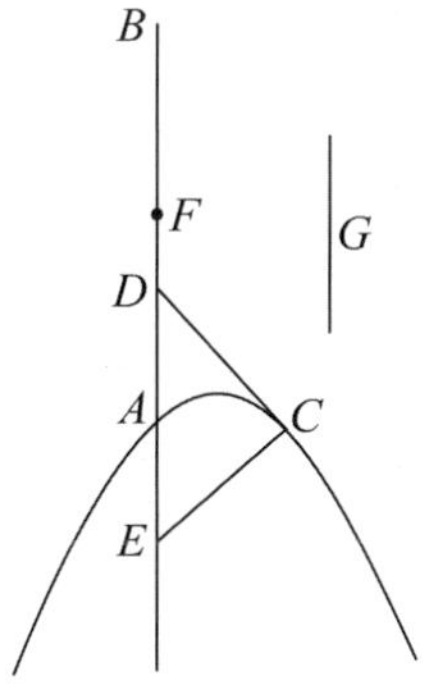

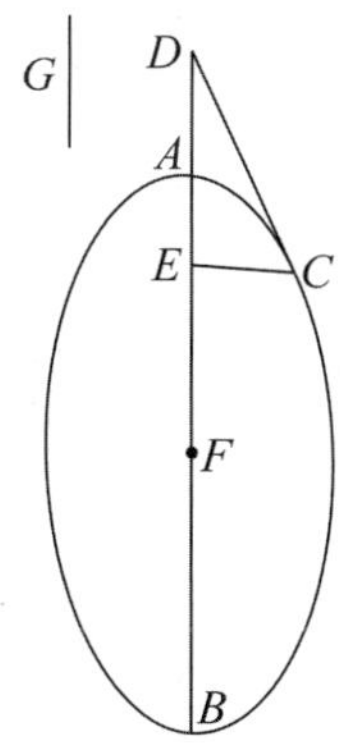

设有一超曲线或亏曲线,或一个圆的圆周,其直径为直线(或线段)*AB*,它的中心为点 *F*,设直线 *CD* 与截线相切,线段 *CE* 是对 *AB* 的纵线.

我断言　*CE* : *FE* :: 竖直边 : 横截边 comp. *ED* : *EC*,

和　*CE* : *ED* :: 竖直边 : 横截边 comp. *FE* : *EC*,

因为,设取 *G* 使得　rect. *FE*·*ED* = rect. *EC*·*G*.

又因为　rect. *FE*·*ED* : sq. *CE* :: 横截边 : 竖直边(Ⅰ.37),

以及　rect. *FE*·*ED* = rect. *CE*·*G*,

所以　rect. *CE*·*G* : sq. *CE* :: *G* : *CE* :: 横截边 : 竖直边.

又因为　rect. *FE*·*ED* - rect. *CE*·*G*.

因此　*FE* : *EC* :: *G* : *ED*.

又因为　*CE* : *ED* :: *CE* : *G*comp. *G* : *ED*,

但是　*CE* : *G* :: 竖直边 : 横截边,

所以　*CE* : *ED* :: 竖直边 : 横截边 comp. *FE* : *EC*.

同理可证　*CE* : *FE* :: 竖直边 : 横截边 comp. *ED* : *EC*.

命题 40

如果与一超曲线或亏曲线,或一个圆的圆周相切的直线与第二直径相交,又若从切点到同一直径作出一线段平行于另一直径,则不论〔沿第二直径〕所取二线段是哪一个——其中一个是所作线段和这截线中心之间的线段,另一个是所作线段和切线之间的线段——所作线段与它之比如同这图形的横截边与竖直边之比和二线段另一个与所作线段之比的复比.

设有一超曲线或亏曲线,或一个圆的圆周,其直径为直线(或线段)*BFC*(*F* 是中心),其第二直径为线段 *DFE*,设 *HLA* 是所作的切线,直线 *AG* 平行于 *BC*(且并 *DFE* 于 *G*).

我断言　*AG* : *HG* :: 横截边 : 竖直边 comp. *FG* : *GA*,

和　*AG* : *FG* :: 横截边 : 竖直边 comp. *HG* : *GA*.

设取 *K* 使得　rect. *GA*·*K* = rect. *HG*·*GF*.

又因为　　竖直边∶横截边 ∷ rect. $HG \cdot GF$∶sq. GA(Ⅰ.38),

且　　rect. $GA \cdot K$ = rect. $HG \cdot GF$,

所以也有　　rect. $GA \cdot K$∶sq. GA ∷ K∶AG ∷ 竖直边∶横截边.

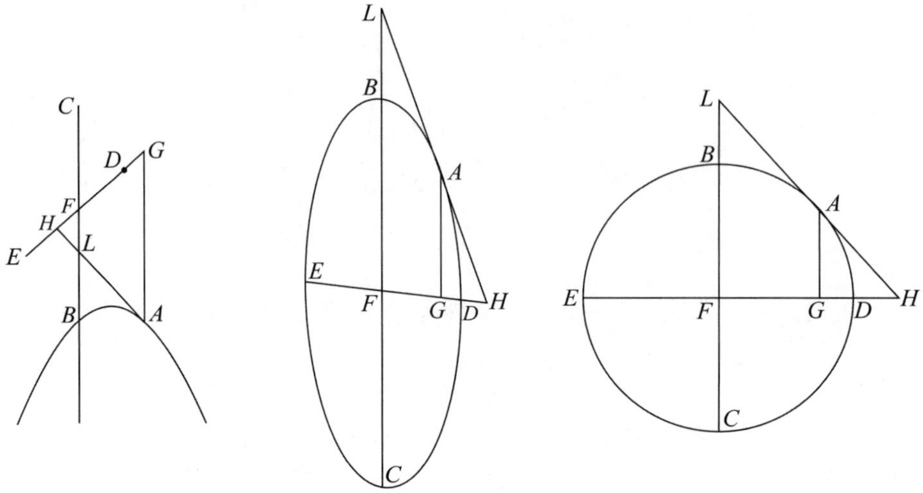

又因为　　AG∶GF ∷ AG∶Kcomp. K∶GF.

但是　　AG∶K ∷ 横截边∶竖直边,

和　　K∶GF ∷ HG∶GA,

这是由于　　rect. $HG \cdot GF$ = rect. $AG \cdot K$,

所以　　AG∶GF ∷ 横截边∶竖直边 comp. GH∶GA.

命题41

如果在一超曲线或亏曲线,或一个圆的圆周中,作对直径的一纵线,而且在纵线和半径上作等角的平行四边形的图形,并且纵线与其图形的另一边之比如同一个复比,其中一个比是半径与其图形的另一边之比,另一个比是截线图形的竖直边与横截边之比,则在这中心和这纵线足之间的线段上的图形相似于在半径上的图形,在超曲线的情形里,它比在纵线上的图形超过一个在半径上的图形,在亏曲线和一圆的圆周的情形里,它和纵线上图形一起等于半径上的图形.

设有一超曲线或亏曲线,或一个圆的圆周,其直径为直线(或线段)AB,点E是中心,且线段CD是纵线,在线段EA和CD上作等角的图形AF和DG,并设

CD∶CG ∷ AE∶EFcomp. 竖直边∶横截边.

我断言　随着ED上的图形相似于图形AF,在超曲线的情形里,有

pllg. DK = pllg. AF + pllg. GD,

在亏曲线和圆周情形里,有

$$\text{pllg. } DK + \text{pllg. } GD = \text{pllg. } AF.$$

为此,设取 CH 使其满足

$$\text{竖直边} : \text{横截边} :: CD : CH.$$

但是　$DC : CH :: \text{sq. } DC : \text{rect. } DC \cdot CH,$

而且　$\text{竖直边} : \text{横截边} :: \text{sq. } DC : \text{rect. } BD \cdot DA$(I . 21),

所以　$\text{rect. } BD \cdot AD = \text{rect. } DC \cdot CH.$

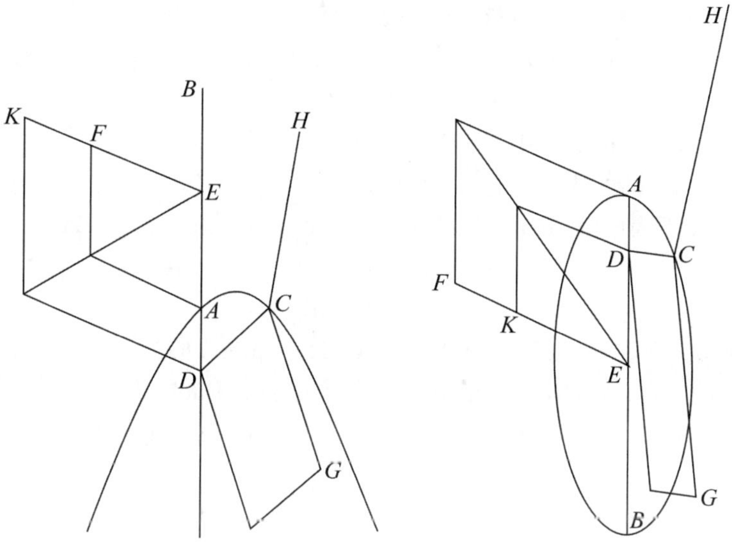

又因为(由题设)

$$DC : CG :: AE : EF \text{ comp. 竖直边} : \text{横截边},$$

或　$DC : CG :: AE : EF \text{ comp. } CD : CH,$

更有　$DC : CG :: DC : CH \text{ comp. } CH : CG,$

所以　$AE : EF \text{ comp. } DC : CH :: DC : CH \text{ comp. } CH : CG.$

消去公共的 $DC:CH$;所以

$$AE : EF :: CH : CG.$$

但是　$HC : CG :: \text{rect. } HC \cdot CD : \text{rect. } GC \cdot CD,$

而且　$AE : EF :: \text{sq. } AE : \text{rect. } AE \cdot EF;$

所以　$\text{rect. } HC \cdot CD : \text{rect. } GC \cdot CD :: \text{sq. } AE : \text{rect. } AE \cdot EF.$

又已证明　$\text{rect. } HC \cdot CD = \text{rect. } BD \cdot AD;$

所以　$\text{rect. } BD \cdot DA : \text{rect. } GC \cdot CD :: \text{sq. } AE : \text{rect. } AE \cdot EF.$

由更比例

$$\text{rect. } BD \cdot DA : \text{sq. } AE :: \text{rect. } GC \cdot CD : \text{rect. } AE \cdot EF.$$

又　$\text{rect. } GC \cdot CD : \text{rect. } AE \cdot EF :: \text{pllg. } DG : \text{pllg. } FA;$

这是因为它们是等角的,它们彼此的比如同它们边比($GC:AE$ 和 $CD:EF$)的复比(Eucl. Ⅵ. 23);因而

$$\text{rect. } BD \cdot DA : \text{sq. } EA : \text{pllg. } DG : \text{pllg. } FA.$$

再者在超曲线情形里,由合比例

$$(\text{rect. } BD \cdot DA + \text{sq. } AE) : \text{sq. } AE ::$$
$$(\text{pllg. } GD + \text{pllg. } AF) : \text{pllg. } AF,$$

或 $\text{sq. } DE : \text{sq. } AE :: (\text{pllg. } GD + \text{pllg. } AF) : \text{pllg. } AF$(Eucl. Ⅱ. 6).

又 DE 上正方形与 EA 上正方形的比如同其边上所作的相似的两平行四边形 DK 与平行四边形 AF 的比(Eucl. Ⅵ. 20 推论),

(即 $\text{sq. } DE: \text{sq. } EA :: \text{pllg. } DK: \text{pllg. } AF.$)

于是就有 $(\text{pllg. } GD + \text{pllg. } AF) : \text{pllg. } AF :: \text{pllg. } DK : \text{pllg. } AF.$

所以 $\text{pllg. } DK = \text{pllg. } GD + \text{pllg. } AF,$

这里平行四边形 DK 是相似于平行四边形 AF 的.

在亏曲线和一个圆的周圆情形里,我们证明:

(因为已证 $\text{rect. } BD \cdot DA : \text{sq. } EA :: \text{pllg. } DG : \text{pllg. } FA.$)

那么 $\text{sq. } AE : \text{pllg. } AF :: \text{rect. } BD \cdot AD : \text{pllg. } DG,$

所以 $\text{sq. } AE : \text{pllg. } AF$

$:: (\text{sq. } AE - \text{rect. } BD \cdot AD) : (\text{pllg. } AF - \text{pllg. } DG)$(Eucl. Ⅴ. 19).

而 $\text{sq. } AE - \text{rect. } BD \cdot DA = \text{sq. } DE$(Eucl. Ⅱ. 5);

所以 $\text{sq. } DE : (\text{pllg. } AF - \text{pllg. } DG) :: \text{sq. } AE : \text{pllg. } AF.$

但是

$\text{sq. } AE : \text{pllg. } AF :: \text{sq. } DE : \text{pllg. } DK$(Eucl. Ⅵ. 20 推论)

这是因为平行四边形 DK 相似于平行四边形 AF.

于是 $\text{sq. } DE : (\text{pllg. } AF - \text{pllg. } DG) :: \text{sq. } DE : \text{pllg. } DK.$

所以 $\text{pllg. } DK = \text{pllg. } AF - \text{pllg. } DG.$

所以 $\text{pllg. } DK + \text{pllg. } DG = \text{pllg. } AF.$

命 题 42

如果切于一齐曲线的直线与直径相交,从切点作对直径的纵线,又在截线上任取一点向直径作两直线,一直线平行于切线,另一直线平行于纵线,那么由它们组成的三角形[即由直径和截线所取点作的两直线]等于一个平行四边形,该平行四边形是由截线上所取点和顶点所作的平行纵线的两平行线被直径和过切点平行于直径的直线所截得的图形.

设有一齐曲线,其直径为 AB, AC 是它的切线, CH 是对直径的纵线,在截线上任取一点 D 作对直径的纵线 DF,又过 D 作 DE 平行于 AC,过切点 C 作 CG 平行于 AB,过点 B 作 BG 平行于 HC.

我断言 $\text{trgl. } DEF = \text{pllg. } GF.$

因为直线 AC 与这截线相切,又线段 CH 是对直径 AB 所作的纵线,于是

$$AB = BH(\text{Ⅰ}. 35);$$

所以　　　　$AH = 2BH$.

所以　　trgl. AHC = pllg. BC(Eucl. Ⅰ.41).

又因为　　sq. CH : sq :: DF : HB : BF(Ⅰ.20),

但是

sq. CH : sq. DF :: trgl. ACH : trgl. EDF(Eucl. Ⅵ.20 推论),

而且　　HB : BF :: pllg. GH : pllg. GF(Eucl. Ⅵ.1),

所以　　trgl. ACH : trgl. EDF :: pllg. HG : pllg. FG.

所以由更比例

trgl. AHC : trgl. HG :: trgl. EDF : pllg. GF.

但是　　　　trgl. ACH = pllg. GH;

所以　　　　trgl. EDF = pllg. GF.

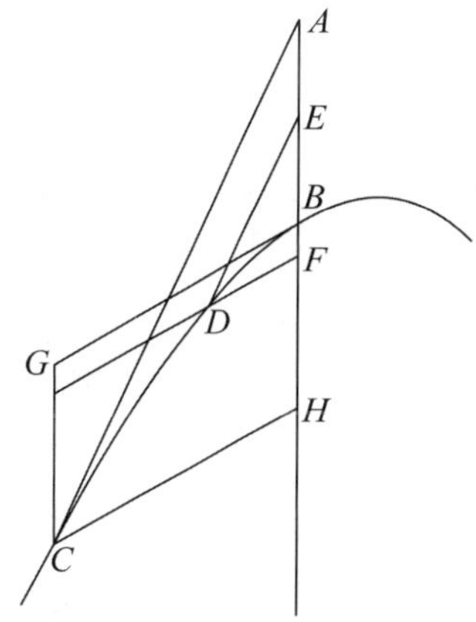

命题 43

如果切于一超曲线或亏曲线,或一个圆的圆周的一直线与直径相交,又从切点作对直径的纵线,过顶点作平行〔于纵线〕的直线与过切点和中心的直线相交,且在这截线上任取一点作向直径的二直线,一条是平行于切线,另一条是平行于纵线,此二直线与直径围成一个三角形,则在超曲线的情形里,该三角形比由过中心和切点的直线以及截线上所取点作的纵线与直径围成的三角形小一个半径上与后一个三角形相似的三角形;在亏曲线和一个圆的圆周的情形里,该三角形与由过中心和切点的直线以及截线上所取点作的纵线和直径围成的三角形一起,其和将等于一个半径上与后一个三角形相似的三角形.

设有一超曲线或亏曲线,或一个圆的圆周,其直径为 AB,点 C 为中心,直线 DE 为这截线的切线(E 为切点),连接 CE,设线段 EF 为对 AB 所作的纵线,在这截线上任取一点 G,作 GH 平行于切线,作 GK 平行于纵线并延长交 CE 于 M,过 B 作 BL 平行于纵线.

我断言　三角形 KMC 与三角形 CLB 相差一个三角形 GKH.

因为直线 DE 是切线,线段 EF 是所作的纵线,因此,

EF : FD :: CF : FEcomp. 竖直边 : 横截边(Ⅰ.39).

但是　　　　EF : FD :: GK : KH.

而且　　　　CF : FE :: CB : BL(Eucl. Ⅵ.4);

所以　　　　GK : KH :: BC : BLcomp. 竖直边 : 横截边.

又由于在命题 41 中所证明的事实,三角形 CKM 与三角形 BCL 相差一个三角形 GHK;因为平行四边形 KC、MK 与平行四边形 CL、LB 相差一个平行四边形 KG、GH,各取其半就得出.

这样,在超曲线情形里,

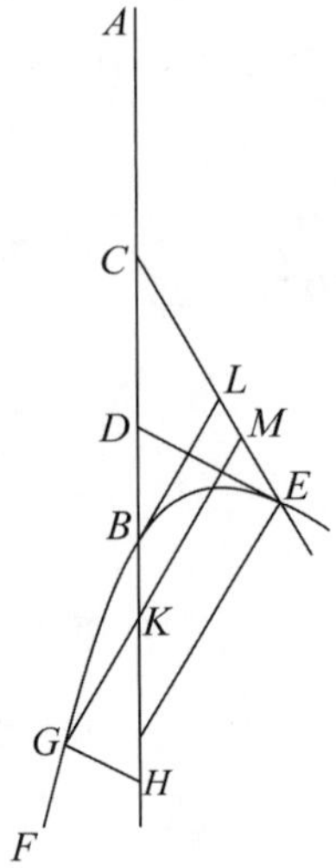

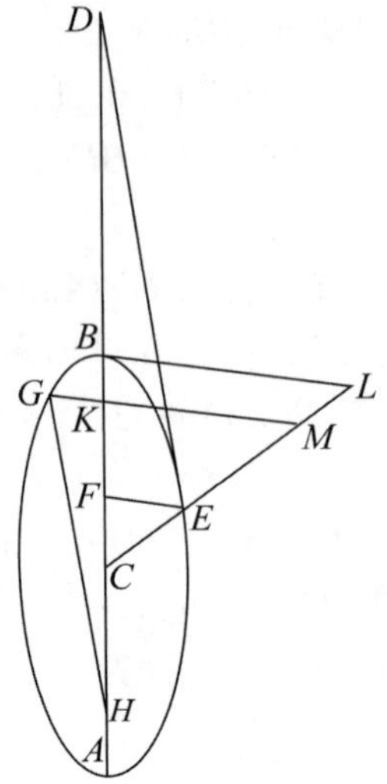

trgl. CKM = trgl. BCL + trgl. GKH;

在亏曲线或一个圆的圆周情形里,

trgl. CKM + trgl. GKH = trgl. BCL.

命题44

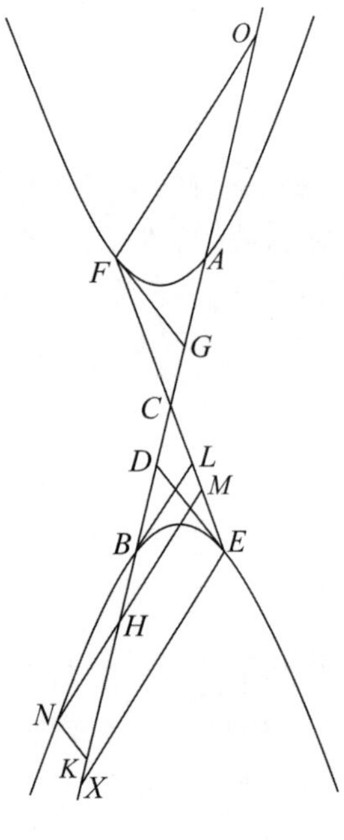

如果切于二相对截线之一的直线与直径相交,从切点作对直径的纵线,再过另一截线的顶点作平行于纵线的直线与过切点和中心的直线相交,仍在这截线上任取一点作到直径的两直线,一条平行于切线,另一条是平行于纵线的直线,则从它们形成的三角形比由过中心和切点的直线,以及截线上所取点作的平行于纵线的直线和直径所形成的三角形小一个半径上与上述三角形相似的三角形.

设有二相对截线 AF 和 BE,它们的直径为 AB,中心为点 C,在截线 FA 上取一点 F 作直线与这截线相切,作对直线的纵线 FO,连接 FC 并延长交(另一截线)于点 E(Ⅰ.29),过 B 作直线 BL 平行于 FO,又在截线 BE 上取一点 N,过 N 依纵线方向作直线 NHM,作 NK 平行于 FG.

我断言 trgl. HKN + trgl. CBL = trgl. CMH.

为此,过 E 作直线 ED 与截线 BE 相切,设 EX 为对 AB 所作的纵线. 由于这时截线 FA 和 BE 是相对截线,其直径为 AB,

而直线 FCE 过其中心，且 FG 和 ED 分别是切线，因此 DE 平行于 FG*. 又 NK 平行于 FG；所以 NK 也平行于 ED，又直线 MH 平行于 BL. 因为截线 BE 是一个超曲线，其直径为 AB，且中心是 C，直线 DE 与其相切，EX 为对 AB 所作的纵线，而且 BL 平行于 EX，从截线上所取点 N 已作的 NH 是纵线，且 NK 已平行于 DE，所以

$$\text{trgl. } NHK + \text{trgl. } BCL = \text{trgl. } HMC;$$

因为这是在命题 43 中已证明了的.

命题 45

如果与一超曲线或亏曲线或一个圆的圆周相切的直线与第二直径相交，又从切点作直线平行于直径到第二直径，延长过切点和中心的直线，又如果在这截线上任取一点向第二直径作两直线，一条平行于切线，另一条平行于所作直线，则在超曲线情形里，由它们形成的三角形将比过中心作的两直线被所作直线截得的三角形大一个以切线为底以这截线的中心为顶点的三角形；而在亏曲线或圆周的情形里，仍由它们所得到的三角形与过中心作的两直线被所作直线截得的三角形一起等于以切线为底以这截线的中心为顶点的三角形.

设有一超曲线或亏曲线或一个圆的圆周 ABC，其直径为 AH，第二直径为 HD，中心为 H，又设直线 CML 与截线相切于 C，作 CD 平行于 AH，连接 HC 并延长，在这截线上任取一点 B，从 B 作直线 BE 和 BF 分别平行于 LC 和 CD.

我断言　在超曲线情形里，

$$\text{trgl. } BEF = \text{trgl. } GHF + \text{trgl. } LCH,$$

在亏曲线或圆周的情形里，

$$\text{trgl. } BEF + \text{trgl. } FGH = \text{trgl. } CLH.$$

为此，作线段 CK 和 BN 平行于 DH，由于这时 CM 是切线，CK 是对 AH 的纵线，因此

$$CK : KH :: MK : KC \text{ comp. 竖直边：横截边（I.39）},$$

而且

$$MK : KC :: CD : DL \text{（Eucl. VI.4）};$$

---

*Eutocius 评注说：“因为，由于 AF 是一超曲线，而 FG 是一切线，FO 为一纵线，于是

$$\text{rect. } OC \cdot CD = \text{sq. } CA \text{（I.37）};$$

同样地，这时也有

$$\text{rect. } XC \cdot CD = \text{sq. } CB.$$

但是

$$\text{sq. } AC = \text{sq. } CB;$$

所以也有

$$\text{rect. } OC \cdot CG = \text{rect. } XC \cdot CD.$$

又

$$OC = CX \text{（I.14,30）};$$

所以

$$GC = CD; \quad \text{且也有 } FC = CE \text{（I.30）};$$

所以

$$FC = EC, CG = CD.$$

而它们在点 C 处夹着相等的角；因为它们是对顶角，于是

$$FG = ED, \text{和角 } CFG = \text{角 } CED.$$

因为它们是内错角，所以 FG 平行于 ED.”

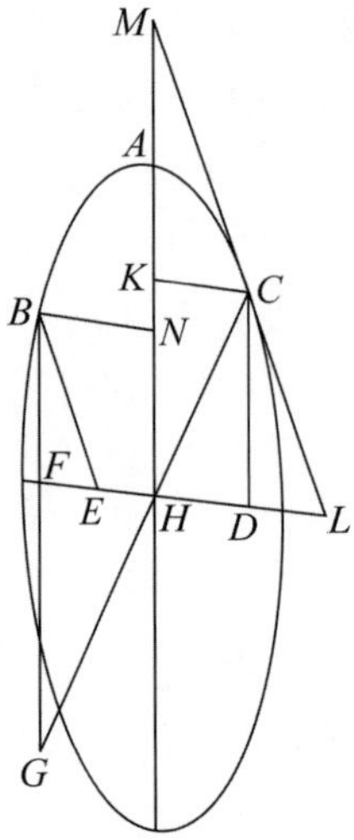

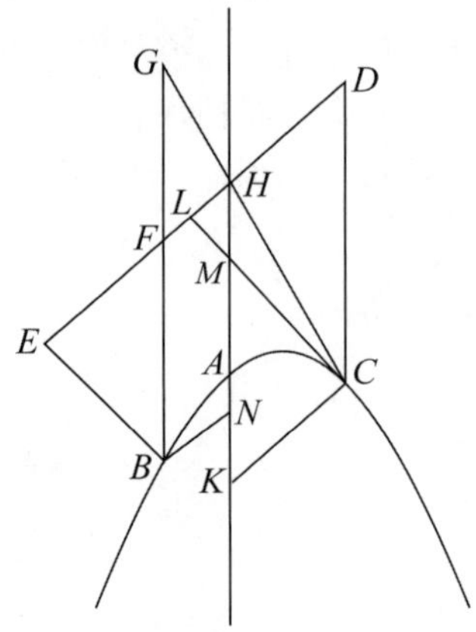

所以 $CK:KH::CD:DL$comp. 竖直边:横截边.

而三角形 CDL 是 KH 上的图形;三角形 CKH,即三角形 CDH 是 CK 上图形,亦即 DH 上的图形;所以在超曲线情形里,

$$\text{trgl. } CDL = \text{trgl. } CKH + AH \text{ 上的三角形},$$

其中 AH 上的三角形相似于三角形 CDL;

在亏曲线和圆周的情形里,

$$\text{trgl. } CDH + \text{trgl. } CDL = AH \text{ 上的三角形}.$$

其中 AH 上的三角形相似于三角形 CDL;

因为它们的两倍的情形已在命题 41 中证明过了.

由于这时三角形 BFE 相似于三角形 CDL,且三角形 GFH 相似于三角形 CDH,所以它们有相同的比. * 又三角形 BFE 是纵线足和中心之间的线段 HN(也即 FB)上所作的,而三角形 GFH 是在纵线 BN(也即 FH)上所作的,由已证的命题 41 可得:三角形 BFE 与三角形 GHF 相差一个 AH 上的相似于三角形 CDL 的三角形,即也是相差一个三角形 CHL.

于是,在超曲线的情形里有

$$\text{trgl. } BEF = \text{trgl. } GHF + \text{trgl. } LCH;$$

在亏曲线和圆周的情形里有

$$\text{trgl. } BEF + \text{trgl. } FGH = \text{trgl. } CLH.$$

---

*也就是(Eucl. Ⅵ. 4), $BF:FE::CD:DL$,

而且 $GF:FH::CD:DH::CK:KH.$

将两比例式代入所得的比例式

$CK:KH::CD:DL$ comp. 竖直边:横截边,

就有 $GF:FH::BF:FE$ comp. 竖直边:横截边,

且满足Ⅰ. 41.

命题 46

如果与一齐曲线相切的直线与其直径相交，则过切点作平行于直径的直线必平分那些在这截线之内所作的平行于这切线的线段(弦).

设有一齐曲线，其直径是直线 ABD，而直线 AC 与这截线相切(Ⅰ. 24)，过切点 C 作直线 HCM 平行于直径 AD(Ⅰ. 26)，在这截线上任取一点 L，设直线 $LNFE$(Ⅰ. 18,22)平行于 AC.

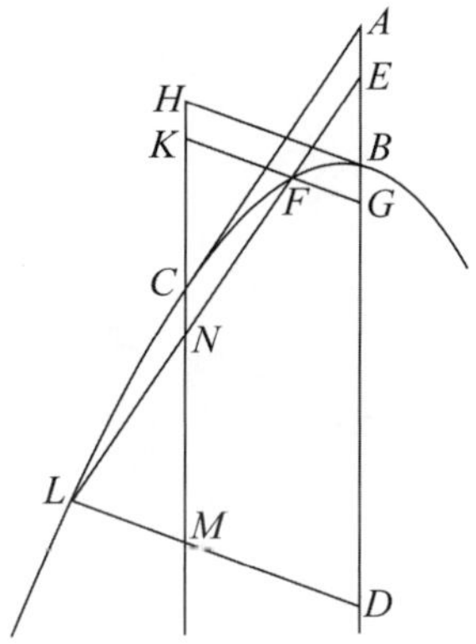

我断言　　　　$LN = NF$.

设 BH、KFG 和 LMD 都是(对直径 AD)依纵线方向作出的线段，这时由于在命题 42 中已证

$$\text{trgl. } ELD = \text{pllg. } BM,$$

而且　　$\text{trgl. } EFG = \text{pllg. } BK,$

两式相减有

$$\text{quadr. } GM = \text{quadr. } LFGD.$$

减去公共的五边形 $MDGFN$；则有

$$\text{trgl. } KFN = \text{trgl. } LMN.$$

又 KF 是平行于 LM 的；所以

$$FN = LN(\text{Eucl. VI. 19})$$ [1]

---

[1] 因为 KF 平行于 LM，于是三角形 KFN 相似于三角形 MLN.

所以　　$\text{trgl. } KFN : \text{trgl. } LMN :: \text{sq. } FN : \text{sq. } LN$(Eucl. Ⅵ. 19).

又因为　　$\text{trgl. } KFN = \text{trgl. } LMN,$

所以　　$\text{sq. } FN = \text{sq. } LN,$

于是　　$FN = LN.$

命题 47

如果与一超曲线或亏曲线或一个圆的圆周相切的直线与直径相交,则过切点和中心所作的直线平分在这截线之内所作的平行于这切线的线段(弦).

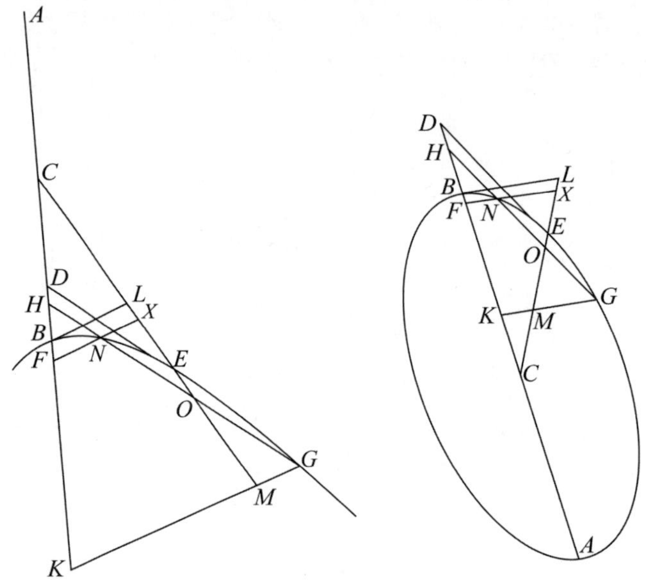

设有一超曲线或亏曲线,或一个圆的圆周,其直径为直线(或线段)AB,中心为C,又设直线DE与这截线相切于点E,连接直线CE并延长,在这截线上任取一点N,过N作直线$HNOG$平行于切线DE.

我断言 $$NO = OG.$$

为此,设XNF,BL和GMK为对AB依纵线方向所作的线段. 于是由在命题43中的证明,可得

$$\text{trgl. } HNF = \text{quadr. } LBFX, ^{*}$$

和 $$\text{trgl. } GHK = \text{guadr. } LBKM.$$

二式相减,得 $$\text{guadr. } NGKF = \text{guadr. } MKFX.$$

减去公共的五边形$ONFKM$,则有

$$\text{trgl. } OMG = \text{trgl. } NXO;$$

又因为线段MG平行于线段NX;所以

---

*由 Ⅰ. 43,在超曲线情形下,有

$$\text{trgl. } HNF = \text{trgl. } CFX - \text{trgl. } CBL = \text{guadr. } LBFX,$$

在亏曲线或圆周的情况下,有

$$\text{trgl. } HNF = \text{trgl. } CBL - \text{trgl. } CFX = \text{guadr. } LBFX.$$

于是对于超曲线或亏曲线,或圆周,有 trgl. HNF = guadr. $LBFX$ 成立,同理亦有下一式.

$$NO = OG(\text{Eucl. VI. 22}).$$

命题48

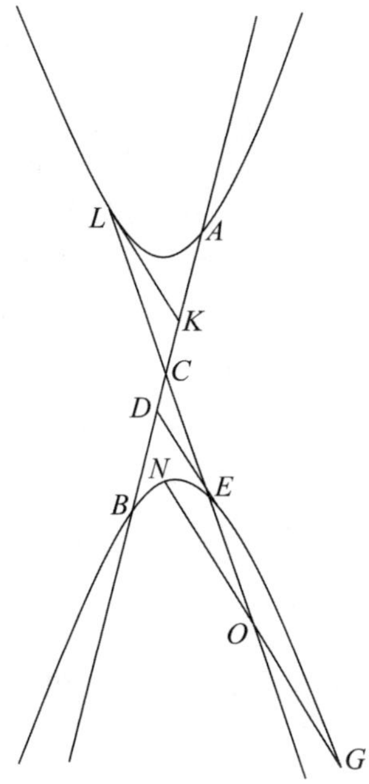

如果与二相对截线之一相切的直线与其直径相交，则过切点和中心的直线的延长线将平分在另一截线之内所作的平行于这切线的任何线段(弦).

设有二相对截线，其直径为直线 AB，中心为 C，又设直线 LK 与截线 A 相切，连接直线 LC 并延长(Ⅰ.29)，在截线 B 上任取一点 N，过 N 作直线 NG 平行于直线 LK.

我断言　　　　　　$NO = OG.$

为此，过 E 作直线 ED 与截线 B 相切；那么 ED 平行于 LK(Ⅰ.44 的注). 于是 ED 也就平行于 NG. 这时由于截线 BNG 是一条以 C 为中心，且与 DE 相切的超曲线，在截线 B 上所取点 N 作的线段 NG 平行于 DE，由命题47，CE 直线的延长线平分 NG，所以

$$NO = OG.$$

命题49

如果切于一齐曲线的直线与直径相交，过切点作平行于直径的直线，又从顶点作平行于纵线的直线，然后设法找出某线段，使其切线与平行线介于在切点和[依纵线方向]所作的直线之间二线段之比，如同找出的线段与切线的两倍之比，那么从这截线上(一点作的)平行于切线的直线到(过切点的)平行线的线段上正方形，将等于两线段所夹的矩形，一线段为所找出的线段，另一线段为(过切点的)平行线介于切点和(截线上)平行于切线的直线的线段.

设有一齐曲线，其直径为直线 MBC，CD 是它的切线，过切点 D 作直线 FDN 平行于 BC，且 FB 是依纵线方向所作的直线(Ⅰ.17)，设取线段 G 使其满足

$$ED : DF :: G : 2CD,$$

在截线上取一点 K，过 K 作直线 KLP 平行于 CD.

我断言　　　　　　$\text{sq.}\,KL = \text{rect.}\,G \cdot DL;$

也就是，若以直线 DL 作为直径，线段 G 便是竖直边.

为此，设 DX 和 KNM 为对(直径)MC 所作的纵线，又因为直线 CD 与这截线相切，DX 是纵线，

于是　　　　　　$CB = BX(\text{Ⅰ}.35).$

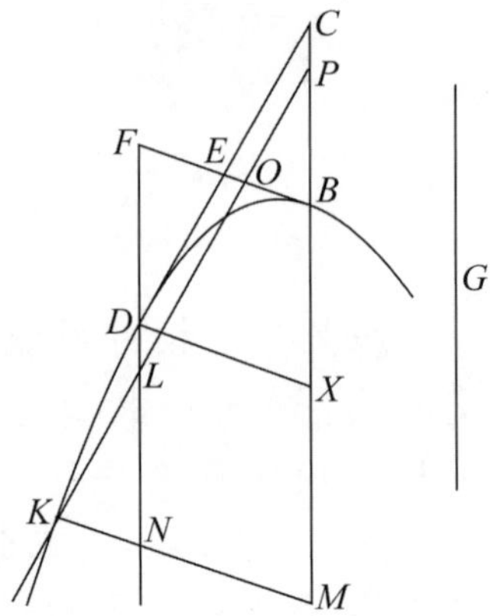

但是 $BX = FD$,

所以 $CB = FD$.

于是也有 trgl. ECB = trgl. EFD.

两边加上公用的图形 $DEBMN$;于是有

guadr. $DCMN$ = pllg. FM = trgl. KPM(Ⅰ.42).

两边减去公用的四边形 $LPMN$;于是得到

trgl. KLN = pllg. LC.

又 角 DLP = 角 KLN;

所以 rect. $KL \cdot LN$ = 2 rect. $LD \cdot DC$*.

又因为 $ED : DF :: G : 2CD$,

和 $ED : DF :: KL : LN$,

所以也有 $G : 2CD :: KL : LN$.

但是 $KL : LN ::$ sq. KL : rect. $KL \cdot LN$,

和 $G : 2CD ::$ rect. $G \cdot DL$: 2rect. $LD \cdot DC$;

所以 sq. KL : rect. $KL \cdot LN$ :: rect. $G \cdot DL$: 2rect. $CD \cdot DL$.

但是 rect. $KL \cdot LN$ = 2 rect. $CD \cdot DL$;

所以也有 sq. KL = rect. $G \cdot DL$.

---

* Eutocius 评注说:"因为从三角形 KLN 及平行四边形 $DLPC$ 出发,因为

trgl. KLN = pllg. DP.

过 K 作 KR 平行于 LN,过 N 作 NR 平行于 LK,

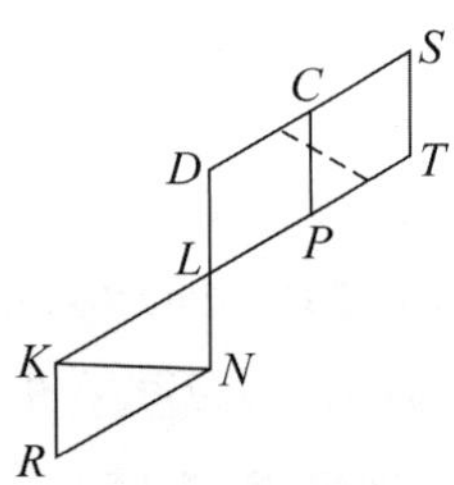

于是 pllg. RL = 2 trgl. KLN;

那么也有 pllg. RL = 2 pllg. DP.

然后将 DC 及 LP 分别延长到 S 及 T,使 CS 等于 CD,PT 等于 LP,

连接 ST;所以 pllg. DT = 2 pllg. DP;

于是 pllg. LR = pllg. LS.

但是由于在 L 处的角是对顶角,它们相等,于是在相等(等积)和等角的平行四边形中,夹等角的边成反比例(Eucl. Ⅵ.14),于是

$KL : LT$(或 DS) $:: DL : LN$,

因而 rect. $KL \cdot LN$ = rect. $LD \cdot DS$.

又因 $DS = 2\ DC$,

因此 rect. $KL \cdot LN$ = 2 rect. $LD \cdot DC$.

又若 DC 平行于 LP,而 CP 不平行于 LD,则 $DCPL$ 是一个梯形,于是也有

rect. $KL \cdot LN$ = rect. $DL \cdot (CD + LP)$,

因为延长 DC 和 LP,使 CS 等于 LP,PT 等于 DC,连接 ST,则

pllg. DT = 2 梯形 $DCPL$.

此结果将也在 Ⅰ.50 中用到.

命题50

如果与一超曲线或亏曲线，或一个圆的圆周相切的直线与直径相交，连接切点和中心的直线并延长，且该直线与过顶点所作平行于一纵线的直线相交，然后设法找出某线段，使其切线与过切点和中心的直线介于切点和从顶点所作平行于一纵线的直线之间的二线段之比，如同找出的线段与切线的两倍之比，那么从这截线上(一点作的)平行于切线的直线到过切点和中心的直线的线段上正方形等于一个贴合于所找出的线段上的矩形，其宽为在过中心和切点的直线上介于从切点到所作平行于切线的直线的线段，在超曲线的情形里，该矩形超出一个相似于以切点到中心线段的两倍和所找出的线段所夹的矩形；但是在亏曲线和圆周的情形里，它亏缺一个如上矩形相似的图形.

设有一超曲线或亏曲线，或一个圆的圆周，其直径为直线(或线段)AB，中心为C，设直线DE是切线，连接直线CE并向两边延长，又设线段CK等于CE，过顶点B依纵线方向作直线BFG，过切点E作线段EH垂直于EC，并使它满足

$$FE : EG :: EH : 2ED,$$

又连接直线HK并延长，在这截线上任取一点L，过它作直线LMX平行于DE，作直线LRN平行于BG，作直线MP平行于EH.

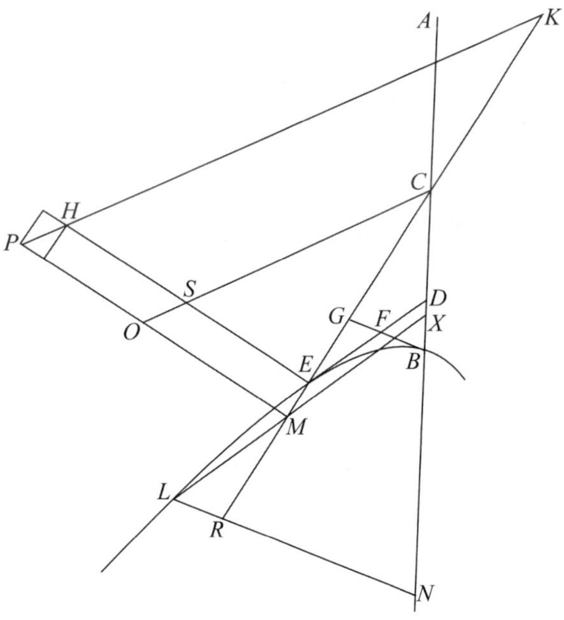

我断言

$$\text{sq.}\,LM = \text{rect.}\,EM \cdot MP.$$

为此，过C作直线CSO平行于KP. 因为

$$EC = CK.$$

和　$EC : KC :: ES : SH$，

所以也有　$ES = SH$.

又由假设 $EF : EG :: HE : 2ED$.

和　$2ES = EH$，

所以也有 $FE : EG :: SE : ED$.

又 $FE : EG :: LM : MR$(Eucl. Ⅵ.4)；

所以　$LM : MR :: SE : ED$.

在超曲线情形里Ⅰ.43已证得

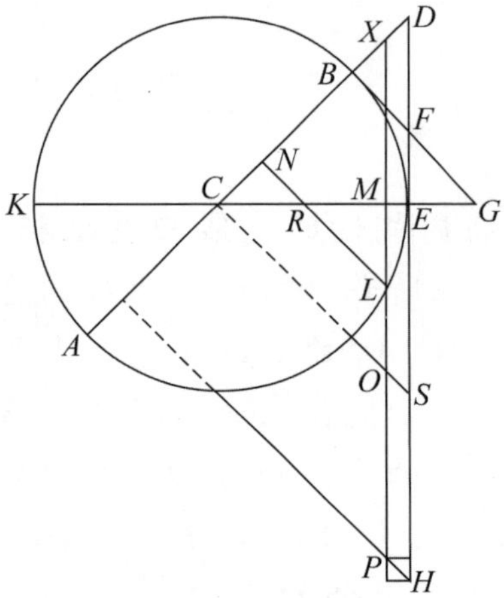

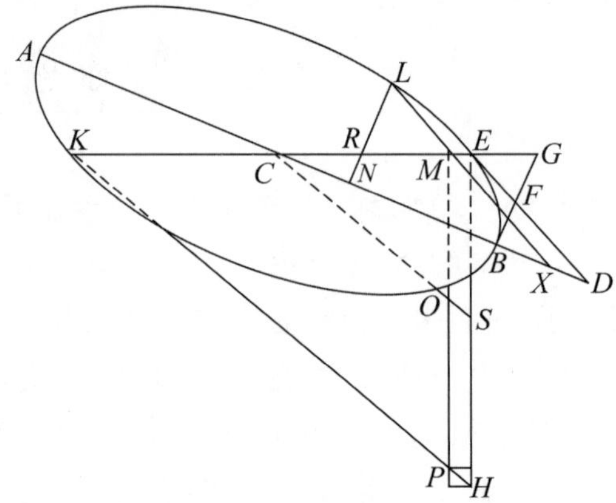

$$\text{trgl. } RNC = \text{trgl. } LNX + \text{trgl. } GBC = \text{trgl. } LNX + \text{trgl. } CDE. ^{*}$$

而在亏曲线和圆周的情形里

$$\text{trgl. } RNC + \text{trgl. } LNX = \text{trgl. } GBC = \text{trgl. } CDE;$$

所以在双曲线情形里,是将公用的三角形 *ECD* 及公共的四边形 *NRMX* 减去,而在椭圆和圆周情形里,则是将公用的三角形 *MXC* 减去 ** ,于是有

---

* 据 Eutocius 所记,

$$\text{trgl. } GBC = \text{trgl. } CDE$$

是由 Apollonius 在Ⅰ. 43 的另一证明过程中证明的,在Ⅲ. 1 中也不用借助于居间命题证明了.

** 作为定理,点 L 的位置常有不同的情形,因而证明的过程需要有所变化.

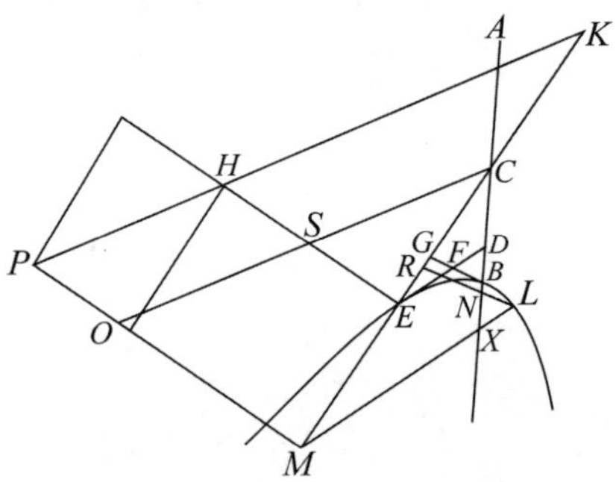

以超曲线为例加以说明,我们有

$$\text{trgl. } RNC = \text{trgl. } LNX + \text{trgl. } CDE,$$

和 $$\text{guadr. } MCNL = \text{guadr. } MCNL.$$

从第二个等式减去第一个等式,有

$$\text{trgl. } LMR = \text{guadr. } MEDX.$$

其余证明相同.

对于亏曲线和圆周的构图,我们从前述理论有

$$\text{trgl. } RNC + \text{trgl. } LNX = \text{trgl. } CDE,$$

减去公用的三角形 *CMX*,有

$$\text{trgl. } LMR = \text{trgl. } CDE - \text{trgl. } CMX;$$

所以 $$\text{rect. } LM \cdot MR = \text{rect. } EC \cdot ED - \text{rect. } MC \cdot MX$$
$$= \text{rect} \cdot (MC + CE) \cdot (ED - MX) = \text{rect. } ME \cdot (ED - MX).$$ ①

这些情形在卷 Ⅲ 中再次出现,一般比较方便的是考虑把四边形 *MEDX*,在一对三角形有两边彼此交错(即有两角对顶)时,当作两三角形的差.

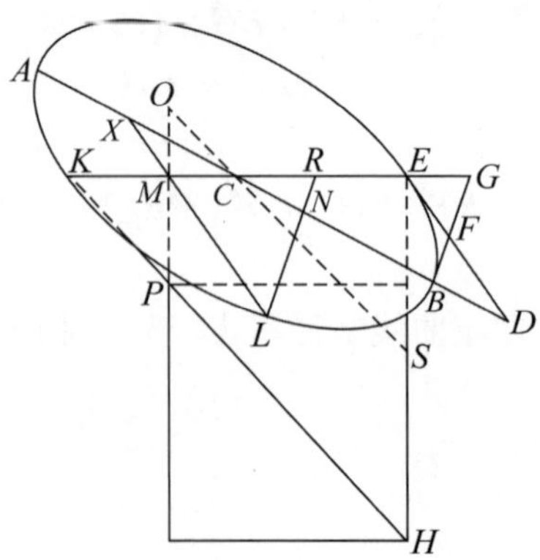

① 因为三角形 *CDE* 相似于三角形 *CMX*,所以

(转下页脚注)

$$\text{trgl. } LMR = \text{guadr. } MEDX.$$

又 MX 平行于 DE,和角 LMR 等于角 EMX;

所以　$\text{rect. } LM \cdot MR = \text{rect. } EM \cdot (ED + MX)$（Ⅰ.49,注第2段）.

又因为　$MC : CE :: MX : ED,$

和　$MC : CE :: MO : ES,$

所以　$MO : ES :: MX : ED.$

又由合比例　$(MO + ES) : ES :: (MX + ED) : ED;$

由更比例　$(MO + ES) : (MX + ED) :: ES : ED.$

但是　$(MO + ES) : (MX + ED)$

$:: \text{rect. } (MO + ES) \cdot EM : \text{rect. } (MX + ED) \cdot EM,$

和　$ES : ED :: LM : MR :: FE : EG$（由前段）

或　$ES : ED :: \text{sq. } LM : \text{rect. } LM \cdot MR;$

所以　$\text{rect. } (MO + ES) \cdot ME : \text{rect. } (MX + ED) \cdot EM$

$:: \text{sq. } LM : \text{rect. } LM \cdot MR.$

又由更比例　$\text{rect. } (MO + ES) \cdot ME : \text{sq. } LM$

$:: \text{rect. } (MX + ED) \cdot EM : \text{rect. } LM \cdot MR.$

但是　$\text{rect. } LM \cdot MR = \text{rect. } ME \cdot (MX + ED)$（见上面）;

所以　$\text{sq. } LM = \text{rect. } EM \cdot (MO + ES).$

又　$SE = SH,$

而且　$SH = OP;$

所以　$\text{sq. } LM = \text{rect. } EM \cdot MP.$

命题51

如果与二相对截线一支相切的直线与直径相交,且过切点和中心的直线延长到另一截线,如果从顶点作直线平行于一纵线且与过切点和中心的直线相交,然后设法找出某线段,使其切线与过切点和中心的直线介于切点和从顶点所作平行于一纵线的直线之间的二线段之比,如同所找线段与切线两倍之比,那么在另一截线上(一点作的)平行于切线的直线到过切点和中心的直

（接上页脚注）　$EC : MC :: ED : MX.$

于是　$\text{rect. } EC \cdot MX = \text{rect. } MC \cdot ED.$

因而　$\text{rect. } EC \cdot ED - \text{rect. } MC \cdot MX$

$= \text{rect. } EC \cdot ED - \text{rect. } EC \cdot MX + \text{rect. } MC \cdot ED - \text{rect. } MC \cdot MX$

$= \text{rect. } EC \cdot (ED - MX) + \text{rect. } MC \cdot (ED - MX)$

$= \text{rect. } (EC + MC) \cdot (ED - MX).$

线的线段上正方形将等于一个贴合于所找的线段上的矩形,其宽为在切点和中心的直线上介于切点和纵线之间的线段,且该矩形超出一个相似于二相对截线之间的线段和所找出的线段所夹的矩形.

设有二相对截线,其直径为直线 AB,中心为 E,设直线 CD 与截线 B 相切,且交 AB 于 D,连接直线 CE 并延长(Ⅰ.29),又设 BLG 是依纵线方向所作的直线(Ⅰ.27),取线段 K 使其满足

$$LC : CG :: K : 2CD.$$

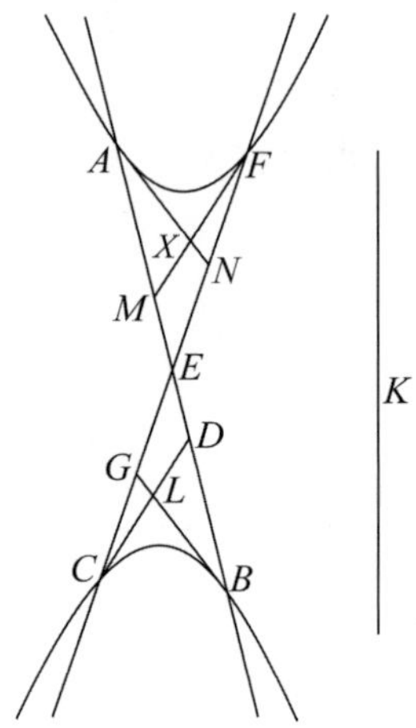

显然在截线 B 内的平行于 CD 且到直线 EC 的线段上的正方形等于贴合于 K 上的矩形,其宽为(在 CE 上)从切点被平行于 CD 的直线截出的线段,且超过一个相似于矩形 $CF \cdot K$ 的图形(Ⅰ.50);这是因为 $FC = 2CE$.

这时我断言 在截线 FA 内也将有同样的结果.

为此,过 F 作直线 MF 与截线 AF 相切,AXN 为纵线方向的直线. 因为 BC 和 AF 是二相对截线,且 CD 和 MF 是它们的切线,所以 CD 等于 MF 且互相平行(Ⅰ.44 的注),但是也有

$$CE = EF;$$

所以也有 $$DE = EM.$$

又因为 $$LC : CG :: K : 2CD(\text{或 } 2MF),$$

所以也有 $$XF : FN :: K : 2MF.$$

由于这时 AF 是一超曲线,其直径为 AB,而切线为 MF,又 AN 是依纵线方向所作的线段,而且

$$XF : FN :: K : 2FM.$$

因此从截线到延长过的 EF 所作出的线段上正方形,将等于线段 K 和 EF 上介于切点到其纵线的线段所夹的矩形,它超过一个相似于矩形 $CF \cdot K$ 的图形(Ⅰ.50).

推论

由这些事实说明,显然在齐曲线中作出的每条平行于原有直径的直线是直径(Ⅰ.46),但是在超曲线、亏曲线和二相对截线中,每条过其中心的直线也是一条直径(Ⅰ.47-48);而且在抛物线中,对直径所作的纵线上正方形将等于贴合于(竖直边)的线段(Ⅰ.49),但在超曲线和二相对截线中,它们之上的正方形将等于贴合于直径上的矩形且超过了同样的图形(Ⅰ.50-51),但是在亏曲线中,其上正方形将等于贴合于直径上的矩形且亏缺一个同样的图形(Ⅰ.52);而且,当用到主直径*时,关于截线所证明的所有事实也将和在取其他直径时得到的事实相同.

---

*主直径(διάμετρος ἀρχική,英译 the principal diameter)其存在性已在Ⅰ.7 的推论中建立过了.

命题52(作图题)

给定已知平面内的有一端点的直线,在该平面中找出被称为齐曲线V的一条圆锥截线,其直径为所给定的直线,其端点为该直线的端点,且从截线所作线段到直径交成已知角,而其上正方形将等于一矩形,夹着矩形的一边是它所截出的从截线的顶点开始的线段,另一边是某个已知的线段.

设给定的直线AB位置已确定,且A为端点,CD为已知线段,首先设已知角为直角,则要求在提到的已知平面上找出一齐曲线,使其直径为直线AB,点A是它的顶点,其竖直边为线段CD,且使得那些依纵线方向所作的直线与直径交成直角,即AB是轴(定义7).

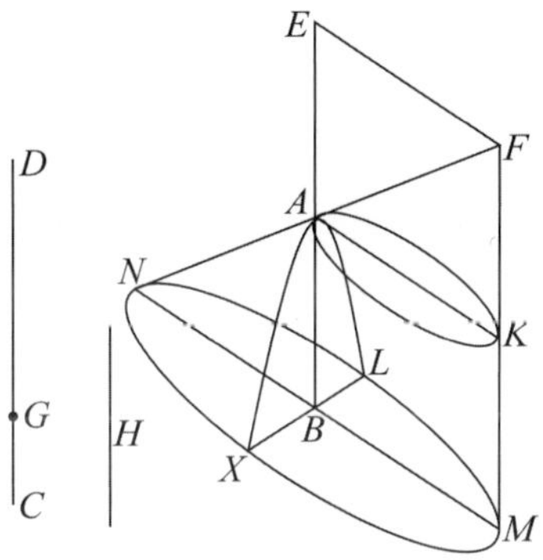

在CD上取CG等于CD的四分之一,延长AB到E,使得

$$EA > CG,$$

又取线段H使得

$$CD : H :: H : EA.$$

所以　$CD : EA :: \text{sq.} H : \text{sq.} EA,$

又　$CD < 4EA;$

所以也有　$\text{sq.} H < 4\text{sq.} EA.$

所以　$H < 2EA;$

即二倍的线段EA大于H. 所以在H上作两边为EA的三角形是可能的. 然后设在EA上的三角形EAF与已知平面交成直角,且使

$$EA = AF \text{ 和 } H = FE.$$

又设AK平行于EF,FK平行于EA,且设置一个以点F为顶点,以直径为KA的圆为底的圆锥,且该圆与过三角形KFA的平面成直角. 于是圆锥将是一个直圆锥(定义3);因为

$$AF = FK.$$

又设这圆锥被平行于圆KA的平面所截,其截面为圆MNX(Ⅰ.4),显然它与过MFN的平面交成直角,设线段MN是圆MNX和三角形MFN的交线;所以它是圆的直径. 又设线段XL是已知平面与这圆的交线. 由于这时圆MNX和三角形MFN的平面交成直角,以及已知平面也与三角形MFN的平面交成直角,所以交线LX与三角形MFN的平面成直角,即与三角形的面KFA成直角(Eucl. Ⅺ. 19);所以它就垂直于三角形上与之相交的所有直线,于是XL与MN和AB都垂直.

因为以圆MNX为底,以点F为顶点的圆锥被与三角形MFN成直角的平面所截,其截面为圆MNX,又因它也被已知平面所截,而与圆锥底的交线XL与圆MNX和三角形MFN的交线MN成直角,且已知面和三角形的交线AB平行于轴三角形FKM一边,所以在已知平面上所得到的圆锥截线是一个齐曲线,AB是它的直径(Ⅰ.11),且从这截线对AB作的纵线与AB成直角;这是因为它们平行于XL,而XL则垂直于AB.

又因为 $$CD : H :: H : EA,$$
和 $$EA = AF = FK,$$
和 $$H = EF = AK,$$
所以 $$CD : AK :: AK : AF.$$
所以 $$CD : AF :: \text{sq.}\, AK : \text{sq.}\, AF(\text{或 rect.}\, AF \cdot FK).$$
(又因为 $$\text{sq.}\, AK : \text{rect.}\, AF \cdot FK :: \text{sq.}\, NM : \text{rect.}\, FN \cdot FM,$$
所以 $$CD : AF :: \text{sq.}\, NM : \text{rect.}\, FN \cdot FM.)$$

所以 CD 是这截线的竖直边,因为这已经在第 11 命题中被证明过了.

命题53(作图题)

与上命题的假设相同,但已知角不是直角,设该角等于角 HAE,而且

$$AH = \frac{1}{2}CD,$$

从 H 作直线 HE 垂直于 AE,过 E 作直线 EL 平行于 BH,又从 A 作直线 AL 垂直于 EL,取 EL 中点 K,从 K 作直线 KM 垂直于 EL 并延长交 AE、AH 于 F 和 G,设矩形 $LK \cdot KM$ 等于 AL 上正方形. ①

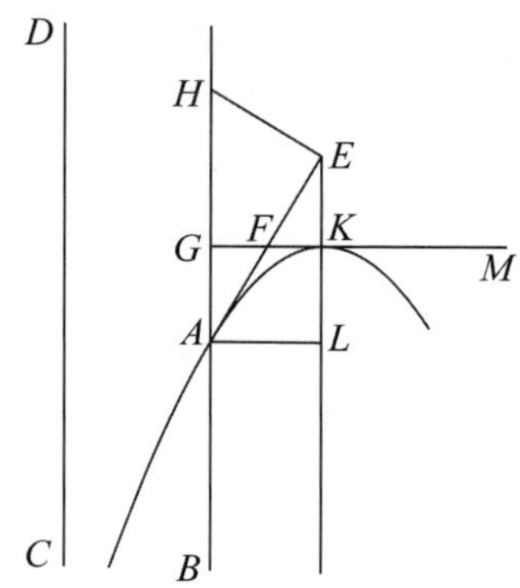

LK 和 KM 已确定,直线 KL 以 K 为端点,KM 为已知,于是确定依已知角为直角的齐曲线,其直径是直线 KL,点 K 是它的端点,其竖直边是线段 KM,这已在前一命题(Ⅰ.52)证明了;它也将过点 A,因为

$$\text{sq.}\, AL = \text{rect.}\, LK \cdot KM(\text{Ⅰ}.11),$$

且直线 EA 将与这截线相切,这是因为 $EK = KL$(Ⅰ.33).
又 HA 平行于 EKL;所以 HAB 是这截线的直径,而且那些在截线上平行于 AE 的线段将被 AB 所平分(Ⅰ.46),其夹角等于角 HAE.

又因为 $$\text{角}\, AEH = \text{角}\, AGF,$$
而且在 A 处的角是公用的,所以三角形 AHE 相似于三角形 AGF.
所以 $$IIA : EA :: FA : AG;$$
于是 $$2HA : 2EA :: FA : AG.$$
但是 $$CD = 2AH;$$
所以 $$FA : AG :: CD : 2AE.$$

这时,由在第 49 命题证明的事实,即知 CD 是此齐曲线以 A 为顶点,以 AB 为直径的竖直边(于是齐曲线 AK 为之所求).

---

① 与前命题假设相同,进一步讨论的命题未采用楷体排版.(下同)

命题54(作图题)

设已知有同一端点的二线段彼此垂直，延长一直角边，要求在这二线段所在的平面(基面)内，在该延长线上找出一个称为超曲线的圆锥截线，使得该延长直线是这截线的一条直径，而直角的顶点是它的顶点，且从截线到直径交成已知角的纵线上正方形将等于一个贴合于另一线段的矩形，该矩形的宽为直径从顶点到被纵线截出的线段，该矩形且超出一个图形，这图形与原两线段所夹矩形相似且有相似位置.

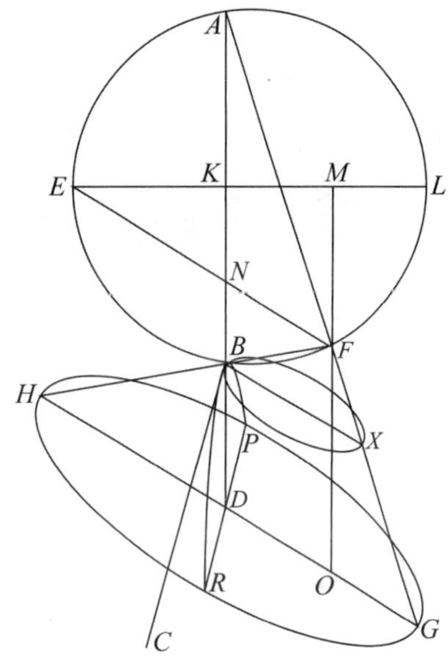

设已知有同一端点的二线段 AB 和 BC 彼此垂直，延长 AB 到 D；则要求在 AB 和 BC 的平面(基面)内找出一超曲线，其直径是 ABD，顶点是 B，而竖直边为线段 BC，且从截线到 BD 交成已知角的线段上正方形将等于贴合于 BC 上的矩形，其宽为直径从顶点到被截出的线段，该矩形且超出一个图形，这图形与矩形 $AB\cdot BC$ 相似且有相似位置.

首先设已知角为直角，且在 AB 上作一个与基面成直角的平面，在它上面作过线段 AB 的圆 $AEBF$，使得这个圆的直径在弓形 AEB 内的一段比在弓形 AFB 内的一段不大于 $AB:BC$，*

设弧 AEB 在 E 点被平分，又设 EK 垂直于 AB 并延长到 L；所以 EL 是一个直径(Eucl. Ⅲ. 1). 如果这时

$$AB:BC::EK:KL,$$

* Eutocius 评注增加如下一段："设有二线段 AB 和 BC，要求在 AB 上作一圆，其平分 AB 的直径被 AB 所截，以致它在 C 的一侧的部分与另一部分二段之比不大于 $AB:BC$.

现在设它们有相同比，把 AB 平分于 D，通过它引线段 EDF 垂直于 AB，设法使得

$$AB:BC::ED:DF.$$

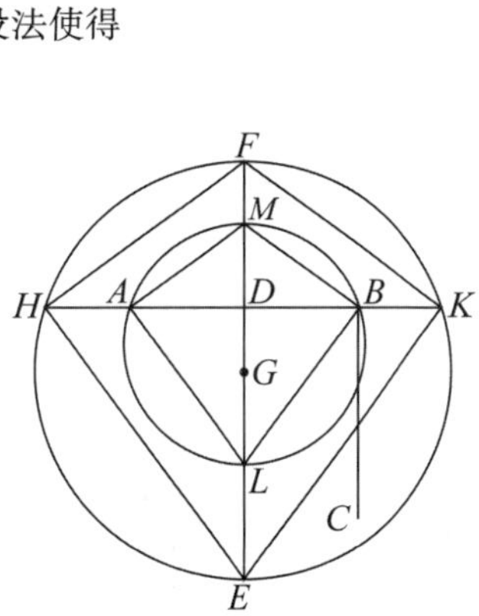

平分 EF 于 G，于是显然，

如果　$AB=BC$，那么 $ED=DF$，

这时 D 将是 EF 的中点 G；

又如果　$AB>BC$，那么　$ED>DF$，

则中点 G 在 D 的下面，又若　$AB<BC$，

则中点 G 在 D 的上面.

现在(假设 $AB>BC$)设中点 G 在 D 点的下面，以 G 为圆心，以 GF 为半径画一个圆，它将通过 A 和 B 或 A 和 B 在它里面，或在它外面，如

(转下页脚注)

那么我们就用点 L,否则,取 M 点使得

$$AB : BC :: EK : KM,$$

而

$$KM < KL,$$

又设过 M 作 MF 平行于 AB,连接 AF、EF 和 FB,过 B 作 BX 平行于 EF,由于这时

$$\text{角 } AFE = \text{角 } EFB,$$

但是

$$\text{角 } AFE = \text{角 } AXB,$$

而且

$$\text{角 } EFB = \text{角 } XBF,$$

所以也有

$$\text{角 } XBF = \text{角 } FXB;$$

所以也有

$$FB = FX.$$

设想一个圆锥,其顶点为 F,其底为以 BX 为直径的圆且与三角形 BFX 交成直角. 这时该圆锥将是一个直圆锥;因为

$$FB = FX.$$

延长 FB、FX 和 MF,又设圆锥被平行于圆 BX 的平面所截,其截面将是一个圆(Ⅰ. 4),设它是圆 GPR;于是 GH 将是圆的直径(Ⅰ.4). 又设直线 PDR 是圆和基面的交线;于是 PDR 将与直线 GH 和 DB 都垂直;因为两圆都垂直于三角形 FGH,又基面垂直于三角形 FGH;所以它们的交线 PDR 垂直于三角形 FGH;于是它就与在平面内与之相交的直线都垂直.

又因为以圆 GH 为底,以 F 为顶点的圆锥被垂直于三角形 FGH 的平面所截,也被基面所截,其交线 PDR 垂直于交线 GDH,且基面和三角形 GFH 的交线 DB 在 B 点的方向上延长交直线 GF 于点 A,所以由前已证明的结果(Ⅰ. 12),截线 PBR 将是一个超曲线,其顶点为点 B,对 BD 依纵线方向所作的直线与其成直角;因为它们都平行于 PDR.

又因为

$$AB : BC :: EK : KM,$$

和

$$EK : KM :: EN : NF :: \text{rect. } EN \cdot NF : \text{sq. } NF.$$

所以

$$AB : BC :: \text{rect. } EN \cdot NF : \text{sq. } NF.$$

又

$$\text{rect. } EN \cdot NF = \text{rect. } AN \cdot NB (\text{Eucl. Ⅲ. } 35);$$

所以

$$AB : BC :: \text{recl. } AN \cdot NB : \text{sq. } NF.$$

(接上页脚注)果圆过 A 和 B,那么已经作出,但是如果 A 和 B 在圆内,设 AB 向两侧延长交其圆周于 H 和 K,连接 FH,HE,EK 和 KF,然后过 B 作 BM 和 BL 分别平行于 FK 和 KE,连接 MA 和 AL;于是它们也分别平行于 FH 和 HE,这是因为

$$AD = DB, DH = DK.$$

以及 FDE 垂直于 HK. 又因为 K 处的角是直角,又 BM 和 BL 分别平行于 FK 和 KE,所以 B 处的角是直角;同理在 A 处的角也是直角,于是以 ML 为直径的圆过 A 和 B 两点(Eucl. Ⅲ. 31),画圆 $MALB$. 又因为 MB 平行于 FK,于是

$$FD : DM :: KD : DB.$$

类似亦有

$$KD : DB :: ED : DL.$$

所以

$$FD : DM :: ED : DL.$$

由更比例

$$ED : DF :: AB : BC :: LD : DM.$$

而且类似地,如果在 EF 上画出的圆与 AB 相交,可以证明同样的事实".

但是　　rect. $AN \cdot NB$: sq. NF :: AN : NFcomp. BN : NF;

而且　　$AN : NF :: AD : DG :: FO : OG$,

又　　$BN : NF :: FO : OH$;

所以　　$AB : BC :: FO : OG$comp. $FO : OH$,

即是　　$AB : BC$ :: sq. FO : rect. $OG \cdot OH$.

又直线 FO 平行于直线 AD;所以线段 AB 是横截边,而 BC 是竖直边;因为这些结果已在第 12 命题中证明过了.

命题 55(作图题)

(与上命题假设相同)而已知角不是直角,设有两已知线段 AB 和 AC,且设已知角等于角 BAH;然后要求作一超曲线,它的直径是 AB,竖直边是线段 AC,且依纵线方向所作的直线与 AB 交角等于角 HAB.

设线段 AB 平分于点 D,在 AD 上画出半圆 AFD,(从直线 AB 上一点)作到半圆的线段 FG 平行于 AH,且使得

sq. FG : rect. $DG \cdot GA$ :: AC : AB*,

---

* Eutocius 评注给出了这个作图:"设有以 AC 为直径的半圆 ABC,EF 比 FG 为已知比,要求作出所提出的比例式.

取 FH 等于 EF,设 HG 平分于 K,在半圆内作出弦 CB,使得角 ACB(等于已知角),从圆心 L 作直线 LS 垂直于 BC 并延长交半圆于 N,又过 N 作 NM 平行于 BC;所以它与圆相切.

(在线段 MN 上)设取 X 点满足　　$FH : HK :: MX : XN$,

又作 NO 等于 XN,设线段 LX 和 LO 与半圆分别交于 R 和 P,连接直线 PR 并延长交 AM 于 D.

这时由于　　$XN = NO$,

NL 是其公共垂线,所以

$$LO = LX.$$

而且也有　　$LP = LR$;

所以(两式相减)　　$PO = RX$.

所以 PRD 平行于 MO.

由于　　$FH : HK :: MX : NX$;

又　　$HK : HG :: NX : XO$(:: 1 : 2);

所以由首末比例 $FH : HG :: MX : XO$;

由逆比例　　$HG : FH :: XO : MX$;

由合比例　　$GF : FH :: OM : MX$;

或　　$GF : FE :: PD : DR$.

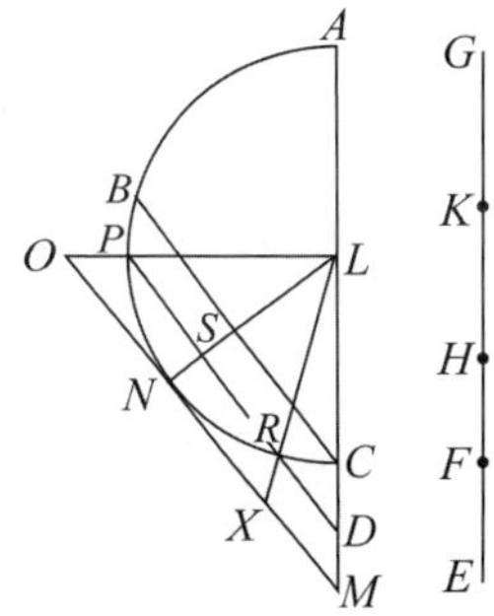

又　$PD : DR$ :: rect. $PD \cdot DR$: sq. DR,

但是 rect. $PD \cdot DR$ = rect. $AD \cdot CD$(Eucl. Ⅲ. 36);

所以 $GF : FE$ :: rect. $AD \cdot DC$: sq. DR.

于是由逆比例就有　$FE : GF$ :: sq. DR : rect. $AD \cdot DC$."

设连接直线 FD 交 OH 于 H,又取点 L,使得

$$FD : DL :: DL : DH,$$

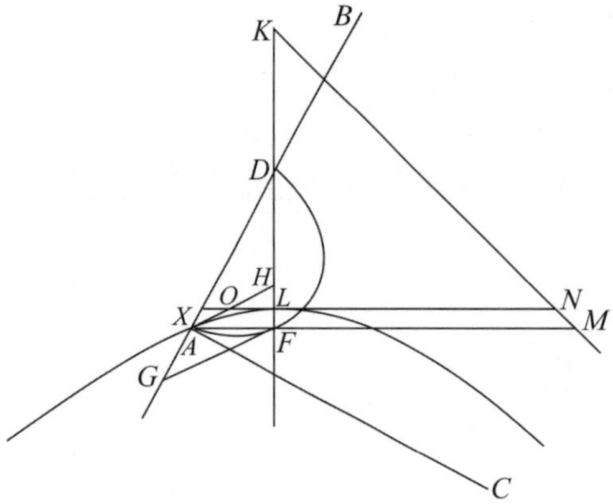

作 DK 等于 DL,又取点 M,使得

$$\text{rect. } LF \cdot FM = \text{sq. } AF,$$

连接 KM,且过 L 作 LN 垂直于 KF 并延长分别交 AB 和 KM 于 X 和 N,用两互相垂直的线段 KL 和 LN,作出一超曲线,它的横向边是 KL,竖直边是 LN,从截线到直径(KL)交成直角的线段上正方形将等于贴合于 LN 上的矩形,其宽是在直径上从点 L 到被截出的线段,且超过一个相似于矩形 $KL \cdot LN$ 的图形(Ⅰ.54);而且这截线将过点 A;这是因为由于

$$\text{sq. } AF = \text{rect. } LF \cdot FM,$$

所以 A 在这截线上(Ⅰ.12).

并且 AH 将切于这截线;这是因为

$$\text{rect. } FD \cdot DH = \text{sq. } DL(\text{Ⅰ.37 的逆命题}).$$

又因为由所作的 $CA : 2AD$(或 AB)$:: \text{sq. } FG : \text{rect. } DG \cdot GA.$

但是 $CA : 2AD :: CA : 2AH \text{comp. } 2AH : 2AD$

或 $CA : 2AD :: CA : 2AH \text{comp. } AH : AD$

而 $AH : AD :: FG : GD,$

所以 $CA : AB :: CA : 2AH \text{comp. } FG : GD.$

但是也有 $\text{sq. } FG : \text{rect. } DG \cdot GA :: FG : GD \text{comp. } FG : GA;$

所以 $CA : 2AH \text{comp. } FG : GD :: FG : GA \text{comp. } FG : GD.$

边取掉公比 $FG : GD;$

所以 $AC : 2AH :: FG : GA.$

但是 $FG : GA :: OA : AX,$

所以 $CA : 2AH :: OA : AX.$

但是只要这一点成立,线段 AC 总是一个竖直边;因为这已经在第 50 命题中证明过了.

命题 56(作图题)

设已知有同一端点的二线段彼此垂直,要求在这二线段所在的平面(基面)内,找出一个称为亏曲线的圆锥截线,以二线段之一作为直径,其顶点为直角的顶点,且从截线到直径交成已知角的纵线上正方形将等于贴合于另一线段的矩形,其宽是直径从顶点到被纵线截出的线段,且亏缺一个与已知线段所夹的矩形相似且有相似位置的图形.

设已知有同一端点的二线段 AB 和 AC 彼此垂直，线段 AB 是较大的，要求在 AB 和 BC 的平面（基面）内作出亏曲线，其直径将是线段 AB，且 A 是顶点，而竖直边为 AC，从截线到直径交成已知角的纵线上正方形将等于一个贴合于 AC 的矩形，该矩形的宽为直径从 A 点到被纵线截出的线段，且亏缺一个与矩形 $BA \cdot AC$ 相似且有相似位置的图形.

首先设已知角为直角，过 AB 作一平面与基面交成直角，在 AB 上画出一圆 DAB，D 为 AB 弧的中点，连接 DA 和 DB，取线段 AX 等于 AC，又过 X 作 XO 平行 DB，过 O 作 OF 平行于 AB，连接 DF 交 AB 的延长线于 E；则我们将有

$$AB : AC :: AB : AX :: DA : OA :: DE : EF.$$

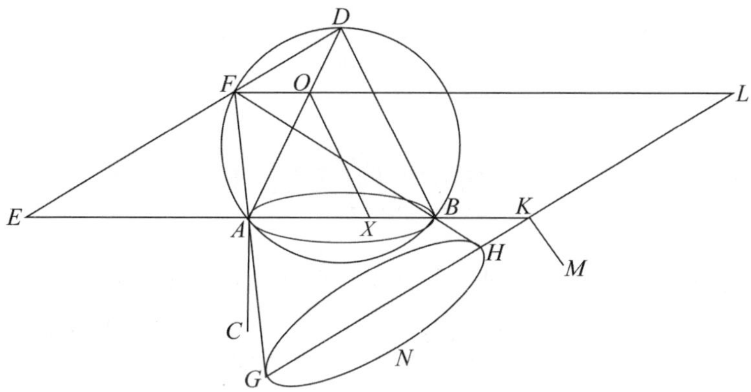

又连接直线 FA 和 FB 并延长，在 FA 上任取一点 G，过 G 作直线 GL 平行于 DE 且交 AB 的延长线于 K，然后延长 FO 交 GK 于 L. 由于这时

$$弧\ AD = 弧\ BD,$$

所以　$$角\ ABD = 角\ DFB(\text{Eucl. Ⅲ. 27}).$$

又因为　$$角\ EFA = 角\ FDA + 角\ FAD,$$

但是　$$角\ FAD = 角\ FBD,$$

和　$$角\ FDA = 角\ FBA,$$

所以也有　$$角\ EFA = 角\ DBA = 角\ DFB.$$

又由于 DE 平行于 LG；所以　$$角\ EFA = 角\ FGH,$$

和　$$角\ DFB = 角\ FHG.$$

于是有　$$角\ FGH = 角\ FHG,$$

因而　$$FG = FH.$$

然后过 HG 作圆 GHN 与三角形 HGF 交成直角，设想一个以圆 GHN 为底，以点 F 为顶的圆锥；则该圆锥将是一个直圆锥，因为

$$FG = FH.$$

因为圆 GHN 与平面 HGF 交成直角，又基面与过 GH 和 HF 的平面交成直角，所以它们的交线与过 GH 和 HG 的平面交成直角，然后设它们的交线是直线 KM；所以直线 KM 就与两直线 AK 和 KG 都垂直.

又因为以圆 GHN 为底，以 F 为顶点的圆锥被过轴的平面所截，其截面为三角形 GHF，且也被过 AK 和 KM 的平面所截，即被基面所截，且直线 KM 垂直于 KG，而这平面

与这圆锥的边① FG 和 FH 都相交,于是所得到的截线是一个亏曲线,其直径为 AB,这里的纵线与直径交成直角(Ⅰ.13);因为它们都平行于 KM. 又因为

$$DE : EF :: \text{rect. } DE \cdot EF(\text{或 rect. } BE \cdot EA) : \text{sq. } EF,$$

和
$$\text{rect. } BE \cdot EA : \text{sq. } EF :: BE : EF \text{comp. } AE : EF,$$

但是
$$BE : EF :: BK : KH,$$

和
$$AE : EF :: AK : KG :: FL : LG,$$

$$\text{所以 } BA : AC :: FL : LG \text{comp. } FL : LH :: \text{sq. } FL : \text{rect. } GL \cdot LH(\text{见上面}),$$

即
$$BA : AC :: \text{sq. } FL : \text{rect. } GL. LH.$$

而且只要这一点成立,线段 AC 便是这图形的竖直边,这是在第13命题中已经证明过的.

命题57(作图题)

与上命题假设相同,但设线段 AB 小于 AC,要求作关于直径 AB 的一个亏曲线,使得 AC 是竖直边.

设 AB 被 D 平分,从 D 作线段 EDF 垂直于 AB,且使得

$$\text{sq. } FE = \text{rect. } BA \cdot AC.$$

而且
$$FD = DE,$$

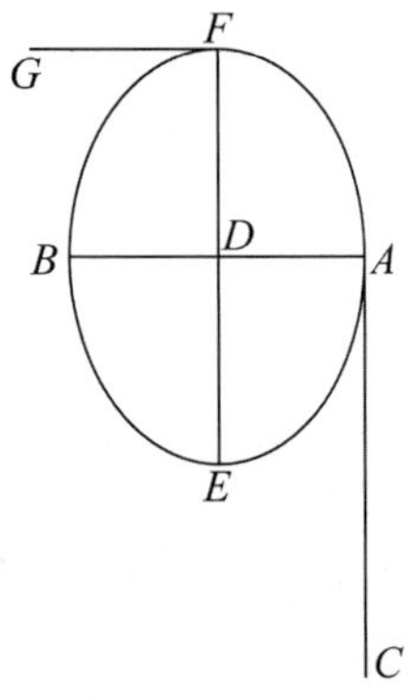

又作 FG 平行于 AB,且使 FG 满足

$$AC : AB :: EF : FG;$$

所以也有
$$EF > FG.$$

又因为
$$\text{rect. } CA \cdot AB = \text{sq. } EF,$$

$$\text{因此 } CA : AB :: \text{sq. } FE : \text{sq. } AB : \text{sq. } DF : \text{sq. } DA.$$

但是
$$CA : AB :: EF : FG,$$

所以
$$EF : FG :: \text{sq. } FD : \text{sq. } DA.$$

但是
$$\text{sq. } FD = \text{rect. } FD \cdot DE;$$

所以
$$EF : FG :: \text{rect. } ED \cdot DF : \text{sq. } AD.$$

这时由二相互成直角的线段(EF 和 FG),EF 是较大的,可作出一个亏曲线,其直径为 EF,竖直边为 FG(Ⅰ.56);而且这截线将过点 A,因为

$$\text{rect. } FD \cdot DE : \text{sq. } DA :: EF : FG(\text{Ⅰ}.21).$$

又
$$AD = DB;$$

这时它也将过点 B,于是关于 AB 的一个亏曲线被作出.

又因为
$$CA : AB :: \text{sq. } FD : \text{sq. } DA.$$

和
$$\text{sq. } DA = \text{rect. } AD \cdot DB.$$

① 应为"轴三角形".

所以　　$CA : AB :: \text{sq.}\, DF : \text{rect.}\, AD \cdot DB.$

于是线段 AC 是一个竖直边(Ⅰ.21).

命题58(作图题)

但是,若已知角不是直角,设角 BAD 等于它,将线段 AB 平分于 E,在 AE 上画半圆 AFE,在其上取一点 F,过 F 作 FG 平行于 AD,且使得

$$\text{sq.}\, FG : \text{rect.}\, AG \cdot GE :: CA : AB^{*}.$$

(设 $CA : AB :: \alpha : \beta.$)

连接直线 AF 和 EF 并延长,且设 EH 满足

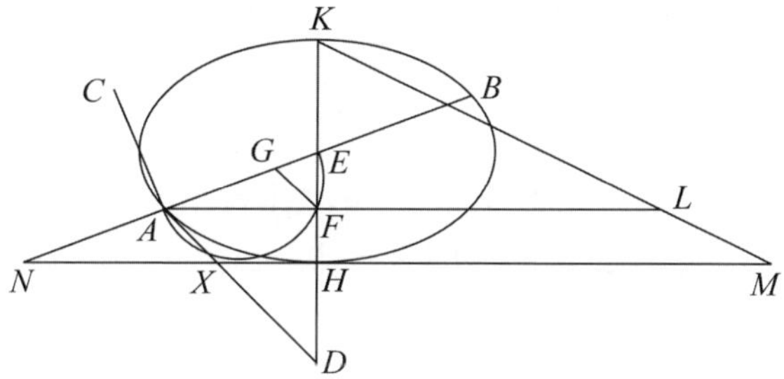

$$DE : EH :: EH : EF,$$

又设　　$EK = EH,$

并在 AF 上取一点 L,使得

$$\text{rect.}\, HF \cdot FL = \text{sq.}\, AF,$$

---

* Eutocius 的评注给出了这个作图[①]:"设有半圆 ABC,角 CAB 为已知角,在一直线上取线段 DE 及 EF,

使其　　$DE : EF :: \alpha : \beta$(Eucl. Ⅵ. 10),

将 EF 延长到 G,使得 FG 等于 DE,将 EG 平分于 H,设这圆的圆心为 K,从它作 AB 的垂线与圆弧交于 L. 再过 L 作 LM 平行于 AB,交 KA 的延长线于 M. 且使得

$$HF : FG :: LM : MN\text{(Eucl. Ⅵ. 10)},$$

又在 NM 上取点 X,使　　$LX = LN,$

连接 NK 和 XK 交半圆 ABC 所在的圆于 O 和 P,

连接 OP 交 KC 于 R.

这时由于　　$HF : FG :: LM : MN,$

由合比例　　$HG : FG :: LN : MN;$

由逆比例　　$FG : HG :: MN : LN.$

又　　$FG : GE :: MN : NX$[②];

由分比例　　$FG : FE :: MN : MX,$　　(转下页脚注)

连接直线 KL,从 H 作直线 HMX 垂直于 HF,于是它平行于 AFL;因为在 F 处的角是直角,和两垂直的已知线段 KH 和 HM,作一椭圆,其横截直径为 KH,这图形的竖直边为 HM,所有纵线与 HK 交成直角(Ⅰ.56,57);这时这截线将过 A,这是因为

$$\text{sq.}FA = \text{rect.}HF\cdot FL(\text{Ⅰ}.13).$$

又因为 $$HE = EK,\text{和 } AE = EB,$$

于是这截线也将过 B 点,E 将是中心,线段 AEB 为直径,而直线 DA 将与这截线相切,

因为 $$\text{rect.}DE\cdot EF = \text{sq.}EH.$$

又因为 $$CA : AB :: \text{sq.}FG : \text{rect.}AG\cdot GE,$$

但是 $$CA : AB :: CA : 2AD\text{comp.}2AD : AB(\text{或 } DA : AE),$$

而 $$\text{sq.}FG : \text{rect.}AG\cdot GE :: FG : GE \text{ comp. } FG : GA,$$

所以 $$CA : 2AD \text{ comp. } DA : AE :: FG : GE \text{ comp. } FG : GA.$$

但是 $$DA : AE :: FG : GE;$$

取掉公共的比,我们将有

$$CA : 2AD :: FG : GA,$$

或 $$CA : 2AD :: XA : AN.$$

而且只要该式成立,线段 AC 便是这图形的竖直边(Ⅰ.50).

(接上页脚注)又因为 $$NL = LX,$$

而线段 LK 公用,而且与 NX 交成直角,所以也有 $KN = KX$.

又因为 $$KO = KP,$$

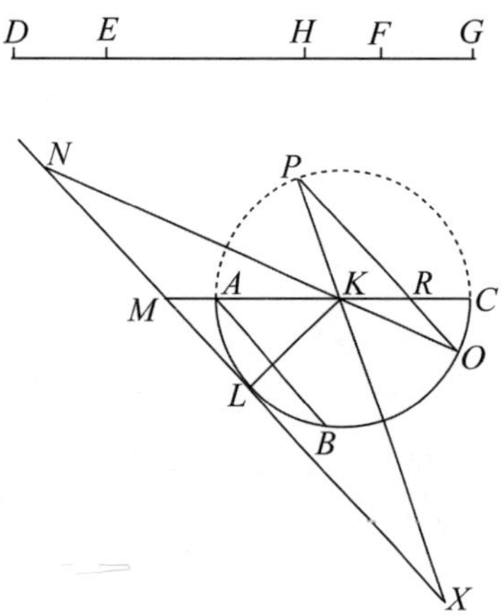

所以 NX 平行 RO,于是三角形 KMN 相似于三角形 OKR,三角形 KMX 相似于三角形 PRK.

所以 $$MK : KR :: MN : RO.$$

但是也有 $$MK : KR :: MX : PR;$$

所以 $$MN : RO :: MX : PR;$$

由更比例 $$MN : MX :: RO : PR.$$

但是 $$MN : MX :: FG : FE :: DE : EF,$$

和 $$RO : RP :: \text{sq.}RO : \text{rect.}RO\cdot RP;$$

所以 $$DE : EF :: \text{sq.}OR : \text{rect.}OR\cdot PR.$$

而 $$\text{rect.}OR\cdot PB = \text{rect.}AR\cdot RC(\text{Eucl. Ⅲ}.35).$$

所以 $$DE : EF :: \text{sq.}OR : \text{rect.}AR\cdot RC.$$

(即 $\alpha : \beta :: \text{sq.}OR : \text{rect.}AR\cdot RC.$)

①英译本此处无图.

② 由 $$FG : FH :: MN : LM,$$

可得 $$FG : 2(FH + FG) :: MN : 2(LM + MN),$$

而 $$2(FH + FG) = 2HG = GE,$$

$$2(LM + MN) = 2LN = NX,$$

于是 $$FG : GE :: MN : NX.$$

命题59（作图题）

设有同一端点的已知二线段互相垂直，找出二相对截线，其直径为已知两线段之一，其顶点为该线段的两个端点，且所作的从截线到直径夹已知角的线段上正方形将等于贴合于另一已知线段的矩形，它超过一个与二已知线段所夹的矩形相似的图形.

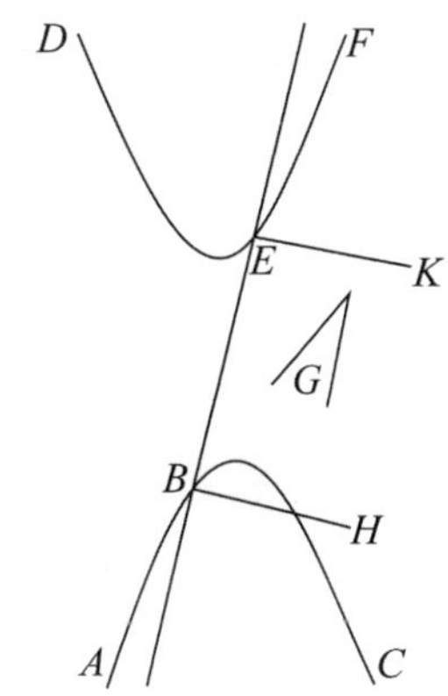

设有同一端点且互相垂直的二已知线段 EB 和 BH，设已知角为 G；要求作出关于两线段 BE 和 BH 之一（为直径）的二相对截线，且使得纵线与直径交成已知角 G.

已知两线段 BE 和 BH，设一个超曲线已作出，它的横截直径是线段 BE，图形的竖直边是 BH，其纵线与 EB 延长线交成一个角 G，设它是曲线 ABC；因为如何作出它已在命题55中给出了. 然后过 E 作线段 EK 平行且等于 BH，同样地以 BE 为直径，以 EK 为图形竖直边的超曲线 DEF 可作出，且从截线到直径所作的纵线与其交成相同的角 G. 于是显然地，截线 B 和 E 便是所求作的二相对截线，①它们共有一个直径，而且它们的竖直边相等.

命题60（作图题）

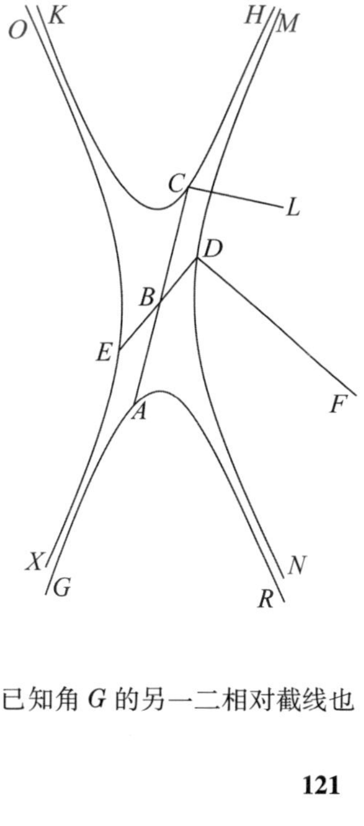

已知互相平分的两线段，作关于它们每一个的二相对截线，使得这些线段是它们的共轭直径，而且第一二相对截线的直径上正方形等于第二二相对截线直径上的图形，同样地，第二二相对截线的直径上的正方形也等于第一二相对截线直径上的图形.

设已知有两相互平分的线段 AC 和 DE，（且相交于 B），则要求作关于它们每一个作为直径的二相对截线，且直线 AC 和 DE 是它们的共轭直径，又 DE 上正方形等于关于 AC 的图形，AC 上正方形也等于关于 DE 的图形.

设 $$\text{rect.}\,AC\cdot CL = \text{sq.}\,DE,$$

且作 LC 垂直于 CA. 这样，已知互相垂直的两线段 AC 和

① 如果以 BH 为横截直径，以 BE 为竖直边，且纵线与直径之夹角为已知角 G 的另一二相对截线也同样可以作出.

CL,设作出二相对截线 *RAG* 和 *HCK*,其横截直径是 *CA*,其竖直边是 *CL*,从截线到 *CA* 的纵线与 *CA* 交成已知角(纵线平行于 *DE*)(Ⅰ.59). 这时直线 *DE* 将是这相对截线的第二直径(定义 11);因为它是图形边的比例中项,而且平行于一纵线,并被平分于 *B*.

然后再设

$$\text{rect.}\, DE \cdot DF = \text{sq.}\, AC,$$

且作 *DF* 垂直于 *DE*,这样,已知互相垂直的两线段 *ED* 和 *DF*,可作出二相对截线 *MDN* 和 *OEX*,其横截直径将是 *DE*,其竖直边将是 *DF*,从截线到 *DE* 的纵线与 *DE* 交成已知角(纵线平行于 *AC*)(Ⅰ.59);于是直线 *AC* 也将是截线 *MDN* 和 *XEO* 的一条第二直径. 因而 *AC* 平分着介于截线 *MDN* 和 *XEO* 之间的平行于 *DE* 的线段,而 *DE* 则平分着介于截线 *RAG* 和 *HCK* 之间的平行于 *AC* 的线段,而这正是所求要作出的.

而且把这样的两二相对截线称为是**共轭的**.

第Ⅱ卷

APOLLONIUS 致 EUDEMUS

你好！祝你身体健康，精神愉快. 我也一样，生活得很好.

我已让我的儿子给你送去《圆锥曲线论》的第Ⅱ卷. 像我们所计划安排好的，请仔细阅读它并熟悉那些值得分享的内容. 再者几何学家 Philonides，上次我在 Ephesus 介绍给你的，如果碰巧他在 Pergamum，请让他也熟悉书中的内容. 注意身体，保持健康，再见.

命　题

命题 1

如果一直线与一超曲线在其顶点处相切，在这直线上从切点在直径两侧各截出一线段，使其上正方形都等于这图形①的四分之一，那么从截线中心到切线上所截出二线段的端点所连接的两直线将不与这截线相遇.

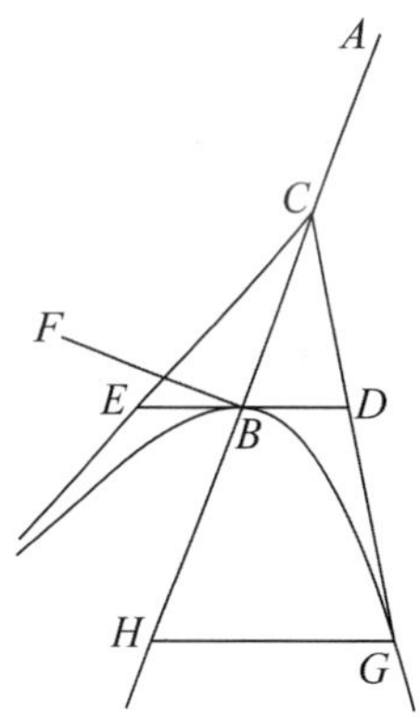

设有一超曲线，其直径为直线 AB，中心是 C，竖直边为 BF；又设直线 DE 与截线相切于 B，并且设线段 BD 和 BE 上正方形都等于矩形 $AB \cdot BF$ 的四分之一，连接直线 CD 和 CE 并延长.

我断言　它们不会与这截线相遇.

因为，如果可能，设 CD 与截线相遇于 G，从 G 作纵线 GH；于是 GH 平行于 DB(Ⅰ.17). 因为

$$AB : BF :: \text{sq. } AB : \text{rect. } AB \cdot AF,$$

但是
$$\text{sq. } CB = \frac{1}{4}\text{sq. } AB,$$

又
$$\text{sq. } BD = \frac{1}{4}\text{rect. } AB \cdot BF.$$

所以　$AB : BF :: \text{sq. } CB : \text{sq. } DB :: \text{sq. } CH : \text{sq. } HG$ *.

又也有　$AB : BF :: \text{rect. } AH \cdot HB : \text{sq. } HG$(Ⅰ.21)；

所以　$\text{rect. } AH \cdot HB = \text{sq. } CH$；

---

① 图形指的是超曲线的横截边与其竖直边所夹的矩形.

* 这结果以后会用到，例如在Ⅱ.10 中这个比例式成立，因为各三角形相似，不管 G 落在这截线上或不落在其上都是如此.

而这是不合理的(Eucl. Ⅱ.6①). 所以直线 CD 将不会与这截线相遇. 类似地可证 CE 也不会与这截线相遇;所以直线 CD 和 CE 是这截线的渐近线(ἀσύμπτωτος*,英译:asymptotes).

命题 2

用如前命题相同假设可证:与直线 DC 和 CE 的夹角相截的直线不是另一渐近线.

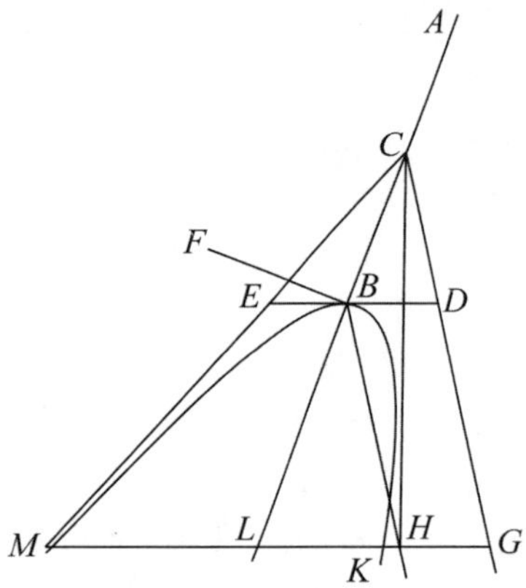

因为,如果可能,设 CH 是一条(渐近线),过 B 作直线 BH 平行于 CD 并交 CH 于 H,取 DG 等于 BH,连接 GH 并延长与截线、BC 和 CE 交于 K、L 和 M. 由于这时 BH 与 DG 平行且相等,所以 BD 与 HG 也平行且相等. 又由于 AB 平分于 C,而且一线段 BL 加到它上面,所以

$$\text{rect. } AL \cdot LB + \text{sq. } CB = \text{sq. } CL (\text{Eucl. Ⅱ.6}).$$

同样地,由于 GM 平行于 DE,

而且 $DB = BE$,

所以也有 $GL = LM$.

又因为 $GH = DB$,

所以 $GK > BD$.

又也有 $KM > BE$,

于是也有 $LM > BE$;

所以 $\text{rect. } MK \cdot KG > \text{rect. } DB \cdot BE$,

即 $\text{rect. } MK \cdot KG > \text{sq. } DB$.

由于这时 $AB : BF :: \text{sq. } CB : \text{sq. } BD$(Ⅱ.1),

但是 $AB : BF :: \text{rect. } AL \cdot LB : \text{sq. } LK$(Ⅰ.21),

和 $\text{sq. } CB : \text{sq. } BD :: \text{sq. } CL : \text{sq. } LG$,

所以也有 $\text{sq. } CL : \text{sq. } LG :: \text{rect. } AL \cdot LB : \text{sq. } KL$.

于是

$$\text{sq. } LC : \text{sq. } LG :: (\text{sq. } CL - \text{rect. } AL \cdot LB) : (\text{sq. } LG - \text{sq. } KL),$$

所以有 $\text{sq. } LC : \text{sq. } LG :: \text{sq. } CB : \text{rect. } MK \cdot KG$,

即 $\text{sq. } CB : \text{rect. } MK \cdot KG :: \text{sq. } CB : \text{sq. } DB$.

---

① Eucl, Ⅱ.6 为 $(a+b)b+\left(\frac{a}{2}\right)^2=\left(\frac{a}{2}+b\right)^2$.

*ἀσύμπτωτος这个字按字义说是“不可能相遇”的意思,在 Euclid 的书中它是在一般方式下用来指任何不相交的线或面的. 在 Apollonius 的书中它也以这一方式使用的,例如在Ⅱ.14 推论的例子里,也是指不与超曲线相遇的任何直线. 英语中这种特殊情形里称为渐近线的线便是这里所定义的. 到第Ⅱ卷命题 14 才进一步宣告它们所具有的特殊性质和特征.

所以 $$\text{sq.}\,DB = \text{rect.}\,MK\cdot KG;$$
而这是不合理的,因为已证后者大于前者. 所以直线 CH 不是截线的一个渐近线.

命题 3

如果一直线与一超曲线相切,它将与二渐近线都相交,并且被切点平分,而每一线段上正方形将等于过切点所作直径上图形的四分之一.

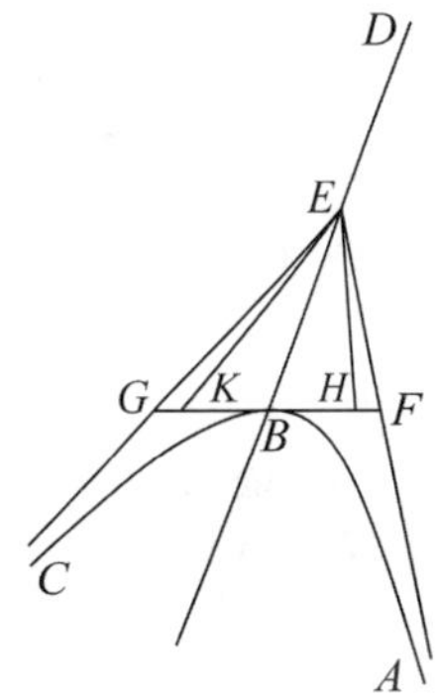

设有一超曲线 ABC,其中心为 E,FE 和 EG 是它的渐近线,又设某直线 HK 与它相切于 B.

我断言　直线 HK 延长后将与直线 FE 和 EG 相交.

因为,如果可能,设它们不相交,连接 BE 并延长使 ED 等于 EB;所以直线 BD 是一直径. 然后设 HB 和 BK 上正方形都等于 BD[和参量]上图形的四分之一,连接 EH 和 EK. 所以它们是渐近线(Ⅱ.1);而这是不合理的(Ⅱ.2);因为 FE 和 EG 已假设是渐近线. 所以 KH 延长后将与渐近线 EF 和 EG 分别交于 F 和 G.

此外还可证 BF 和 BG 上正方形每一个将等于 BD 上图形的四分之一.

如其不然,可设 BH 和 BK 上正方形每一个等于 BD 上图形的四分之一,所以 HE 和 EK 将是渐近线(Ⅱ.1);而这是不合理的(Ⅱ.2). 所以 FB 和 BG 上正方形的每一个将等于 BD 上图形的四分之一.

命题 4(作图题)

给定两直线所夹的角和角内一点. 求过该点作一超曲线,使得所给两直线为其渐近线.

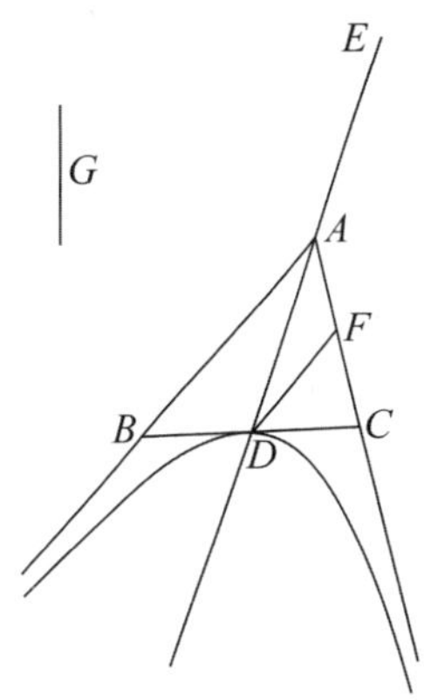

设两直线 AC 和 AB 在 A 交任意角以及角内一点 D,要求过 D 作以 CA 和 AB 为渐近线的超曲线.

设连接直线 AD 并延长到 E,使得 AE 等于 DA,又过 D 作 DF 平行于 AB,再取 FC 等于 AF,连接 CD 并延长到 B,设取 G 使其满足

$$\text{rect.}\,DE\cdot G = \text{sq.}\,CB,$$

且设作一个过 D 的超曲线以 AD 的延长线为直径,并使得其纵线上正方形等于贴合于 G 上的矩形且超出一个与矩形 $DE\cdot G$ 相似的图形(Ⅰ.54). 由于这时 DF 平行于 BA,

而且 $$CF = FA,$$

所以 $CD = DB$;

于是 $\text{sq.}\,CB = 4\text{sq.}\,CD$,

又 $\text{sq.}\,CB = \text{rect.}\,DE \cdot G$;

所以 CD 和 DB 上正方形都等于矩形 $DE \cdot G$ 的四分之一,所以直线 AB 和 AC 是所作超曲线的渐近线(Ⅱ.1).

命题 5

如果一齐曲线或超曲线的直径平分某个线段[在这截线之内的],则这截线在直径端点处的切线将平行于所平分的线段.

设有一齐曲线或超曲线 ABC,其直径为直线 DBE,直线 FBG 与这截线相切,而某线段 AEC 是在该截线内且被 E 平分.

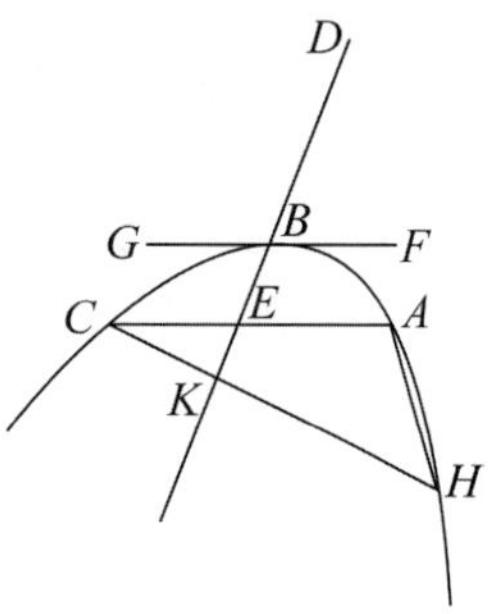

我断言 AC 平行于 FG.

因为,如果不是这样,设过 C 作线段 CH 平行于 FG,连接 AH. 由于这时 ABC 是一齐曲线或超曲线,其直径为 DE,FG 为切线,且 CH 平行于它,

所以 $CK = KH$(Ⅰ.46,47).

但是也有 $CE = EA$.

所以 AH 平行于 KE;而这是不合理的;因为延长 HA 将与 BD 相交(Ⅰ.22).

命题 6

如果一亏曲线或一个圆的圆周的直径平分不过中心的某线段,则这截线在直径端点处的切线将平行于所平分的线段.

设有一亏曲线或一个圆的圆周,其直径为 AB,又设 AB 平分不过中心的线段 CD 于点 E.

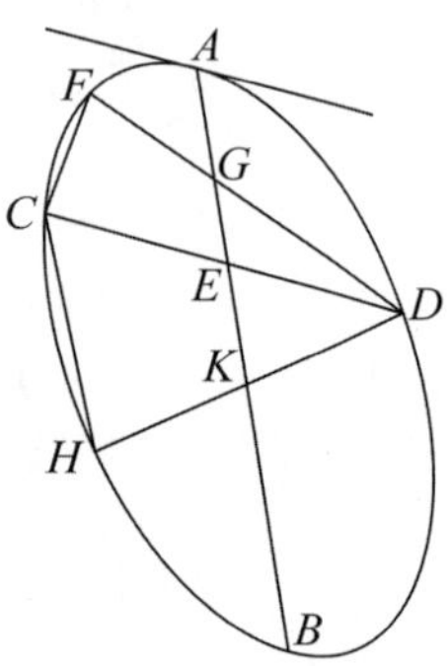

我断言 这截线在 A 处的切线平行于 CD.

因为,如果不是这样,但是若可能,设 DF 为平行于 A 处的切线;

所以 $DG = FG$(Ⅰ.47).

但是也有 $DE = EC$;

所以 CF 平行于 GE;而这是不合理的. 因为如果 G 是截线的中心,那么直线 CF 将与直线 AB 相交(Ⅰ.23);否则,假设中心是点 K,连接 DK 并延长到 H,连接 CH. 由于这时

$DK = KH$,

且也有 $DE = EC$,

所以 CH 平行于 AB,但也平行于 CF;而这是不合理的. 所以在 A 处的切线平行于 CD.

命题 7

如果一直线与一圆锥的截线或一圆的圆周相切,又在截线内作一平行于它的线段,则从切点到该线段中点所连接的直线是截线的一个直径.

设有一圆锥截线或一圆的圆周 ABC,FG 与它相切,又 AC 平行于 FG 且平分于 E,连接 BE.

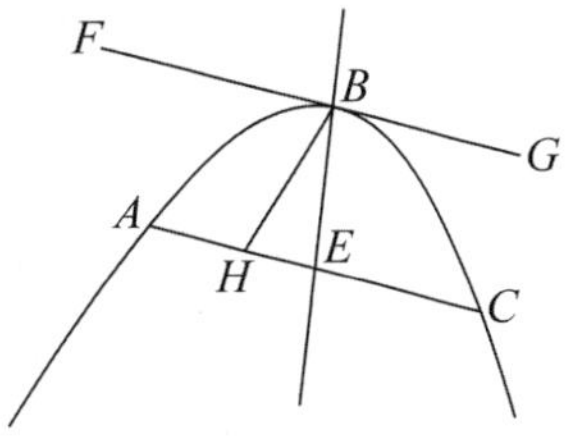

我断言　BE 是这截线的一个直径.

因为,如果不是这样,若可能,设 BH 是这截线的一个直径.

于是　　$AH = HC$(定义 4);

而这是不合理的;因为　　$AE = EC$.

所以 BH 不是这截线的直径,同样我们能够证明仅 BE 是它的直径(过 B 或 E).

命题 8

如果一直线与一超曲线相交于两点,将它向两边延长将与两渐近线相交,并且在渐近线间的线段被截线截出相等的线段.

设有一超曲线 ABC,两渐近线为 ED 和 DF. 又设某直线 AC 与超曲线 ABC 相交.

我断言　该直线向两边延长将与二渐近线相交.

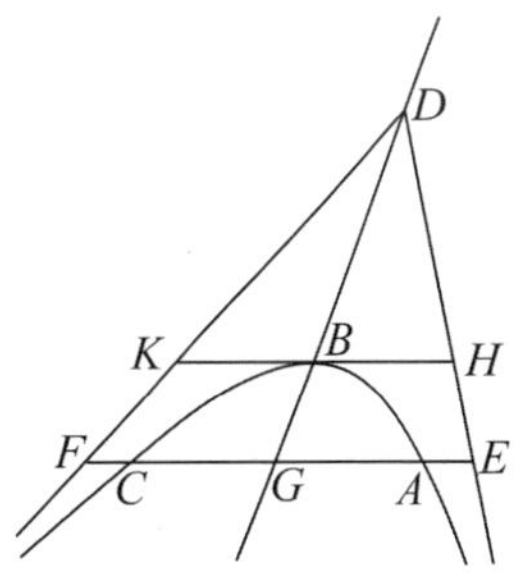

设 AC 平分于 G,连接 DG(交截线于 B). 所以它是这截线的一个直径(Ⅰ.47);所以在 B 处的切线平行于 AC(Ⅱ.5). 然后设 HBK 是切线(Ⅰ.32);于是它将与 DF 相交(Ⅱ.3). 由于这时 AC 平行于 KH,而 KH 与 DK 和 DH 相交,所以也有 AC 将与 DE 和 DF 相交.

设 AC 与它们相交于 E 和 F;而且

$$HB = BK(Ⅱ.3);$$

所以也有　　$FG = GE$,

于是也有　　$CF = AE$.

命题 9

如果一个与二渐近线相遇的线段被超曲线所平分,则它将仅在一点与这截线相切.

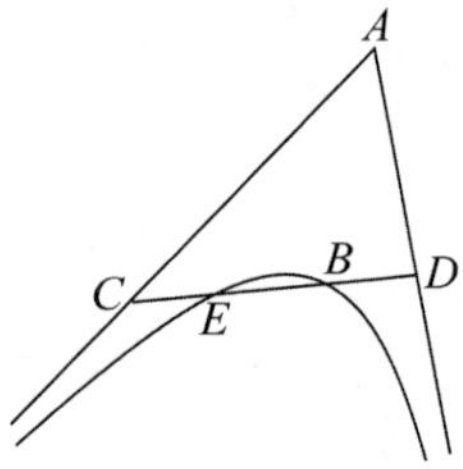

设与渐近线 CA 和 AD 相交的线段被双曲线平分于点 E.

我断言　它与双曲线仅切于一点.

因为,如果可能,设它在 B 点与双曲线相切. 于是

$$CE = BD(\text{Ⅱ}.8);$$ ①

而这是不合理的;因为假设 CE 等于 ED. 所以它将不会与这截线相切于另外的点.

命题 10

如果某直线与超曲线和它的渐近线都相交,则在渐近线与这截线之间所截出二线段所夹的矩形等于直径上图形的四分之一,该直径为平分所作的平行于所给直线的线段.

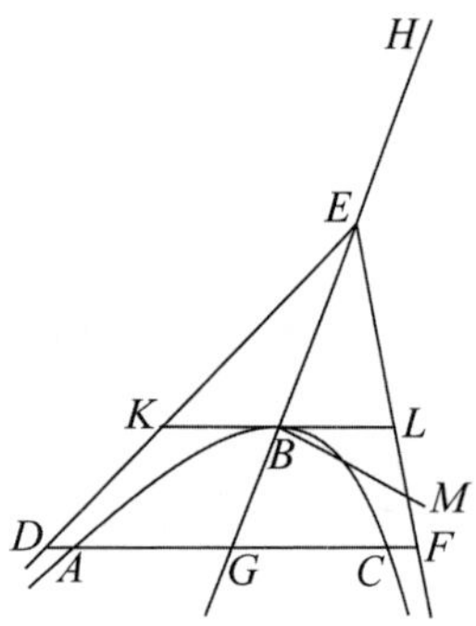

设有一超曲线 ABC,DE 和 EF 是它的渐近线,设所作的直线 DF 与截线和渐近线都相交,AC 平分于 G,连接 GE,取 EH 等于 BE,且从 B 作 BM 垂直于 HEB,所以 BH 是一直线(Ⅰ.51 推论),设 BM 是竖直边.

我断言

$$\text{rect. } AD \cdot AF = \frac{1}{4}\text{rect. } HB \cdot BM,$$

同样地也有 $$\text{rect. } DC \cdot CF = \frac{1}{4}\text{rect. } HB \cdot BM.$$

为此,设过 B 作 KL 与这截线相切;所以它平行于 DF(Ⅱ.5). 又已证得

$$HB : BM :: \text{sq. } EB : \text{sq. } BK :: \text{sq. } EG : \text{sq. } GD(\text{Ⅱ}.1),$$

和 $$HB : BM :: \text{rect. } HG \cdot GB : \text{sq. } GA(\text{Ⅰ}.21),$$

所以 $$\text{sq. } EG : \text{sq. } GD :: \text{rect. } HG \cdot GB : \text{sq. } GA.$$

所以也有 (Eucl. Ⅱ.6,Ⅱ.5,Ⅴ.19)

$$(\text{sq. } EG - \text{rect. } HG \cdot GB) : (\text{sq. } GD - \text{sq. } GA) :: \text{sq. } EG : \text{sq. } GD,$$

即 $$\text{sq. } EB : \text{rect. } DA \cdot AF :: \text{sq. } EG : \text{sq. } GD,$$

或 $$\text{sq. } EB : \text{rect. } DA \cdot AF :: \text{sq. } EB : \text{sq. } BK$$

所以 $$\text{rect. } FA \cdot AD = \text{sq. } BK.$$

同样地能够证明亦有

$$\text{rect. } DC \cdot CF = \text{sq. } BL;$$

所以也有 $$\text{rect. } FA \cdot AD = \text{rect. } DC \cdot CF.$$

① 由Ⅱ.3,则有 $CB = BD$. 又由假设 $CE = ED$,这是不可能的. 所以线段仅在其中点 E 与超曲线相切.

$$(\text{因为 sq. } BK=\frac{1}{4}\text{rect. } HB\cdot BM(\text{Ⅱ}.3),$$

所以 $$\text{rect. } AD\cdot AF=\text{rect. } DC\cdot CF=\frac{1}{4}\text{rect. } HB\cdot BM.)$$

命题 11

如果某直线与包含超曲线的角的邻补角的两边相交，那么该直线与这截线仅交于一点，且该直线在介于邻补角两边和截线之间的两线段所夹的矩形等于平行于截直线的直径上正方形的四分之一.

设有一超曲线，其渐近线为 AC 和 AD，延长 DA 到 E，过 E 作直线 EF 与 EA 和 AC 相交.

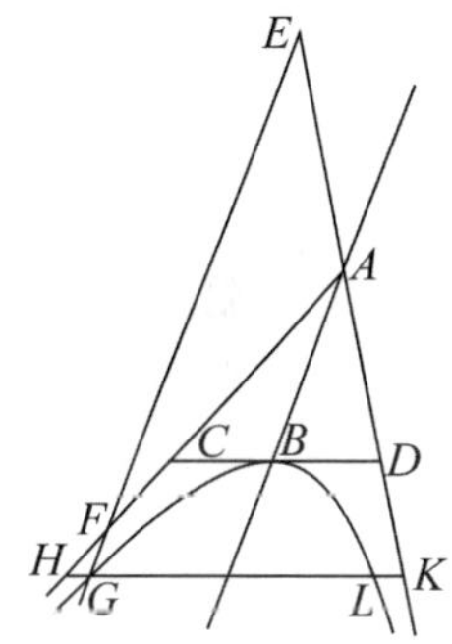

现在显然它们与截线仅交于一点；因为过 A 所作与 EF 平行的直线 AB 截角 CAD 并与截线相交(Ⅱ.2)，而且是它的直径(Ⅰ.51 推论)；所以 EF 将与截线仅交于一点(Ⅰ.26).

设 EF 交截线于 G.

这时我断言　rect. $EG\cdot GF=$ sq. AB.

为此，过 G 依纵线方向作直线 $HGLK$；于是过 B 的切线平行于 GH(Ⅱ.5)，设它是 CD. 由于这时

$$CB=BD(\text{Ⅱ}.3).$$

所以

$$\text{sq. } CB(\text{或 rect. } CB\cdot BD):\text{sq. } BA::CB:BA\text{comp. } DB:BA.$$

但是 $$CB:BA::HG:GF,$$

和 $$DB:BA::GK:GE;$$

所以 $$\text{sq. } CB:\text{sq}BA::HG:GF\text{comp. } KG:GE.$$

但是也有

$$\text{rect. } KG\cdot GH:\text{rect. } EG\cdot GF::HG:GF\text{comp. } KG:GE;$$

所以 $$\text{rect. } KG\cdot GH:\text{rect. } EG\cdot GF::\text{sq. } CB:\text{sq. } BA.$$

由更比例 $$\text{rect. } KG\cdot GH:\text{sq. } CB::\text{rect. } EG\cdot GF:\text{sq. } BA.$$

但是已证 $$\text{rect. } KG\cdot GH=\text{sq. } CB(\text{Ⅱ}.10);$$

所以也有 $$\text{rect. } EG\cdot GF=\text{sq. } AB.$$

命题 12

如果从截线上一点向渐近线作夹任意角的二线段，再从截线上另一点作两线段分别平行于二线段，则二线段所夹的矩形等于平行于它们的两线段所

夹的矩形.

设有一超曲线,其渐近线为 AB 和 BC,在截线上取一点 D,从它向 AB 和 BC 作 DE 和 DF(夹任意角),再在这截线上另取一点 G,过 G 作 GH 和 GK 分别平行于 ED 和 DF.

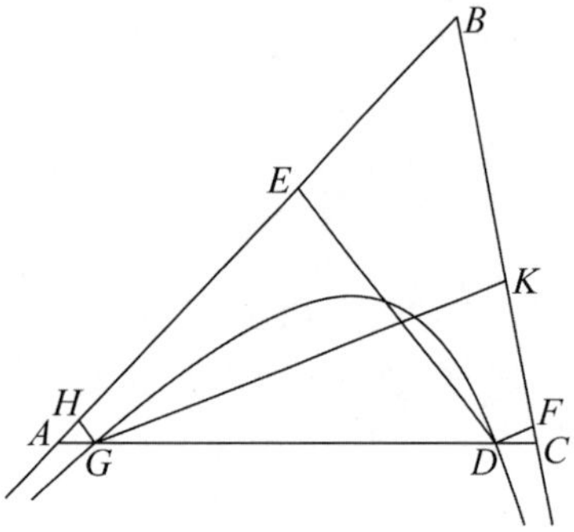

我断言

rect. $ED \cdot DF$ = rect. $HG \cdot GK$.

为此,连接 DG 并延长到 A 和 C,由于这时

rect. $AD \cdot DC$ = rect. $AG \cdot GC$(Ⅱ.8),

所以 $AG : AD :: DC : CG$.

但是 $AG : AD :: GH : ED$.

而且 $DC : CG :: DF : GK$;

所以 $GH : DE :: DF : GK$;

所以 rect. $ED \cdot DF$ = rect. $HG \cdot GK$.

命题 13

如果在渐近线和这截线的范围内作直线平行于一渐近线,则它将与这截线仅交于一点.

设有一超曲线,其渐近线为 CA 和 AB,取某个点 E,过它作 EF 平行于 AB.

我断言 它将与这截线相交.

因为,如果可能,设它们不相交,设在这截线上取某点 G,过 G 作 GC 和 GH 分别平行于 AB 和 AC,且(找出 F[①])使得

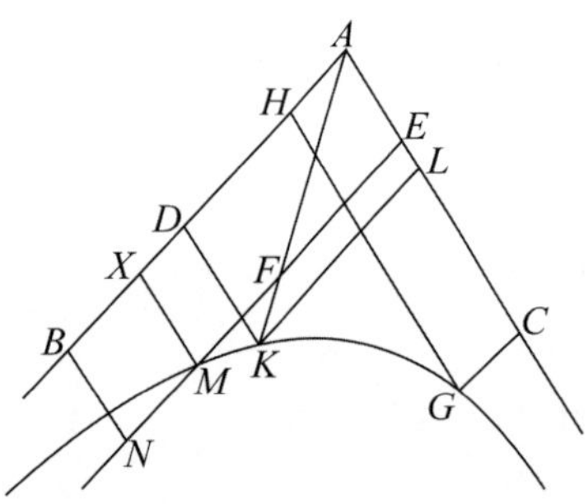

rect. $CG \cdot GH$ = rect. $AE \cdot EF$,

连接 AF 并延长;则它将与截线相交(Ⅱ.2),设交于 K,然后过 K 作 KL 和 KD 分别平行于 AB 和 AC;

所以 rect. $CG \cdot GH$ = rect. $LK \cdot KD$(Ⅱ.12).

又假设也有rect. $CG \cdot GH$ = rect. $AE \cdot EF$;

所以rect. $LK \cdot KD$(或 rect. $KL \cdot LA$) = rect. $AE \cdot EF$;

而这是不可能的;因为

---

①过 E 作 AB 的平行线与 GH 交于 O,连接 AO 并延长交 GC 于 P,过 P 作 AC 的平行线交 EO 于 F. 于是

pllg. HF = pllg. CO(Eucl. Ⅵ. 14).

亦有 pllg. CH = pllg. AF,

因而 rect. $CG \cdot GH$ = rect. $AE \cdot EF$.

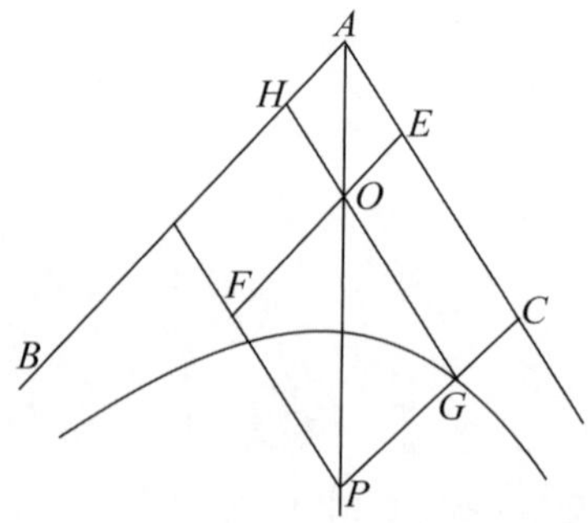

$$KL > EF \text{ 和 } LA > AE.$$

所以 EF 与截线相交,设交于 M.

我又断言　它与它不会(再)相交于任何其他点.

因为,如果可能,设它也在 N 点与截线相交,过 M 和 N 作 MX 和 NB 平行于 CA. 所以

$$\text{rect. } EM \cdot MX = \text{rect. } EN \cdot NB(\text{Ⅱ}.12);$$

而这是不可能的. 所以 EF 与截线(再)不会交于另一点.

命 题 14

若渐近线和这截线都无限地延伸,则它们将彼此靠近,而且它们的距离可以小于任何给定的距离.

设有一超曲线,其渐近线为 AB 和 AC;又给定一个距离 K.

我断言　AB 和 AC 以及这截线如果延伸的话,将彼此靠近,其间的距离可以达到一个比 K 更小的距离.

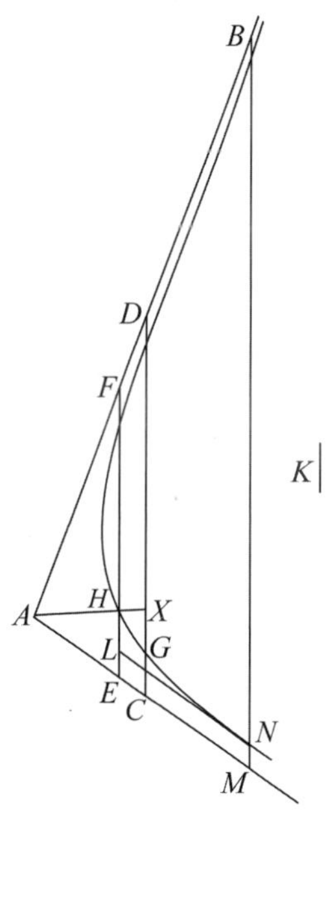

为此,作 EHF 和 CGD 平行于某切线,连接 AH 并延长到 X. 由于这时

$$\text{rect. } CG \cdot GD = \text{rect. } FH \cdot HE(\text{Ⅱ}.10),$$

所以 $$DG : FH :: HE : CG.$$

但是 $$DG > FH\text{①};$$

所以也有 $$HE > CG.$$

类似地能够证明以后的线段更小.

然后设取距离 EL 小于 K,过 L 作 LN 平行于 AC;所以它将与这截线相交(Ⅱ.13). 设交点为 N,过 N 作 MNB 平行于 EF.

所以 $$MN = EL,$$

于是 $$MN < K.$$

推论

由此显然可得:渐近线 AB 和 AC 是所有包含超曲线且与之不交的线对中靠得最近的,且 AB 和 AC 的夹角是所有包含超曲线且与之不交的线对夹角中最小的②.

---

① 因为 $DG > XD > FH$.

② 以后称它们为渐近线对.

命题 15

二相对截线的渐近线对是共同的.

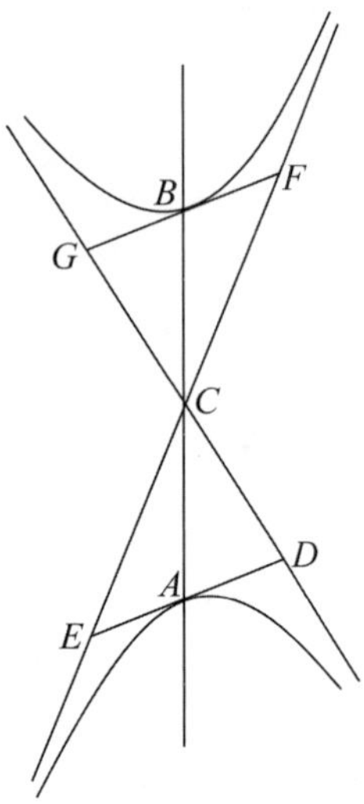

设有二相对截线(A 和 B),其直径是 AB,中心是 C.

我断言 截线 A 和 B 的渐近线对是共同的.

为此,设直线 DAE 和 FBG 是所作的过点 A 和 B 的两截线的切线;所以它们是平行的(Ⅰ. 44 注). 然后截出线段 DA、AE、FB 和 BG 使其每一个上正方形都等于贴合于 AB 上图形的四分之一;所以

$$DA = AE = FB = BG.$$

连接 CD、CE、CF 和 CG,这时显然 DC 与 CG 在一直线上,CE 与 CF 在一直线上,因为 BG 与 AD 平行且相等和 BF 与 AE 平行且相等. 因为截线 A 是以 AB 为直径,以 DE 为切线的超曲线,且 DA 和 AE 每一个上正方形等于贴合于 AB 上图形的四分之一,所以 DC 和 CE 是它的渐近线对(Ⅱ. 1). 同理 FC 和 CG 也是截线 B 的渐近线对. 所以二相对截线的渐近线对是共同的. ①

命题 16

如果在二相对截线中作直线与渐近线夹角的邻补角两边相交,它将与二相对截的每一支仅相交于一点,并且在它上由截线从渐近线截出的线段将相等.

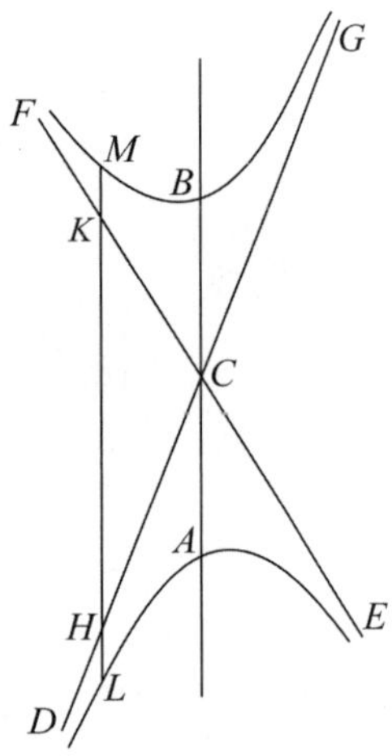

设有二相对截线 A 和 B,其中心为 C,其渐近线对为 DCG 和 ECF,作直线 HK 与直线 DC 和 CF 都相交.

我断言 它延长后将与相对截线的每一支仅交于一点.

因为,由于 DC 和 CE 是截线 A 的渐近线对,且所作直线与其邻补角的两边都相交,所以 HK 延长后将与截线 A 仅交于一点(Ⅱ. 11). 同样它也与截线 B 仅交于一点.

设 HK 与它们相交于 L 和 M.

设过 C 作直线 ACB 平行于 LM;所以

$$\text{rect. } KL \cdot HL = \text{sq. } AC \text{(Ⅱ. 11)}$$

和

$$\text{rect. } HM \cdot MK = \text{sq. } BC \text{(Ⅱ. 11)}.$$

因而也有

$$\text{rect. } KL \cdot LH = \text{rect. } HM \cdot MK,$$

从而

$$LH = KM.$$

① 把它们也称作二相对截线的渐近线对.

命题 17

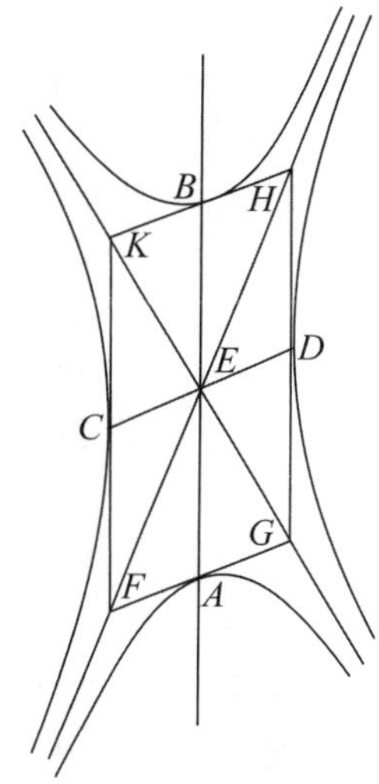

共轭的两二相对截线的渐近线对是共同的.

设有共轭的两二相对截线,其共轭直径为 AB 和 CD,其中心为 E.

我断言　它们的渐近线对是共同的.

为此,设过点 A、B、C 和 D 作这些截线的切线 FAG、KBH、KCF 和 GDH;那么 $FGHK$ 是一个平行四边形(Ⅰ.44,注).然后连接 FEH 和 KEG;那么它们是直线且是平行四边形的对角线,它们都平分于 E,又因为 AB 上图形等于 CD 上正方形(Ⅰ.60),且

$$CE = ED,$$

所以 FA、AG、KB 和 BH 每一个上正方形都等于 AB 上图形的四分之一.所以直线 FEH 和 KEG 是截线 A 和 B 的渐近线对(Ⅱ.1).此外,同样可证二直线也是截线 C 和 D 的渐近线对,所以共轭的两二相对截线的渐近线对是共同的.

命题 18

如果一直线与共轭两二相对截线之一相交,当它向两边延长到该截线之外,则它将与相邻两截线都仅交于一点.

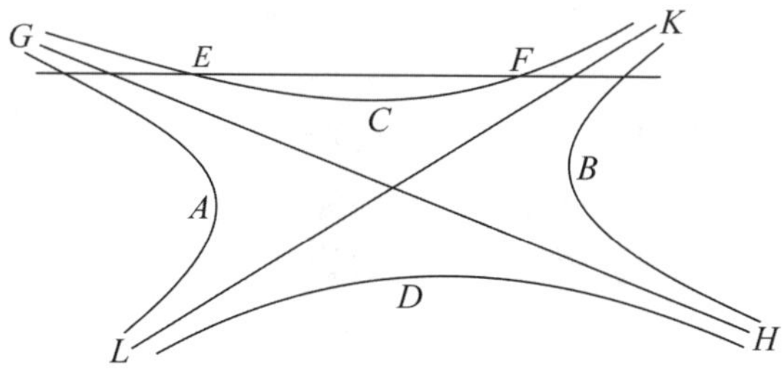

设有共轭的两二相对截线 A、B 和 C、D,且直线 EF 与截线 C 相交,并从两边延长到截线之外.

我断言　它与截线 A 和 B 都仅交于一点.

设 GH 和 KL 为这些截线的渐近线对,所以 EF 与 GH 和 KL 相交(Ⅱ.8),那么显然它也将与截线 A 和 B 各仅交于一点(Ⅱ.16).

命题 19

如果作某直线与共轭的两二相对截线之一相切于任一点,它将与邻近截线相交,并且被切点平分.

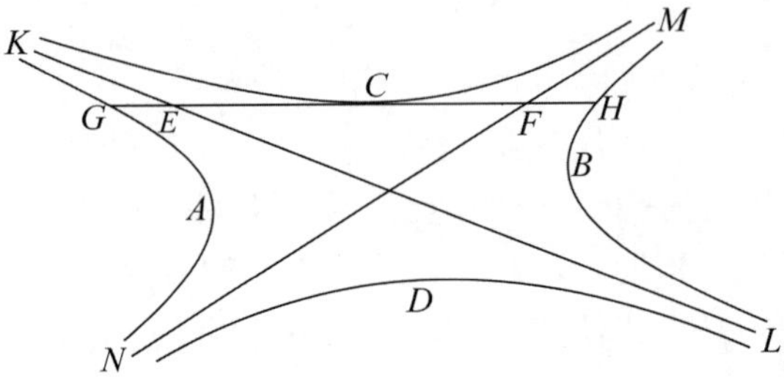

设有共轭的两二相对截线 A、B 和 C、D,并设直线 ECF 与它相切于 C.

我断言　ECF 延长后将与截线 A 和 B 相交,而且所截出的线段将被切点 C 所平分.

现在显然 ECF 将与截线 A 和 B 相交(Ⅱ.18);设它与它们分别相交于 G 和 H.

以下可证 $$CG = CH.$$

为此,设作截线的渐近线对 KL 和 MN.

则有 $$EG = FH(\text{Ⅱ}.16),$$

和 $$CE = CF(\text{Ⅱ}.3),$$

于是 $$CG = CH.$$

命题 20

如果一直线与共轭的两二相对截线之一相切,且过其中心作二直线,一过切点,一与切线平行直到与截线相交,则过交点且与截线相切的直线将平行于过切点和中心的直线,而且过中心所作二直线是相对截线的共轭直径.

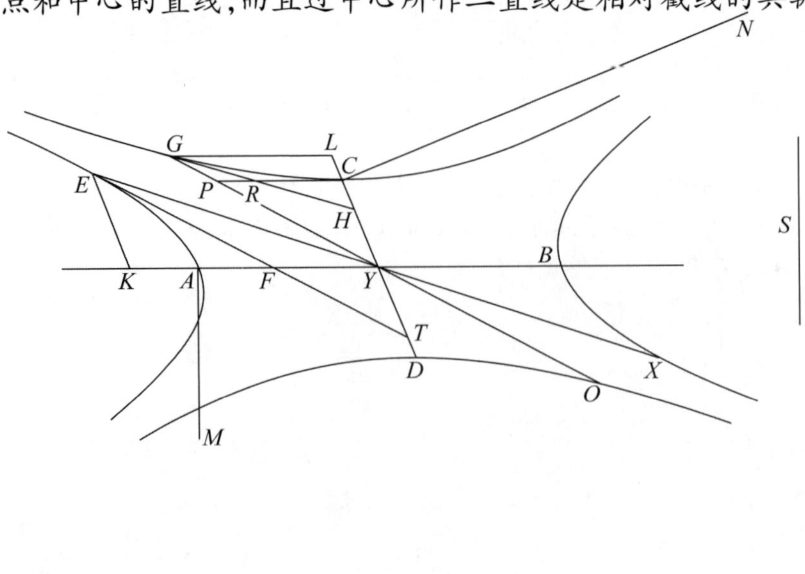

设有共轭的两二相对截线,其共轭直径为直线 AB 和 CD,中心为 Y,作 EF 与截线 A 相切并延长交 CY 于 T,连接 EY 并延长到 X,过 Y 作 YG 平行于 EF,又过 G 作 GH 与截线相切.

我断言　HG 平行于 YE,而且 GO 和 EX 为共轭直径.

为此,设 KE、GL 和 CRP 是依纵线方向所作的纵线或直线,设 AM 和 CN 是参量. 由于这时

$$BA:AM::NC:CD(\text{Ⅰ}.60),$$

但是
$$BA:AM::\text{rect}YK\cdot KF:\text{sq. }KE(\text{Ⅰ}.37),$$

和
$$NC:CD::\text{sq. }GL:\text{rect. }YL\cdot LH(\text{Ⅰ}.37),$$

所以也有
$$\text{rect. }YK\cdot KF:\text{sq. }EK::\text{sq. }GL:\text{rect. }YL\cdot LH.$$

但是
$$\text{rect. }YK\cdot KF:\text{sq. }EK::YK:KE\text{comp. }FK:KE.$$

和
$$\text{sq. }GL:\text{rect. }YL\cdot LH::GL:LY\text{comp. }GL:LH;$$

所以
$$YK:KE\text{comp. }FK:KE::GL:LY\text{comp. }GL:LH;$$

而其中　$FK:KE::GL:LY$;

因为线段 EK、KF 和 EF 分别平行于线段 YL、LG 和 GY.

所以有
$$YK:KE::GL:LH.$$

在 K 和 L 处夹着等角的两边成比例;所以三角形 EKY 与三角形 GHL 相似,因而对应边所对的角相等,所以

$$\text{角 }EYK=\text{角 }LGH.$$

但是也有
$$\text{角 }KYG=\text{角 }LGY;$$

因而
$$\text{角 }EYG=\text{角 }HGY.$$

于是
$$EY\text{ 平行于 }GH.$$

然后设取 S 使得

$$PG:GR::HG:S;$$

于是 S 是截线 C 和 D 中关于直径 GO 的纵线参量的一半(Ⅰ.51). 又因为 CD 是截线 A 和 B 的第二直径,且 ET 与它相交,所以

$$\text{rect. }TY\cdot EK=\text{sq. }CY;$$

因为若从 E 作直线平行于 KY,则由 TY 和平行线截出的线段所夹矩形将等于 CY 上正方形(Ⅰ.38).

所以
$$TY:EK::\text{sq. }TY:\text{sq. }YC(\text{Eucl. Ⅵ}.20).$$

但是
$$TY:EK::TF:FE$$

或
$$TY:EY::\text{trgl. }TYF:\text{trgl. }EFY(\text{Eucl. Ⅵ}.1).$$

和
$$\text{sq. }TY:\text{sq. }CY::\text{trgl. }YTF:\text{trgl. }YCP(\text{Eucl. Ⅵ}.19)$$

或
$$\text{sq. }TY:sq.\ CY::\text{trgl. }YTF:\text{trgl. }GHY(\text{Ⅲ}.1).$$

所以
$$\text{trgl. }TYF:\text{trgl. }EFY::\text{trgl. }TFY:\text{trgl. }YGH.$$

所以
$$\text{trgl. }GHY=\text{trgl. }YEF.$$

但是它们也有
$$\text{角 }HGY=\text{角 }YEF;$$

因为 EY 平行于 GH,且 EF 平行于 GY. 所以(相等三角形)夹着等角的两边成反比例

(Eucl. Ⅵ. 15). 所以

$$GH : EY :: EF : GY;$$

于是 $$\text{rect. } HG \cdot GY = \text{rect. } YE \cdot EF.$$

又因为 $$S : HG :: RG : GP,$$

和 $$RG : GP :: YE : EF;$$

这是因为它们互相平行;所以也有

$$S : HG :: YE : EF.$$

但是,取 YG 为公共高,于是

$$S : HG :: \text{rect. } S \cdot YG : \text{rect. } HG \cdot GY,$$

而且 $$YE : EF :: \text{sq. } YE : \text{rect. } YE \cdot EF.$$

因而 $$\text{rect. } S \cdot YG : \text{rect. } HG \cdot GY :: \text{sq. } YE : \text{rect. } YE \cdot EF.$$

由更比例

$$\text{rect. } S \cdot GY : \text{sq. } EY :: \text{rect. } HG \cdot GY : \text{rect. } FE \cdot EY.$$

但是 $$\text{rect. } HG \cdot GY = \text{rect. } YE \cdot EF \text{(见上面)},$$

所以也有 $$\text{rect. } S \cdot GY = \text{sq. } EY.$$

而矩形 $S \cdot GY$ 是 GO 上图形的四分之一;因为

$$GY = \frac{1}{2} GO,$$

而 S 是参量;且

$$\text{sq. } EY = \frac{1}{4} \text{sq. } EX;$$

因为 $$EY = YX.$$

所以 EX 上正方形等于 GO 上的图形. 然后我们同样也可证 GO 上正方形等于 EX 上图形.

所以 EX 和 GO 是相对截线 A、B 和 C、D 的共轭直径.

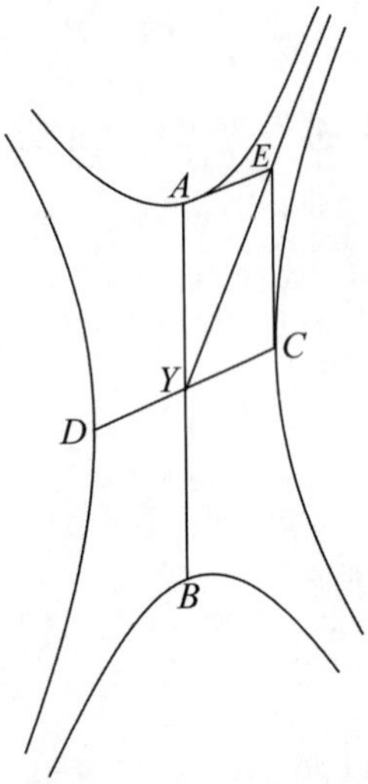

命题 21

与前假设相同,则可证切线的交点在渐近线之一上.

设有共轭两二相对截线,它们的共轭直径是直线 AB 和 CD, AE 和 EC 是所作的切线.

我断言　交点 E 在一渐近线上.

因为,由于 CY 上正方形等于 AB 上图形的四分之一(Ⅰ. 60),以及

$$\text{sq. } AE = \text{sq. } CY \text{(Ⅱ. 17)}.$$

所以也有 AE 上正方形等于 AB 上图形的四分之一. 连接 EY;所以 EY 是一个渐近线(Ⅱ. 1);因而交点 E 在一渐近线上.

命题 22

如果在共轭两二相对截线中，对任一截线作一半径，又作平行于它的直线与相邻截线及二渐近线相交，则在所作直线上介于截线和二渐近线之间的二线段所夹的矩形等于半径上正方形.

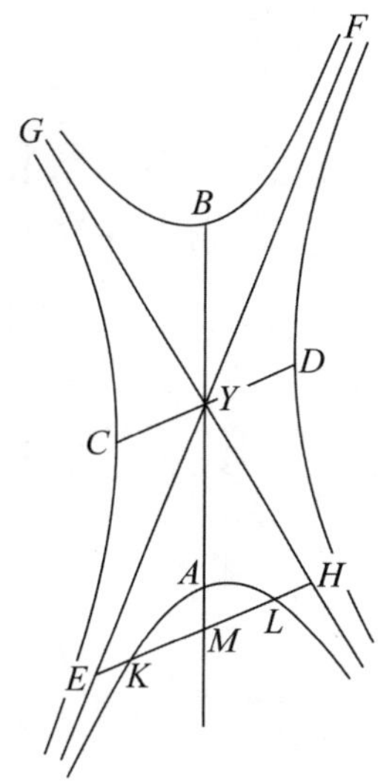

设有共轭的两二相对截线 A、B 和 C、D，它们的渐近线对是 EYF 和 GYH，从中心 Y 作某直线 CYD，且作 HE 平行于它并与相邻截线和二渐近线相交.

我断言 rect. $EK \cdot KH$ = sq. CY.

设平分 KL 于 M，连接 MY 并延长；所以 AB 是截线 A 和 B 的直径(Ⅰ.51 推论). 又因为 A 处的切线平行于 EH(Ⅱ.5)，所以 EH 是对 AB 依纵线方向所作的直线(Ⅰ.17). 而 Y 为中心；所以 AB 和 CD 是共轭直径(定义6). 因而 CY 上正方形等于 AB 上图形的四分之一(Ⅱ.10)；所以也有

rect. $HK \cdot KE$ = sq. CY.

命题 23

如果在共轭的两二相对截线中，对任一截线作一半径，又作与它平行的直线与三个相邻的截线相交，则在所作直线上介于三个相邻截线之间的二线段所夹的矩形是半径上正方形的两倍.

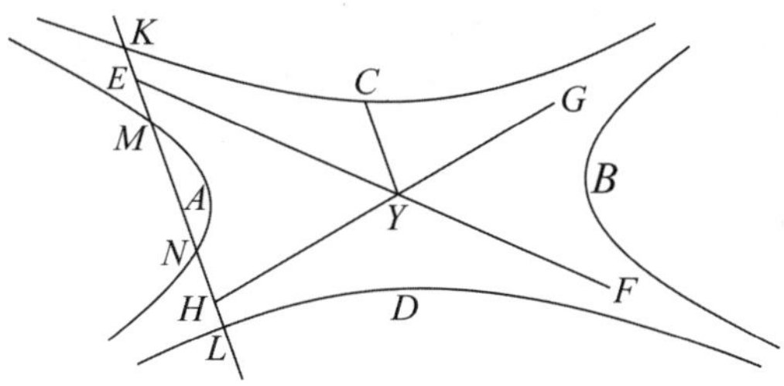

设有共轭的两二相对截线 A、B 和 C、D，其中心为 Y，过 Y 作直线 CY 与一截线相交，又作平行于它的直线 KL 与三个相邻的截线相交.

我断言 rect. $KM \cdot ML$ = 2sq. CY.

作这些截线的渐近线 EF 和 GH；所以

sq. CY = rect. $HM \cdot ME$(Ⅱ.22) = rect. $HK \cdot KE$(Ⅱ.11).

又 rect. $HM \cdot ME$ + rect. $HK \cdot KE$ = rect. $LM \cdot MK$,

这是因为两端的线段相等(Ⅱ.8,16).所以也有

$$\text{rect. } LM \cdot MK = 2\text{sq. } CY.$$

命题 24

如果二直线与一齐曲线都交于两点,而且一直线上的交点没有一个夹在另一直线上二交点之间,则这二直线将交于这截线之外.

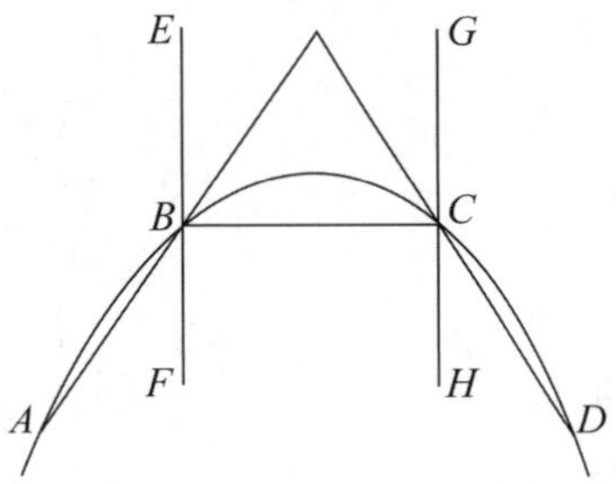

设有齐曲线 $ABCD$,二直线 AB 和 CD 与齐曲线 $ABCD$ 相交,而且一直线的交点没有一个夹在另一直线二交点(所在的弧)之间.

我断言　这二直线延长后将彼此相交.

设过点 B 和 C 作这截线的直径 EFB 和 GHC,所以它们是平行的(Ⅰ.51 推论),而且每一个与截线仅交于一点(Ⅰ.26).连接 BC;

所以　角 EBC + 角 BCG = 2 直角;

而 DC 和 AB 延长后(与 BC)所夹之二角之和小于两直角.所以它们将相交于这截线之外(Ⅰ.10;Eucl. 公设5).

命题 25

如果二直线与超曲线都交于二点,而且一直线上的交点没有一个夹在另一直线上两交点之间,则这二直线将交于这截线之外,但是它在包含截线的角之内.①

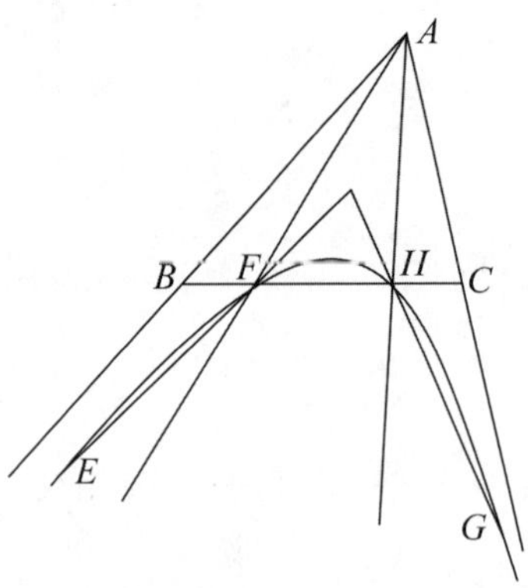

设有一超曲线,其渐近线为 AB 和 AC,二直线 EF 和 GH 与这截线相交,而且一直线的交点没有一个夹在另一直线上两交点(所在的弧)之间.

我断言　直线 EF 和 GH 延长后将交于截线之外,但在角 CAB 之内.

为此,连接 AF 和 AH 并延长,连接 FH.又因为直线 EF 和 GH 延长后将分别穿过角 AFH 和角 AHF,所述两角之和小于两直角(Eucl. Ⅰ.17),于是二直线 EF 和 GH 延长后将相交于这截线之外,但在角 BAC 之内.

---

① 即这截线的渐近线所夹的角.

推论

此外同样可证，即使直线 *EF* 和 *GH* 与这截线相切，命题也成立.

命题 26

如果在一亏曲线或一圆的圆周内不过中心的二直线相交，则它们不互相平分.

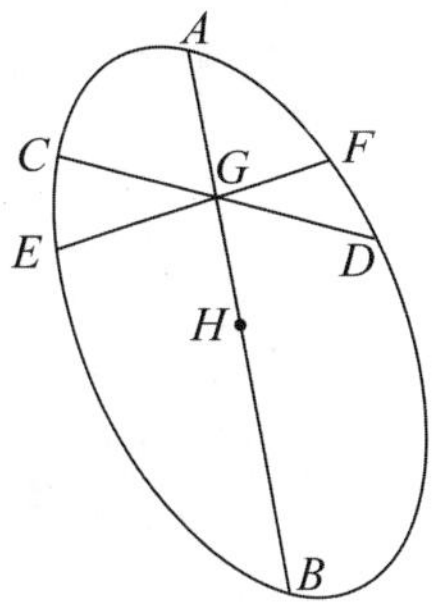

因为，如果可能，设在这亏曲线或一圆的圆周内不过中心的二线段 *CD* 和 *EF* 在 *G* 点互相平分，点 *H* 为这截线的中心，连接 *HG* 并延长到 *A* 和 *B*.

由于这时 *AB* 是平分 *EF* 的直径，所以在 *A* 处的切线平行于 *EF*（Ⅱ.6）. 此外同样可证它也平行于 *CD*，于是也有 *EF* 平行于 *CD*. 而这是不合理的，所以 *CD* 和 *EF* 不互相平分.

命题 27

如果二直线与一亏曲线或一圆的圆周相切，若连接两切点的直线过这截线的中心，则两切线平行；但若不然，则它们相交，其交点与中心在切点连线的异侧.

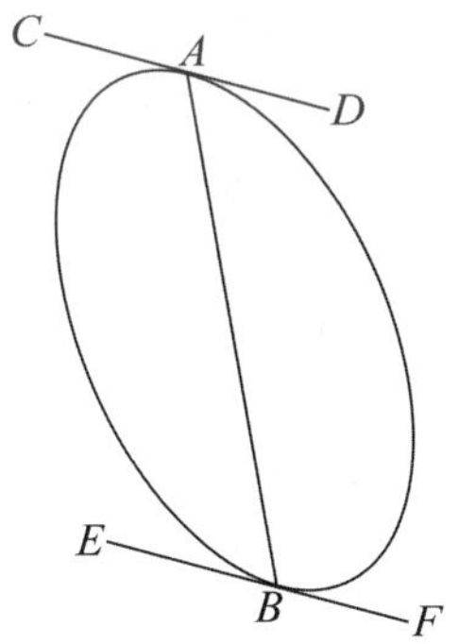

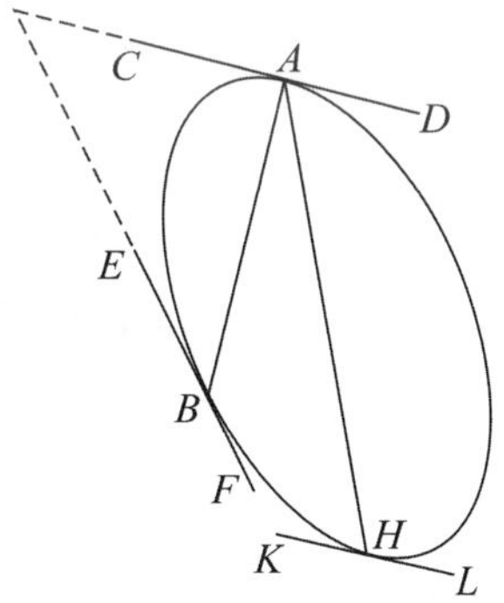

设有亏曲线或一圆的圆周 *AB*，直线 *CAD* 和 *EBF* 与之相切，连接 *AB*，首先设它过中心.

我断言　*CD* 平行于 *EF*.

因为，由于 *AB* 是这截线的一个直径，*CD* 与它切于 *A* 点，所以 *CD* 平行于对 *AB* 的纵线（Ⅰ.17）. 同理 *BF* 也平行于相同的纵线. 所以 *CD* 也平行于 *EF*.

其次设 *AB* 不过中心，如第二图所示，作直径 *AH*，又过 *H* 作切线 *KHL*；所以 *KL* 平行于 *AC*. 于是 *EF* 延长后将与 *CD* 相交，交点与中心在切点连线的异侧.

命题28

如果在一圆锥截线或一圆的圆周内某直线平分两平行线段,则它将是这截线的一条直径.

设在一个圆锥的截线内二平行线段 AB 和 CD 分别平分于 F 和 E,连接 EF 并延长.

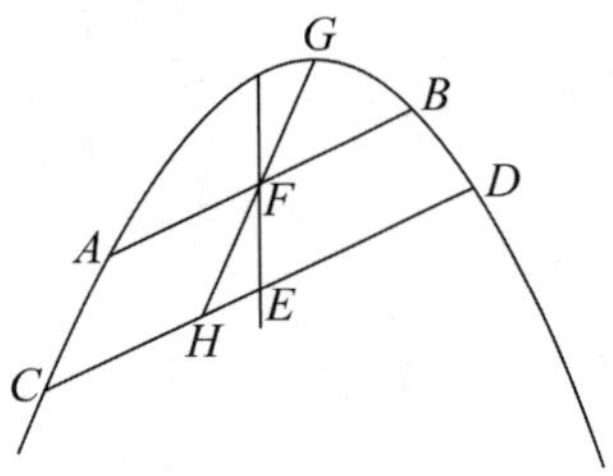

我断言　它是这截线的一条直径.

因为,如若不然,如果可能设直线 GFH 是直径. 所以在 G 点的切线平行于 AB(Ⅱ.5,6),且也平行于 CD,而 GH 是一直径,于是

$$CH = HD(\text{定义}4).$$

而这是不可能的;因已假设 $CE = ED$.

所以 GH 不是一条直径. 然而我们能够证明除 EF 外没有别的直线是(平分两平行线段 AB 和 CD 的)直径. 所以 EF 将是这截线的一条直径.

命题29

如果一个圆锥的截线或一圆的圆周的两切线相交,则从交点到连接两切点线段的中点的直线是这截线的一条直径.

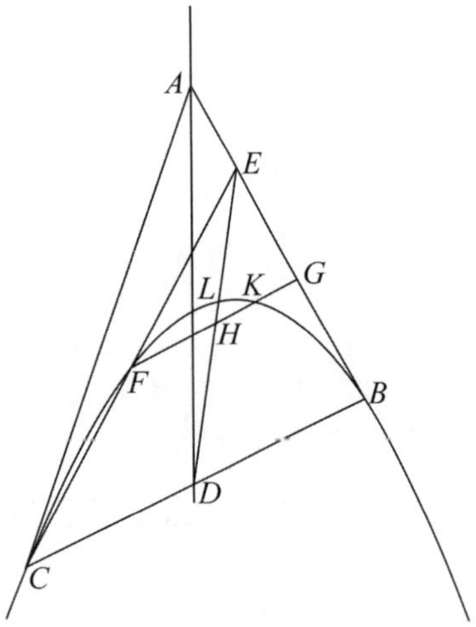

设有一个圆锥的截线或一圆的圆周,作它的切线 AB 和 AC 相交于 A,连接 BC 并平分于 D,连接 AD.

我断言　AD 是这截线的一条直径.

因为,如果可能,设 DE 是一条直径,连接 EC;则它将与这截线相交(Ⅰ.5,36),设交于 F,过 F 作 FKG 平行于 CDB. 由于这时

$$CD = DB,$$

于是也有

$$FH = HG.$$

又因为 L 点的切线平行于 BC(Ⅱ.5,6),于是也有 FG 平行于 BC,所以也有 FG 平行于 L 点处的切线.

所以

$$FH = HK(\text{Ⅰ}.46,47);$$

而这是不可能的,所以 DE 不是一条直径,此外同样可证除 AD 外没有别的直线是(平分二切点连线的)直径.

命题 30

如果与一圆锥截线或一圆的圆周相切的二直线相交，则从交点所作的直径将平分连接二切点的线段.

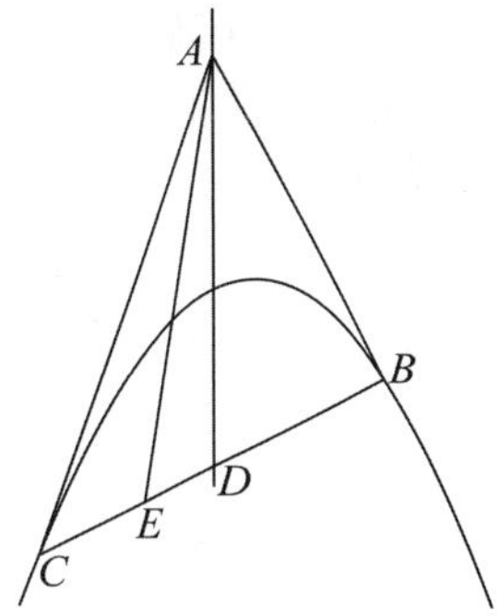

设有一圆锥截线和一圆的圆周，其二切线 BA 和 AC 交于 A，连接 BC. 过 A 作这截线的直径 AD.

我断言　　　　　$DB = DC$.

因为，如其不然，则应有另一点 E 使

$$BE = EC,$$

连接 AE，则 AE 是这截线的一条直径（Ⅱ.29）. 但是 AD 也是一条直径；而这是不合理的，因为，如果这截线是一条亏曲线，两直线的交点 A 作为中心将在这截线之外，这是不可能的；若这截线是抛物线，则二直径不相交（Ⅰ.51 推论）；若这截线是一条超曲线，又直线 BA 和 AC 与这截线的交点并无一条上的交点夹在另一上交点之间，于是这中心应在夹有超曲线的角内（Ⅱ.25）；但它也在它上，由于假定它是一个中心，因为 DA 和 AE 都是直径（Ⅰ.51 推论）；这是不合理的. 所以 BE 不等于 EC.

命题 31

如果二直线各与二相对截线一支相切，而且连接二切点的直线通过中心，则这二切线平行，但若不然，则这二切线相交，交点与中心在所连直线的同侧.

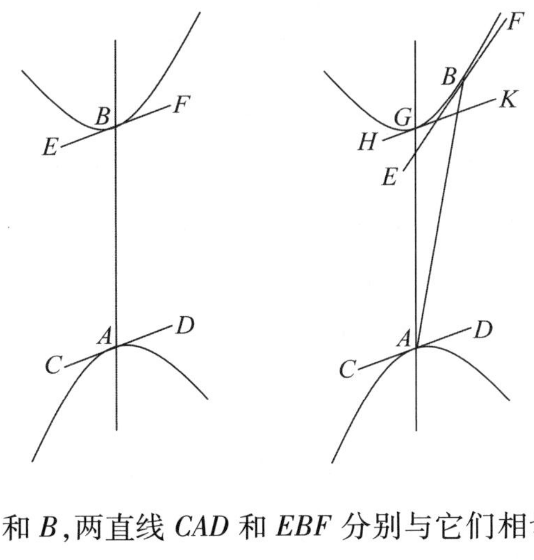

设有二相对截线 A 和 B，两直线 CAD 和 EBF 分别与它们相切于 A 和 B，首先设从 A

到 B 所连接的直线过截线的中心.

我断言 CD 平行于 EF.

因为它们是二相对曲线,AB 是它们的一条直径,而 CD 与它们之一相切于 A,所以过 B 点所作的平行于 CD 的直线与截线相切(Ⅰ.44 注).但是 EF(过 B)也切于这截线;所以 CD 平行于 EF.

其次设从 A 到 B 连接的直线不过截线的中心,设 AG 是所作的截线的一条直径,作 HK 与截线相切;所以 HK 平行于 CD,又因二直线 EF 和 HK 与超曲线相切,所以它们将相交(Ⅱ.25 推论).又 HK 平行于 CD;所以直线 CD 和 EF 延长后将相交.显然交点与中心在所连直线 AB 的同侧.

命题 32

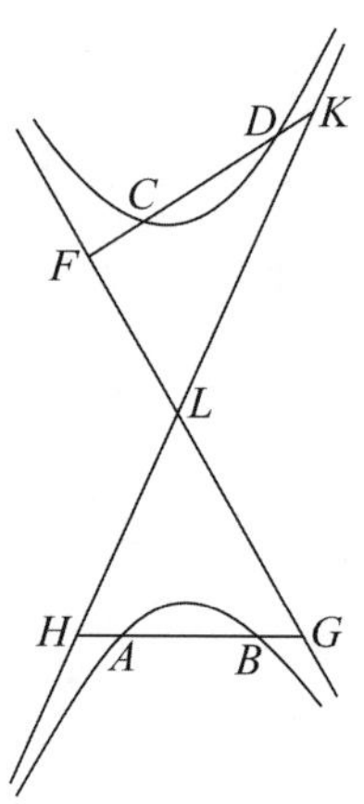

如果二直线与二相对截线每一支相遇,当相切时相遇于一点,当相交时相遇于两点,并且延长后它们相交,则它们的交点将位于包含截线的角的邻补角内.

设有二相对截线和二直线 AB 和 CD,或者与二相对截线切于一点,或者交于两点,它们延长后相交.

我断言 它们的交点将位于包含这截线的角的邻补角内.

设 FG 和 HK 是二相对截线的渐近线,所以 AB 延长后将与二渐近线相交(Ⅱ.8),设它交于 H 和 G.又因为 FK 和 HG 已假设相交,则显然它们将交于角 HLF 内或 KLG 内.而且同样地也有,如果它们(与截线)相切,结论也成立(Ⅱ.3).

命题 33

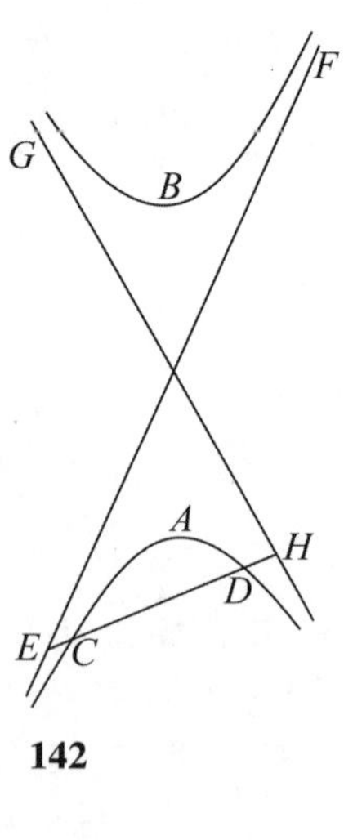

如果一直线与二相对截线的一支相交,当它向两端延长到截线之外时,它将不与另一支相遇,但是它将穿过三个区域,其一是包含这截线的角,另两个是上述角的邻补角所包含的区域.

设有二相对截线 A 和 B,设直线 CD 与截线 A 相截,当向两端延长后它在这截线之外.

我断言 直线 CD 与截线 B 不相遇.

为此,作二相对截线的渐近线 EF 和 GH;所以 CD 延长后将与二渐近线相交(Ⅱ.8).而与它们仅交于点 E 和 H,因而它不会与截线 B 相交.

而且显然地它将穿过三个区域,因为某直线若与二相对截线两支都相交,它将与二相对截线任何一支不交于两点. 因为若交于两点,由上述证明的结论,该直线将不与另一支截线相遇.

命题 34

如果某直线与二相对截线一支相切,又在另一支内作出与它平行的线段,则从切点到所作的平行线段中点的直线将是这双曲线的一条直径.

设有二相对截线 A 和 B,直线 CD 与其一支相切于 A,又在另一支内作 EF 平行于 CD,设它平分于 G,连接 AG.

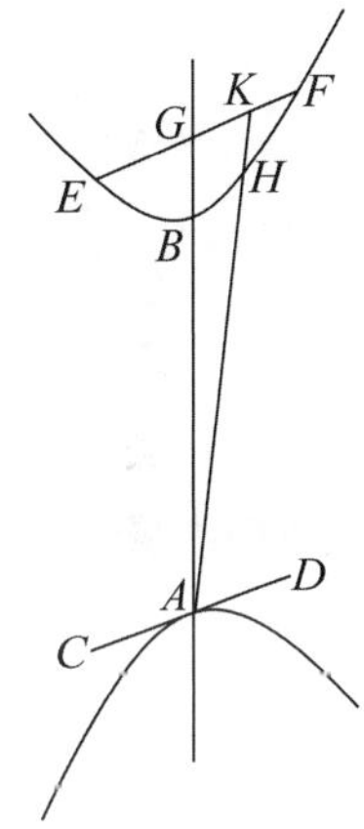

我断言　AG 是这二相对截线的一条直径.

因为,如果可能,设 AHK 也是一条直径. 所以在 H 点的切线平行于 CD(Ⅱ. 31). 但是 CD 也平行于 EF;于是在 H 点的切线平行于 EF. 因而

$$EK = KF(\text{Ⅰ}.47);$$

而这是不可能的;因为 $EG = GF$.

所以 AH 不是这二相对截线的一条直径.

于是 AB 是这二相对截线的一条直径.

命题 35

如果一直径平分二相对截线一支内的某线段,则在另一支上,直径端点的切线平行于所平分的线段.

设有二相对截线 A 和 B,其直径 AB 平分截线 B 内线段 CD 于 E.

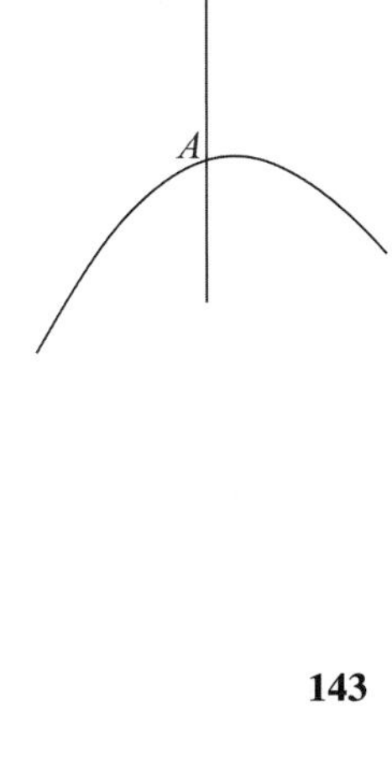

我断言　其截线 A 在 A 点的切线平行于 CD.

因为,如果可能,设 DF 平行于截线在 A 点的切线;所以

$$DG = GF(\text{Ⅰ}.48).$$

但是也有 $DE = EC$.

所以 CF 平行于 EG;而这是不可能的;因为 CF 延长后与 EG 相交(Ⅰ. 22). 所以除 CD 外,在截线 B 内任何过 D 的线段都不平行于截线在 A 点的切线.

命题 36

如果在二相对截线每一支内作一线段,且使其平行,则连接两线段中点的直线将是这二相对截线的一个直径.

设有二相对截线 A 和 B,在它们内分别作线段 CD 和 EF,且使其平行,两线段分别平分于 G 和 H,连接 GH.

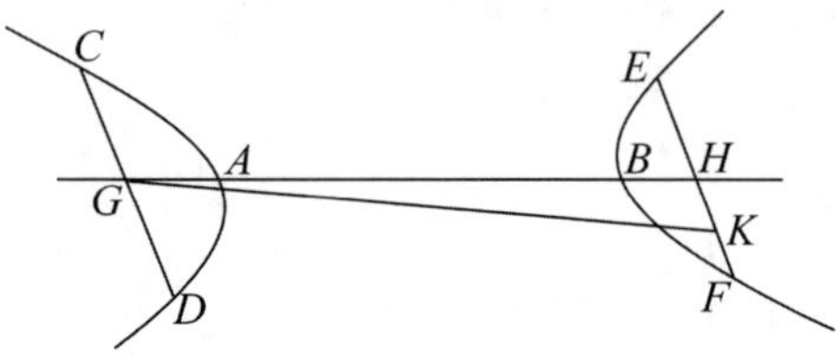

我断言　GH 是这二相对截线的一个直径.

因为,如其不然,可设 GK 为一直径,所以 A 点的切线平行于 CD(Ⅱ.5);因而也平行于 EF. 所以

$$EK = KF(\text{Ⅰ}.48);$$

而这是不可能的,因为也有

$$EH = HF.$$

所以 GK 不是这二相对截线的一个直径,GH 是这二相对截线的一个直径.

命题 37

如果一条不过中心的直线与二相对截线的二支都相交,则从其中点到中心的直线是这二相对截线的所谓的竖直直径,而且从中心所作与被平分线段平行的直线便是一条与它共轭的横截直径.

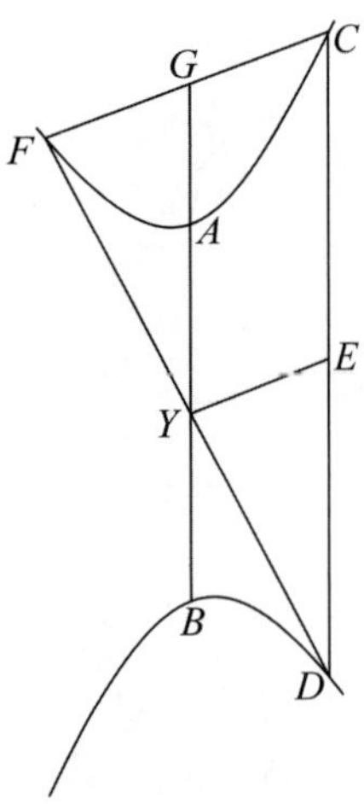

设有二相对截线 A 和 B,又设不过中心的直线 CD 与截线 A 和 B 都相交,CD 平分于 E,Y 是截线的中心,连接 YE,又过 Y 作 AB 平行于 CD.

我断言　直线 AB 和 EY 是这二相对截线的共轭直径.

为此,连接 DY 并延长到 F,连接 CF,所以

$$DY = YF(\text{Ⅰ}.30).$$

但是也有　$DE = EC$;

所以　EY 平行于 FC. 设 BA 延长到 G.

又因为　$DY = YF$,

所以也有　$EY = FG$;

于是也有　$CG = FG$.

所以在点 A 的切线平行于 CF(Ⅱ.5);因此也平行 EY. 所以 EY 和 AB 是共轭直径(Ⅰ.16).

命题38

如果与二相对截线相切的两直线相交，那么从其交点到二切点连线的中点的直线将是这二相对截线的所谓竖直直径，而过中心所作的平行于二切点连线的直线是与它共轭的横截直径.

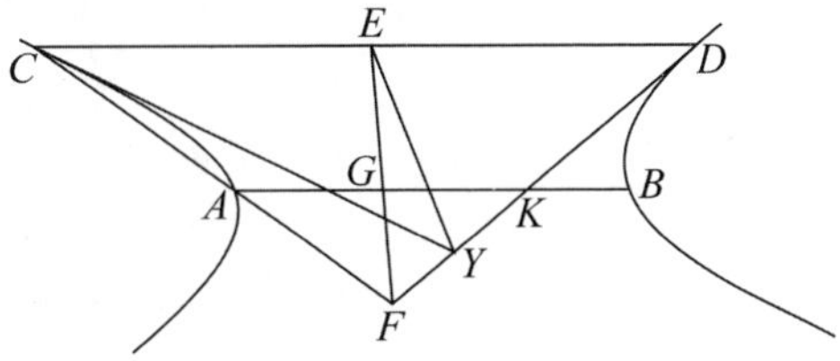

设有二相对截线 A 和 B，而 CY 和 YD 是它们的切线，连接 CD 并平分于 E，再连接 EY.

我断言　直线 EY 是所谓的竖直直径，而过中心所作的平行于 CD 的直线是与它共轭的横截直径.

因为，如果可能，设 EF 是一直径，F 是其上任取的一点；所以 DY 将与 EF 相交. 设交点为 F，连接 CF；则 CF 将与这截线相交（Ⅰ.32）. 设交点为 A，过 A 作 AB 平行于 CD. 由于这时 EF 是一直径且平分 CD，它也平分与 CD 平行的线段（定义4）. 所以　$AG=GB$.

又因为　$CE=ED$，

而它们在三角形 CFD 上，所以也有

$$AG=GK.$$

于是就有　$GK=GB$；

而这是不可能的，所以 EF 不会是一条直径.

命题39

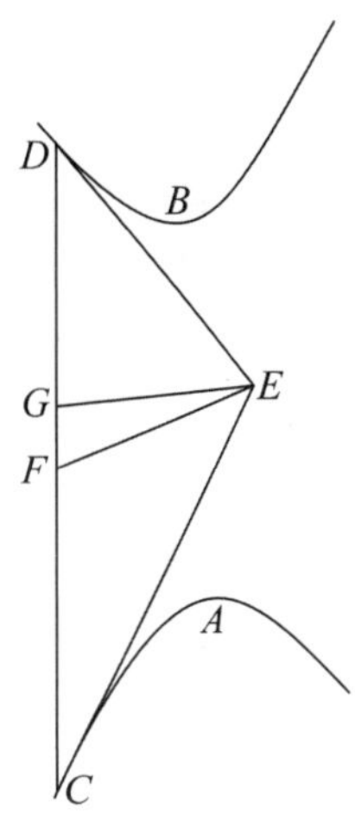

如果与二相对截线相切的两直线相交，则过中心和切线交点的直线平分二切点连接的线段.

设有二相对截线 A 和 B，作直线 CE 和 ED 分别与截线 A 和 B 相切，连接 CD，又设 EF 是所作的直径.

我断言　$CF=DF$.

因为，否则，若 CD 平分于 G，连接 GE，则 GE 是一条直径（Ⅱ.38）. 但是 EF 也是一条直径；所以 E 是中心（Ⅰ.31 推论）. 于是切线的交点是截线的中心；而这是不合理的（Ⅱ.32）. 所以 CF 不能不等于 FD. 于是它们是相等的.

命题 40

如果与二相对截线相切的两直线相交,而且过其交点作直线平行于二切点的连线,这直线与二截线相交,则从此两交点分别到二切点连线的中点所作的两直线与二截线相切.

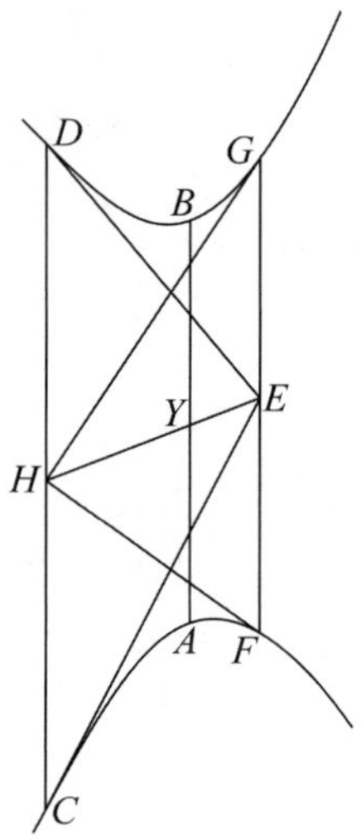

设有二相对截线 A 和 B,作直线 CE 和 DE 分别与截线 A 和 B 相切,连接 CD,过 E 作 FEG 平行于 CD,设平分 CD 于 H,并连接 FH 和 HG.

我断言 FH 和 HG 与二截线相切.

为此,连接 EH,则 EH 是一竖直直径,而过中心所作的平行 CD 的直线则是一条与它共轭的横截直径(Ⅱ.38).取 Y 为中心,作 AYB 平行于 CD;所以 HE 和 AB 是一对共轭直径.又 CH 是对第二直径依纵线方向所作出的,而 CE 是所作切于截线的直线并与第二直径相交.所以矩形 $EY \cdot YH$ 等于第二直径一半上的正方形(Ⅰ.38),即等于 AB 上图形的四分之一(定义 10).又因 EF 是依纵线方向作出的,连接 FH,所以 FH 与截线 A 相切(Ⅰ.38).同样也有 GH 与截线 B 相切.于是 FH 和 HG 分别与截线 A 和 B 相切.

命题 41

如果在二相对截线中不过中心的两线段相交,则它们不互相平分.

设有二相对截线 A 和 B,且在其中线段 CB 和 AD 都不过中心并且相交于 E.

我断言 它们不互相平分.

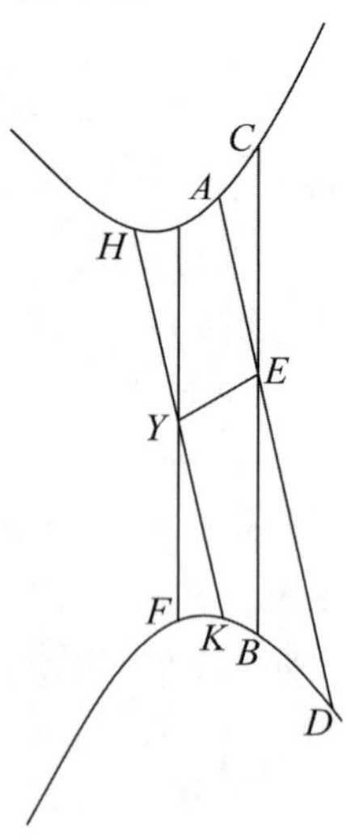

因为如果可能,设它们互相平分,设 Y 是截线的中心,连接 EY;于是 EY 是一条直径(Ⅱ.37).过 Y 作 YF 平行于 BC;则 YF 是一直径且与 EY 共轭(Ⅱ.37).于是在 F 点的切线平行于 EY(定义 6).同理,作 HYK 平行于 AD,那么在 H 点的切线平行于 EY;于是在 F 点的切线平行于在 H 点的切线;而这是不可能的;因为已证它们相交(Ⅱ.31).所以不过中心的两线段 CB 和 AD 不会互相平分.

命题 42

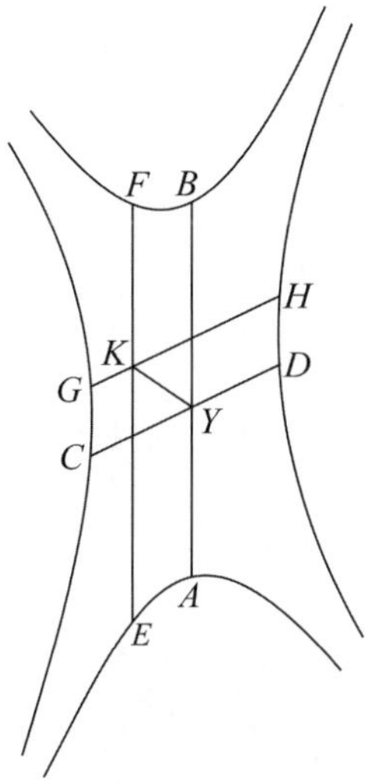

如果在共轭的两二相对截线中不过中心的两线段相交，则它们不互相平分.

设有共轭的两二相对截线 A、B 和 C、D，在其中不过中心的两线段 EF 和 GH 相交于 K.

我断言　它们不互相平分.

因为，如果可能，设它们互相平分，又设这些截线的中心为 Y，作 AYB 平行于 EF 和 CYD 平行于 HG，连接 KY；所以 KY 和 AB 是一对共轭直径（Ⅱ.37）. 同样地 KY 和 CD 也是一对共轭直径. 于是在 A 点处的切线平行于在 C 点处的切线；而这是不可能的；这是由于在 C 点处的切线与截线 A 和 B 相交（Ⅱ.19）. 而在 A 点处的切线与截线 C 和 D 相交；显然它们的交点位于角 AYC 的区域内（Ⅱ.21）. 所以不过中心两线段 EF 和 GH 不会互相平分.

命题 43

如果一直线与共轭的两二相对截线的一支交于两点，过中心作二直线，一与该直线平行，另一过两交点所在线段的中点，则这两直线将是这两二相对截线的共轭直径.

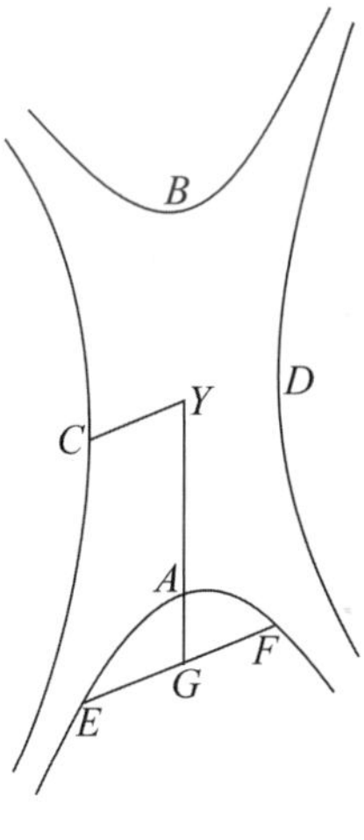

设有共轭的两二相对截线 A、B 和 C、D，某直线与截线 A 交于两点 E 和 F，设 EF 平分于 G，并设 Y 为中心，连接 YG，作 YC 平行于 EF.

我断言　AY 和 YC 是一对共轭直径.

因为，由于 AY 是一直径又平分 EF，所以在 A 点的切线平行于 EF（Ⅱ.5）；因而也平行于 CY. 由于这时它们是二相对截线，且对截线 A 在 A 点作出了切线，又从中心 Y 作的 YA 是连接到切点的直线，另外 CY 平行于切线，所以 YA 和 CY 是一对共轭直径；因为这在前面已证明过了（Ⅱ.20）.

命题 44（作图题）

已知一圆锥截线，找出它的一条直径.

设已知有一圆锥截线,A、B、C、D 和 E 是其上的点. 要求找出它的一条直径.

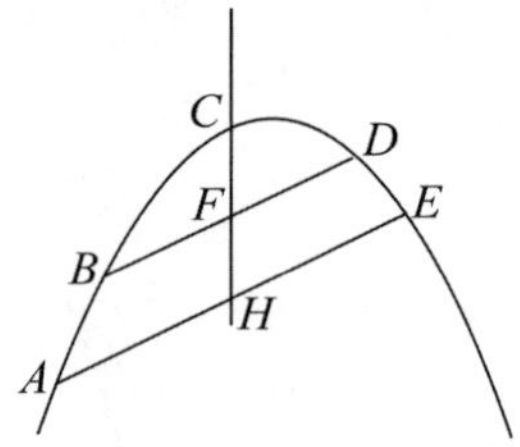

假设直径已作出,设它是 CH. 然后对 CH 依纵线方向作出 DF 和 EH 并延长,于是有

$$DF = FB, EH = HA \text{(定义 4)}.$$

这时如果将直线 BD 和 EA 放置于平行的位置,那么点 H 和 F 将是确定的. 这样 HFC 的位置也将确定.

于是可这样作图(συντεθήσεται,英译:constructed):设已知有一个圆锥的截线,在其上设置点 A、B、C、D 和 E,使其 BD 和 AE 平行,且分别平分于 F 和 H. 连接直线 FH 将是截线的一条直径(Ⅱ.28),而且用同样的方法我们可以找出无数条直径.

命题 45(作图题)

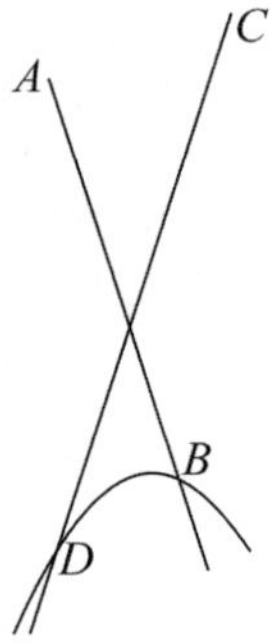

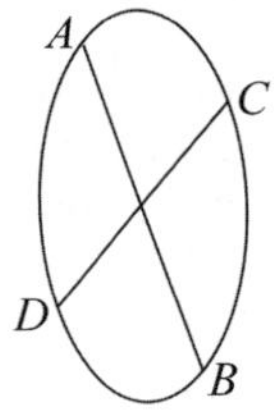

已知一亏曲线或超曲线,找出其中心.

这是显然的,因为由(Ⅱ.44),如果作出截线的两条直径 AB 和 CD,那么它们的交点就将是截线的中心.

命题 46(作图题)

已知一圆锥截线,找出它的轴.

首先设已知的一个圆锥的截线是齐曲线,F、C 和 E 是其上的点,则要求找出它的轴.

为此,先作出它的一条直径 AB(Ⅱ.44). 如果 AB 是一条轴,则轴已作出;否则,设 CD 是轴;则轴 CD 平行于 AB(Ⅰ.51 推论),而且平分着它的垂线(定义 7). 而 CD 的垂线也垂于 AB;于是 CD 平分着 AB 的垂线. 如果固定 AB 的一条垂线 EF,它将有确定的位置,因而将有 $ED = DF$;所以点 D 可确定,于是过确定点 D 作 CD 平行于 AB;所以 CD 的位置被确定.

于是可这样作图:设已知有一齐曲线,在其上设置点 F、E 和 A,作出它的一条直径 AB(Ⅱ.44),再作垂直于它的 BE 并延长到 F. 若这时

$$EB = BF,$$

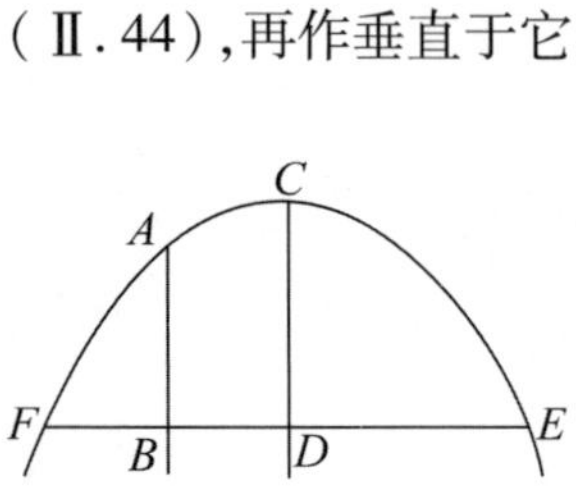

则显然 AB 就是轴(定义 7);否则,设 EF 平分于 D,并作 CD 平行于 AB. 这时显然 CD 是这截线的轴;因为它平行于一个直径,它就是一个直径(Ⅰ.51 推论),它又垂直平分 EF,所以 CD 是所找的该抛物线的轴(定义 7).

又显然齐曲线仅有一条轴. 因为若还有另一轴如 AB，它将平行于 CD（Ⅰ. 51 推论），且与 EF 相交，而且也将它平分（定义 4）.

所以 $$BE = BF;$$

而这是不合理的.

命题 47（作图题）

已知一超曲线或亏曲线，找出它的轴.

设有超曲线或亏曲线 ABC，要求找出它的轴.

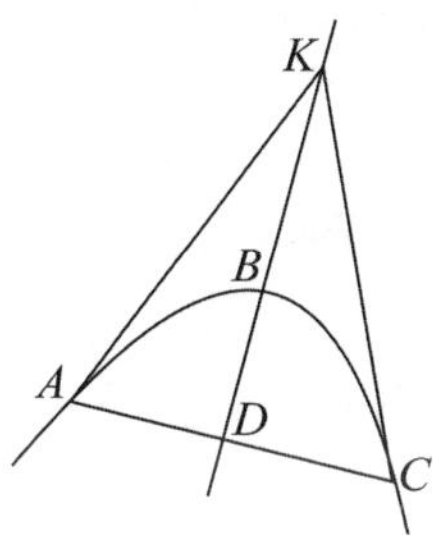

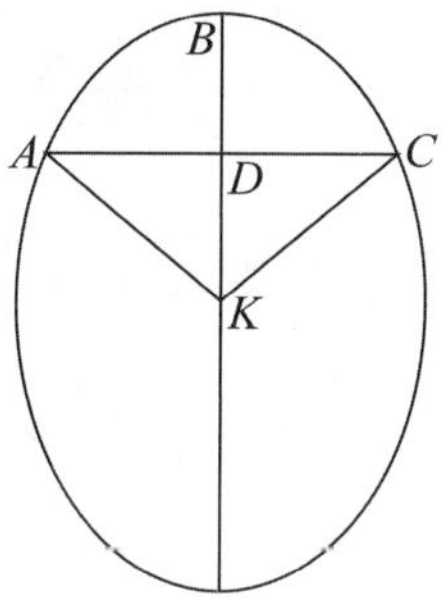

假设轴已找出为 KD，K 是这截线的中心；所以 KD 平分着它自己的那些纵线并与其交成直角（定义 7）.

作垂线 CDA，连接 KA 和 KC，由于这时

$$CD = DA,$$

所以 $$CK = KA.$$

于是如果我们确定点 C，CK 将确定. 因此以 K 为圆心以 KC 为半径的圆也将经过 A，因而其位置将是确定的. 又截线 ABC 的位置也是确定的；所以点 A 确定. 但是点 C 也是确定的；于是 CA 的位置确定. 也有

$$CD = DA,$$

所以点 D 是确定的. 但是点 K 是确定的；所以 DK 的位置确定.

于是可以这样作图：设已知有超曲线或亏曲线 ABC，取 K 作为它的中心；在截线上任取一点 C，以 K 为圆心以 CK 为半径画圆交截线于点 A，连接 CA 并平分于 D，再连接 KC，KD 和 KA，作直线 KD 交截线于 B.

由于这时 $$AD = DC,$$

而 DK 是公用的，所以线段 CD 和 DK 分别等于线段 AD 和 DK，因而

$$\text{底 } KA = \text{底 } KC.$$

所以 KBD 垂直平分 ADC，因而 KD 是一条轴（定义 7）.

设过 K 作 MKN 平行于 AC；于是 MN 是这截线与 BK 共轭的轴（定义 8）.

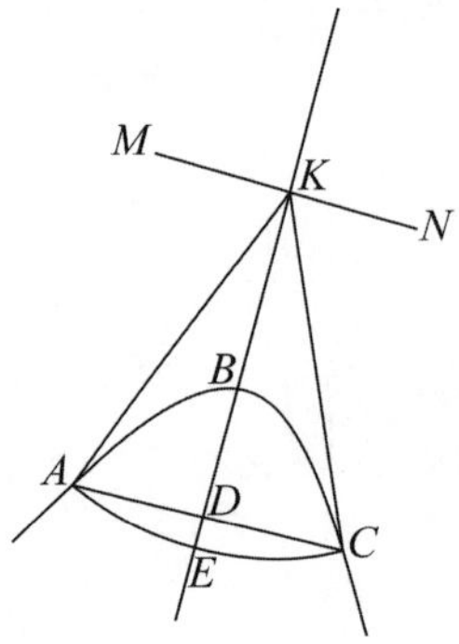

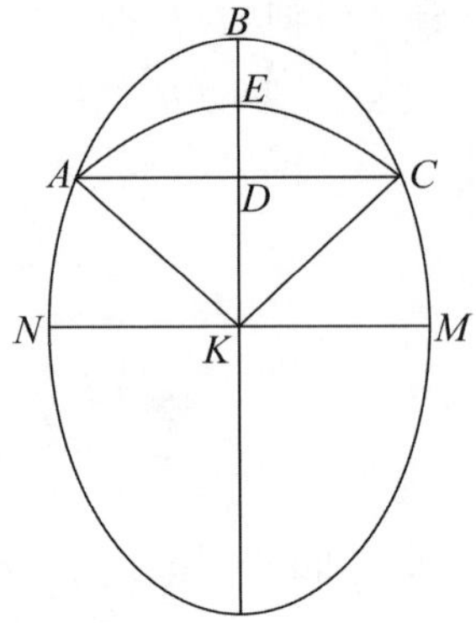

命 题 48(作图题)

然后随着这些事实的证明(Ⅱ.47),接着要证明,同样的这些截线不会再有另外的轴.

因为,如果可能,设也有另外的轴 KG. 用以前同样的方法,作垂线 AH,于是

$$AH = HL(\text{定义}4);$$

因而也有 $AK = KL$.

但是也有 $AK = KC$;

所以 $KL = KC$;

而这是不合理的.

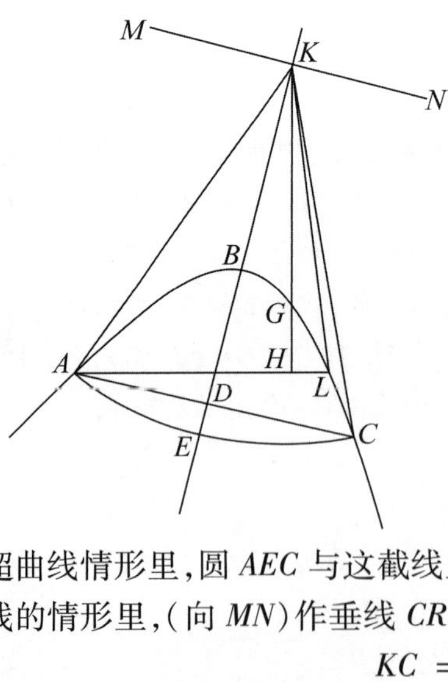

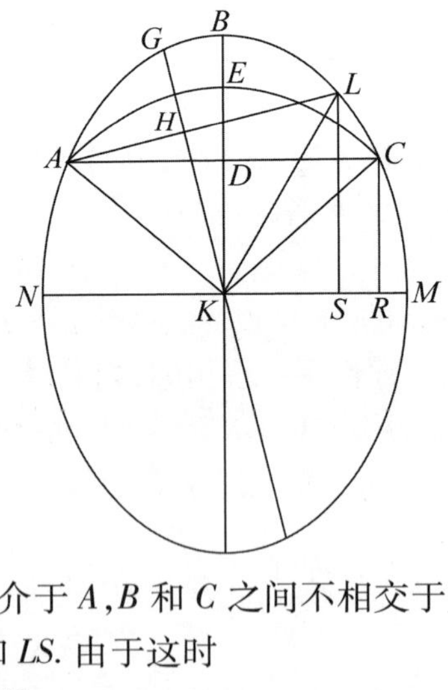

显然在超曲线情形里,圆 AEC 与这截线上介于 A,B 和 C 之间不相交于另一点.

在亏曲线的情形里,(向 MN)作垂线 CR 和 LS. 由于这时

$$KC = KL;$$

因为它们是(圆的)半径;可是也有

$$\text{sq. } KC = \text{sq. } KL.$$

但是 $\text{sq. } CR + \text{sq. } RK = \text{sq. } CK$,

和　$\text{sq. } KS + \text{sq. } SL = \text{sq. } LK;$

所以　$\text{sq. } CR + \text{sq. } RK = \text{sq. } KS + \text{sq. } SL.$

因而　$\text{sq. } KR - \text{sq. } KS = \text{sq. } SL - \text{sq. } CR.$

又因为　$\text{rect. } MR \cdot RN + \text{sq. } RK = \text{sq. } KM.$

且也有　$\text{rect. } MS \cdot SN + \text{sq. } SK = \text{sq. } KM$(Eucl. Ⅱ.5),

所以　$\text{rect. } MR \cdot RN + \text{sq. } RK = \text{rect. } MS \cdot SN + \text{sq. } SK.$

因而　$\text{sq. } KR - \text{sq. } KS = \text{rect. } MS \cdot SN - \text{rect. } MR \cdot RN.$

又已证得　$\text{sq. } KR - \text{sq. } KS = \text{sq. } SL - \text{sq}CR;$

所以　$\text{sq. } SL - \text{sq. } CR = \text{rect. } MS \cdot SN - \text{rect. } MR \cdot RN.$

又因为 CR 和 LS 都是纵线,所以

$$\text{sq. } CR : \text{rect. } MR \cdot RN :: \text{sq. } SL : \text{rect. } MS \cdot SN \text{ (I.21)}.$$

但是已证两者有相同的差,所以

$$\text{sq. } CR = \text{rect. } MR \cdot RN.$$

和　$\text{sq. } SL = \text{rect. } MS \cdot SN$(Eucl. Ⅴ.16,17.9).

所以曲线 LCM 是一个圆;而这是不合理的;因为已假设它是一个亏曲线.

命题 49(作图题)

已知一圆锥截线和不在截线内的一点,从该点作一直线与这截线相切.

首先设已知的圆锥截线是齐曲线,其轴是 BD,要求从不在截线内的已知点作一条切线.

这里的已知点或者在这截线上,或者在轴上或者在这截线之外.

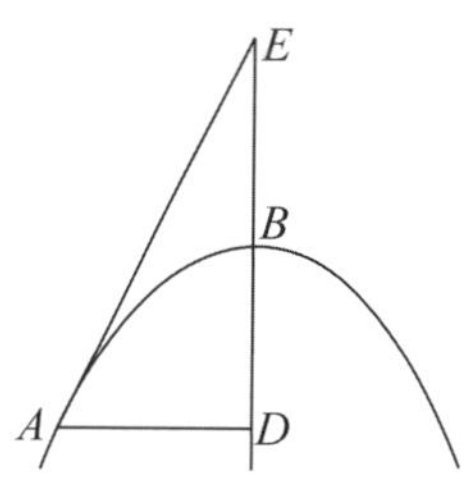

现在设它在这截线上,设为 A,假设切线已作出,设它是 AE,作垂线 AD;于是它的位置是确定的,而且

$$BE = BD \text{ (I.35)};$$

又 BD 是确定的;所以 BE 也是确定的. 又点 B 是确定的;所以 E 也是确定的. 但是 A 也确定;因此 AE 的位置确定.

于是可以这样作图:从 A 作 BD 的垂线 AD,又取 BE 等于 BD,连接 AE, 则显然地它与这截线相切(Ⅰ.33).

再设已知点 E 在轴上,假设切线已作出为 AE,AD 为所作垂线;于是

$$BE = DB \text{ (I.35)}.$$

又 BE 是确定的;所以 BD 也是确定的,又点 B 是确定的;所以 D 也确定. 又 DA 是垂线;所以 DA 的位置确定. 所以点 A 是确定的. 但是 E 为已知点;所以 AE 的位置确定.

于是可以这样作图. 取 BD 等于 BE,从 D 作 DA 垂直于 ED(交截线于 A). 连接 AE. 于是显然地它与这截线相切(Ⅰ.33).

又即使已知点与 B 相同,显然从 B 点作(BD 的)垂线就与这截线相切(Ⅰ.17).

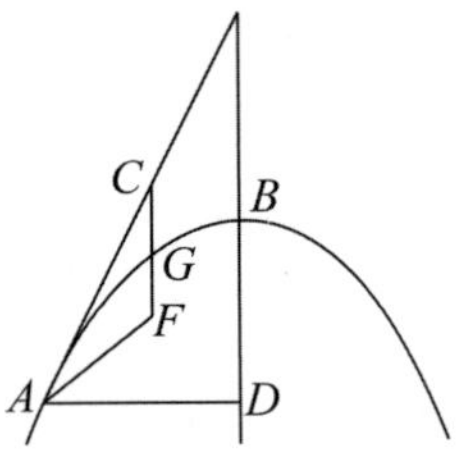

还有设 C 是这截线外已知点,假设切线已作出,设为 CA,过 C 作 CF 平行于轴 BD;所以 CF 的位置确定. 又从 A 作对于 CF 的纵线 AF;于是

$$CG = FG(\text{Ⅰ}.35).$$

而点 G 确定;所以 F 也是确定的. 又 FA 是设置的纵线,即平行于 G 处的切线(Ⅰ.32);所以 FA 的位置确定. 于是 A 也是确定的;但是 C 是已知的,所以 CA 的位置确定.

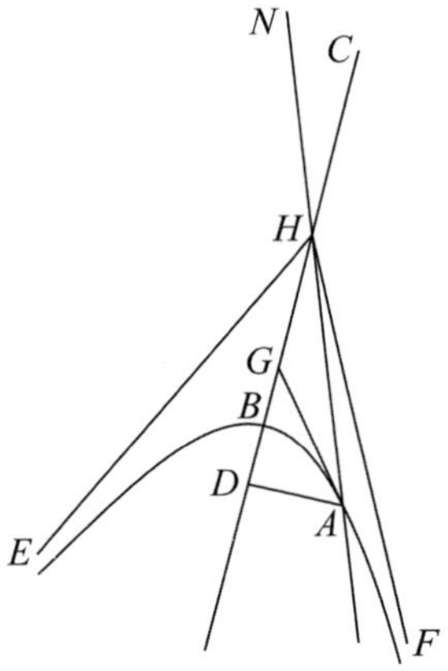

于是可这样作图:过 C 作 CF 平行于 BD,取 FG 等于 CG,又作 FA 平行于在 G 点的切线(见前面),连接 AC. 显然这将是所要求作的(Ⅰ.33).

又设已知的圆锥截线是一超曲线,其轴为 DBC,中心为 H,渐近线对为 HE 和 HF. 那么已知点或者在这截线上,或者在轴上,或者在角 EHF 内,或者在其邻补角内,或者在夹着这截线的渐近线之一上,或者在角 EHF 的对顶角内.

首先设已知点 A 在这截线上,假设切线已作出为 AG,作垂线 AD,设 BC 是图形的横截边;于是

$$CD:DB::CG:GB(\text{Ⅰ}.36).$$

而 CD 与 DB 的比是确定的;因为这两个线段是确定的;所以 CG 与 GB 的比也是确定的. 又 BC 是确定的;所以 G 点确定. 但是 A 为已知点;所以 AG 的位置确定.

于是可这样作图:从 A 作垂线 AD,又取 G 使

$$CG:GB::CD:DB;$$

连接 AG. 则显然 AG 与这截线相切(Ⅰ.34).

又设已知点 G 在轴上,假设切线已作出为 AG,作垂线 AD,则同理有

$$CG:GB::CD:DB(\text{Ⅰ}.36).$$

而 BC 是确定的;所以点 D 确定. 又 DA 是垂线;所以 DA 的位置是确定的. 而这截线的位置是确定的;所以点 A 确定. 但是 G 也已确定;所以 AG 的位置确定.

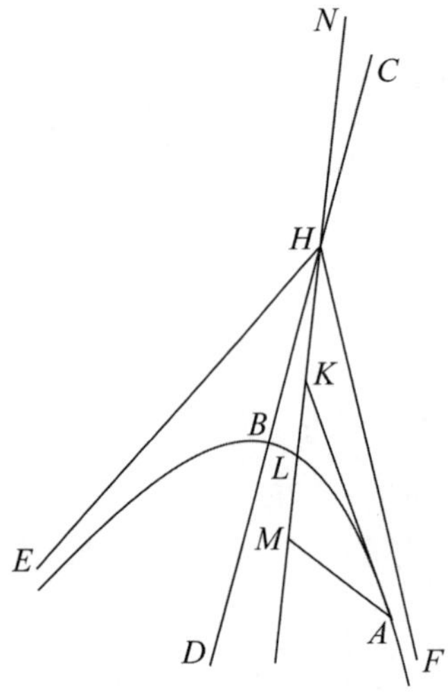

于是可这样作图,其他假设相同,取点 D 使其满足

$$CG:GB::CD:DB.$$

作垂线 DA,连接 AG. 则显然 AG 是所要求作的(Ⅰ.34),而且从 G 可在另一侧作出这截线的另一切线.

用同样的假设,若已知点 K 在角 EHF 内,要求从 K 作这截线的切线. 假设切线已作出,设为 KA 连接 KH 并延长,取 HN 等于 HL,所以它们都是确定的. 于是 LN 也将是确定的. 然后对 NL 作纵线 AM;于是有

$$NK:KL::MN:ML.$$

又 NK 与 KL 之比是确定的,且 N,L 确定,所以 M 也

是确定的. 由于 MA 平行于在 L 点处的切线;所以 MA 的位置确定. 而截线 ALB 的位置是确定的;所以点 A 确定. 但是 K 是已知的;于是 AK 确定.

于是可这样作图:设其他假设相同,已知点 K,连接 KH 并延长,取 HN 等于 HL,作出点 M 使其满足

$$NK : KL :: NM : ML,$$

并作 MA 平行于 L 点处的切线(见上面),连接 KA;所以 KA 与这截线相切(Ⅰ.34).

而且显然地,在截线的另一边,过 K 也能作出截线的一条切线.

用同样的假设,设已知 F 位于夹有这截线的渐近线之一上,要求从 F 作这截线的一条切线. 假设切线已作出,设它是 FAE,过 A 作 AD 平行 EH;则

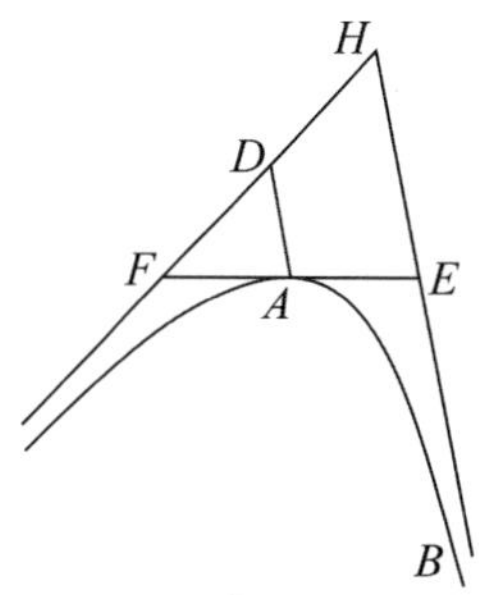

$$DH = DF,$$

因为 $FA = AE$(Ⅱ.3).

而 FH 是确定的;所以点 D 也是确定的. 过 D 所作的 DA 平行于 HE;所以 DA 的位置是确定的. 又这截线的位置是已知的,所以点 A 确定. 但是 F 是已知的;所以直线 FAE 的位置确定.

于是可这样作图:设有截线 AB 和渐近线对 EH 和 HF,且已知点 F 在夹有这截线的渐近线之一上,平分 FH 于 D,过 D 作 DA 平行于 HE 交截线于点 A,连接 FA. 因为

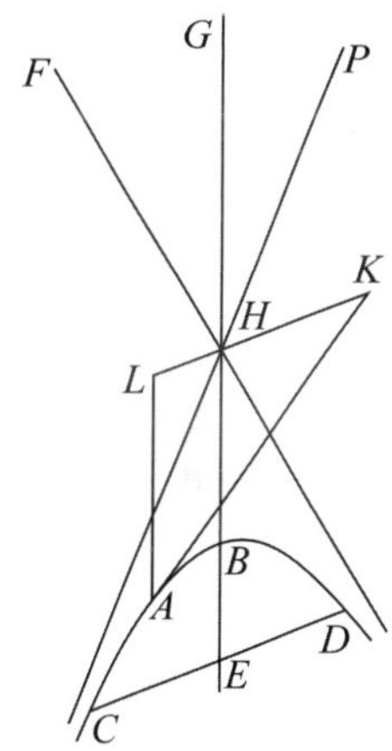

$$FD = DH.$$

所以也有 $FA = AE$.

又由以前证明的结果,直线 FAE 与这截线相切(Ⅱ.9).

同样的假设,设已知点位于夹有这截线的角的邻补角内,设它是 K;要求从 K 作这截线的切线. 假设切线已作出,设它是 KA,连接 KH 并延长;于是它的位置将确定. 这时如果在这截线上取定一点 C,过 C 作 CD 平行于 KH,其位置将确定. 又设 CD 平分于 E,连接 HE 并延长,它的位置也将确定,它是关于 KH 的共轭直径(定义6). 然后取 HG 等于 BH,又过 A 作 AL 平行于 BH;则因为 KL 和 BG 是共轭直径,AK 是切线,AL 是所作平行于 BG 的直线,所以矩形 $KH \cdot HL$ 等于 BG 上图形的四分之一(Ⅰ.38). 所以矩形 $KH \cdot HL$ 是确定的. 又 KH 是确定的;而且点 H 是确定的,所以 HL 也是确定的. 但它的位置也是确定的;所以 L 也是确定的. 又过 L 已作 LA 平行于位置确定的 BG;而且点 H 是确定的,所以 LA 的位置是确定的. 又这截线的位置也是确定的;于是点 A 确定. 但 K 点是已知的;所以 AK 的位置确定.

于是可以这样作图:设其他假设相同,设已知点 K 在前述的区域内,连接 KH 并延长,在这截线上取一点 C,作 CD 平行于 KH,设 CD 平分于 E,连接 EH 并延长,且取 HG 等于 BH;所以 GB 是与 KHL 共轭的横截直径(定义6). 然后作矩形 $KH \cdot HL$ 使其等于 BG 上图形的四分之一,过 L 作 LA 平行于 BG,连接 KA;则显然由Ⅰ.38的逆命题,KA 与这截线相切.

又若已知点在直线 FH 和 HP 之间的区域,则作图是不可能的. 因为这切线将与 GH

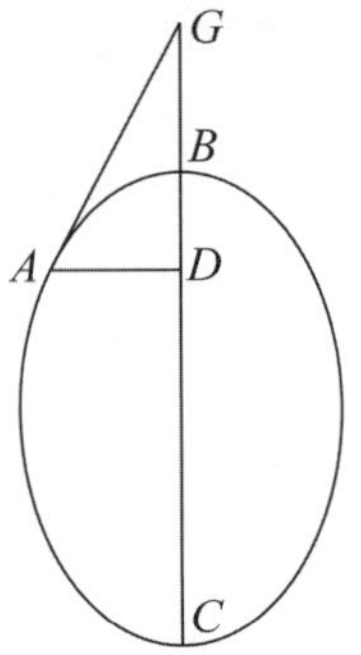

相交. 于是它将与 FH 和 HP 都相交;而由第Ⅰ卷的第 31 命题和本卷第 3 命题中所证明的事实,这是不可能的.

用同样的假设,设这截线为亏曲线,且已知点 A 在截线上,要求从 A 作这截线的切线. 假设切线已作出为 AG,从 A 作关于轴 BC 的纵线 AD;则点 D 将是确定的,且有

$$CD : DB :: CG : GB(\text{Ⅰ}.36),$$

而 CD 与 DB 的比确定,所以 CG 与 GB 的比也确定. 于是点 G 确定. 但是点 A 已知;所以 AG 的位置确定.

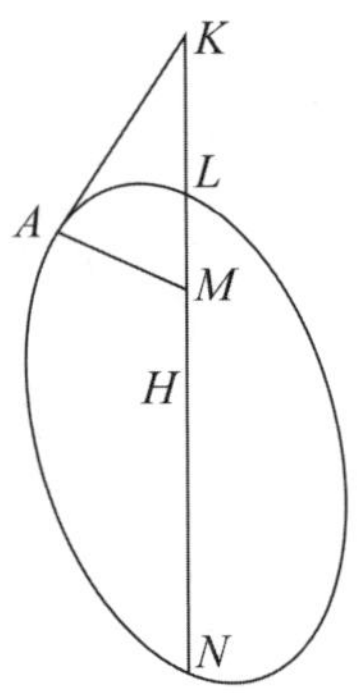

于是可以这样作图:(先作该亏曲线的轴 BC),又作 BC 之垂线 AD,作点 G 使其满足

$$CG : GB :: CD : DB,$$

连接 AG,显然 AG 是切线,也如同在超曲线的情形(Ⅰ.34).

又设已知点 K 在截线外,要求过 K 作一切线. 假设切线已作出为 AK,连接 K 与中心 H 的直线并延长到 N;于是它的位置确定. 如果作纵线 AM,则有

$$NK : KL :: NM : ML(\text{Ⅰ}.36).$$

而 NK 与 KL 之比确定;所以 MN 与 LM 之比也是确定的. 于是点 M 确定. 又 MA 是依纵线方向作出的;因为它平行于点 L 处的切线;所以 MA 的位置确定. 因此点 A 是确定的. 但是 K 是已知的,所以 KA 的位置是确定的.

因而作图(σύνθεσις,英译:construction)与前面相同.

命 题 50(作图题)

已知一圆锥截线,作一切线与其轴在这截线的同一侧交一角等于已知的锐角.

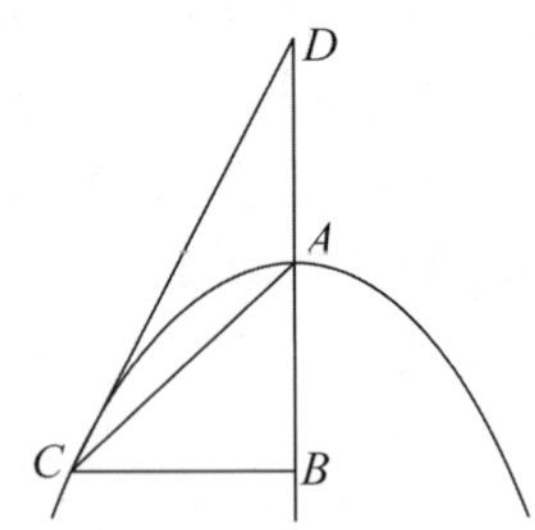

首先假设这截线为一齐曲线,其轴为 AB;则要求作一切线与轴在这截线的同一侧交一角等于已知的锐角.

假设切线已作出是 CD;则角 BDC 是确定的,作垂线 BC;则 B 点的角也确定. 所以 DB 与 BC 的比确定. 但是 BD 与 BA 的比是确定的(Ⅰ.33);所以 AB 与 BC 的比也是确定的. 又在 B 点处的角是确定的;所以角 BAC 也是确定的. 由于 AB 位置及 A 点确定,所以 AC 的位置是确定的. 而这截线位置已知,所以点 C 是确定的. 又 CD 与这截线相切;所以 CD 确定.

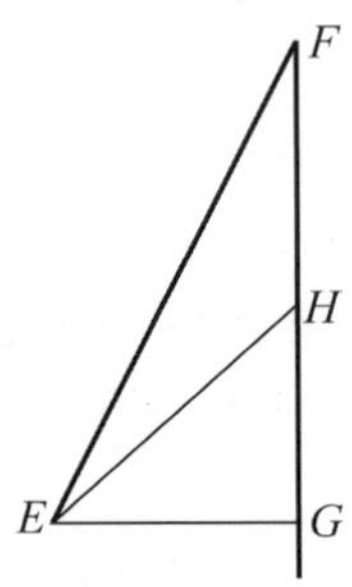

于是这个作图题可以这样作出:首先设一个圆锥的截线是一齐曲线,其轴为 AB,已知的锐角为 EFG,在 EF 上取一点 E,过 E 作垂线 EG,平分 FG 于 H,连接 HE. 然后作角 BAC 等于角

GHE,过 C 作垂线 CB,取 AD 等于 BA,连接 CD. 于是 CD 是这截线的切线(Ⅰ.33).

然后我断言 角 CDB = 角 EFG.

因为,由于 $FG : GH :: DB : BA$

和 $HG : GE :: AB : BC$,

所以由首末比 $FG : GE :: DB : BC$.

又 G 点和 B 点处的角都是直角,所以

角 GFE = 角 BDC.

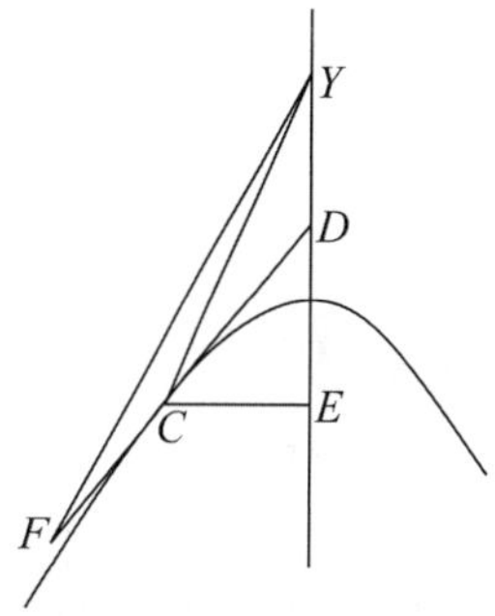

设这截线是一超曲线,假设切线已作出是 CD,设 Y 是这截线的中心,连接 CY,作垂线 CE;所以

rect. $YE \cdot ED$:sq. CE :: 横截边:竖直边(Ⅰ.37),

于是矩形 $YE \cdot ED$ 与 CE 上正方形的比是确定的;因为它便是横截边与竖直边的比. 又 CE 上正方形与 ED 上正方形的比是确定的;因为角 CDE 和角 DEC 都是确定的. 所以矩形 $YE \cdot ED$ 与 ED 上正方形的比是确定的;于是 YE 与 ED 的比也是确定的. 又 E 点处的角是确定的;所以 Y 点处的角也是确定的. 由于 CY 及 Y 处的角(角 EYC)确定,所以 CY 位置确定;于是点 C 的位置确定. 又 CD 为切线;所以 CD 的位置确定.

作出这截线的渐近线 YF;则 CD 延长后将与这渐近线相交(Ⅱ.3),设相交于 F. 于是

角 FDE > 角 FYD.

所以,对于作图来说,已知的锐角必须大于渐近线对所夹角的一半.

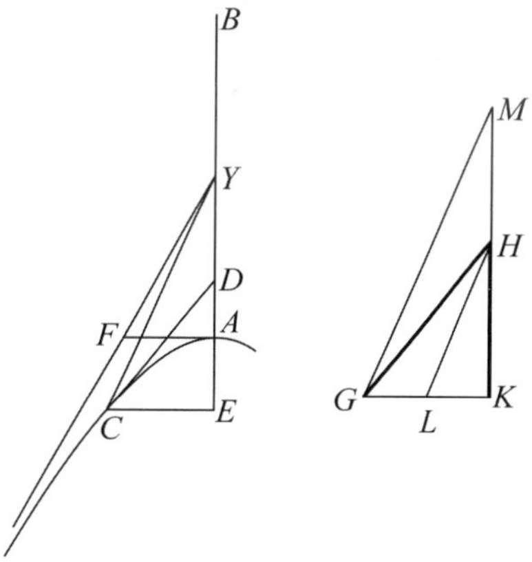

于是这个作图题可这样作出:设有已知的超曲线,其轴为 AB,渐近线为 YF,已知锐角 KHG 大于角 AYF,又设

角 KHL = 角 AYF,

并从 A 作 AF 垂直于 AB,在 GH 上取一点 G,从它作 GK 垂直于 HK,由于这时

角 FYA = 角 LHK,

而且在点 A 和 K 处的角都是直角,

所以 $YA : AF :: HK : KL$,

又 $HK : KL > HK : KG$;

所以也有 $YA : AF > HK : KG$.

于是也有 sq. YA : sq. AF > sq. HK : sq. KG.

但是 sq. YA : sq. AF :: 横截边 : 竖直边(Ⅱ.1);

所以也有 横截边 : 竖直边 > sq. HK : sq. KG.

如果使某量满足

sq. YA : sq. AF :: 某量 : sq. KG,

那么该量将大于 HK 上正方形. 设它是矩形 $MK \cdot KH$;连接 GM. 由于这时

sq. MK > rect. $MK \cdot KH$,

所以 $\quad$ sq. MK : sq. KG > rect. $MK \cdot KH$: sq. KG,

于是 $\quad$ sq. MK : sq. KG > sq. YA : sq. AF.

又如果我们取另一量,使其满足

sq. MK : sq. KG :: sq. YA : 另一量,

那么该量将小于 AF 上正方形;从 Y 到所取点的连线将形成相似三角形,因而

角 FYA > 角 GMK.

作角 AYC 等于角 GMK;则 YC 将与这截线相交(Ⅱ.2). 设相交于 C,从 C 作 CD 切于这截线(Ⅱ.49),且作垂线 CE;所以三角形 CYE 相似于三角形 GMK. 所以有

sq. YE : sq. EC :: sq. MK : sq. KG.

但是也有 $\quad$ 横截边:竖直边 :: rect. $YE \cdot ED$: sq. EC(Ⅰ.37),

和 $\quad$ 横截边:竖直边 :: rect. $MK \cdot KH$: sq. KG.

由反比例 $\quad$ sq. CE : rect. $YE \cdot ED$ :: sq. GK : rect. $MK \cdot KH$;

于是由首末比

sq. YE : rect. $YE \cdot ED$ :: sq. MK : rect. $MK \cdot KH$.

于是 $\quad$ YE : ED :: MK : KH.

但也有 $\quad$ CE : EY :: GK : KM;

所以由首末比 $\quad$ CE : ED :: GK : KH.

又在点 E 和 K 处的角都是直角;所以

角 CDE = 角 GHK.

设这截线为一亏曲线,其轴为 AB. 则要求作这截线的切线使其与轴在截线的同侧交一角等于已知的锐角.

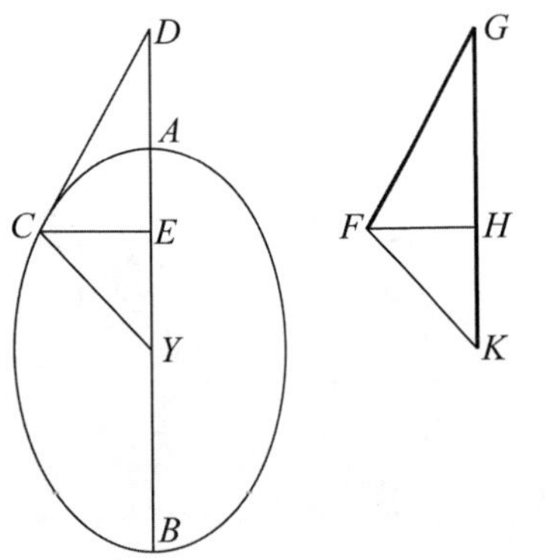

假设切线已作出为 CD,所以角 CDA 是已知的. 作垂线 CE;所以 DE 上正方形与 EC 上正方形的比是确定的. 设 Y 是这截线的中心,连接 CY. 则 CE 上正方形与矩形 $DE \cdot EY$ 的比是确定的;因为它同比于竖直边与横截边的比(Ⅰ.37),所以 DE 上正方形与矩形 $DE \cdot EY$的比是确定的;因而 DE 与 EY 的比是确定的. 又 DE 与 EC 的比确定;所以 CE 与 EY 的比确定. 又在 E 点处的角是直角;所以在 Y 点处的是确定的. 随着它们的确定,C 点将是确定的,从确定点 C 作切线;所以 CD 的位置确定.

于是这个作图题可以这样作出:设有已知锐角 FGH,在 GF 上取一点 F,作垂线 FH,作 HK 使其满足

竖直边:横截边 :: sq. FH : rect. $GH \cdot HK$,

连接 KF. 设 Y 是这截线的中心,作角 AYC 等于角 GKF,作 CD 切于这截线(Ⅱ.49).

我断言 CD 是所求的切线,也就是

角 CDE = 角 FGH.

因为,由于 $\quad$ YE : EC :: KH : FH,

所以也有　　　　　sq. YE : sq. EC :: sq. KH : sq. FH.

但是也有　　　　　sq. EC : rect. $DE \cdot EY$ :: sq. FH : rect. $KH \cdot HG$;

因为每个比都同比于竖直边与横截边的比(Ⅰ.37 及上式). 又由首末比;所以

sq. YE : rect. $DE \cdot EY$ :: sq. KH : rect. $KH \cdot HG$.

于是　　　　　$YE : ED :: KH : HG$.

但是也有　　　　　$YE : EC :: KH : FH$;

由首末比,于是　　　　　$DE : EC :: HG : FH$.

因而夹直角的两边成比例;所以

角 CDE = 角 FGH.

所以 CD 是所求的切线.

命题 51(作图题)

已知一圆锥截线,作一切线与切点处的直径所夹的角等于已知的锐角.

首先设这圆锥截线为一齐曲线,其轴为 AB,已知角为 H;要求作该齐曲线的切线,且它与过切点的直径的夹角等于已知角 H.

假设切线已作出,设所作的切线 CD 与过切点的直径 EC 的夹角 ECD 等于角 H,又设 CD 与轴交于 D(Ⅰ.24). 由于这时 AD 平行于 CE(Ⅰ.51 推论),于是

角 ADC = 角 ECD.

但是角 ECD 是确定的,因为它等于角 H;所以角 ADC 也是确定的.

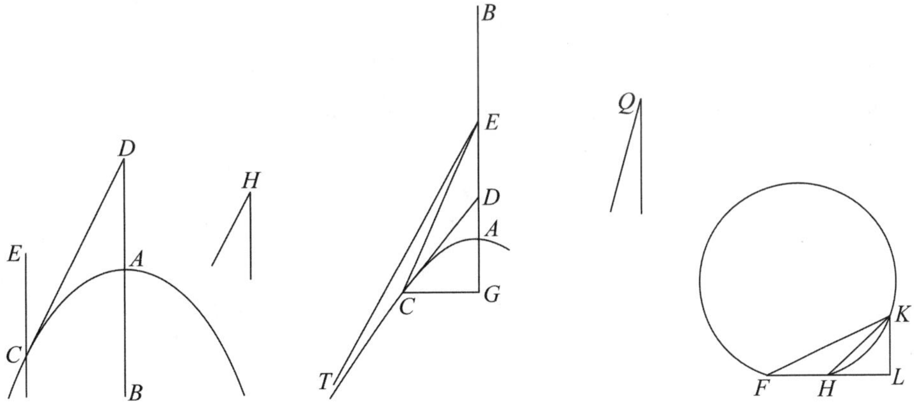

于是可以这样作图:设有一齐曲线,其轴为 AB,已知角为 H. 作这截线的切线 CD 使得与轴的夹角 ADC 等于角 H(Ⅱ.50),过 C 作 CE 平行于 AB.

由于这时　　　　　角 H = 角 ADC,

和　　　　　角 ADC = 角 ECD,

所以也有　　　　　角 H = 角 ECD.

设这截线是一超曲线,其轴是 AB,其中心为 E,渐近线为 ET,已知锐角为 Q,设 CD 是切线,连接 CE 为要找出的直径,作垂线 CG. 则横截边与竖直边的比是确定的;因此矩形 $EG \cdot GD$

与 CG 上正方形的比也是确定的(Ⅰ.37).

然后在一确定的线段 FH 上作一弓形使其所含角等于角 Q(Eucl. Ⅲ.33);所以它将大于一个半圆(Eucl. Ⅲ.31).从弓形弧上取一点 K 作垂线 KL,使得

$$\text{rect. } FL \cdot LH : \text{sq. } LK :: \text{横截边} : \text{竖直边},$$

连接 FK 和 KH.由于这时

$$\text{角 } FKH = \text{角 } ECD,$$

但是也有 $\text{rect. } EG \cdot GD : \text{sq. } GC ::$ 横截边 : 竖直边,

和 $\text{rect. } FL \cdot LH : \text{sq. } LK ::$ 横截边 : 竖直边,

所以三角形 KFL 相似于三角形 CEG,和三角形 FHK 相似于三角形 ECD.*

于是 $\text{角 } HFK = \text{角 } CED.$

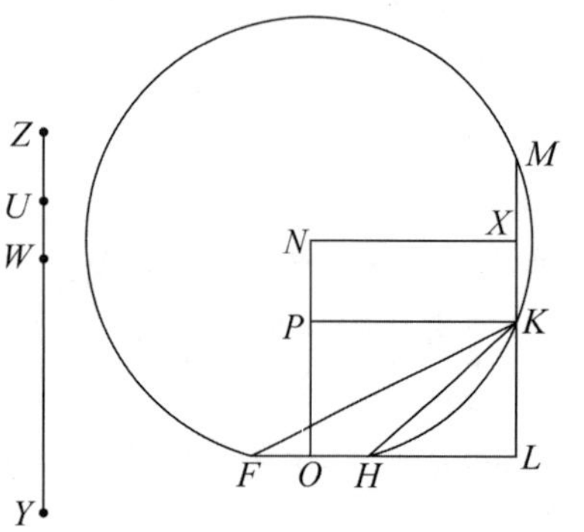

于是可这样作图:设有已知超曲线 AC,其轴为 AB,中心是 E 和已知锐角为 Q,设已知横截边与竖直角的比如同 YZ 与 YW 的比,WZ 平分于 U,在一确定的线段 FH 上作一大于半圆的弓形,使其所含角等于角 Q(Eucl. Ⅲ.31,33),设该弓形为 FKH,取 N 为圆心,从 N 作 FH 的垂线 NO,依 UW 和 WY 的比截 NO 于 P,过 P 作 PK 平行于 FH,又从 K 对 FH 的延长线作垂线 KL,连接 FK 和 KH,延长 LK 到 M,从 N 作 NX 垂直于 LM;所以它平行于 FH.因而有

$$NP : PO(\text{或 } UW : WY) :: XK : KL.$$

前项二倍,于是 $ZW : WY :: MK : KL$;

由合比例 $ZY : YW :: ML : LK.$

但是 $ML : LK :: \text{rect. } ML \cdot LK : \text{sq. } LK$;

所以 $ZY : YW :: \text{rect. } ML \cdot LK : \text{sq. } LK$

$$:: \text{rect. } FL \cdot LH : \text{sq. } LK(\text{Eucl. Ⅲ.36}).$$

但是 $ZY : YW ::$ 横截边 : 竖直边;

所以也有 $\text{rect. } FL \cdot LH : \text{sq. } LK ::$ 横截边 : 竖直边.

---

* Pappus 在对这一卷的引理Ⅸ中注译:"设三角形 ABC 相似于三角形 DEF,和三角形 AGB 相似于三角形 DEH;结果为 $\text{rect. } BC \cdot CG : \text{sq. } CA :: \text{rect. } EF \cdot FH : \text{sq. } DF$.

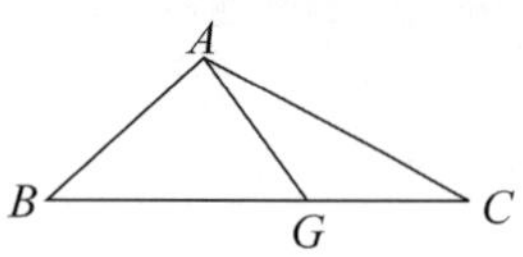

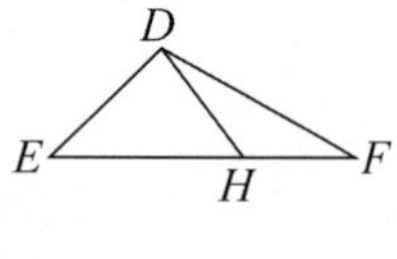

因为,由于相似性

角 BAC = 角 EDF,

和 角 BAG = 角 EDH,

所以 角 GAC = 角 HDF.

但是也有 角 C = 角 F;

所以 $GC : CA :: HF : FD.$

但是也有 $BC : CA :: EF : FD$;

所以复比也如同复比.

所以 $\text{rect. } BC \cdot CG : \text{sq. } CA :: \text{rect. } EF \cdot FH : \text{sq. } FD.$"

然后从 A 作 AT 垂直于 AB.

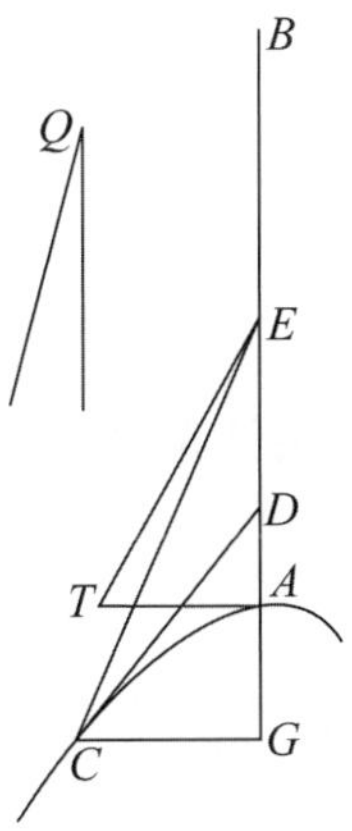

由于这时

$$\text{sq. } EA : \text{sq. } AT :: \text{横截边} : \text{竖直边}(\text{Ⅱ}.1),$$

且也有

$$\text{横截边} : \text{竖直边} :: \text{rect. } FL \cdot LH : \text{sq. } LK,$$

和 $$\text{sq. } TL : \text{sq. } LK > \text{rect. } FL \cdot LH : \text{sq. } LK,$$

所以也有 $$\text{sq. } FL : \text{sq. } LK > \text{sq. } EA : \text{sq. } AT.$$

又在 A 和 L 处的角都是直角;

所以 $$\text{角 } F < \text{角 } AET.$$

于是作角 AEC 等于角 LFK;则 EC 将与这截线相交(Ⅱ.2).设交于 C 点.然后从 C 作这截线的切线 CD(Ⅱ.49),又作垂线 CG;于是

$$\text{横截边} : \text{竖直边} :: \text{rect. } EG \cdot GD : \text{sq. } CG(\text{Ⅰ}.37).$$

所以也有 $$\text{rect. } FL \cdot LH : \text{sq. } LK :: \text{rect. } EG \cdot GD : \text{sq. } CG;$$

所以三角形 KFL 相似于三角形 ECG,三角形 KHL 相似于三角形 CGD 和三角形 KFH 相似于三角形 CED.于是

$$\text{角 } ECD = \text{角 } FKH = \text{角 } Q.$$

又若横截边与竖直边的比是两等量的比,则 KL 与圆 FKH 相切(Eucl. Ⅲ.37),则从圆心到 K 的直线将平行于 FH,它自身就解决了这个作图题(无须有找出点 K 的线段 PK 的过程).

命 题 52

如果一直线与一亏曲线相切,它与过切点的直径交一个角,则它不小于在这截线中间的两斜线段所夹角的邻补角.

设有一亏曲线,其轴为 AB 和 CD,中心为 E,且 AB 是长轴,又设直线 GFL 与这截线相切,连接 AC、BC 和 BE,延长 BC 到 L.

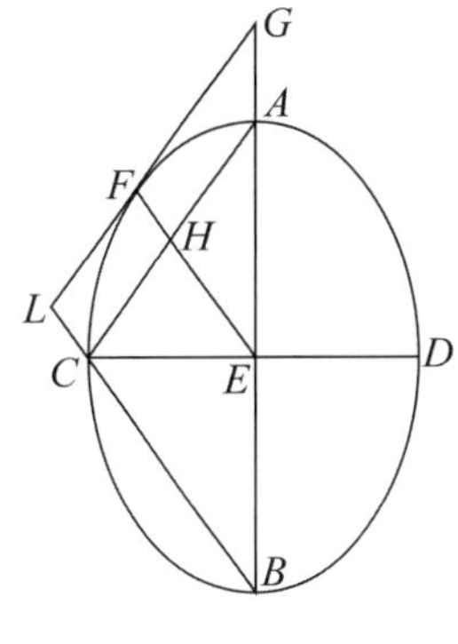

我断言　角 LFE 不小于角 LCA.

因为 FE 或平行于 LB 或不平行于 LB.

首先设 FE 平行于 LB;而 $AE = EB$;

所以 也有 $AH = HC$.

而 FE 是一直径;所以在 F 处的切线平行于 AC(Ⅱ.6).但是 FE 平行于 LB;所以 $FHCL$ 是一个平行四边形,因而

$$\text{角 } LFH = \text{角 } LCH.$$

又因为 AE 和 EB 都大于 EC,于是角 ACB 是钝角;所以角 LCA 是锐角.于是角 LFE 也是锐角.所以角 GFE 是钝角.

然后设 EF 不平行于 LB,作垂线 FK,则 LBE 不等于角 FEA,但是

$$\text{直角 } BEC = \text{直角 } EKF;$$

所以下式不成立　　　　　　sq. BE : sq. EC :: sq. EK : sq. KF.

但是　　　sq. BE : sq. EC :: rect. $AE \cdot EB$: sq. EC :: 横截边 : 竖直边(Ⅰ. 21),

和　　　　　　　　横截边 : 竖直角 :: rect. $GK \cdot KE$: sq. KF(Ⅰ. 37).

所以下式不成立

rect. $GK \cdot KE$: sq. KF :: sq. KE : sq. KF.

所以 GK 不等于 KE.

作出圆的弓形 MUN 使它所含的角等于角 ACB(Eucl. Ⅲ. 33);角 ACB 是钝角;所以弓形 MUN 小于半圆(Eucl. Ⅲ. 31). 设取点 X 使其满足

GK : KE :: NX : XM,

且从 X 作 UXY 与 MN 成直角,连接 NU 和 UM,平分 MN 于 T,作 OTP 与 MN 成直角;所以它是一个直径. 设圆心为 R,从它作垂线 RS,连接 ON 和 OM.

由于这时　　　　　　　　　角 MON = 角 ACB.

而 AB 和 MN 分别平分于 E 和 T,又角 BEC 和角 OTN 都是直角,所以三角形 OTN 和三角形 BEC 相似,于是

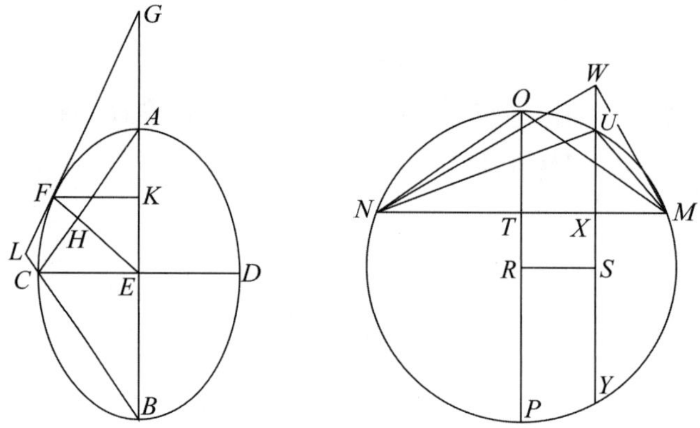

sq. TN : sq. TO :: sq. BE : sq. EC.

又因为　　　　　　$TR = SX$,

和　　　　　　　　$RO > SU$,

所以　　　　　　　$RO : TR > SU : SX$;

由换比例　　　　　$RO : OT < SU : UX$.

前项二倍,所以　　$PO : TO < YU : UX$.

由分比例　　　　　$PT : TO < YX : UX$.

但是

PT : TO :: sq. TN : sq. TO

:: sq. BE : sq. EC :: 横截边 : 竖直边(Ⅰ. 21),

和　　　　　　横截边 : 竖直边 :: rect. $GK \cdot KE$: sq. KF(Ⅰ. 37);

所以　　　　　rect. $GK \cdot KE$: sq. KF < YX : XU,

于是　　　　　rect. $GK \cdot KE$: sq. KF < rect. $YX \cdot XU$: sq. XU,

亦有　　　　　rect. $GK \cdot KE$: sq. KF < rect. $NX \cdot XM$: sq. XU.

如果取某量使其满足

$$\text{rect. }GK\cdot KE : \text{sq. }KF :: \text{rect. }MX\cdot XN : \text{某量},$$

那么某量将大于 XU 上正方形. 设它是 XW 上正方形. 由于这时

$$GK : KE :: NX : XM,$$

而 KF 和 WY 都是垂线,以及

$$\text{rect. }GK\cdot KE : \text{sq. }KF :: \text{rect. }MX\cdot XN : \text{sq. }XW,$$

所以　　角 GFE = 角 MWN.

于是　　角 MUN(或角 ACB) < 角 GFE,

且　　邻补角 LFH > 角 LCH.

于是　　角 LFH 不小于角 LCH.

命题53(作图题)

已知一亏曲线,作一切线与过切点的直径交一个角等于已知的锐角;要求已知锐角不小于在这截线中间的两斜线段所夹角的邻补角.

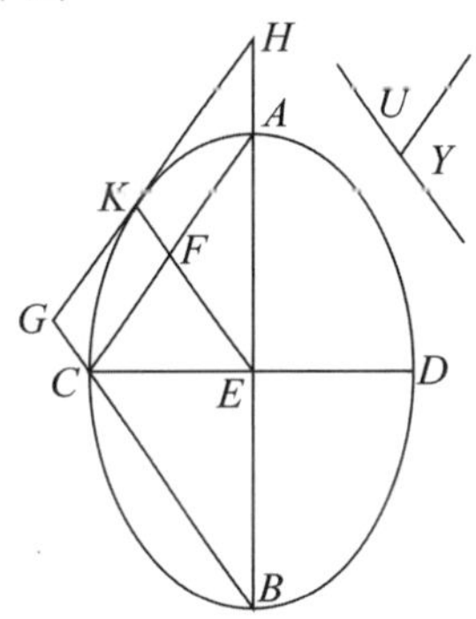

设已知亏曲线的长轴是 AB,短轴是 CD,中心为 E,连接 AC 和 BC,设已知角 U 不小于角 ACG;因此角 ACB 也不小于角 Y.

所以角 U 大于或等于角 ACG.

首先设它们相等;过 E 作 EK 平行于 BC,过 K 作 KH 与这截线相切(Ⅱ.49). 由于这时

$$AE = EB,$$

和　　$AE : EB :: AF : FC$,

所以　　$AF = FC$.

又 KE 是一直径,所以这截线在 K 点处的切线 HKG 平行于 CA(Ⅱ.6). 而且 EK 也平行于 GB;所以 $KFCG$ 是一平行四边形;因而

$$\text{角 }GKF = \text{角 }GCF.$$

又角 GCF 等于已知角 U;所以也有

$$\text{角 }GKE = \text{角 }U.$$

然后设　　角 U > 角 ACG;

则反之有　　角 Y < 角 ACB.

作出一圆,从它取一弓形 MNP 使其所含的角等于角 Y,平分 MP 于 O,从 O 作 NOR 与 MP 成直角,连接 MN 和 NP;

所以　　角 MNP < 角 ACB.

但是　　角 $MNO = \frac{1}{2}$ 角 MNP,

和　　角 $ACE = \frac{1}{2}$ 角 ACB;

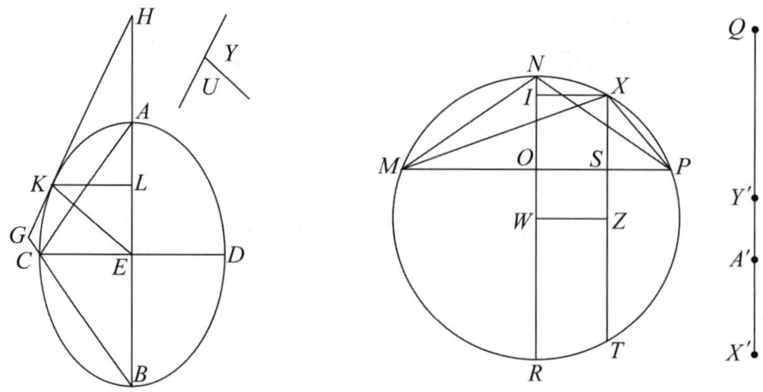

所以　　　　　　　　　　角 $MNO <$ 角 ACE.

又在 E 和 O 处的角都是直角,所以

$$AE : EC > OM : ON.$$

因此也有　　　　$\text{sq.}\,AE : \text{sq.}\,EC > \text{sq.}\,MO : \text{sq.}\,NO.$

但是　　　　　　$\text{sq.}\,AE = \text{rect.}\,AE \cdot EB,$

和　　　　$\text{sq.}\,MO = \text{rect.}\,MO \cdot OP = \text{rect.}\,NO \cdot OR$(Eucl. Ⅲ. 35);

所以　　　　　　$\text{rect.}\,AE \cdot EB : \text{sq.}\,EC$

(或横截边:竖直边(Ⅰ.21)) $> RO : ON.$

然后(取一线段 QX',在上取一点 A')使其

横截边:竖直边 $:: QA' : A'X'$,

平分 QX' 于 Y',这时由于

横截边:竖直边 $> RO : ON$,

就也有　　　　　$QA' : A'X' > RO : ON.$

由合比例　　　　$QX' : X'A' > RN : NO.$

设这圆的圆心为 W;于是

$$Y'X' : X'A' > WN : NO.$$

由分比例　　　　$A'Y' : A'X' > WO : ON.$

然后取比 ON 小的 OI 使得

$$A'Y' : A'X' :: WO : OI.$$

设作平行线 IX、XT 和 WZ.

所以　　　　　　$A'Y' : A'X' :: WO : OI :: ZS : SX;$

由合比例　　　　$Y'X' : X'A' :: ZX : XS.$

前项二倍　　　　$QX' : X'A' :: TX : XS.$

由分比例　　　　$QA' : A'X'$(或横截边:竖直角) $:: TS : SX.$

然后连接 MX 和 XP,在线段 AE 上的点 E 处作角 AEK 等于角 MPX,过 K 作这截线的切线 KH(Ⅱ.49),设 KL 是纵线. 这时由于

角 $MPX =$ 角 AEK,

和　　　　　　　直角 $XSP =$ 直角 ELK,

所以三角形 XSP 与三角形 KEL 是等角的.

又　　横截边：竖直边 :: TS : SX :: rect. $TS \cdot SX$: sq. SX

:: $MS \cdot SP$: sq. SX;

所以三角形 KLE 相似于三角形 SXP,三角形 MXP 相似于三角形 KHE,

于是　　角 MXP = 角 HKE.

但是　　角 MXP = 角 MNP = 角 Y;

所以也有　　角 HKE = 角 Y.

因而其邻补角也相等,即

角 GKE = 角 U.

于是所作这截线的切线 GH 与过切点的直径 KE 的夹角 GKE 等于已知角 U;这正是所要求作出的.

第Ⅲ卷

命 题

命题 1

如果与一圆锥截线或一个圆的圆周相切的二直线相交,又过二切点作二直径与二切线相交,则所形成的两个对顶的(或有一角公用的[①])三角形将是相等的.

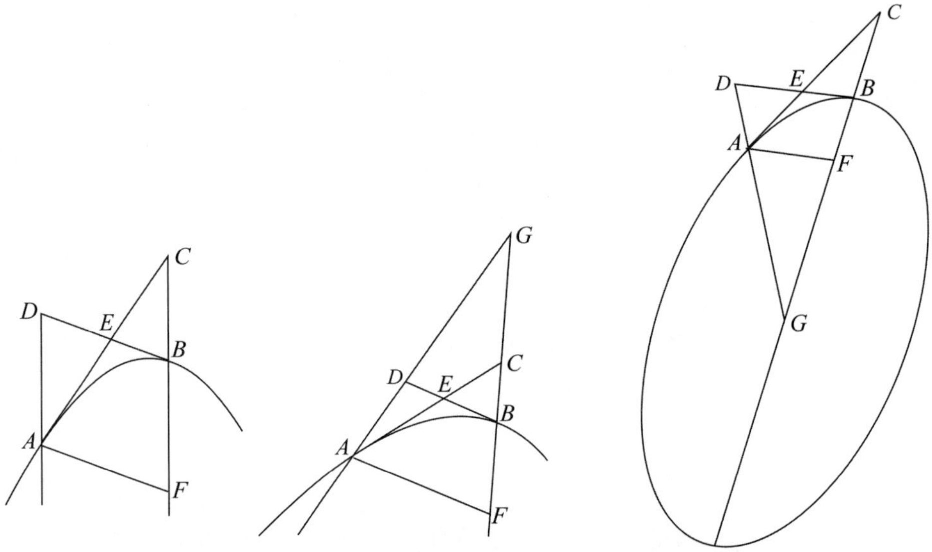

设有一圆锥的截线或一个圆的圆周 AB,与截线 AB 相切的二直线 AC 和 BD 相交于 E,又设过 A 和 B 作这截线的直径 AD 和 BC 与切线相交于 D 和 C.

我断言 $$\text{trgl. } ADE = \text{trgl. } EBC.$$

为此,从 A 作 AF 平行于 BD;则 AF 是对直径 BC 的纵线(Ⅰ.32 逆命题).这时在抛物线的情形里,有

$$\text{pllg. } ADBF = \text{trgl. } ACF(I.42),$$

①有一角公用如图.

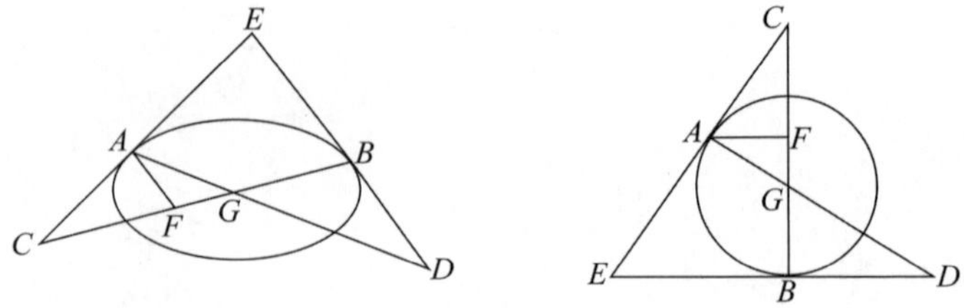

减去公共面 $AEBF$，得

$$\text{trgl. } ADE = \text{trgl. } CBE.$$

而在其他情形里，设二直径交于中心 G. 由于这时 AF 是纵标，AC 是切线，所以

$$\text{rect. } FG \cdot GC = \text{sq. } BG\text{(Ⅰ. 37)}.$$

所以 $$FG : BG :: BG : GC;$$

所以也有 $$FG : GC :: \text{sq. } FG : \text{sq. } BG\text{(Eucl. Ⅵ. 19 推论)},$$

但是 $$\text{sq. } FG : \text{sq. } GB :: \text{trgl. } AGF : \text{trgl. } DGB\text{(Eucl. Ⅵ. 19)},$$

和 $$FG : GC :: \text{trgl. } AGF : \text{trgl. } AGC;$$

所以也有 $$\text{trgl. } AGF : \text{trgl. } AGC :: \text{trgl. } AGF : \text{trgl. } DGB.$$

于是 $$\text{trgl. } AGC = \text{trgl. } DGB.$$

从两边减去公共面 $DECG$（或 $AGBE$）；就有

$$\text{trgl. } AED = \text{trgl. } CEB.$$

命题 2

与前假设相同，又若在这截线或一个圆的圆周上取某一点，过它作与二切线平行的直线直到与二直径相交，则由一切线和一直径产生的四边形将等于由同一切线和另一直径产生的三角形.

设有一圆锥截线或一个圆的圆周 AB，AEC 和 BED 是切线，AD 和 BC 是直径，又若在这截线上取某个点 G，过它作直线 GKL 和 GMF 平行于切线.

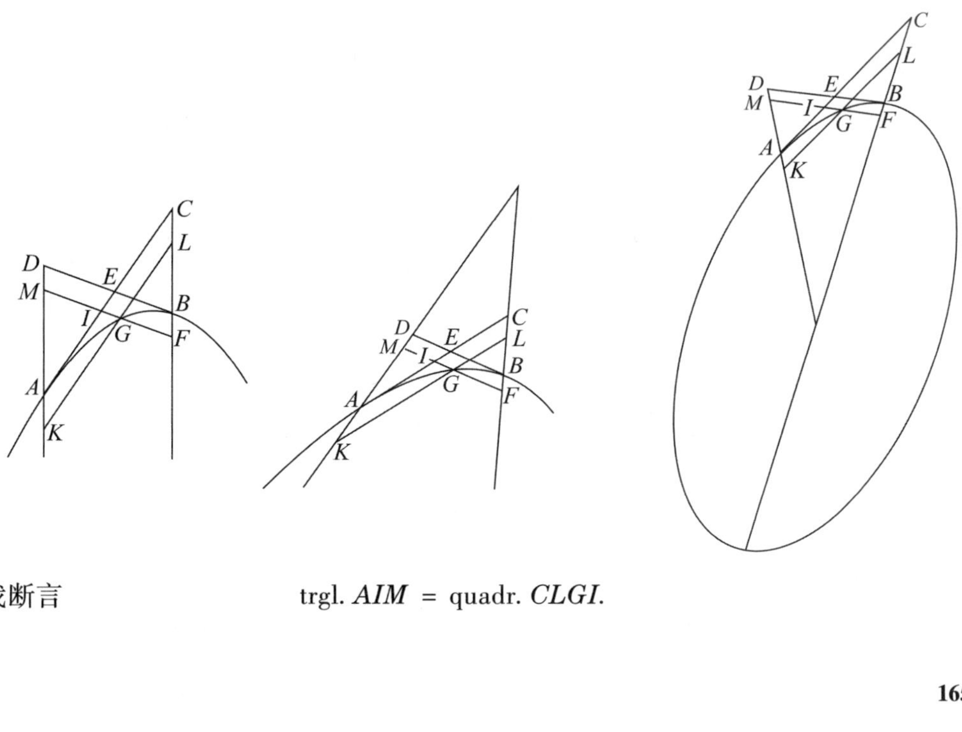

我断言 $$\text{trgl. } AIM = \text{quadr. } CLGI.$$

因为,三角形 GKM 已证明等于四边形 AL(Ⅰ.42,43)*,在两边加上或减去公共的四边形 IK,

于是有 $$\text{trgl. } AIM = \text{quadr. } CG.$$

命题 3

与前(命题 1)假设相同,又若在这截线或一个圆的圆周上取二点,过它们作与二切线的平行线直到与两直径相交,则由所作直线和以二直径为底所产生的四边形是彼此相等的.

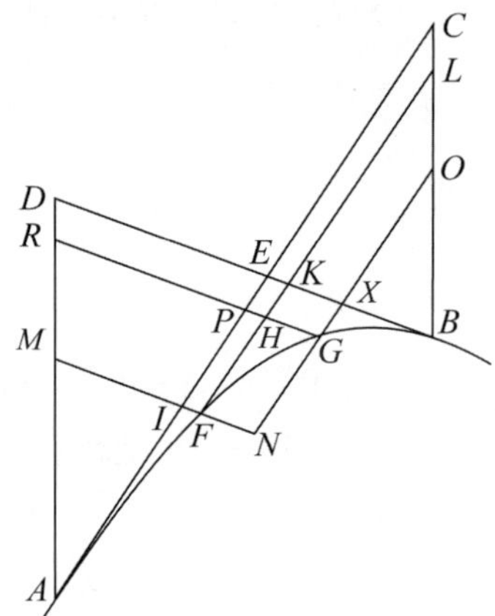

设有截线以及它的两切线和两直径如前所述,现在这截线上任取两点 F 和 G,过 F 作直线 $FHKL$ 和 $NFIM$ 平行于两切线,又过 G 作直线 GXO 和 $GHPR$ 平行于两切线.

我断言 $$\text{quadr. } LG = \text{quadr. } MH,$$

和 $$\text{quadr. } LN = \text{quadr. } RN.$$

因为,由于已证得

$$\text{trgl. } RPA = \text{quadr. } CG(Ⅲ.2),$$

和 $$\text{trgl. } AMI = \text{quadr. } CF(Ⅲ.2),$$

而且 $$\text{trgl. } RPA = \text{trgl. } AMI + \text{quadr. } PM,$$

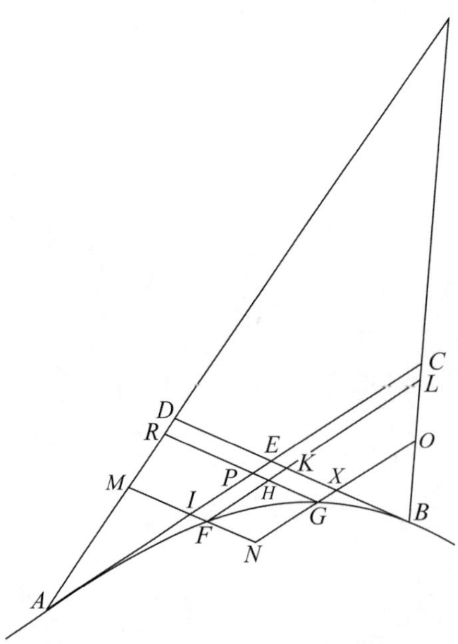

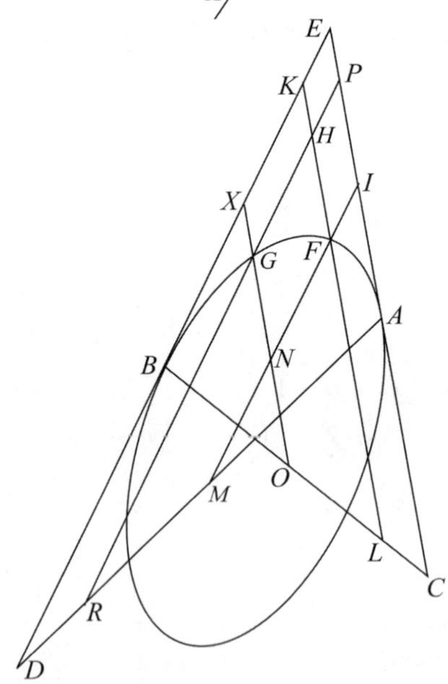

*如果 G 不在 A 和 B 之间,那么从Ⅰ.49(对于齐曲线)或Ⅰ.50(对于超曲线和亏曲线)的证明过程中所建立的关系中得到这一步.

所以也有　　quadr. CG = quadr. CF + quadr. PM;

这样　　quadr. CG = quadr. CH + quadr. RF.

从两边减去公有的四边形 CH;其剩余为

quadr. LG = quadr. HM.

而作为总和就有①　　quadr. LN = quadr. RN.

命题 4

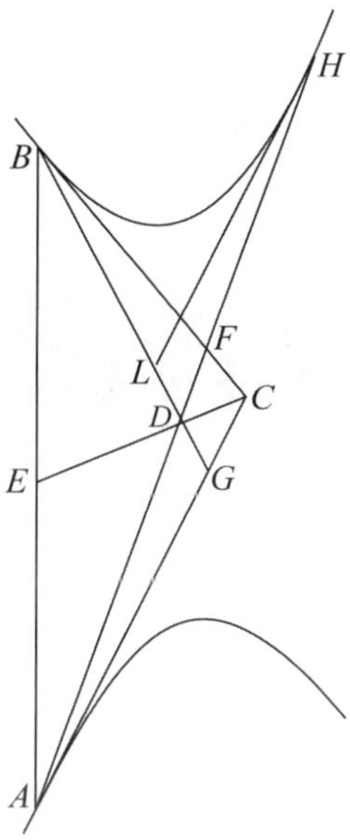

如果与二相对截线相切的二直线相交,且过二切点作直径与二切线相交,则在二切线上的两个三角形将相等.

设有二相对截线 A 和 B,对它们的切线分别是 AC 和 BC,且交于 C,又设 D 是它们的中心,连接 AB 和 CD,且 CD 延长到 E,同时也连接 DA 和 BD 并延长到 F 和 G.

我断言　　trgl. AGD = trgl. BDF,

和　　trgl. ACF = trgl. BCG.

为此,过 H② 作这截线的切线 HL;所以它平行于 AG(Ⅰ. 44). 又因为

$AD = DH$(Ⅰ. 30),

所以　　trgl. AGD = trgl. DHL(Eucl. Ⅵ. 19).

但是　　trgl. DHL = trgl. BDF(Ⅲ. 1);

所以也有　　trgl. AGD = trgl. BDF.

因而也有　　trgl. ACF = trgl. BCG.

命题 5

如果与二相对截线相切的二直线相交,且在二截线的任一支上取某个点,从该点作二直线,其一与一切线平行,另一与二切点的连线平行,则由它们在过(切线)交点的直径上所围成的三角形与在切线交点处所截得的三角形相差一个过这切点所作的切线和直径所夹的三角形.

设有二相对截线 A 和 B,其中心为 C,切线 ED 和 DF 交于 D,连接 FC 和 EC 并延长,在这截线上取某个点 G,过它作 $HGKL$ 平行于 EF,GM 平行于 DF.

---

① 对于齐曲线和超曲线,两边加上公共的四边形 HN;对于亏曲线,两边减去公有的四边形 HN.

② AD 延长交截线 B 于点 H.

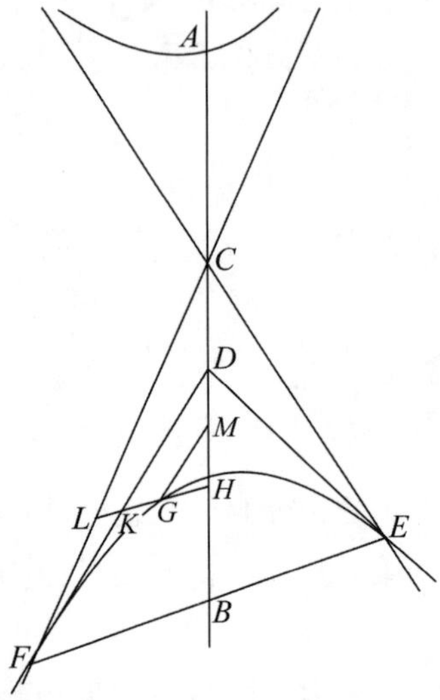

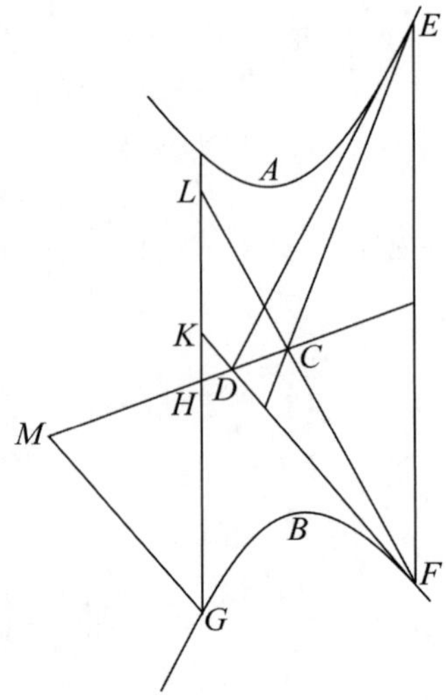

我断言　三角形 *GHM* 与三角形 *KHD* 相差一个三角形 *KLF*.

因为,由于已证 *CD* 是二相对截线的一个直径(Ⅱ.39,38),且 *EF* 是对它的一个纵线①(Ⅱ38;定义5),又所作的 *GH* 和 *GM* 分别平行于 *EF* 和 *DF*,所以三角形 *GHM* 与三角形 *KHD* 相差一个三角形 *KLF*(Ⅰ.45,或Ⅰ.44,依据情况).

而且显然有　　　　trgl. *KLF* = quadr. *MGKD*.

命题6

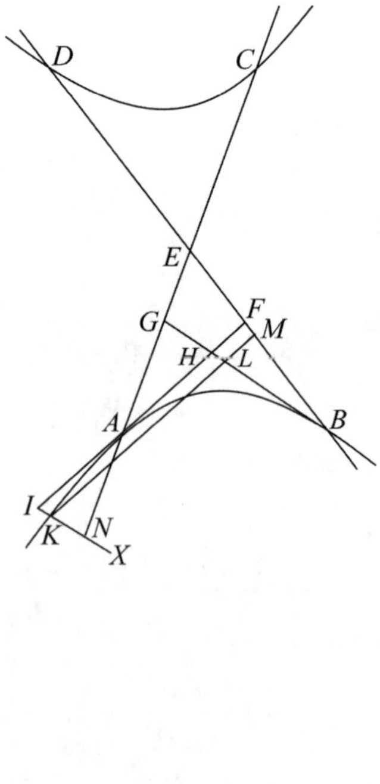

与前假设相同,若在二相对截线任一支上取某个点,过它所作的二切线的平行线与二切线及二直径相交,则由它们在一切线和一直径上产生的四边形等于在同一切线和另一直径上所生成的三角形.

设有二相对截线,*AEC* 和 *BED* 是它们的直径,切于截线 *AB* 的二直线 *AF* 和 *BG* 相交于 *H*,在这截线上取某点 *K*,从它作 *KLM* 和 *KNX* 分别平行于二切线.

我断言　　　　quadr. *KF* = trgl. *AIN*.

现在,由于 *AB* 和 *CD* 是二相对截线的两支,与截线 *AB* 相切的 *AF* 与 *BD* 相交,所作的 *KL* 平行于 *AF*,所以

trgl. *AIN* = quadr. *KF*(Ⅲ.2).*

① 实际 *EF* 之半才是纵线.

命题 7

与前假设相同，若在二相对截线的每一支上各取一点，再从它们分别作二切线的平行线与二 V 切线和二直径相交，则由这些所作直线和以直径为底产生的四边形是彼此相等的.

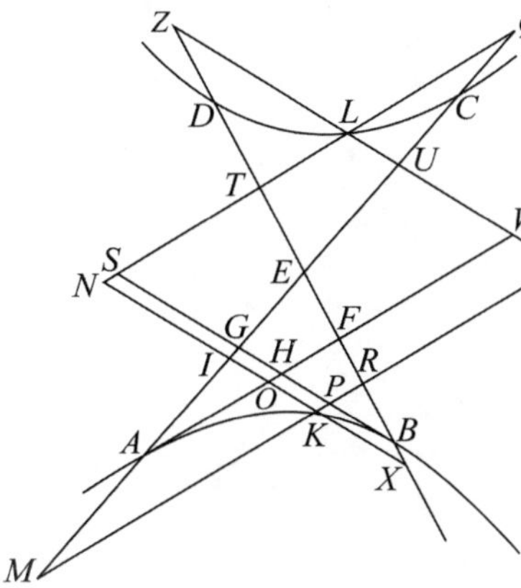

与前假设相同，设点 K 和 L 分别是两截线上所取的点，过它们作 $MKPRY$ 和 $NSTLQ$ 平行于 AF，作 $NIOKX$ 和 $YWULZ$ 平行于 BG.

我断言　　quadr. TK = quadr. IL，

和　　quadr. KU = quadr. RL.

因为，由于

trgl. AOI = quadr. RO(Ⅲ.2)，

在两边加上四边形 EO；就有

trgl. AEF = quadr. KE.

但是也有　trgl. BGE = quadr. LE(Ⅲ.5 注.)；

而　　trgl. AEF = trgl. BGE(Ⅲ.1)；

所以　　quadr. LE = quadr. $IKRE$.

在两边加上共有的四边形 NE；于是就有

quadr. TK = quadr. IL，

而且也有　　quadr. KU = quadr. RL.

---

* 另外，Eudocius 在对这个命题的注释中，对于点 K 在 C 和 D 之间的重要情形里，他写道："……设从 C 作截线的切线 CPR；则显然它平行于 AF 和 ML(Ⅰ.44 注). 又因在第二命题(Ⅲ.2)中超曲线的图里已证明

trgl. PNC = quadr. LP(Ⅲ.2 注)，

在两边加上公有的四边形 MP；所以

trgl. MKN = quadr. $MLRC$.

再加上公共的三角形 CRE，它等于三角形 AEF(Ⅰ.4 注和Ⅰ.30)，

所以　　trgl. MEL = trgl. MKN + trgl. AEF.

减去公共的三角形 KMN，于是　　trgl. AEF = quadr. $KLEN$.

再加上公有四边形 $FENI$；于是就有　　trgl. AIN = quadr. $KLFI$.

而同样也有　　trgl. BOL = quadr. $KNGO$."

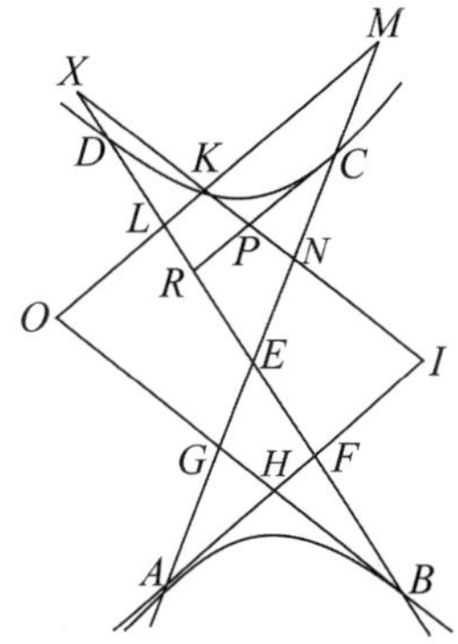

命题 8

与前假设相同,设取直径与截线的交点 C 和 D 代替 K 和 L,且过它们作二切线的平行线.

我断言 quadr. DG = quadr. FC ,

和 quadr. XI = quadr. OT.

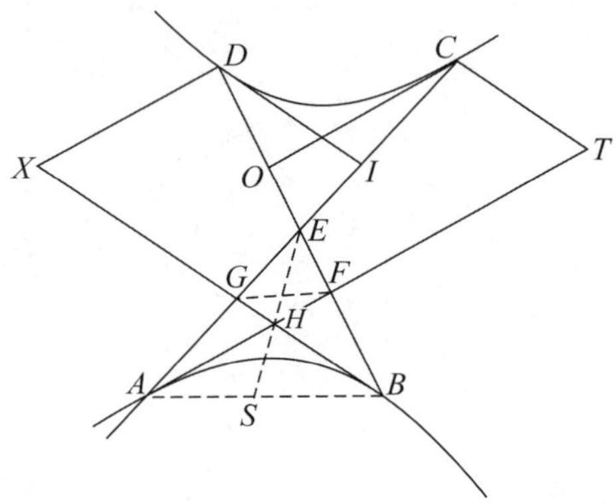

因为,由于已证明

trgl. AGH = trgl. HBF(Ⅲ.1),

又从 A 到 B 的直径平行于从 G 到 F 的直线,*

所以 $AE : EG :: BE : EF$;

由换比例 $AE : AG :: BE : BF$.

且也有 $CA : AE :: DB : BE$;

这是因为前项是后项的二倍;

所以由首末比就有

$CA : AG :: DB : BF$.

而且由于平行线的缘故,这些三角形相似;

所以 trgl. CTA : trgl. AHG :: trgl. XBD : trgl. HBF

(Eucl. Ⅵ.9).

且取更比例;但是 trgl. AHG = trgl. HBF(Ⅲ.1);

所以 trgl. CTA = trgl. XBD.

作为它们的一部分,已证知

trgl. AHG = trgl. HBF;

所以作为余量,也有

quadr. DH = quadr. CH.

因而也有 quadr. DG = quadr. CF.

又因 CO 平行于 AF,所以

trgl. COE = trgl. AFE.

同样也有 trgl. DEI − trgl. BEG.

但是 trgl. BEG = trgl. AEF(Ⅲ.1);

所以也有 trgl. COE = trgl. DEI.

---

*因为点 H 落在角 AEB 内(Ⅱ.25),从 H 到 AB 的中点 S 的直线是一直径(Ⅱ.29),于是它必经过 E 点(Ⅰ.51 推论).对于二相对截线可以找出一系列类似的命题:Ⅱ.32,38,39.

这时,由于 trgl. GHA = trgl. FHB,

所以 trgl. GFB = trgl. GFA.

它们同底,所以它们的高相等(Eucl. Ⅵ.1).

而且也有　　quadr. DG = quadr. CF（见上页）.

所以整体就有　　quadr. XI = quadr. OT.

命 题 9

与前假设相同，若两点之一取在二直径之间（的截线 CD 上），如点 K，而另一点取 C 和 D 之一，如仍取为 C，并作出（所需的）平行线.

我断言　　trgl. CEO = quadr. KE，

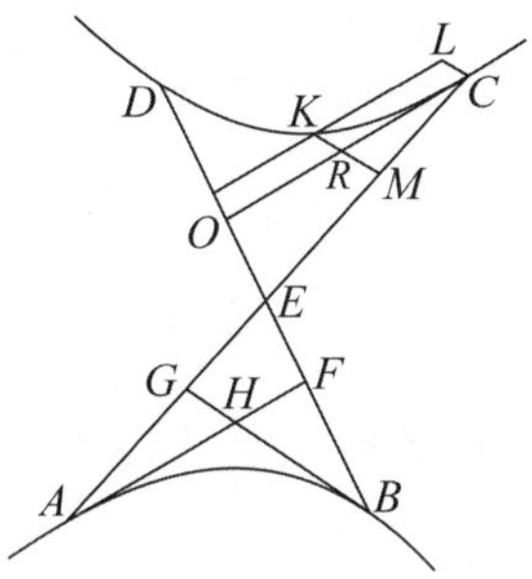

和　　quadr. LO = quadr. LM.

这是显然的，因为已证

trgl. CEO = trgl. AEF，

和　　trgl. AEF = quadr. KE（Ⅲ. 5. 注）

所以也有　　trgl. CEO = quadr. KE.

而且也有　　trgl. CRM = quadr. KO，

和　　quadr. LM = quadr. LO.

命 题 10

与前假设相同，设在两截线上各取一点 K 和 L，但不在直径上. 则所要求证明的是

quadr. $LTRY$ = quadr. $QYKI$.

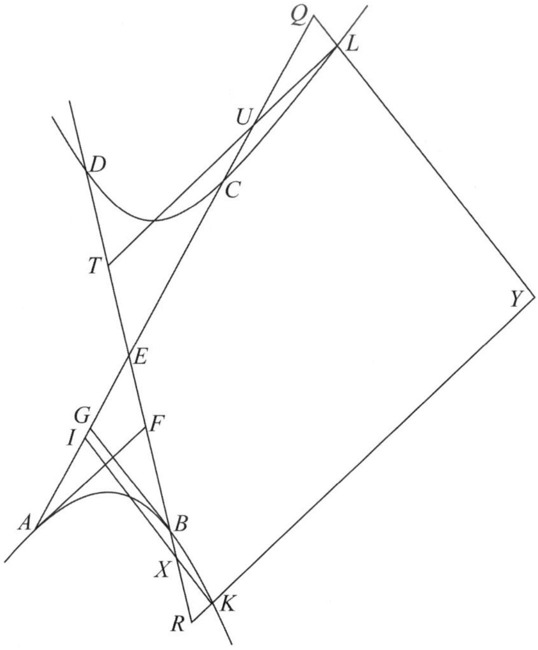

因为，由于直线 AF 和 BG 是切线，AE 和 BE 是过切点的直径，且 LT 和 KI 平行于切线，于是

trgl. TUE = trgl. UQL + trgl. EFA（Ⅰ. 44）.

而且同样地也有

trgl. XEI = trgl. XRK + trgl. BEG.

但是 trgl. EFA = trgl. BEG（Ⅲ. 1）；

所以　　trgl. TUE − trgl. UQL = trgl. XEI − trgl. XRK.

所以　　trgl. TUE + trgl. XRK = trgl. XEI + trgl. UQL.

将公共面 $KXEULY$ 加到两边上；于是

quadr. $LTRY$ = quadr. $QYKI$.

命题 11

与前假设相同,若在这二相对截线的任一支上取某个点,从它作二平行线,一个平行于切线,另一个平行于二切点的连线,则在过切线交点的直径上由它们围成的三角形与过切点的切线和直径所夹的三角形相差一个在切线交点处所截出的三角形.

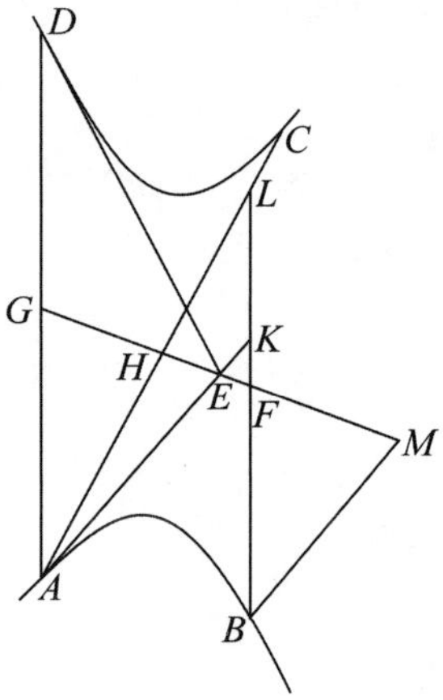

设有二相对截线 *AB*、*CD*,切线 *AE* 和 *DE* 相交于 *E*,中心为 *H*,连接 *AD* 和 *EHG*,在截线 *AB* 上任取一点 *B*,过它作 *BFL* 平行于 *AG*,*BM* 平行于 *AE*.

我断言 三角形 *BFM* 与三角形 *AKL* 相差一个三角形 *KEF*.

因为,显然 *AD* 被 *EH* 所平分(Ⅱ.39,和Ⅱ.29),且 *EH* 是一个直径,它共轭于过 *H* 而平行于 *AD* 的直径(Ⅱ.38);于是 *AG* 是对 *EG* 的一条纵线(定义 6).

由于这时 *GE* 是一直径,*AE* 是切线,*AG* 是一纵线,用在截线上取的点 *B*,对 *EG* 已作 *BF* 平行于 *AG* 和 *BM* 平行于 *EK*,所以,很清楚三角形 *BMF* 与三角形 *LHF* 相差一个三角形 *HAE*(Ⅰ.45;Ⅰ.43). *

因此也有三角形 *BMF* 与三角形 *AKL* 相差一个三角形 *KFE*.

推论

而且同时也证明了 quadr. *BKEM* = trgl. *LKA*.

命题 12

与前假设相同,若在二相对截线一支上取两点,从它们每一个作两平行,则同样地,由它们生成的两个四边形将相等.

设与前假设相同,在截线 *AB* 上任取两点 *B* 和 *K*,过它们作 *LBMN* 和 *EXUOP* 平行于 *AD*,作 *BXR* 和 *LKS* 平行于 *AE*.

我断言 quadr. *BP* = quadr. *KR*.

因为,由于已证

---

*即在第一节情形里

trgl. *BMF* = trgl. *LHF* + trgl. *HAE*(Ⅰ.45);

在第二种情形里,只有更广义的陈述“相差”才保持真实(Ⅰ.43).应注意这些是关于Ⅰ.43 和Ⅰ.45 与正文本身所给出的情形并不相同的情形.

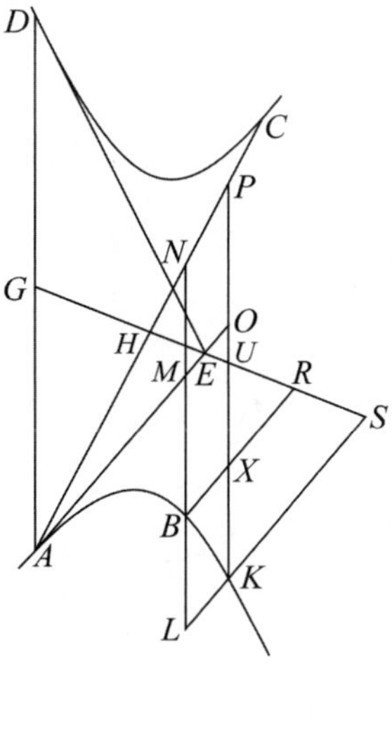

$\text{trgl. } AOP = \text{quadr. } KOES$（Ⅲ. 11 推论），

和　$\text{trgl. } AMN = \text{quadr. } BMER$（Ⅲ. 11 推论），

所以，（两式相减）其余量或是

$$\text{quadr. } KR - \text{quadr. } BO = \text{quadr. } MP,$$

或　$\text{quadr. } KR + \text{quadr. } BO = \text{quadr. } MP.$

两边加上或减去公有的四边形 BO，就有

$$\text{quadr. } BP = \text{quadr. } KR.$$

命题 13

如果在共轭的两二相对截线中切于相邻截线的两直线相交，且过二切点作两直径，则以相对截线的中心为公共点的三角形将相等.

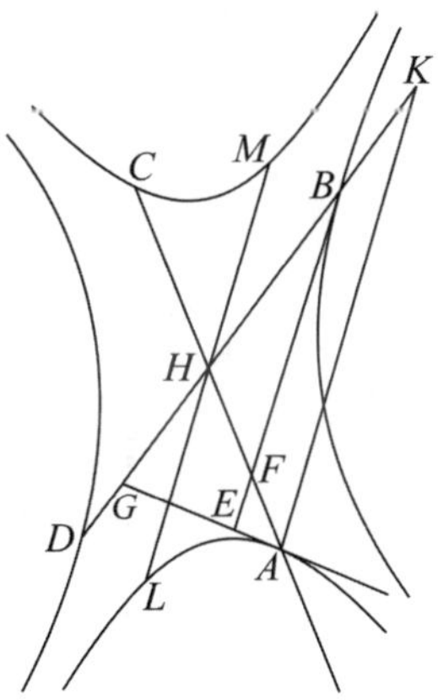

设有共轭的两二相对截线，其上分别有点 A、B、C 和 D，又设切于截线 A 和 B 的切线 AE 和 BF 交丁 E，II 为中心，连接 AH 和 BH 并延长到 C 和 D.

我断言　$\text{trgl. } BFH = \text{trgl. } AGH$.

为此，过 A 和 H 作 AK 和 LHM 平行于 BE. 由于这时 BFE 与截线 B 相切，DHB 是过切点的一条直径，LM 平行于 BE，LM 是与直径 BD 共轭的直径，BD 是所谓的第二直径（Ⅱ. 20）；所以 AK 是对 BG 的依纵线方向所作的线段. 又 AG 是切线；所以

$$\text{rect. } KH \cdot HG = \text{sq. } BH \text{（Ⅰ. 38）}$$

所以　$KH : HB :: HB : GH.$

但是　$KH : HB :: KA : BF :: AH : HF;$

所以也有　$AH : HF :: BH : GH.$

（于是 $\text{rect. } AH \cdot GH = \text{rect. } HF \cdot BH.$）

又角 BHF 与角 GHF 之和等于两直角；所以

$$\text{trgl. } AGH = \text{trgl. } BHF.$$

命题 14

与前假设相同，若在其一截线上取某个点，从它作二切线的平行线直到直径，则在中心产生的三角形与同一角产生的三角形相差一个以切线为底，

以中心为顶点的三角形.

设其他事实相同,设在截线 B 上取某个点 X,过它作 XRS 平行 AG 和 TXO 平行于 BE.

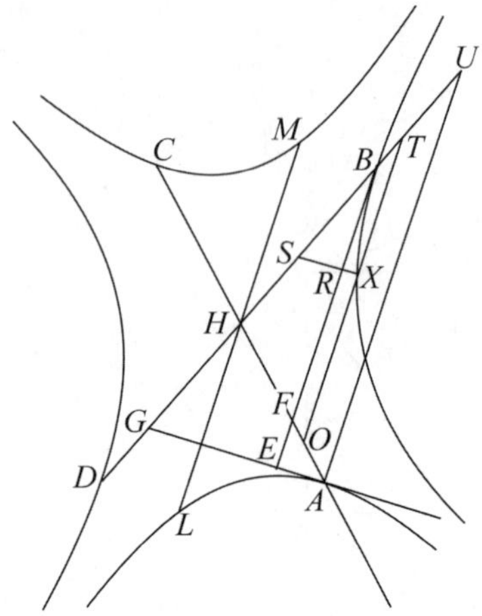

我断言　三角形 OHT 与三角形 XST 相差一个三角形 HBF.

为此,从 A 作 AU 平行于 BF,这时由于与前相同的事实,LHM 是截线 AL 的一条直径,DHB 是与它共轭的第二直径(Ⅱ.20),且 AG 是在点 A 的切线,已作的 AU 平行于 LM,所以

$AU:UG::HU:AU$comp.

LM 上图形的横截边①:竖直边(Ⅰ.40).

但是　　$AU:UG::XT:TS$,

和　　$HU:UA::HT:TO::HB:BF$,

以及　　LM 上图形的横截边:竖直边

$::BD$ 上图形的竖直边:横截边(Ⅰ.60).

所以　　$XT:TS::HB:BF$comp. BD 上图形的竖直边:横截边

或　　$XT:TS::HT:TO$comp. BD 上图形的竖直边:横截边.

又由Ⅰ.41中所证内容,三角形 THO 与三角形 XTS 相差一个三角形 BFH.

这样也相差了一个三角形 AGH(Ⅲ.13).

命题 15

如果与共轭的两二相对截线的一支相切的二直线相交,且过二切点作二直径,并在共轭的两二相对截线的任何一支上取某个点,从它作两直线分别平行于两切线直到直径,则由它们在一直径上所产生的三角形比在中心产生的三角形大一个以切线为底,以相对截线的中心为顶点的三角形. *

设有共轭的两二相对截线 AB、GS、T 和 X,其中心为 H,又设 ADE 和 BDC 与截线 AB 相切,过其切点 A 和 B 作直径 $AHFW$ 和 BHT,在截线 GS 上取某个点 S,过它作 STL 平行于 BC 和 SU 平行于 AE.

我断言　trgl. SLU = trgl. HLF + trgl. HCB.

为此,过 H 作 XHG 平行于 BC,过 G 作 KIG 平行于 AE,作 SO 平行于 BT;则显然地 XG 是对于 BT 的共轭直径(Ⅱ.20),和平行于 BT 的 SO 是对于 HGO 的纵线(定义6),因而 $SLHO$ 是一平行四边形.

---

① 即二相对截线 A、C,以直线 LM 为直径所对应的横截边和竖直边. 实际线段 ML 就是该横截边.

*这个命题达到了一系列命题的顶点,它表示出所取共轭的两二相对截线作为一个整体,与其他圆锥截线有着同样的性质,共轭的两二相对截线似乎是第五种截线.

由于这时 BC 是切线，BH 通过切点，AE 是另一切线，设作 MN 使其满足

$$DB : BE :: MN : 2BC;$$

所以 MN 便是 BT 上图形的所谓竖直边（Ⅰ.50）。设 MN 平分于 P；

所以　　$DB : BE :: MP : BC.$

然后作 R 使其满足

$$XG : TB :: TB : R; \qquad (\alpha)$$

则 R 也将是贴合于 XG 的图形的所谓竖直边（Ⅰ.16,60）。

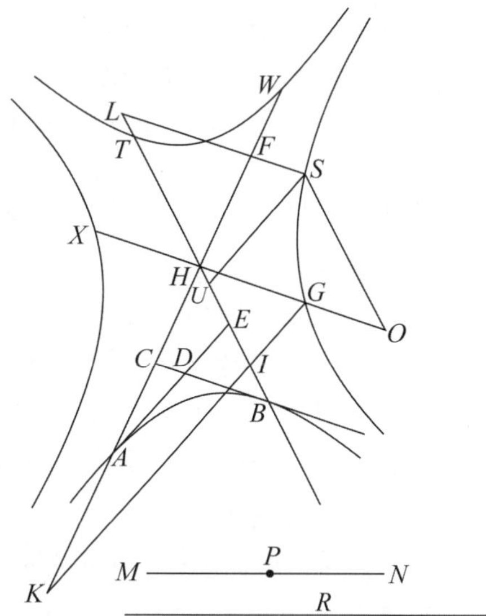

由于这时　　$DB : BE :: MP : BC, \qquad (\beta)$

但是　　$DB : BE ::$ sq. $DB :$ rect. $DB \cdot BE,$

和　　$MP : BC ::$ rect. $MP \cdot BH :$ rect. $CB \cdot BH,$

所以　　sq. $DB :$ rect.

$$DB \cdot BE :: \text{rect. } MP \cdot BH : \text{rect. } CB \cdot BH.$$

又　　rect. $MP \cdot BH$ = sq. $HG,$

因为　　sq. XG = rect. $TB \cdot MN$（Ⅰ.16），　　(γ)

而且　　rect. $MP \cdot BH = \dfrac{1}{4}$rect. $TB \cdot MN,$

以及　　sq. $HG = \dfrac{1}{4}$sq. $XG;$

所以　　sq. $DB :$ rect. $DB \cdot BE ::$ sq. $HG :$ rect. $CB \cdot BH.$

由更比例　　sq. $DB :$ sq. $HG ::$ rect. $DB : BE :$ rect. $CB \cdot BH.$

但是　　sq. $DB :$ sq. $HG ::$ trgl. $DBE :$ trgl. $GHI;$

这是因为它们相似；而且

$$\text{rect. } DB \cdot BE : \text{rect. } CB \cdot BH :: \text{trgl. } DBE : \text{trgl. } CBH;$$

所以　　trgl. $DBE :$ trgl. $GHI ::$ trgl. $DBE :$ trgl. $CBH.$

所以　　trgl. GHI = trgl. $CBH.$

又因　　$HB : BC :: HB : MP$comp. $MP : BC,$

但是　　$HB : MP :: TB : MN :: R : XG$（见上面 α 和 β），

又　　$MP : BC :: DB : BE(\beta),$

所以　　$HB : BC :: DB : BE$comp. $R : XG.$

又因 BC 平行于 SL，三角形 HCB 相似于三角形 HLF，

所以　　$HB : BC :: HL : LF,$

所以　　$HL : LF :: R : XG$comp. $DB : BE$

或　　$HL : LF :: R : XG$comp. $HG : HI.$

由于 GS 是以 XG 为直径的超曲线，R 为其竖直边，SO 是已作的纵线，且 HIG 是在半径 HG 上所作的三角形，HLF 是作在等于纵线 SO 的 HL 上的三角形，在介于中心和纵线

之间的线段 HO 上,或与它相等的 SL 上所作的图形 SLU 相似于在半径(HG)上所作的图形 HIG,且有已给出的复比,所以

trgl. SLU = trgl. HLF + trgl. HCB(Ⅰ.41).

命题 16

如果与一圆锥截线或一个圆的圆周相切的两直线相交,在这截线上取某个点,从它作一切线的平行线并与截线和另一切线相交,则在两切线上正方形的比,如同介于这截线和切线之间的两线段所夹的矩形与在切点处截出的线段上正方形的比.

设有一圆锥截线或一个圆的圆周 AB,与它相切的直线 AC 和 BC 相交于 C,在截线 AB 上取某个点 D,过它作 EDF 平行于 BC.

我断言 sq. BC : sq. AC :: rect. $FE \cdot ED$: sq. EA.

为此,过 A 和 B 作直径 AGH 和 KBL,过 D 作 DMN 平行 AL;则立即显然有

DK = KF(Ⅰ.46,47),

和 trgl. AEG = quadr. LD(Ⅲ.2),

以及 trgl. BLC = trgl. ACH(Ⅲ.1).

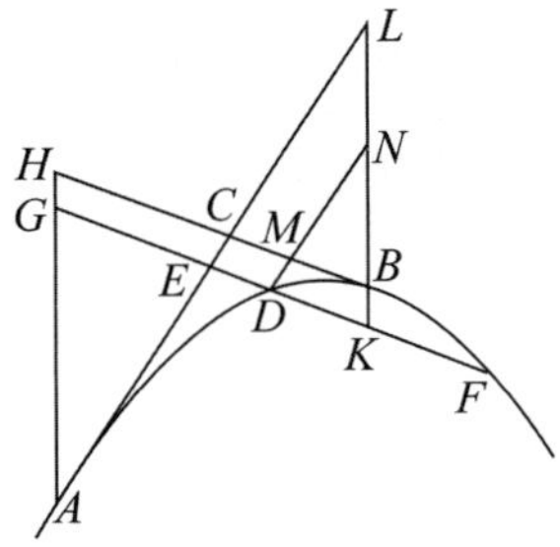

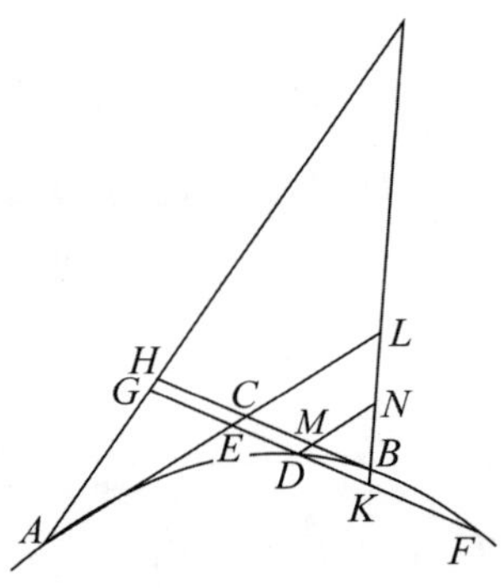

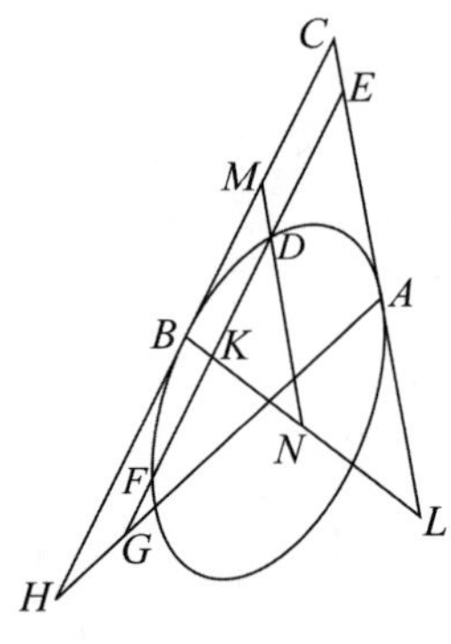

由于这时 DK = KF,

两边加上 DE 后,

rect. $FE \cdot ED$ + sq. DK = sq. KE.

又因为三角形 ELK 相似于三角形 DNK,所以

sq. EK : sq. KD :: trgl. EKL : trgl. DNK.

由换比例 sq. EK : (sq. EK − sq. KD)

:: trgl. EKL : (trgl. EKL − trgl. DNK).

所以 sq. EK : rect. $FE \cdot ED$ :: trgl. EKL : quadr. DL.

但是 sq. EK : trgl. ELK :: sq. CB : trgl. BLC;

所以也有 rect. $FE \cdot ED$: quadr. LD :: sq. CB : trgl. LCB.

但是 quadr. LD = trgl. AEG,

而且　　trgl. BLC = trgl. ACH;

所以也有　　rect. $FE \cdot ED$: trgl. AEG :: sq. CB : trgl. ACH.

由更比例　　rect. $FE \cdot ED$: sq. CB :: trgl. AEG : trgl. ACH.

但是　　trgl. AEG : trgl. ACH :: sq. EA : sq. AC;

所以也有　　rect. $FE \cdot ED$: sq. CB :: sq. EA : sq. AC.

再由更比例,即得.

命题 17

如果与一圆锥截线或一个圆的圆周相切的二直线相交,在这截线上任取两点,且从它们作两切线的平行线彼此相交且交于截线,则二切线上正方形之比将如同类似取得的线段所夹矩形之比.

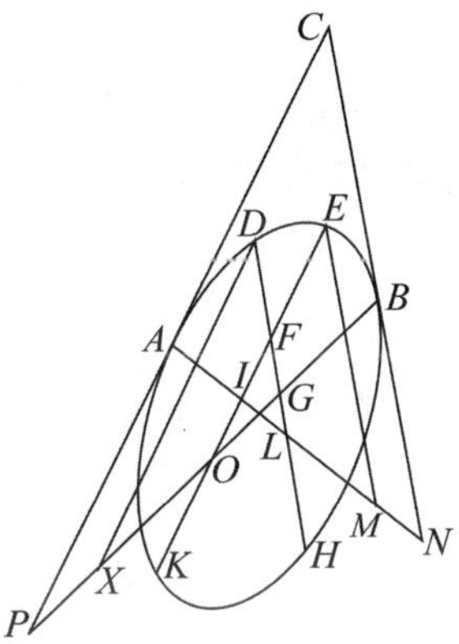

设有一圆锥截线或一个圆的圆周 AB;切于它的 AC 和 BC 相交于 C;在截线上任取两点 D 和 E,过它们作 $EFIK$ 和 $DFGH$ 分别与 AC 和 CB 平行.

我断言　　sq. CA : sq. CB

:: rect. $KF \cdot EF$: rect. $HF \cdot FD$.

为此,设过 A 和 B 作直径 $ALMN$ 和 $BOXP$,且二切线和其平行线延长到直径,以 D 和 E 作 DX 和 EM 平行于切线;则显然有

$KI = IE, HG = GD$(Ⅰ. 46,47).

由于这时 KE 在 I 被分为相等两段,而在 F 被分为不等的两段,于是有

rect. $KF \cdot FE$ + sq. FI = sq. EI(Eucl. Ⅱ. 5).

由于边平行,两三角形相似,所以

sq. EI : sq. IF : trgl. IME : trgl. FIL.

由换比例

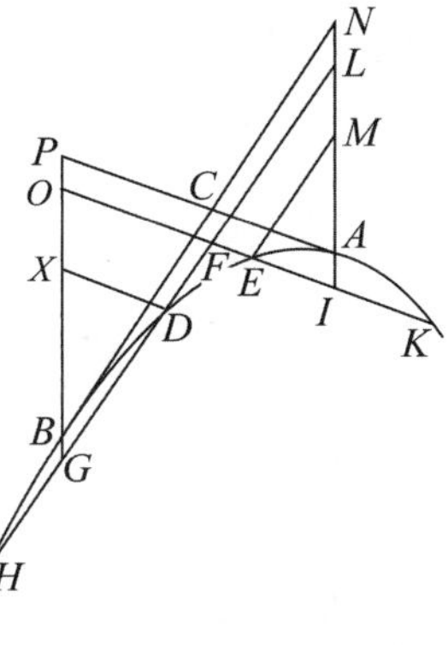

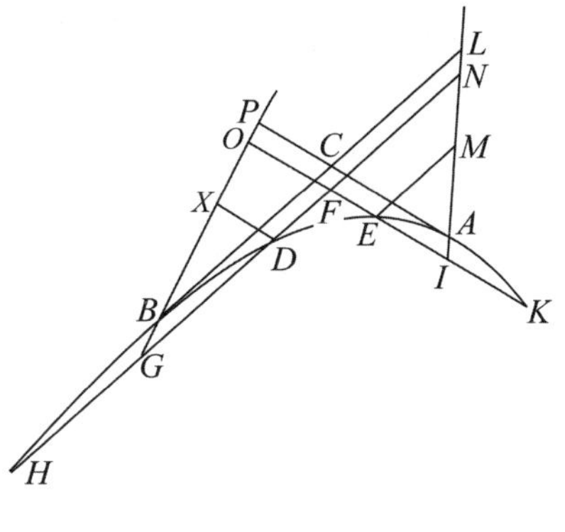

sq. IE : (sq. IE − sq. IF) :: trgl. IME : (trgl. IME − trgl. FIL),

所以有　　sq. IE : rect. $KF \cdot FE$ :: trgl. IME : quadr. FM.

但是 sq. EI : trgl. IME :: sq. AC : trgl. CAN.

所以 rect. $KF \cdot FE$: quadr. FM :: sq. CA : trgl. CAN.

但是 trgl. CAN = trgl. CPB(Ⅲ.1),

和 quadr. FM = quadr. FX(Ⅲ.3);

所以 rect. $KF \cdot FE$: quadr. FX :: sq. CA : trgl. CPB.

然后类似地可以证明

rect. $HF \cdot FD$: quadr. FX :: sq. CB : trgl. CPB.

由于有 rect. $KF \cdot FE$: quadr. FX :: sq. AC : trgl. CPB,

由逆比例 quadr. FX : rect. $HF \cdot FD$ :: trgl. CPB : sq. CB,

由首末比 sq. CA : sq. CB :: rect. $KF \cdot FE$: rect. $HF \cdot FD$.

命题 18

如果与二相对截线相切的二直线相交，且在任一支截线上取某个点，从它作平行于一切线的直线并与该截线和另一切线相交，则二切线上正方形的比，如同这截线和切线之间的二线段所夹的矩形与切点处截出的线段上正方形的比.

设有二相对截线 AB 和 MN，ACL 和 BCH 为其切线，过两切点的直径为 AM 和 BN，在截线 MN 上任取某个点 D，过它作 EDF 平行于 BH.

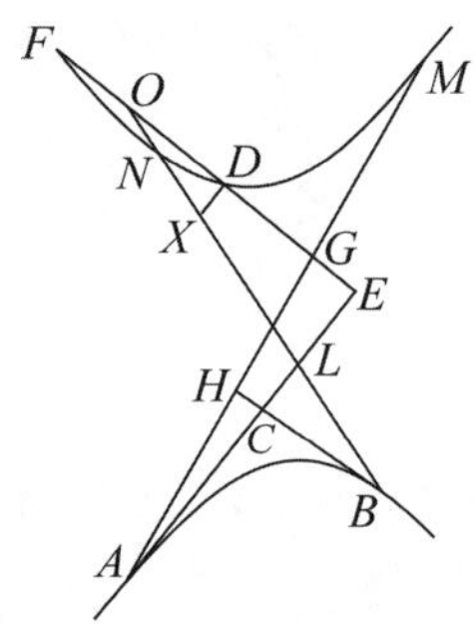

我断言 sq. BC : sq. CA :: rect. $FE \cdot ED$: sq. AE.

为此，过 D 作 DX 平行于 AE. 则因为截线 AB 是一超曲线，而 BN 是它的直径，BH 是一切线，DF 平行于 BH，所以 $FO = OD$(Ⅰ.48).

两边加上 ED；所以

rect. $FE \cdot ED$ + sq. DO = sq. EO(Eucl. 11.6).

又因为 EL 平行于 DX，三角形 EOL 相似于三角形 DOX.

所以 sq. EO : sq. DO :: trgl. EOL : trgl. DXO;

由换比例 sq. EO : (sq. EO − sq. DO)

:: trgl. EOL : (trgl. EOL − trgl. DXO);

于是 sq. EO : rect. $DE \cdot EF$ :: trgl. EOL : quadr. DL.

但是 sq. OE : trgl. EOL :: sq. BC : trgl. BCL;

所以也有 rect. $FE \cdot ED$: quadr. DL :: sq. BC : trgl. BCL.

又 quadr. DL = trgl. AEG(Ⅲ.6,注),

而且 trgl. BCL = trgl. ACH(Ⅲ.1);

所以 rect. $FE \cdot ED$: trgl. AEG :: sq. BC : trgl. ACH.

但是也有 rect. AEG : sq. EA :: trgl. ACH : sq. AC;

所以由首末比　sq. BC∶sq. AC∷rect. $FE\cdot ED$∶sq. EA.*

命题 19

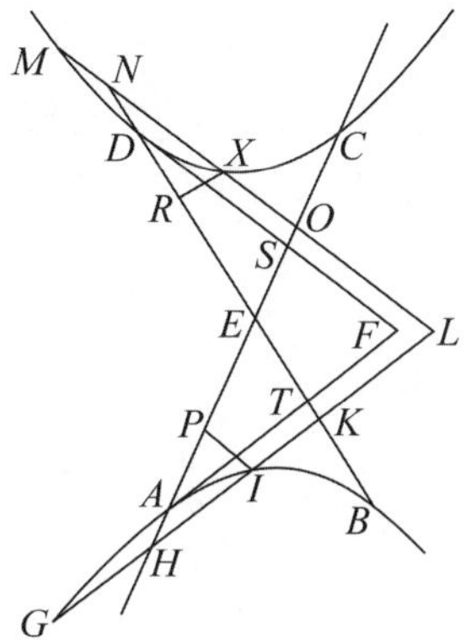

如果与二相对截线相切的二直线相交，且所作的平行于切线的二直线彼此相交且交于截线，则二切线上正方形的比，如同介于截线和二直线交点之间的二线段所夹矩形与类似地所取得二线段所夹的矩形的比.

设有二相对截线，其直径为 AC 和 BD，中心为 E，又设切线 AF 和 FD 交于 F，从任意两点作 $MNXOL$ 和 $GHIKL$ 平行于 DF 和 AF.

我断言　sq. AF∶sq. FD∷rect. $GL\cdot LI$∶rect. $ML\cdot LX$.

过 X 和 I 作 XR 和 IP 分别平行于 AF 和 FD.

又因　sq. AF∶trgl. AFS∷sq. HL∶trgl. HLO∷sq. HI∶trgl. HIP,

所以　sq. AF∶trgl. AFS

∷(sq. HL − sq. HI)∶(trgl. HLO − trgl. HIP)(Eucl. Ⅴ.19),

于是　sq. AF∶trgl. AFS∷rect. $GL\cdot LI$∶quadr. $IPOL$.

但是　trgl. AFS = trgl. DTF(Ⅲ.4).

和　quadr. $IPOL$ = quadr. $KRXL$(Ⅲ.7);

所以也有　sq. AF∶trgl. DTF∷rect. $GL\cdot LI$∶quadr. $KRXL$.

同样地　trgl. DTF∶sq. FD∷quadr. $KRXL$∶rect. $ML\cdot LX$;

所以，由首末比

sq. AF∶sq. FD∷rect. $GL\cdot LI$∶rect. $ML\cdot LX$.

---

* Eutocius 给出了一个另一重要情况的证明：“设有二相对截线 A 和 B，与它们相切的直线 AC 和 BC 交于 C，在截线 B 上取一点 D，过它作 EDF 平行于 AC.

我断言　sq. AC∶sq. BC∷rect. $EF\cdot FD$∶sq. FB.

为此，过 A 作直径 AHG，过 B 和 G 作 GK 和 BL 平行于 EF. 因为 BH 切超曲线于点 B，且 BL 是对直径 AG 的纵线，

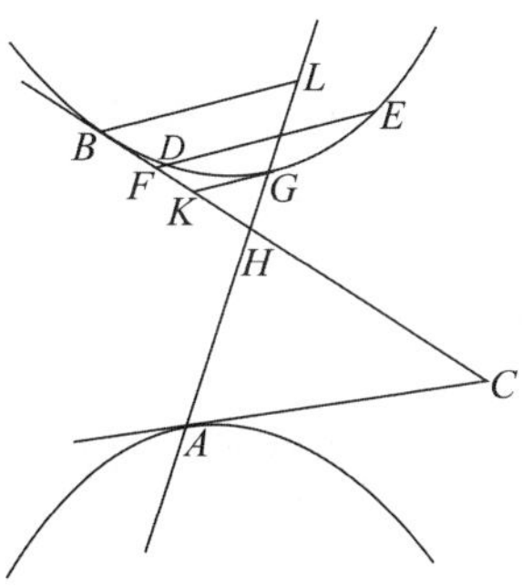

于是　AL∶LG∷AH∶HG(Ⅰ.36).

但是　AL∶LG∷CB∶BK,

和　AH∶HG∷AC∶KG;

所以也有　CB∶BK∷AC∶KG.

于是　AC∶CB∷KG∶KB,

和　sq. AC∶sq. CB∷sq. KG∶sq. KB.

但是已证　sq. GK∶sq. KB∷rect. $EF\cdot FD$∶sq. FB;

所以也有　sq. AC∶sq. CB∷rect. $EF\cdot FD$∶sq. FB.

命题 20

如果与二相对截线相切的二直线相交,过其交点作一直线平行于连接两切点的直线与每一支截线相交,所作的另一直线平行于同一直线且与二截线和二切线相交,则从(二切线)交点所作直线与这二截线相交的二线段所夹的矩形与切线上正方形的比,如同另一直线介于截线和切线之间二线段所夹矩形与在切点处所截出线段上的正方形的比.

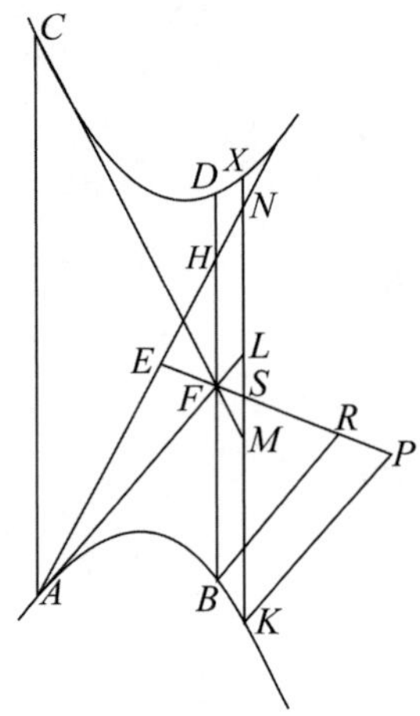

设有二相对截线 *AB* 和 *CD*,其中心为 *E*,切线为 *AF* 和 *CF*,连接 *AC*,又连接 *EF* 和 *AE* 并延长,且过 *F* 作 *BFH* 平行于 *AC*,任取一点 *K*,过它作 *KMSLNX* 平行于 *AC*.

我断言

rect. *BF*·*FD* : sq. *FA* :: rect. *KL*·*LX* : sq. *AL*.

为此,从 *K* 和 *B* 作 *KP* 和 *BR* 平行于 *AF*. 则因为

sq. *BF* : trgl. *BFR* :: sq. *KS* : trgl. *KSP* :: sq. *LS* : trgl. *LSF*,

和 sq. *KS* : trgl. *KSP*

:: (sq. *KS* − sq. *LS*) : (trgl. *KSP* − trgl. *LSF*) (Eucl. Ⅴ.19),

于是 sq. *KS* : trgl. *KSP*

:: rect. *KL*·*LX*(Eucl. Ⅱ.5) : quadr. *KLFP*(Eucl. Ⅴ.19),

而且 sq. *BF* = rect. *BF*·*FD*(Ⅱ.39,38),

和 trgl. *BRF* = trgl. *AFH*(Ⅲ.2 及特殊情形),

以及 quadr. *KLFP* = trgl. *ALN*(Ⅲ.5),

所以 rect. *BF*·*FD* : trgl. *AFH* :: rect. *KI*·*LX* : trgl. *ALN*.

又 trgl. *AFH* : sq. *AF* :: trgl. *ALN* : sq. *AL*;

于是 rect. *BF*·*FD* : sq. *FA* :: rect. *KL*·*LX* : sq. *AL*.

命题 21

与前假设相同,又如果在这截线取两点,过它们分别作两直线,一个平行于切线,另一个平行于两切点的连线,它们彼此相交且与二截线相交,则从(切线)交点作出的与二截线相交的二线段所夹的矩形与切线上正方形的比,如同介于二截线和交点之间二线段所夹的矩形与介于截线和交点之间二线段所夹矩形的比.

设有如前相同的假设,(在一截线上)取两点 *G* 和 *K*,过它们作 *NXGOPR* 和 *KST* 平行于 *AF*,作 *GLM* 和 *KOWIYQZ* 平行于 *AC*.

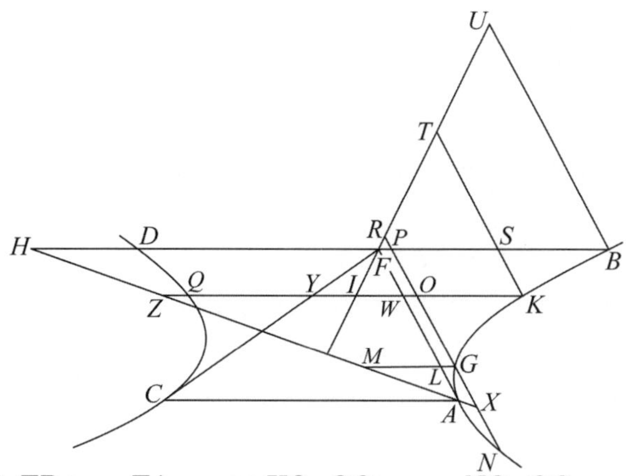

我断言　rect. $BF \cdot FD$: sq. FA :: rect. $KO \cdot OQ$: rect. $NO \cdot OG$.

因为,由于

sq. AF : trgl. AFH :: sq. AL : trgl. ALM :: sq. XO : trgl. XOZ

而且　sq. XO : trgl. XOZ :: sq. XG : trgl. XGM,

所以有　sq. XO : trgl. XOZ

:: (sq. XO − sq. XG) : (trgl. XOZ − trgl. XGN) (Eucl. Ⅴ. 19),

于是就有　rect. $NO \cdot OG$: quadr. $GOZM$ :: sq. AF : trgl. AFH.

但是 trgl. AFH = trgl. BUF(Ⅲ. 11 推论,特殊情形),

和　quadr. $GOZM$ = quadr. $KORT$(Ⅲ. 12);

所以　sq. AF : trgl. BFU :: rect. $NO \cdot OG$: quadr. $KORT$.

但是已证(在Ⅲ. 20 的证明过程中)

trgl. BUF : sq. BF(或 rect. $BF \cdot FD$) (Ⅱ. 39,38)

:: quadr. $KORT$: rect. $KO \cdot OQ$;

由首末比　sq. AF : rect. $BF \cdot FD$ :: rect. $NO \cdot OG$: rect. $KO \cdot OQ$,

由反比例　rect. $BF \cdot FD$: sq. FA :: rect. $KO \cdot OQ$: rect. $NO \cdot OG$.

命 题 22

如果二平行直线与二相对截线相切,作彼此相交的两直线,一条(a)平行于切线,另一条(b)平行于连接两切点的直线,则在切点连线上图形的横截边与竖直边的比,如同其(b)上介于二截线和交点之间二线段所夹矩形与其(a)上介于截线和交点之间二线段所夹矩形的比.

设有二相对截线 A 和 B,设 AC 和 BD 平行并与之相切,连接 AB. 作 EXG 平行于 AB 并与二截线相交,作 $KELM$ 平行于 AC.

我断言　AB : 图形的竖直边 :: rect. $GE \cdot EX$: rect. $KE \cdot EM$.

设过 G 和 X 作 GF 和 XN 平行于 AC.

因为,由于 AC 和 BD 是切于截线的平行线,于是 AB 为一直径(Ⅱ. 31),KL、XN 和

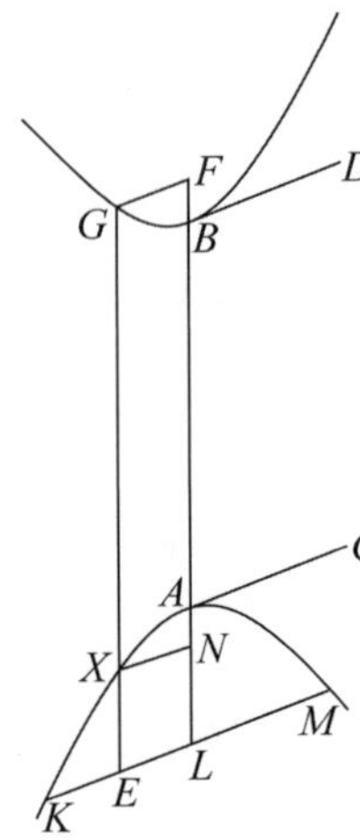

GF 是对它的纵线(Ⅰ.32);于是(Ⅰ.21)

AB∶竖直边 ∷ rect. BL·LA∶sq. LK

∷ rect. BN·NA∶sq. NX(或 sq. LE).

所以 rect. BL·LA∶sq. KL∷rect. BN·NA∶sq. LE,

或 rect. BL·LA∶sq. KL∷rect. FA·AN∶sq. LE,

这是因为 NA = BF(Ⅰ.21);

所以也有 (rect. BL·LA - rect. FA·AN)∶(sq. LK - sq. LE)

∷AB∶竖直边,

即 rect. FL·LN①∶rect. KE·EM∷AB∶竖直边.

但是 rect. FL·LN = rect. GE·EX;

所以 AB(图形的横截边)∶竖直边

∷rect. GE·EX∶rect. KE·EM.

命题 23

如果在共轭的两二相对截线中两条与一二相对截线相切的直线相交于任一截线之内,又任作平行于两切线的两直线相交并交于另一二相对截线,则两切线上正方形的比,将如同介于截线和二直线交点之间二线段所夹的矩形与类似取得的二线段所夹矩形的比.

设有共轭的两二相对截线 AB、EF 和 CD、GH,其中心为 K,与截线 AB 和 EF 分别相切的直线 AWCL 和 EYDL 相交于 L,连接 AK 和 EK 并延长到 B 和 F,从 G 作 GMNXO 平行于 AL,从 H 作HPRXS平行于 EL.

我断言 sq. EL∶sq. LA∷rect. HX·XS∶rect. GX·XO.

为此,过 S 作 ST 平行于 AL,从 O 作 OU 平行于 EL. 因为 BE 是共轭的两二相对截线 AB、EF 和 CD、GH 的一条直径,EL 与截线 EF 相切,已作的 HS 平行于它,于是

HP = PS(Ⅱ.20;定义 5),

同理 GM = MO.

又因为 sq. EL∶trgl. EWL∷sq. PS∶trgl. PTS∷sq. PX∶trgl. PNX,

---

① 因为NA = BF,于是

rect. BL·LA - rect. FA·AN

= rect. (BN + NL)·AL - rect. BN·(AL - LN)

= rect. BN·AL + rect. NL·AL - rect. BN·AL + rect. BN·LN

= rect. NL·(AL + BN)

= rect. NL·(AL + AF)

= rect. NL·FL.

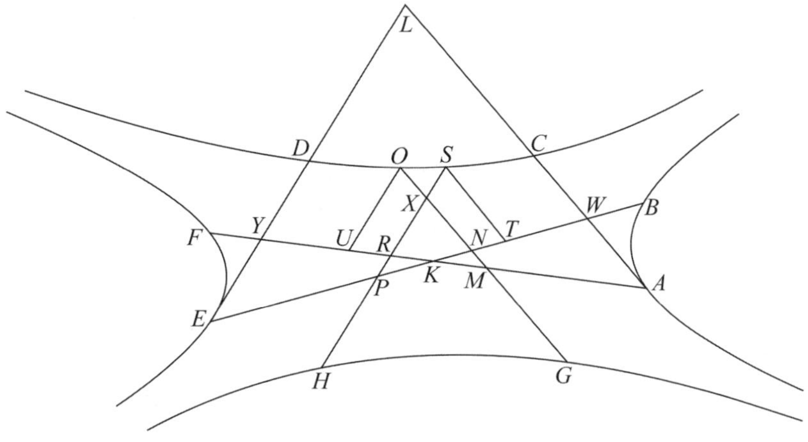

有　(sq. PS − sq. PX)：(trgl. PTS − trgl. PNX) ∷ sq. EL：trgl. WLE,

即　rect. $HX \cdot XS$： quadr. $TN \cdot XS$ ∷ sq. EL：trgl. WLE.

但是　trgl. EWL = trgl. ALY(Ⅲ.4),

和　quadr. $TNXS$ = quadr. $XRUO$ (Ⅲ.15);*

所以　sq. EL：trgl. ALY ∷ rect. $HX \cdot XS$： quadr. $XRUO$.

但是　trgl. AYL：sq. AL ∷ quadr. $XRUO$：rect. $GX \cdot XO$(相同方法);

所以由首末比　sq. EL：sq. AL ∷ rect. $HX \cdot XS$：rect. $GX \cdot XO$.

命题 24

如果在共轭的两二相对截线上,过其中心作两直线到截线,一条为横截直径,另一条为竖直直径,又分别作两直径的平行线彼此相交且交于截线,其交点在四个截线之间,则平行于横截被交点所分两线段所夹矩形与一矩形一起等于横截直径一半上正方形的二倍,而平行于竖直直径被交点所分两线段所夹矩形与该矩形之比,如同竖直直径上正方形与横截直径上正方形之比.

设有共轭的两二相对截线 A、C 和 B、D,其中心为 E,从 E 作横截直径 AEC 和竖直直径 DEB,又作 $FGHIKL$ 和 $MNXOPR$ 分别平行于 AC 和 DB 并交于 X,首先设 X 位于角 SEW 或角 UET 内.

我断言　矩形 $FX \cdot XL$ 连同一矩形的和将等于 AE 上正方形的二倍,矩形 $RX \cdot XM$ 与该矩形的比如同 DB 上正方形与 AC 上正方形的比.

---

*这是Ⅲ.15 的一种情形,其中两切线是二相对截线之一上的,与Ⅲ.12 和Ⅲ.18 两种情形对比.

因为　trgl. TSP − trgl. KPR = trgl. ANK(Ⅲ.15),

和　trgl. MOU − trgl. MNK = trgl. ANK(Ⅲ.15).

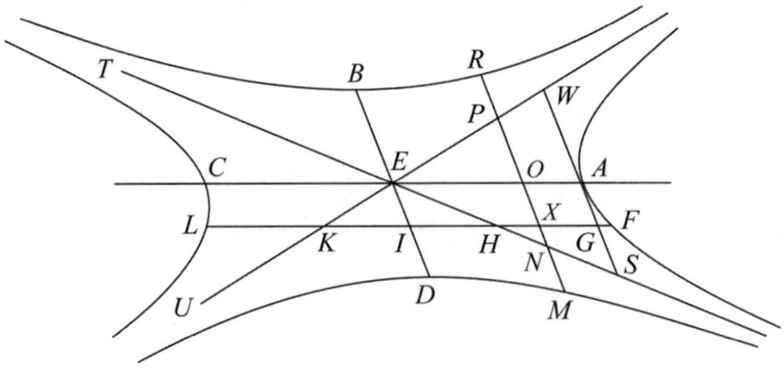

为此,作这些截线的渐近浅 *SET* 和 *UEW*,过 *A* 作截线的切线 *SGAW*.

由于这时 rect. $SA \cdot AW$ = sq. DE(Ⅰ.60;Ⅱ.1),

所以 rect. $SA \cdot AW$: sq. EA :: sq. DE : sq. EA.

而 rect. $SA \cdot AW$: sq. EA :: $SA : AE$comp. $WA : AE$.

但是 $SA : AE :: NX : XH$

和 $WA : AE :: PX : XK$;

所以 sq. DE : sq. AE :: $NX : XH$comp. $PX : XK$.

但是 rect. $PX \cdot XN$: rect. $KX : XH$ :: $NX : XH$comp. $PX : XK$,

所以 sq. DE : sq. AE :: rect. $PX : XN$: rect. $KX \cdot XH$.

所以也有

sq. DE : sq. AE :: (sq. DE + rect. $PX \cdot XN$) : (sq. AE + rect. $KX \cdot XH$).

又 sq. DE = rect. $PM \cdot MN$(Ⅱ.11) = rect. $RN \cdot NM$(Ⅱ.16),

和 sq. AE = rect. $KF \cdot FH$(Ⅱ.11) = rect. $LH \cdot HF$(Ⅱ.16);

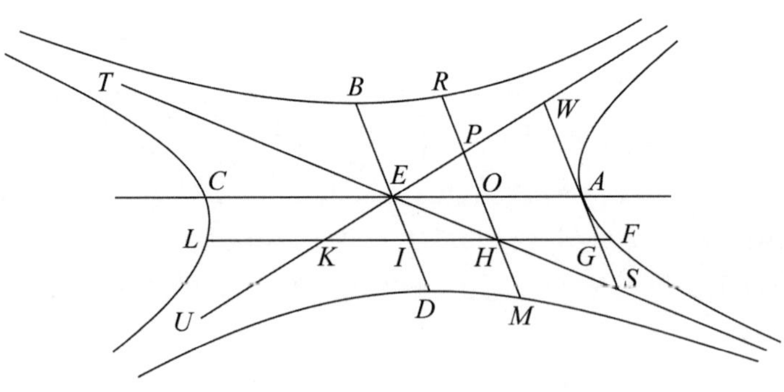

所以

sq. DE : sq. AE :: (rect. $PX \cdot XN$ + rect. $RN \cdot NM$)
: (rect. $KX \cdot XH$ + rect. $LH \cdot HF$).

又　　　　$\text{rect. } PX\cdot XN + \text{rect. } RN\cdot NM = \text{rect. } RX\cdot XM$; *

所以　　　$\text{sq. } DE : \text{sq. } AE :: \text{rect. } RX\cdot XM : (\text{rect. } KX\cdot XH + \text{rect. } KF\cdot FH)$.

现则需证

$$\text{rect. } FX\cdot XL + \text{rect. } KX\cdot XH + \text{rect. } KF\cdot FH = 2\text{sq. } AE.$$

从两边减去公共的正方形 AE,即矩形 $KF\cdot FH$;所以要证

$$\text{rect. } FX\cdot XL + \text{rect. } KX\cdot XH = \text{sq. } AE.$$

(上图)而这的确如此;因为

$\text{rect. } FX\cdot XL + \text{rect. } KX\cdot XH = \text{rect. } LH\cdot HF$, **

于是　　　$\text{rect. } FX\cdot XL + \text{rect. } KX\cdot XH$

$= \text{rect. } KF\cdot FH$(Ⅱ. 16) $= \text{sq. } AE$(Ⅱ. 11).

然后设直线 FL 和 MR 交于渐近线上一点 H.

这时　　　$\text{rect. } FH\cdot HL = \text{sq. } AE$,

和　　　　$\text{rect. } MH\cdot HR = \text{sq. } DE$(Ⅱ. 11,16);

所以　　　$\text{sq. } DE : \text{sq. } AE :: \text{rect. } MH\cdot HR : \text{rect. } FH : HL$.

因而需要两倍矩形 $FH\cdot HL$ 等于 AE 上正方形的两倍. 而且确实是这样.

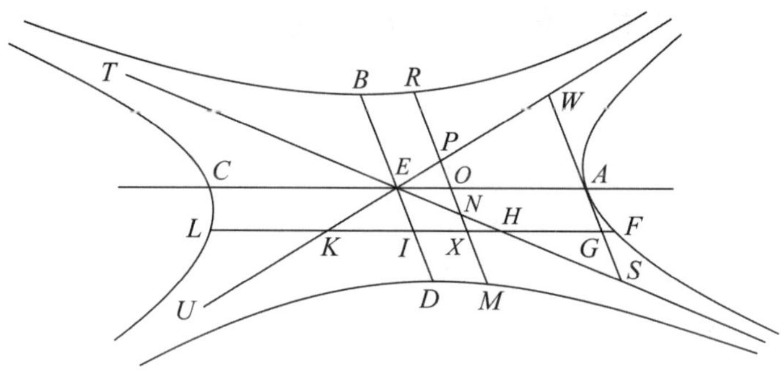

再设点 X 位于角 SEK 或角 WET 内. 类似地,由比例的关系

$$\text{sq. } DE : \text{sq. } AE :: \text{rect. } PX\cdot XN : \text{rect. } KX\cdot XH.$$

又　　　　$\text{sq. } DE = \text{rect. } PM\cdot RN = \text{rect. } RN\cdot NM$,

而且　　　$\text{sq. } AE = \text{rect. } FH\cdot HL$;

所以　　　$\text{rect. } RN\cdot NM : FH\cdot HL :: \text{rect. } PX\cdot XN : \text{rect. } KX\cdot XH$.

---

*因为 $RP = NM$(Ⅱ. 8),和 $RO = OM$(Ⅱ. 3),

所以　　　$PO = ON$.

但是　　　$\text{rect. } PX\cdot XN + \text{sq. } OX = \text{sq. } ON$(Eucl. Ⅱ. 5),

同理　　　$\text{rect. } RN\cdot NM + \text{sq. } ON = \text{sq. } OM$,

和　　　　$\text{rect. } RX\cdot XM + \text{sq. } OX = \text{sq. } OM$.

因此　　　$\text{rect. } RN\cdot NM + \text{sq. } ON = \text{rect. } RX\cdot XM + \text{sq. } OX$,

而等量加等量,　$\text{rect. } RN\cdot NM + \text{sq. } ON + \text{rect. } PX\cdot XN + \text{sq. } OX$

$= \text{rect. } RX\cdot XM + \text{sq. } OX + \text{sq. } ON$.

减去公共的,就有　$\text{rect. } RN\cdot NM + \text{rect. } PX\cdot XN = \text{rect. } RX\cdot XM$.

**对于点 X 在不同位置的情形,用如在上述注中所述的相同方法,但也可用 Euclid Ⅱ. 6.

所以也有

$$\text{rect. } RN\cdot NM : \text{rect. } FH\cdot HL ::$$
$$(\text{rect. } RN\cdot NM - \text{rect. } PX\cdot XN) : (\text{rect. } FH\cdot HL - \text{rect. } KX\cdot XH),$$

即

$$\text{rect. } RN\cdot NM : \text{rect. } FH\cdot HL$$
$$:: \text{rect. } RX\cdot XM : (\text{sq. } AE - \text{rect. } KX\cdot XH).$$
$$(\text{或 sq. } DE : \text{sq. } AE :: \text{tret. } RX\cdot XM : (\text{sq. } AE - \text{rect. } KX\cdot XH).)$$

于是需证

$$\text{rect. } FX\cdot XL + (\text{sq. } AE - \text{rect. } KX\cdot XH) = 2\text{sq. } AE.$$

从两边减去公共的 AE 上正方形,即矩形 $FH\cdot HL$;于是须证

$$\text{rect. } KX\cdot XH + (\text{sq. } AE - \text{rect. } KX\cdot XH) = \text{sq. } AE.$$

而这的确是这样;因为

$$\text{rect. } KX\cdot XH + \text{sq. } AE - \text{rect. } KX\cdot XH = \text{sq. } AE.$$

命题 25

与前假设相同,若平行于 AC 和 BD 的两直线的交点位于截线 D 和 B 之一内,如下图中的点 X.

我断言　平行于横截直径的直线上两线段所夹的矩形,即矩形 $OX\cdot XN$,比一矩形大一个横截直径一半上正方形的两倍,而该矩形与平行于竖直直径的直线上两线段所夹形(即矩形 $RX\cdot XM$)的比如同竖直直径上正方形与横截直径上正方形的比.

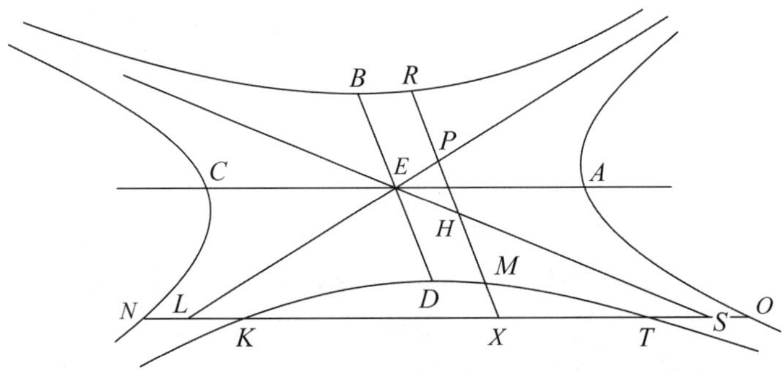

因为,同理有

$$\text{sq. } DE : \text{sq. } AE :: \text{rect. } PX\cdot XH : \text{rect. } SX\cdot XL$$

和

$$\text{sq. } DE = \text{rect. } PM\cdot MH,$$

以及

$$\text{sq. } AE = \text{rect. } LO\cdot OS \qquad (\text{Ⅱ}.11);$$

所以也有

$$\text{sq. } DE : \text{sq. } AE :: \text{rect. } PM\cdot MH : \text{rect. } LO\cdot OS.$$

所以

$$\text{rect. } PX\cdot XH : \text{rect. } SX\cdot XL$$
$$:: \text{rect. } PM\cdot MH : \text{rect. } LO\cdot OS(\text{或 rect. } ST\cdot TL),$$

于是

$$(\text{rect. } PX\cdot XH - \text{rect. } PM\cdot MH)$$
$$: (\text{rect. } LX\cdot XS - \text{rect. } ST\cdot TL) :: \text{sq. } DE : \text{sq. } AE,$$

即　　　　　　　　　　$\text{rect. } RX \cdot XM : \text{rect. } TX \cdot XK^{*} :: \text{sq. } DE : \text{sq. } AE.$

所以要求证明

$$\text{rect. } OX \cdot XN = \text{rect. } TX \cdot XK + 2\text{sq. } AE.$$

两边减去 rect. $TX \cdot XK$,所以必须证明

$$\text{rect. } OX \cdot XN - \text{rect. } TX \cdot XK = 2\text{sq. } AE,$$

即　　　　　　　　rect. $OT \cdot TN$(Ⅲ. 24 的第一个注) = 2sq. AE.

而这正是Ⅱ. 23 所证明的.

命 题 26

又如果(平行于 AC 和 BD 的)两直线交点 X 在截线 A 和 C 之一内,如下图中的点 X,则平行于横截直径的直线上两线段所夹矩形,即矩形 $LX \cdot XF$,比一矩形小一个横截直径一半上正方形的两倍,而该矩形与另一平行线上两线段所夹矩形,即矩形 $RX \cdot XG$ 的比如同竖直直径上正方形与横截直径上正方形的比.

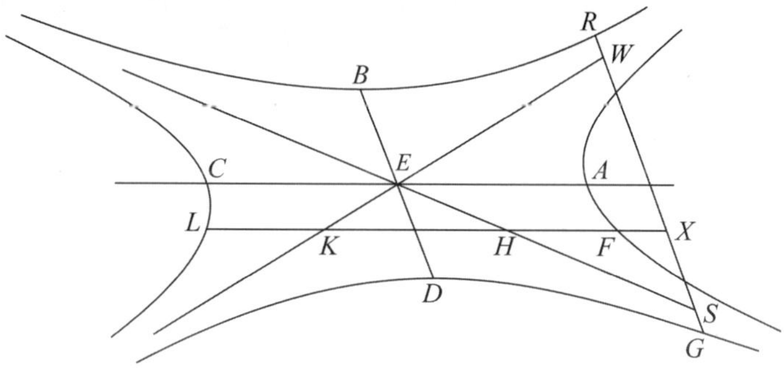

因为,如前同理有

$$\text{sq. } DE : \text{sq. } AE :: \text{rect. } WX \cdot XS : \text{rect. } KX \cdot XH,$$

所以也有　　　　　　　　　　　$\text{sq. } DE : \text{sq. } AE$

$$:: (\text{sq. } DE + \text{rect. } WX \cdot XS) : (\text{sq. } AE + \text{rect. } KX \cdot XH),$$

即

$$\text{rect. } RX \cdot XG^{**} : (\text{sq. } AE + \text{rect. } KX \cdot XH) :: \text{sq. } DE : \text{sq. } AE.$$

于是须证

$$\text{rect. } LX \cdot XF + 2\text{sq. } AE = \text{rect. } KX \cdot XH + \text{sq. } AE.$$

从两边减去公共的 AE 上正方形,于是则须证

---

*利用 Ⅲ. 24 的第一个注;Ⅱ. 8.

**因为由 Ⅱ. 11 有　rect. $WG \cdot GS$ = sq. DE;

和　　　　　　　　　　　　$RW = GS$(Ⅱ. 16).

所以由 Ⅲ. 24 第一个注及 Ⅱ. 16,有

$$\text{rect. } WX \cdot XS + \text{sq. } DE = \text{rect. } WX \cdot XS + \text{rect. } WG \cdot GS = \text{rect. } RX \cdot XG.$$

$$\text{rect. } LX \cdot XF + \text{sq. } AE = \text{rect. } KX \cdot XH$$

或 $$\text{rect. } LX \cdot XF + \text{rect. } LH \cdot HF = \text{rect. } KX \cdot XH \text{(Ⅱ.16,11)}.$$

而它的确是这样,因为

$$\text{rect. } LH \cdot HF + \text{rect. } LX \cdot XF = \text{rect. } KX \cdot XH.^{*}$$

命 题 27

如果作一亏曲线或一个圆的圆周的一对共轭直径,其一称为竖直直径,另一称为横截直径,在截线内作平行于它们的直线彼此相交并交于截线,则平行于横截直径的直线介于两线交点和截线之间的二线段上正方形之和加上平行于竖直直径的直线介于两线交点和截线之间的二线段上所作出的图形,这些图形与竖直直径上的图形相似而且有相似的位置,其总和将等于横截直径上的正方形.

设有一亏曲线或一个圆的圆周 $ABCD$,其中心为 E,所作的一对共轭直径为竖直直径 AEC 和横截直径 BED,作 $NFGH$ 和 $KFLM$ 分别平行于 BD 和 AC.

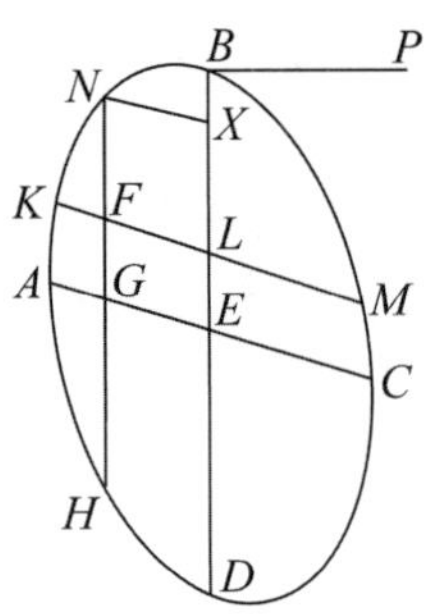

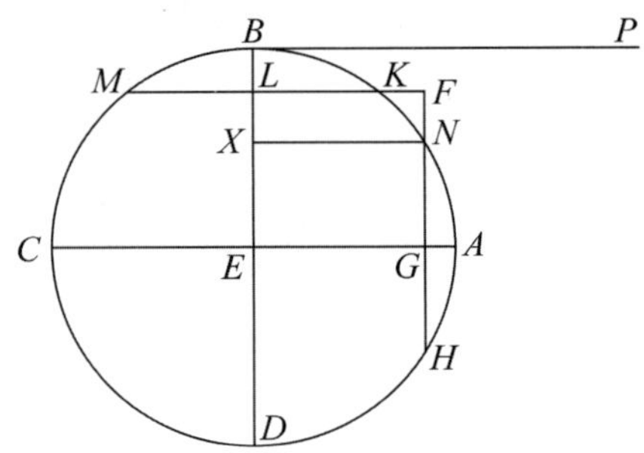

我断言 NF 和 FH 上正方形之和加上与 AC 上图形相似的 KF 和 FM 上的图形,其和将等于 BD 上正方形.

从 N 作 NX 平行于 AE,所以它是对 BD 的纵线. 又设 BP 是竖直边,现在由于

$$BP : AC :: AC : BD \text{(Ⅰ.15)},$$

所以也有 $$BP : BD :: \text{sq. } AC : \text{sq. } BD.$$

又 $$\text{sq. } BD = AC \text{ 上的图形;}$$

所以 $$BP : BD :: \text{sq. } AC : AC \text{ 上的图形}.$$

又 sq. AC : AC 上的图形 :: sq. NX : 与 AC 上的图形相似的 NX 上的图形(Eucl. Ⅵ.22);

所以也有 BP : BD :: sq. NX : 与 AC 上的图形相似的 NX 上的图形.

又也有 $$BP : BD :: \text{sq. } NX : \text{rect. } BX \cdot XD \text{(Ⅰ.21)};$$

---

*这是对Ⅲ.24 的第一个注的另一情形.

所以　与 AC 上图形相似的 NX 或 FL 上的图形 = rect. $BX \cdot XD$.

类似地能够证明

与 AC 上图形相似的 KL 上的图形 = rect. $BL \cdot LD$.

又因 NH 平分于 G，而在 F 不平分，所以

$$\text{sq. }HF + \text{sq. }FN = 2(\text{sq. }HG + \text{sq. }GF)$$
$$= 2(\text{sq. }NG + \text{sq. }GF)\ (\text{Eucl. VI. 9}).$$

同理也有

$$\text{sq. }MF + \text{sq. }FK = 2(\text{sq. }KL + \text{sq. }LF),$$

且与 AC 上图形相似的 MF 和 FK 上图形的和等于与 AC 上图形相似的 KL 和 LF 上图形之和的二倍.

又 LK 上的图形 + FL 上的图形

= rect. $BX \cdot XD$ + rect. $BL \cdot LD$（见上面），

和　$\text{sq. }NG + \text{sq. }GF = \text{sq. }XE + \text{sq. }EL$；

所以 sq. NF + sq. FH + 与 AC 上图形相似的 KF 和 FM 上图形之和

$$= 2(\text{rect. }BX \cdot XD + \text{rect. }BL \cdot LD + \text{sq. }XE + \text{sq. }EL).$$

又因为线段 BD 平分于 E，而在 X 不平分，于是

$$\text{rect. }BX \cdot XD + \text{sq. }XE = \text{sq. }BE\ (\text{Eucl. II. 5}).$$

又同样地也有

$$\text{rect. }BL \cdot LD + \text{sq. }LE = \text{sq. }BE;$$

于是

$$\text{rect. }BX \cdot XD + \text{rect. }BL \cdot LD + \text{sq. }XE + \text{sq. }LE = 2\text{sq. }BE.$$

所以 NF 和 FH 上正方形之和加上与 AC 上图形相似的 KF 和 FM 上图形等于 BE 上正方形的二倍. 但是也有

$$\text{sq. }BD = 4\text{sq. }BE;$$

所以　NF 和 FH 上正方形之和加上与 AC 上图形相似的 KF 和 FM 上图形之和等于 BD 上正方形.

命题 28

如果在共轭的两二相对截线上作一对共轭直径，一个是竖直径，另一个是横截直径，作平行于它们的两直线彼此相交且交于截线，则平行于竖直径的直线上在两直线交点到截线之间两线段上正方形之和与平行于横截直径的直线上在两直线交点到截线之间两线段上正方形和之比，如同竖直直径上正方形与横截直径上正方形之比.

设有共轭的两二相对截线 A、C 和 B、D，又设 AEC 是竖直直径，BED 是横截直径，且作平行于它们的直径 $FGHK$ 和 $LGMN$ 彼此相交且交于截线.

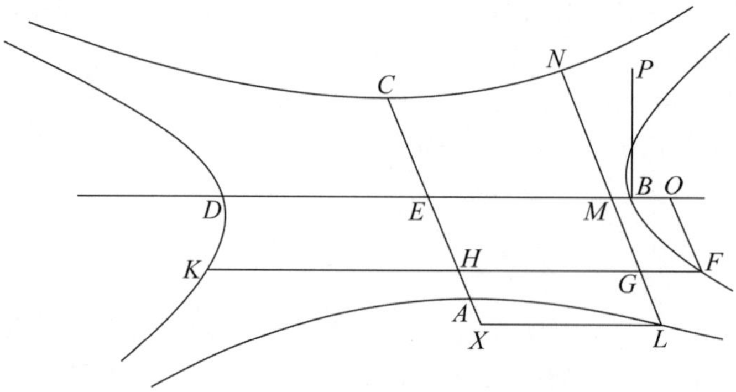

我断言

$$(\text{sq. }LG+\text{sq. }GN):(\text{sq. }FG+\text{sq. }GK)::\text{sq. }AC:\text{sq. }BD.$$

为此,设从 F 和 L 依纵线方向作 LX 和 FO;所以它们分别平行于 BD 和 AC. 从 B 作对 BD 的竖直边 BP;则显然有

$$PB:BD::\text{sq. }AC:\text{sq. }BD::\text{sq. }AE:\text{sq. }EB$$
$$::\text{sq. }FO:\text{rect. }BO\cdot OD$$
$$::\text{rect. }CX\cdot XA:\text{sq. }LX(\text{Ⅰ}.15;\text{Ⅰ}.21;\text{Ⅰ}.60,21).$$

于是一前项之一比一后项之一如同所有前项之和比所有后项之和(Eucl. Ⅴ. 12);所以

$$\text{sq. }AC:\text{sq. }BD::(\text{rect. }CX\cdot XA+\text{sq. }AE+\text{sq. }OF):$$
$$(\text{rect. }DO\cdot OB+\text{sq. }BE+\text{sq. }LX),$$

或

$$\text{sq. }AC:\text{sq. }BD::(\text{rect. }CX\cdot XA+\text{sq. }AE+\text{sq. }EH):$$
$$(\text{rect. }DO\cdot OB+\text{sq. }BE+\text{sq. }ME).$$

但是

$$\text{rect. }CX\cdot XA+\text{sq. }AE=\text{sq. }XE,$$

和

$$\text{rect. }DO\cdot OB+\text{sq. }BE=\text{sq. }OE(\text{Eucl. Ⅱ}.6);$$

所以

$$\text{sq. }AC:\text{sq. }BD::(\text{sq. }XE+\text{sq. }EH):(\text{sq. }OE+\text{sq. }EM)$$
$$::(\text{sq. }LM+\text{sq. }MG):(\text{sq. }FH+\text{sq. }HG).$$

又已证

$$\text{sq. }NG+\text{sq. }GL=2(\text{sq. }LM+\text{sq. }MG),$$

和

$$\text{sq. }FG+\text{sq. }GK=2(\text{sq. }FH+\text{sq. }HG)(\text{Eucl. Ⅱ}.9);$$

所以也有

$$\text{sq. }AC:\text{sq. }BD::(\text{sq. }NG+\text{sq. }GL):(\text{sq. }FG+\text{sq. }GK).$$

命题 29

假设同样的事实,若竖直直径的平行线与渐近线相截,则在所作的竖直直径的平行线上所截出的介于二直线交点和渐近线之间二线段上的正方形之和加上竖直直径上正方形的一半,其总和与所作的横截直径的平行线上所

截出的介于二直线交点和截线之间二线段上正方形之和的比，如同竖直直径上的正方形与横截直径上正方形的比.

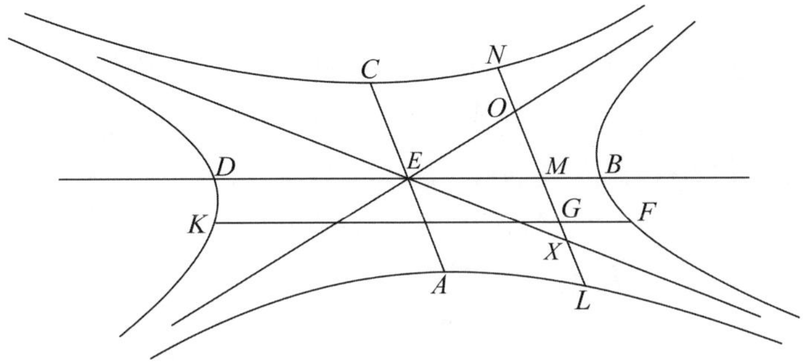

因为，假设相同的事实如前，并设 NL 与二渐近线相截于 X 和 O.

则要证明

$$(\text{sq. } XG + \text{sq. } GO + \frac{1}{2}\text{sq. } AC) : (\text{sq. } FG + \text{sq. } GK)$$

$$:: \text{sq. } AC : \text{sq. } BD,$$

或 $$(\text{sq. } XG + \text{sq. } GO + 2\text{sq. } AE) : (\text{sq. } FG + \text{sq. } GK)$$

$$:: \text{sq. } AC : \text{sq. } BD.$$

因为，由于 $$LX = ON(\text{Ⅱ}.16),$$

于是 $$\text{sq. } LG + \text{sq. } GN - 2\text{rect. } NX \cdot XL = \text{sq. } XG + \text{sq. } GO;^*$$

所以 $$\text{sq. } XG + \text{sq. } GO + 2\text{sq. } AE = \text{sq. } LG + \text{sq. } GN.$$

又 $$(\text{sq. } LG + \text{sq. } GN) : (\text{sq. } FG + \text{sq. } GK)$$

$$:: \text{sq. } AC : \text{sq. } BD(\text{Ⅲ}.28);$$

所以也有

$$(\text{sq. } XG + \text{sq. } GO + 2\text{sq. } AE) : (\text{sq. } FG + \text{sq. } GK)$$

$$:: \text{sq. } AC : \text{sq. } BD.$$

---

*因为　$OM = MX$.

所以，如 pappus 在一个引理中所述，由于

$$2\text{rect. } NX \cdot XL + 2\text{sq. } MX = 2\text{sq. } ML(\text{Eucl. Ⅱ}.5),$$

两边加上 GM 上正方形的二倍，

$$2\text{rect. } NX \cdot XL + 2\text{sq. } MX + 2\text{sq. } GM = 2\text{sq. } ML + 2\text{sq. } GM.$$

而 $$2\text{sq. } ML + 2\text{sq. } GM = \text{sq. } NG + \text{sq. } LG$$

和 $$2\text{sq. } MX + 2\text{sq. } GM = \text{sq. } OG + \text{sq. } GX(\text{Eucl. Ⅱ}.9).$$

于是就有 $$\text{sq. } LG + \text{sq. } GN - 2\text{rect. } NX \cdot XL = \text{sq. } XG + \text{sq. } GO.$$

命题 30

如果与一超曲线相切的二直线相交，延长过二切点的直线，再过交点作一直线与一渐近线平行，且与这截线及二切点连线都相交，则介于交点和二切点连线之间的线段将被这截线所平分*.

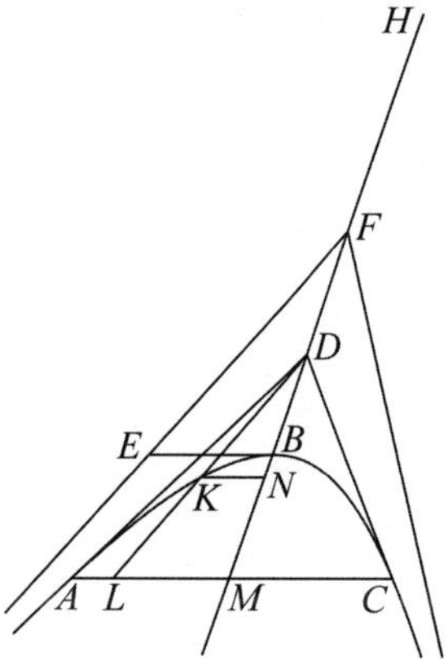

设有超曲线 ABC，AD 和 CD 是切线，EF 是渐近线之一，连接 AC，过 D 作 DKL 平行于 FE.

我断言 $DK=KL$.

为此，连接 FD 并向两边延长，取 FH 等于 BF，过 B 和 K 作 BE 和 KN 平行于 AC；所以它们都已依纵线方向作出(Ⅱ. 30,5,7). 又因为三角形 BEF 相似于三角形 NKD.

所以　sq. DN : sq. NK :: sq. BF : sq. BE.　(α)

又　sq. BF : sq. BE :: HB : 竖直边(Ⅱ. 1)；

所以也有　sq. DN : sq. NK :: HB : 竖直边.

但是　HB : 竖直边 :: rect. $HN \cdot NB$: sq. NK(Ⅰ. 21)；

所以也有　sq. DN : sq. NK :: rect. $HN \cdot NB$: sq. NK.　(β)

所以　rect. HN : NB = sq. DN.

因而也有　rect. $MF \cdot FD$ = sq. FB(Ⅰ. 37)，

因为 AD 是切线，AM 是已作的纵线，这样也有

rect. $HN \cdot NB$ + sq. FB = rect. $MF \cdot FD$ + sq. DN.

但是　rect. $HN \cdot NB$ + sq. FB = sq. FN(Eucl. Ⅱ. 6)；

因而　rect. $MF \cdot FD$ + sq. DN = sq. FN.

所以 DM 被平分于 N(Eucl. Ⅱ. 6). 又 KN 与 LM 平行；

所以　DK = KL.

---

*从命题 30 到命题 34(包括在内)都是一种特殊情形，而命题 35 和 36 是命题 37 的另一种特殊情形. 第一组取过切线交点的线段与一渐近线平行. 第二组取切线之一作为一渐近线. 位于二者之间的命题 34 是这两种方式的特例.

在命题 37 中，我们有线段 CF 被截线截于 D 和 F，被切点连线截于 E，满足

CF : CD :: FE : ED.

这与在命题Ⅰ. 34 中见到的调和比例式是同一形式，而 DF 是 CF 和 FE 间的调和中项.

若从这比例式用类推方法辨明，把无穷远看作一个有限量，把这里可能发生的两个这样的无穷小量看成相等的量，服从量的一般规律，我们能立即引出命题 30 到命题 36 的特殊情形. 这样，在第一组的情形里，CF 和 FE 两者都变成无穷大，所以 CD 等于 ED.

命题 31

如果与二相对截线相切的二直线相交，延长过两切点的直线，过该交点作一直线平行于一渐近线与一截线和二切点连线都相交，则介于交点和二切点连线之间的线段将被这截线所平分.

该有二相对截线 A 和 B，切线为 AC 和 CB，连接 AB 并延长，又设 FE 是一渐近线，过 C 作 CGH 平行于 FE.

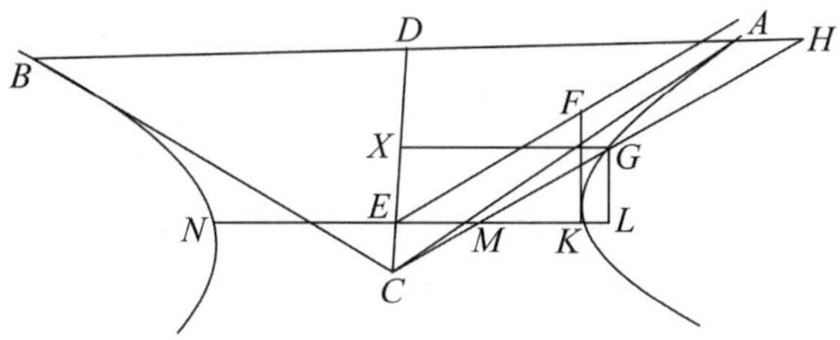

我断言　$CG = GH$.

连接 CE 并延长到 D，过 E 和 G 作 $NEMK$ 和 GX 平行于 AB，过 G 和 K 作 GL 和 KF 平行于 CD.

因为三角形 KFE 相似于三角形 MLG，

所以　$$\text{sq. } KE : \text{sq. } KF :: \text{sq. } ML : \text{sq. } LG.$$

又已证明

$$\text{sq. } KE : \text{sq. } KF :: \text{rect. } NL \cdot LK : \text{sq. } LG \text{（Ⅲ. 30 的 } \alpha \text{ 和 } \beta \text{）；}$$

所以　$$\text{rect. } NL \cdot LK = \text{sq. } ML.$$

对上式两边加上 KE 上正方形；于是

$$\text{rect. } NL \cdot LK + \text{sq. } KE = \text{sq. } LE = \text{sq. } GX = \text{sq. } ML + \text{sq. } KE.$$

又　$$\text{sq. } GX : (\text{sq. } ML + \text{sq. } KE)$$

$$:: \text{sq. } XC : (\text{sq. } LG + \text{sq. } KF) \text{（Eucl. Ⅵ. 4；Ⅴ. 12）；}$$

所以　$$\text{sq. } XC = \text{sq. } LG + \text{sq. } KF.$$

又　$$\text{sq. } LG = \text{sq. } XE$$

和　$$\text{sq. } KF = \text{sq. } \frac{1}{2} \text{第二直径（Ⅱ. 1）} = \text{rect. } CE \cdot ED \text{（Ⅰ. 38）；}$$

所以　$$\text{sq. } XC = \text{sq. } XE + \text{rect. } CE \cdot ED.$$

所以线段 CD 已平分于 X，而且在 E 处分成不相等的两段（Eucl. Ⅱ. 5）.

又 DH 平行于 GX；所以　　$CG = GH$.

命题 32

如果与一超曲线相切的二直线相交,延长过二切点的直线,过交点作一直线平行于二切点的连线,过二切点连线的中点作一直线平行于一渐近线,则介于这一中点和平行线之间所截出的线段将被这截线所平分.

设有超曲线 ABC,其中心为 D,渐近线之一为 DE,切线为 AF 和 FC,连接 CA,连接 FD 并延长到 G 和 H;则显然有

$$AH = HC.$$

然后过 F 作 FK 平行于 AC,过 H 作 HLK 平行于 DE.

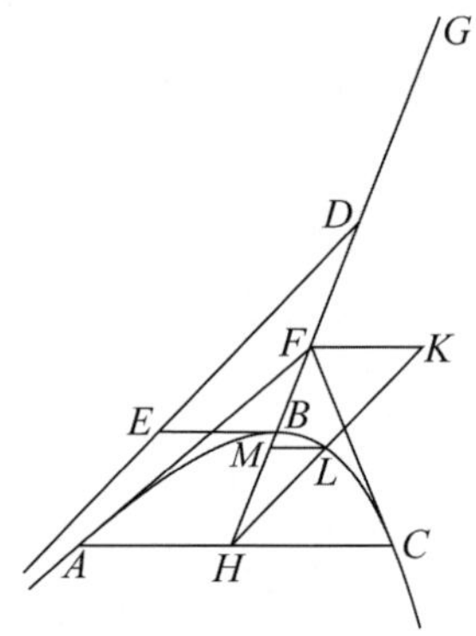

我断言 $KL = HL$.

过 B 和 L 作 BE 和 LM 平行于 AC;则如已证明的(Ⅲ.30,α,β,和结论),

$$\text{sq. } DB : \text{sq. } BE :: \text{sq. } HM : \text{sq. } ML$$
$$:: \text{rect. } BM \cdot MG : \text{sq. } ML;$$

所以 $$\text{rect. } GM \cdot MB = \text{sq. } MH.$$

又也有 $$\text{rect. } HD \cdot DF = \text{sq. } DB,$$

这是因为 AF 是切线,AH 是纵线(Ⅰ.37);所以

$$\text{rect. } GM \cdot MB + \text{sq. } DB = \text{rect. } HD \cdot DF + \text{sq. } MH$$
$$= \text{sq. } DM (\text{Eucl. Ⅱ.6}).$$

所以 FH 被平分于 M,又 KF 平行于 LM;所以 $KL = LH$.

命题 33

如果与二相对截线相切的二直线相交,过二切线交点作一直线平行于二切点的连线,过二切点连线的中点作另一直线平行于一渐近线,它与截线和过交点所作平行线相交,则介于中点和平行线之间的线段将被这截线所平分.

设有二相对截线 ABC 和 DEF,切线为 AG 和 DG,中心为 H,渐近线为 KH,连接 HG 并延长,且也连接 ALD;则显然它平分于 L(Ⅱ.30),然后过 G 和 H 作 CGF 和 BHE 平行于 AD,过 L 作 LMN 平行于 HK.

我断言 $LM = MN$.

为此,从 E 和 M 作 EK 和 MX 平行于 GH,过 M 作 MP 平行于 AD.

由于通过已证明的事实(Ⅲ.30,α 和 β)

$$\text{sq. } HE : \text{sq. } EK :: \text{rect. } BX \cdot XE : \text{sq. } XM,$$

所以 $$\text{sq. } HE : \text{sq. } EK :: (\text{rect. } BX \cdot XE + \text{sq. } HE) : (\text{sq. } KE + \text{sq. } XM)$$

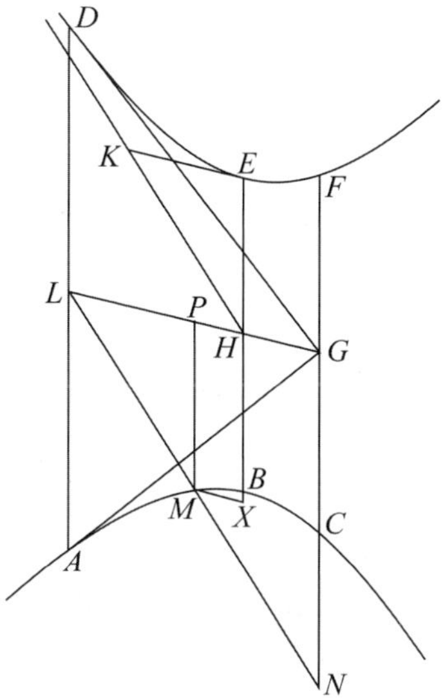

(Eucl. Ⅴ. 12).

或　　　　sq. HE : sq. EK :: sq. HX : (sq. KE + sq. MX) (Eucl. Ⅱ. 6).

但是已证明(Ⅰ. 38; Ⅱ. 1)

sq. EK = rect. $GH \cdot HL$

和　　　　sq. XM = sq. HP;

所以　　　　sq. HE : sq. EK

:: sq. HX(或 sq. MP) : (rect. $GH \cdot HL$ + sq. HP).

又　sq. HE : sq. EK :: sq. MP : sq. PL(Eucl. Ⅵ. 4);

所以

sq. MP : sq. PL :: sq. MP : (rect. $GH \cdot HL$ + sq. HP).

所以　　　sq. PL = rect. $GH \cdot HL$ + sq. HP.

所以线段 LG 已平分于 P, 在 H 分成不相等的两段(Eucl. Ⅱ. 5).

又 MP 与 GN 平行;所以

$$LM = MN.$$

命题 34

如果在一超曲线的一个渐近线上取某个点,从它作直线与截线相切,过切点作一直线平行于该渐近线,则从所取点作一直线平行于另一渐近线,它将被这截线所平分.

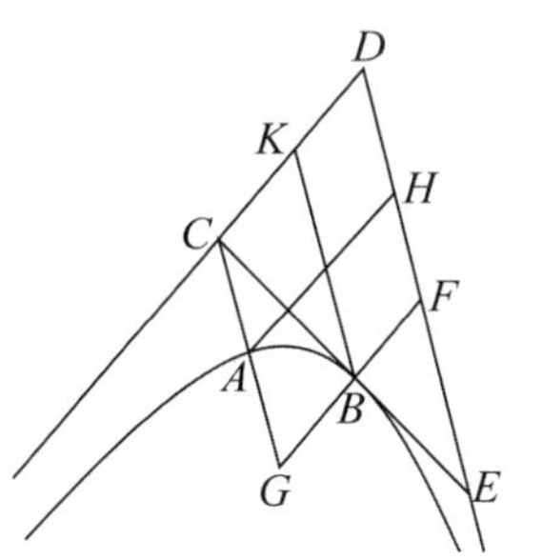

设有超曲线 AB,渐近线为 CD 和 DE,在 CD 上任取一点 C,过它作 CBE 与这截线相切,过切点 B 作 FBG 平行于 CD,又过 C 作 CAG 平行于 DE.

我断言　$CA = AG$.

为此,过 A 作 AH 平行于 CD,过 B 作 BK 平行于 DE. 这时由于

$CB = BE$(Ⅱ. 3),

所以也有　　$CK = KD$, 和 $DF = FE$.

又因为　　rect. $KB \cdot BF$ = rect. $CA \cdot AH$(Ⅱ. 12),

而且　　$BF = DK = CK$, 和 $AH = DC$,

所以　　rect. $DC \cdot CA$ = rect. $GC \cdot CK$.

所以　　$DC : CK :: GC : CA$.

又　　$CD = 2CK$;

所以也有　　$GC = 2CA$.

所以　　$CA = AG$.

命题 35

用同样事实,若从所取点作某直线与这截线相交于两点,则整个线段比其外截出的线段如同在其内截出的两线段的比.

为此,设有超曲线 AB,渐近线为 CD 和 DE,CBE 是切线,HB 平行于 CD,且过 C 作某直线 $CALFG$ 穿过截线并交其上于两点 A 和 F.

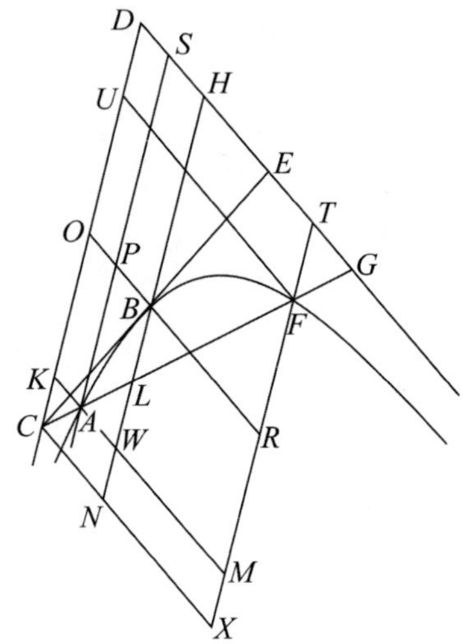

我断言　$FC:CA::FL:AL$.

设过 C、A、B 和 F 作 CNX、$KAWM$、$OPBR$ 和 FU 平行于 DE;过 A 和 F 作 APS 和 $TFRMX$ 平行于 CD.

由于这时　$AC=FG$(Ⅱ.8),

所以也有　$KA=TG$(Eucl. Ⅵ.4).

但是　$KA=DS$;

所以也有　$TG=DS$.

因而也有　$CK=DU$.

又因为　$CK=DU$,

也就有　$DK=CU$;

所以　$DK:CK::CU:CK$.

又　$CU:CK::FC:AC$,

而且　$FC:AC::MK:KA$,

由于　$MK:KA::$ pllg. $MD:$ pllg. DA(Eucl. Ⅵ.1),

和　$DK:CK::$ pllg. $HK:$ pllg. KN;

所以也有　pllg. $MD:$ pllg. $DA::$ pllg. $HK:$ pllg. KN.

但是　pllg. $DA=$ pllg. DB(Ⅱ.12) $=$ pllg. ON;

因为　$CB=BE$(Ⅱ.3),和 $DO=OC$;

所以　pllg. $MD:$ pllg. $ON::$ pllg. $HK:$ pllg. KN.

由此可得　(pllg. $MD-$ pllg. HK):(pllg. $ON-$ pllg. KN)

$::$ pllg. $MD:$ pllg. ON,

即　pllg. $MH:$ pllg. $BK::$ pllg. $MD:$ pllg. ON.

又因　pllg. $DA=$ pllg. DB,

以两边减去公有的平行四边形 DP;所以

pllg. $KP=$ pllg. PH.

从两边加上公有的平行四边形 AB;所以

pllg. $BK=$ pllg. AH.

所以　pllg. $MD:$ pllg. $DA::$ pllg. $MH:$ pllg. AH.

但是　　pllg. MD : pllg. DA :: MK : KA :: FC : AC,

和　　pllg. MH : pllg. AH :: MW : WA :: FL : LA;

所以也有　　FC : AC :: FL : LA.

命题 36

用同样事实,若从所取点作的直线既不与这截线交于两点,又不平行于渐近线,它将与其相对截线相交,则整个线段与介于这截线和过切点的平行线之间的线段的比如同介于其相对截线和渐近线之间的线段与介于渐近线和该截线之间的线段的比.

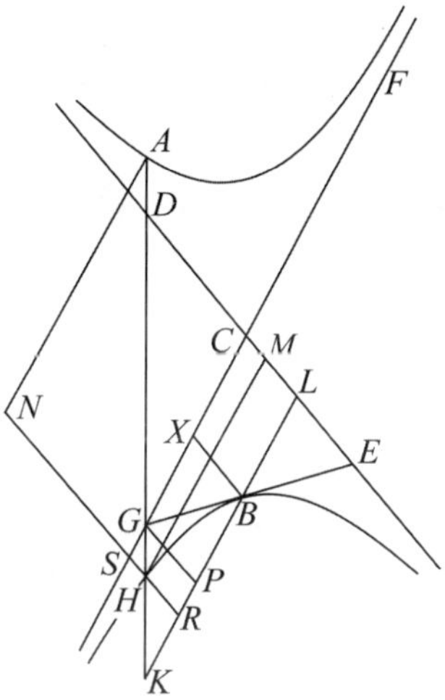

设有二相对截线 A 和 B,其中心为 C,渐近线为 DE 和 FG,在 CG 上取一点 G,从它作切线 GBE,且 GH 既不平行于 CE 也不与这截线交于两点(Ⅰ.26).

已证明 GH 的延长线与 CD 相交,因此也与截线 A 相交,设交于 A,又过 B 作 KBL 平行于 CG.

我断言　AK:KH :: AG:GH.

为此,从 A 和 H 作 HM 和 AN 平行于 CG,从 B、G 和 H 作 BX、GP 和 $RHSN$ 平行于 DE. 由于这时

$AD = GH$(Ⅱ.16),

AG : GH :: DH : HG.

但是　　AG : GH :: NS : SH,

而且　　DH : GH :: CS : SG,

所以　　NS : SH :: CS : SG,

但是　　NS : SH :: pllg. NC : pllg. CH,

和　　CS : SG :: pllg. RC : pllg. RG;

所以也有　　pllg. NC : pllg. CH :: pllg. RC : pllg. RG.

又一项与一项之比如同总和与总和之比;所以

pllg. NC : pllg. CH :: pllg. NL : (pllg. CH + pllg. RG).

又因　　$EB = BG$,

也有　　$LB = BP$ 和 pllg. LX = pllg. BG.

又　　pllg. LX = pllg. CH(Ⅱ.12);

所以也有　　pllg. BG = pllg. CH.

于是　　pllg. NC : pllg. CH :: pllg. NL : (pllg. BG + pllg. RG)

或　　pllg. NC : pllg. CH :: pllg. NL : pllg. RX.

但是　　pllg. RX = pllg. LH,

因为也有　　pllg. CH = pllg. BC(Ⅱ.12),

而且　　pllg. MB = pllg. XH.

所以　　pllg. NC : pllg. CH :: pllg. NL : pllg. LH.

但是　　pllg. NC : pllg. CH :: NS : SH :: AG : GH,

以及　　pllg. NL : pllg. LH :: NR : RH :: AK : KH;

所以也有　　AK : KH :: AG : GH.

命题 37

如果与一圆锥截线或一个圆的圆周或二相对截线相切的二直线相交,二切点连成某直线,且从二切线交点作一直线穿过一截线并交于两点,则整个线段与在截线之外截出的线段的比,将如同其在截线内被二切点连线所截出的二线段之比.

设有一圆锥截线 AB,AC 和 CB 是切线,连接 AB,作直线 $CDEF$ 穿过截线.

我断言　CF : CD :: EF : ED.

过 C 和 A 作直径 CH 和 AK,过 F 和 D 作 FR 和 DP 平行于 LC、作 LFK 和 NDO 平行于 AH. 这时由于 LFM 平行于 XDO,所以

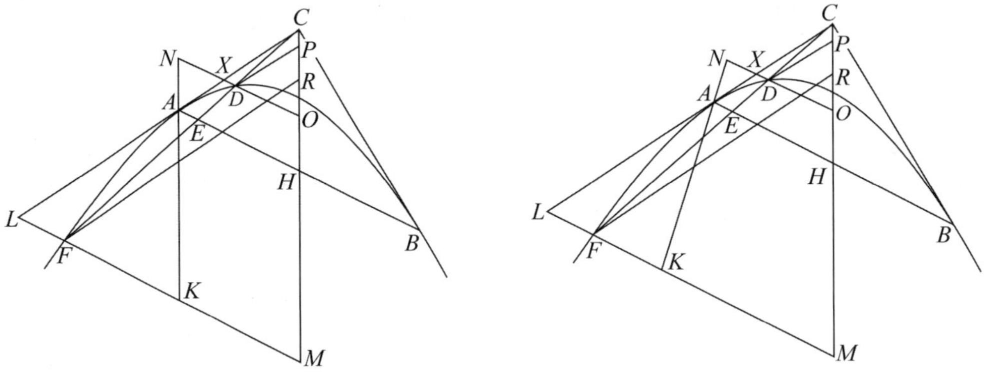

FC : CD :: LF : XD :: FM : DO :: LM : XO;

所以　　sq. LM : sq. XO :: sq. FM : sq. DO.

但是　　sq. LM : sq. XO :: trgl. LMC : trgl. XCO(Eucl. Ⅵ. 9),

和　　sq. FM : sq. DO :: trgl. FRM : trgl. DPO;

所以也有　　trgl. LMC : trgl. XCO :: trgl. FRM : trgl. DPO

:: (trgl. LMC − trgl. FRM) : (trgl. XCO − trgl. DPO)

:: quadr. $LCRF$: quadr. $XCPO$.

但是　　quadr. $LCRF$ = trgl. ALK(Ⅲ. 2, Ⅲ. 11),

和　　quadr. $XCPD$ = trgl. ANX(Ⅲ. 2; Ⅲ. 11);

所以　　sq. LM : sq. XO :: trgl. ALK : trgl. ANX.

但是　　sq. LM : sq. XO :: sq. FC : sq. CD,

和　　trgl. ALK : trgl. ANX :: sq. LA : sq. AX :: sq. FE : sq. ED;

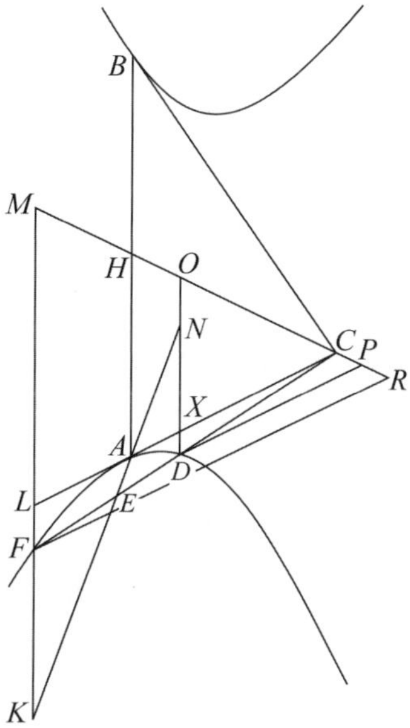

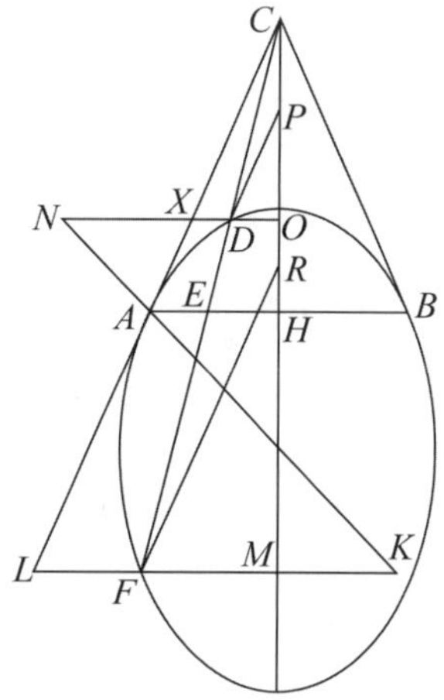

所以也有 sq. FC : sq. CD :: sq. FE : sq. ED.

因而 $FC : CD :: FE : ED$.

命题 38

用同样的事实，若过二切线的交点作直线平行于二切点的连线，又过二切点连线的中点作一直线与这截线交于两点，则穿过截线的整个线段与截线和平行线之间的线段的比，如同介于截线内的被二切线连线所截得的二线段之比.

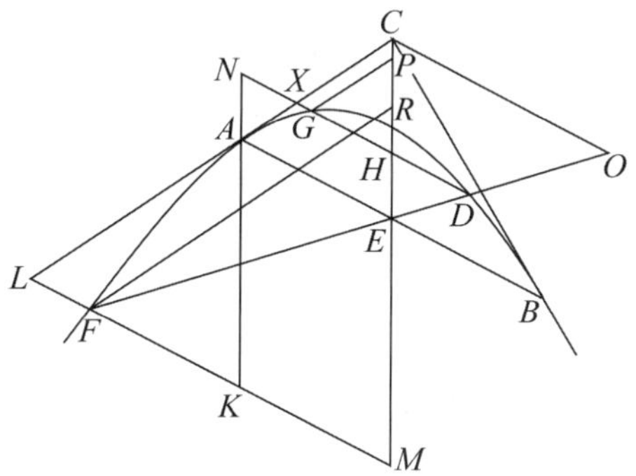

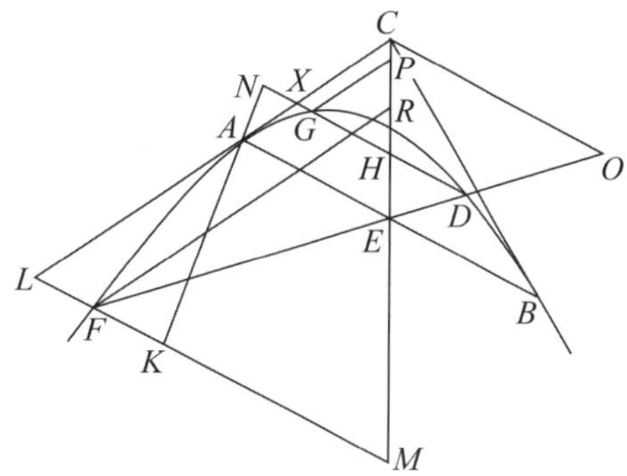

设有截线 AB，AC 和 BC 为其切线，AB 为二切线的连线，AN 和 CEM 为其直径；则显然 AB 平分于 E(Ⅱ.30,39).

从 C 作 CO 平行于 AB，过 E 作直线 $FEDO$ 穿过截线并交于 F 和 D.

我断言 $FO:OD :: FE:ED$.

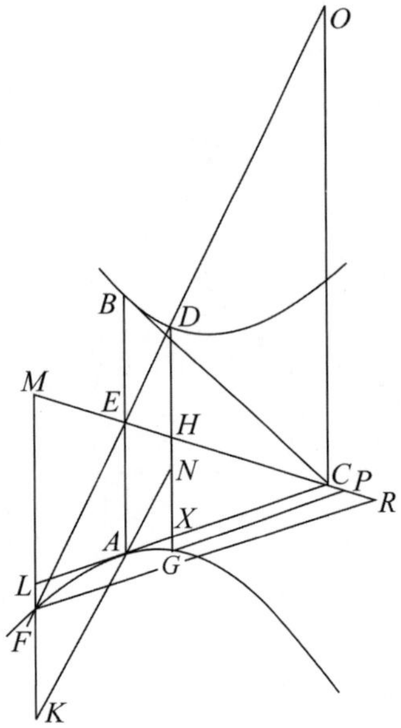

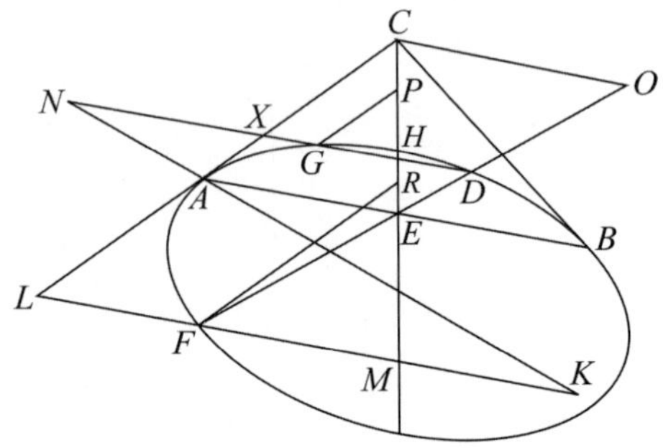

为此,过 F 和 D 作 $LFKM$ 和 $DHGXN$ 平行于 AB,又过 F 和 G 作 FR 和 GP 平行于 LC. 如前(Ⅲ.37)同样可证

$$\text{sq. } LM : \text{sq. } XH :: \text{sq. } LA : \text{sq. } AX.$$

又 $$\text{sq. } LM : \text{sq. } XH :: \text{sq. } LC : \text{sq. } CX :: \text{sq. } FO : \text{sq. } OD,$$

和 $$\text{sq. } LA : \text{sq. } AX :: \text{sq. } FE : \text{sq. } ED;$$

所以 $$\text{sq. } FO : \text{sq. } OD :: \text{sq. } FE : \text{sq. } ED,$$

于是 $$FO : OD :: FE : ED.$$

命题 39

如果与二相对截线相切的二直线相交,连接两切点的直线并延长,从二切线的交点作直线与二截线和过二切点的连线都相交,则穿过截线的整个线段与介于截线和二切线连线之间的线段之比,如同介于两截线之间的被二切线交点所分的两线段的比.

设有二相对截线 A 和 B,其中心为 C,AD 和 DB 为其切线,连接 AB 和 CD 并延长,过 D 作穿过截线的直线 $EDFG$.

我断言 $EG : GF :: ED : DF$.

为此,连接 AC 并延长,过 E 和 F 作 EHS 和 $FNLMXO$ 平行于 AB,作 EP 和 FR 平行于 AD.

由于这时 FX 与 ES 平行,且 EF、XS 和 HM 与它们相交,所以

$$EH : HS :: FM : MX.$$

由更比例 $$EH : FM :: HS : MX;$$

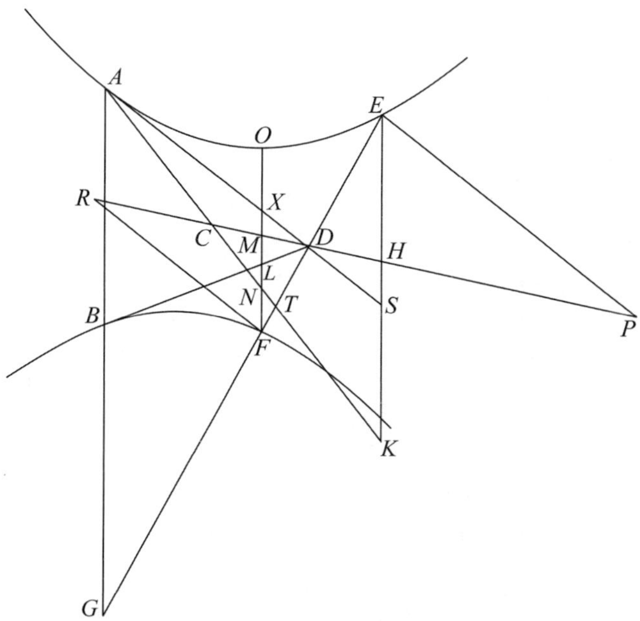

所以也有　　sq. *EH* : sq. *FM* :: sq. *HS* : sq. *MX*.

但是　　sq. *EH* : sq. *FM* :: trgl. *EHP* : trgl. *FRM*

和　　sq. *HS* : sq. *MX* :: trgl. *DHS* : trgl. *XMD*;

所以也有　　trgl. *EHP* : trgl. *FRM* :: trgl. *DHS* : trgl. *XMD*.

又　　trgl. *EHP* = trgl. *ASK* + trgl. *DHS*(Ⅲ. 11),

和　　trgl. *FRM* = trgl. *AXN* + trgl. *XMD*(Ⅲ. 11);

所以　trgl. *DHS* : trgl. *XMD* :: (trgl. *ASK* + trgl. *DHS*) : (trgl. *AXN* + trgl. *XMD*),

于是由(Eucl. Ⅴ. 19)就有 trgl. *ASK* : trgl. *ANX* :: trgl. *DHS* : trgl. *XMD*.

但是　　trgl. *ASK* : trgl. *ANX* :: sq. *KA* : sq. *AN* :: sq. *EG* : sq. *FG*, *

而且　　trgl. *DHS* : trgl. *XMD* :: sq. *HD* : sq. *DM* :: sq. *ED* : sq. *DF*.

所以　　sq. *EG* : sq. *FG* :: sq. *ED* : sq. *DF*,

于是　　*EG* : *FG* :: *ED* : *DF*.

命题 40

用同样的事实,若过二切线的交点作一直线平行于二切点的连线,又从二切点连线的中点作一直线与二截线和二切线连线的平行都相交,则所作的

---

*因为　　*EG* : *TG* :: *KA* : *TA*,

和　　*TG* : *FT* :: *TA* : *TN*,

于是有　　(*TG* − *TF*) : *TG* :: (*TA* − *TN*) : *TA*;

由首末比例　　*EG* : *FG* :: *KA* : *AN*.

整个线段与介于平行线和截线之间的线段的比,如同由二截线截出的线段与被二切点连线所截出的线段的比.

设有二相对截线 A 和 B,其中心为 C,AD 和 BD 为其切线,连接 AB 和 ECD;所以

$$AE = EB(\text{Ⅱ}.39).$$

又从 D 作 FDG 平行于 AB,从 E 任作一直线 EL.

我断言 $HL : LK :: HE : EK$.

从 H 和 K 作 $NMHX$ 和 KOP 平行于 AB,又作 HR 和 KS 平行于 AD,并过 A 作出直线 $XACT$.

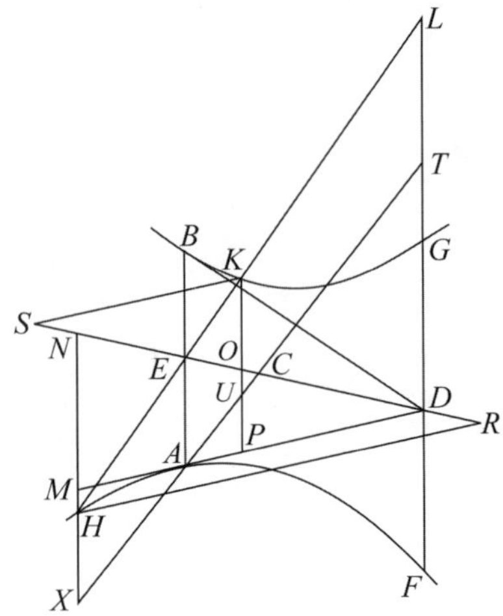

这时由于已作的 XAU 和 MAP 都与平行线 XM 和 KP 相交,所以

$$XA : AU :: MA : AP.$$

但是 $XA : AU :: HE : EK$;

又 $HE : EK :: HN : KO$,

这是因为三角形 HEN 和三角形 KEO 相似;所以

$$HN : KO :: MA : AP;$$

所以也有 sq. HN : sq. KO :: sq. MA : sq. AP.

但是 sq. HN : sq. KO :: trgl. HRN : trgl. KSO,

和 sq. MA : sq. AP :: trgl. XMA : trgl. AUP;

所以也有 trgl. HRN : trgl. KSO :: trgl. XMA : trgl. AUP.

又 trgl. HNR = trgl. XMA + trgl. MND(Ⅲ.11),

和 trgl. KSO = trgl. AUP + trgl. DOP(Ⅲ.11);

所以也有 (trgl. XMA + trgl. MND) : (trgl. AUP + trgl. DOP) :: trgl. XMA : trgl. AUP;

所以也有 trgl. MND : trgl. DOP :: trgl. XMA : trgl. AUP(Eucl. Ⅴ.19).

但是 trgl. XMA : trgl. AUP :: sq. XA : sq. AU,

和 trgl. NMD : trgl. DOP :: sq. MN : sq. PO;

所以也有 sq. MN : sq. PO :: sq. XA : sq. AU.

但是 sq. MN : sq. PO :: sq. ND : sq. OD,

和 sq. XA : sq. AU :: sq. HE : sq. EK,

以及 sq. ND : sq. DO :: sq. HL : sq. LK;

所以也有 sq. HE : sq. EK :: sq. HL : sq. LK.

于是 $HE : EK :: HL : LK$.

命题 41

如果与一齐曲线相切的三直线彼此相交,则它们将截成相同的比.

设有一齐曲线 ABC,ADE、EFC 和 DBF 为其切线.

我断言 $CF:FE::ED:DA::FB:BD$.

为此,连接 AC 并平分于 G,则显然,从 E 到 G 的直线是截线的一条直径(Ⅱ.29).这时,若 EG 过 B,那么 DF 平行于 AC(Ⅱ.5),且将被它平分,所以

$$AD = DE \text{ 和 } CF = FE(Ⅰ.35),$$

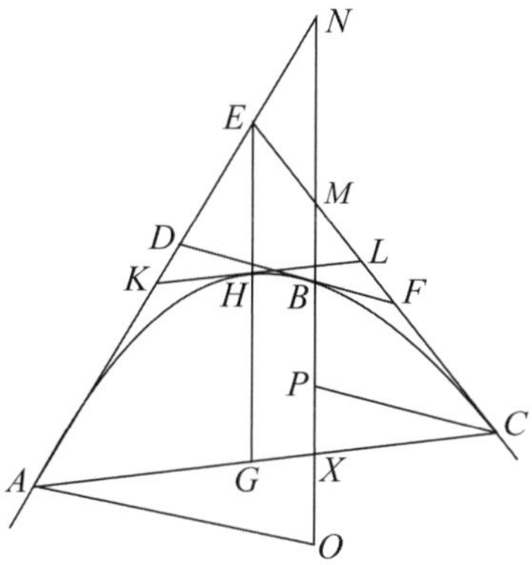

因而其结论是显然的.

又设 EG 不通过 B,而通过 H,那么过 H 作 KHL 平行于 AC;则它将与这截线相切于 H(Ⅰ.32),也由上所述(Ⅰ.35),

$$AK = KE \text{ 和 } LC = LE.$$

过 B 作 $NMBX$ 平行于 EG,又过 A 和 C 作 AO 和 CP 平行于 DF.这时由于 MB 平行于 EH,MB 就是一直径(Ⅰ.40; Ⅰ.51 推论);又 DF 切于 B;所以 AO 和 CP 是以纵线方向作出的(Ⅱ.5;定义 4).又因 MB 是一条直径,CM 是一切线,那么 CP 就是一条纵线,于是

$$MB = BP(Ⅰ.35),$$

也就有 $MF = FC$.

又因为 $MF = FC$ 和 $EL = LC$,

所以 $MC:CF::EC:CL$;

由更比例 $MC:EC::CF:CL$.

但是 $MC:EC::XC:CG$;

所以也有 $CF:CL::XC:CG$.

又 $CL:EC::CG:CA$;

所以由首末比 $CA:XC::EC:CF$,

由换比例

$$EC:(EC-CF)::CA:(CA-XC)(\text{Eucl. Ⅰ. 定义 16})$$

即 $EC:FE::CA:AX$;

由分比例 $CF:FE::XC:AX$(Eucl. Ⅰ. 定义 15). (α)

又因为 MB 是一直径,AN 是一切线和 AO 是一纵线,所以

$$NB = BO(Ⅰ.35),$$

和 $ND = DA$.

又因为 $EK = KA$;

所以 $AE:KA::NA:DA$;

由更比例 $AE:NA::KA:DA$.

但是 $AE:NA::GA:AX$;

所以也有 $KA:DA::GA:AX$.

又也有 $AE:KA::CA:GA$;

所以由首末比 $AE:DA::CA:AX$;

由分比例 $ED:DA::XC:AX$.

且也已证(α),即 $XC : AX :: CF : FE$;

所以 $CF : EF :: ED : DA$.

又因为 $XC : AX :: CP : AO$,

以及 $CP = 2BF$,和 $CM = 2MF$,

以及 $AO = 2BD$,和 $AN = 2ND$,

所以 $XC : AX :: BF : BD :: CF : FE :: ED : DA$.

命题 42

如果在一超曲线或亏曲线,或一圆的圆周或二相对截线中,从直径的两顶点作直线平行于一纵线,又任意地作另一切线,它将从它们截出两线段,则它们所夹的矩形将等于该直径上图形的四分之一.

设有上述的截线之一,其直径为 AB,从 A 和 B 作 AC 和 BD 平行于一纵线,另一直线 CED 是 E 处的切线.

我断言 rect. $AC \cdot BD = \frac{1}{4}AB$ 上的图形.

为此,设它的中心是 F,过它作 FG 平行于 AC,则由于 AC 和 BD 是平行的,而 FG 也与它们平行,因此它是共轭于 AB 的直径(定义 6);

这样,便有

$$\text{sq. } FG = \frac{1}{4}AB \text{ 上的图形(定义 11)}.$$

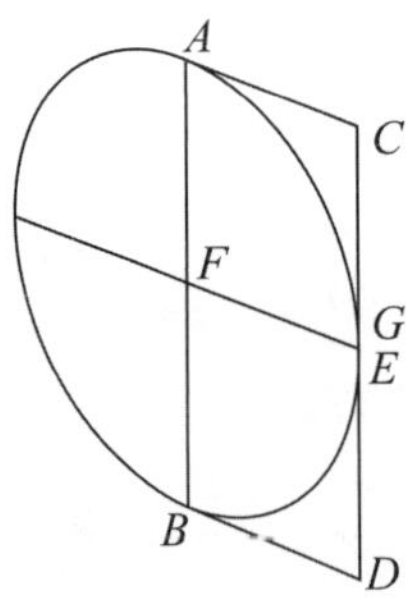

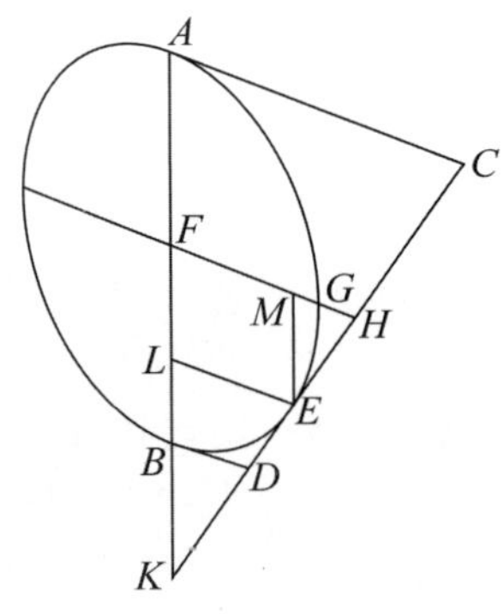

如果在亏曲线和圆的情形里,FG 通过 E,则有

$AC = FG = BD$(Ⅰ.32 的逆命题,Eucl. 33),

那么显然立即就有

rect. $AC \cdot BD =$ sq. FG 或 $\frac{1}{4}AB$ 上的图形.

现在若 FG 不通过 E,设 AB 和 CD 相交于 K,过 E 作 EL 平行于 AC,作 EM 平行于 AB.

这时由于

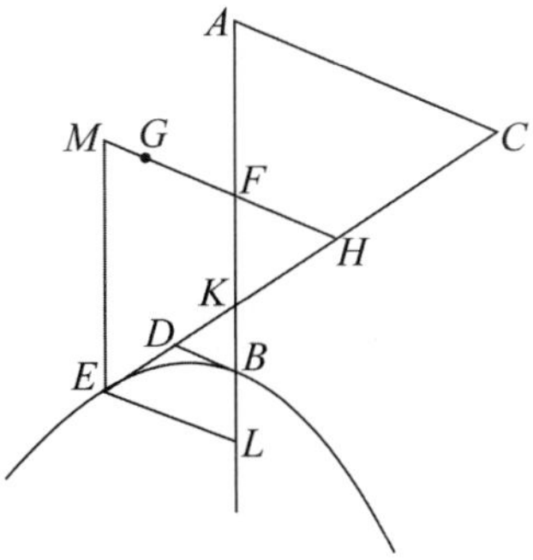

rect. $KF \cdot FL$ = sq. AF(Ⅰ. 37),

于是 $KF : AF :: AF : FL$,

又 $KA : AL :: KF : AF$(或 FB)(Eucl. Ⅴ. 18);

由反比例 $FB : KF :: AL : KA$;

由合比例或分比例

$BK : KF :: LK : KA$.

所以也有 $DB : FH :: EL : CA$.

所以 rect. $DB \cdot CA$ = rect. $FH \cdot EL$ = rect. $HF \cdot FM$.

但是 rect. $HF \cdot FM$ = sq. FG(Ⅰ. 38)

$= \frac{1}{4}AB$ 上的图形(定义 11);

所以也有 rect. $DB \cdot CA = \frac{1}{4}AB$ 上的图形.

命题 43

如果一直线与一超曲线相切,它将从二渐近线截出两条从这截线中心开始的线段,则它们所夹的矩形等于这截线在轴的顶点处的切线所截出的二线段所夹的矩形.

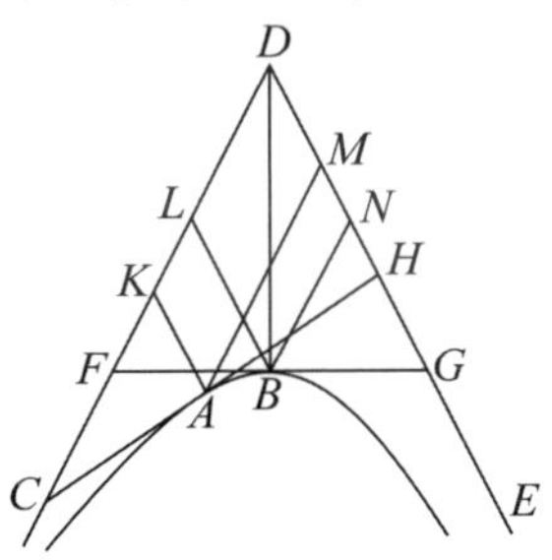

设有一超曲线 AB,其渐近线为 CD 和 DE,BD 为轴,过 B 的切线是 FBG,另一任意的切线为 CAH.

我断言 rect. $FD \cdot DG$ = rect. $CD \cdot DH$.

为此,从 A 和 B 作 AK 和 BL 平行于 DG,作 AM 和 BN 平行于 CD. 这时由于 CAH 是切线,于是

$CA = AH$(Ⅱ. 3);

于是 $CH = 2AH$、$CD = 2AM$ 和 $DH = 2AK$.

所以 rect. $CD \cdot DH$ = 4rect. $KA \cdot AM$.

而且同样可证 rect. $FD \cdot DG$ = 4rect. $LB \cdot BN$.

但是 rect. $KA \cdot AM$ = rect. $LB \cdot BN$(Ⅱ. 12).

所以也有 rect. $CD \cdot DH$ = rect. $FD \cdot DG$.

此外同样可证,即使 DB 是某个别的直径而不是轴,命题仍成立.

命题 44

如果与一超曲线或二相对截线相切的二直线与渐近线相交,则连接交点的线段将与二切点连线平行.

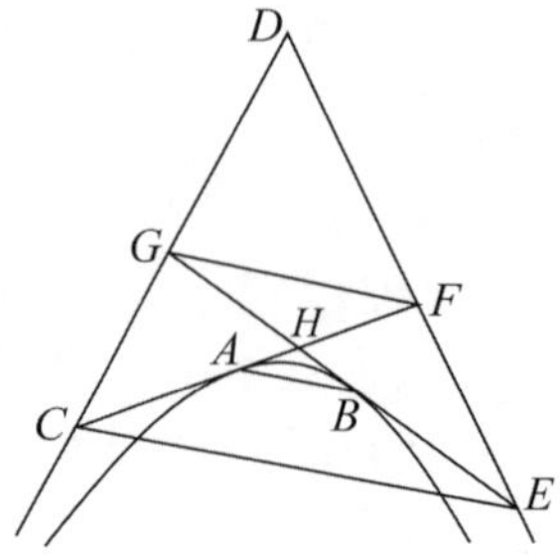

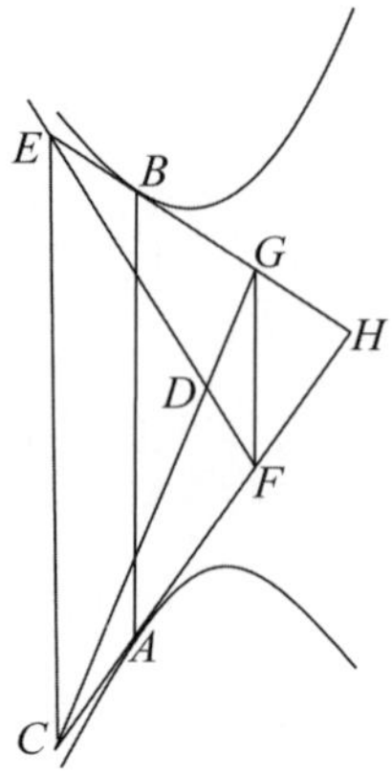

设有一超曲线或二相对截线 A、B,其渐近线为 CD 和 DE,切线为 $CAHF$ 和 $EBHG$,连接 AB、FG 和 CE.

我断言 它们是平行的.

因为 $$\text{rect. } CD \cdot DF = \text{rect. } GD \cdot DE(\text{Ⅲ}.43),$$

所以 $$CD : DE :: GD : DF;$$

因此 CE 平行于 FG. 于是又有

$$HF : FC :: HG : GE.$$

又 $$FC : AF :: GE : GB;$$

因为前项都是后项的二倍(Ⅱ,3);所以由首末比

$$HG : GB :: HF : FA,$$

所以 FG 平行于 AB.

命题 45

如果在一超曲线或亏曲线或一圆的圆周或二相对截线中,从轴的顶点作出(与轴)交成直角的两直线,又一个等于图形的四分之一的矩形贴合于轴的每一端,在超曲线和二相对截线的情形里,它超过一个正方形,但在亏曲线的情形里,则缺少一个正方形,再作某直线与这截线相切,并与二垂线相交,则从两交点到贴合点* 所连线段在该点处交成直角.

设有上述截线之一,其轴为 AB,AC 和 BD 与它交成直角,CED 为一切线,又设矩形 $AF \cdot FB$ 和矩形 $AG \cdot GB$ 都等于图形[①]的四分之一,它们贴合到(AB)的每一侧(Eucl. Ⅵ. 28,29),正如所说到的连接 CF、CG、DF 和 DG.

我断言 角 CFD 和角 CGD 每一个都是直角.

因为,由于已证明

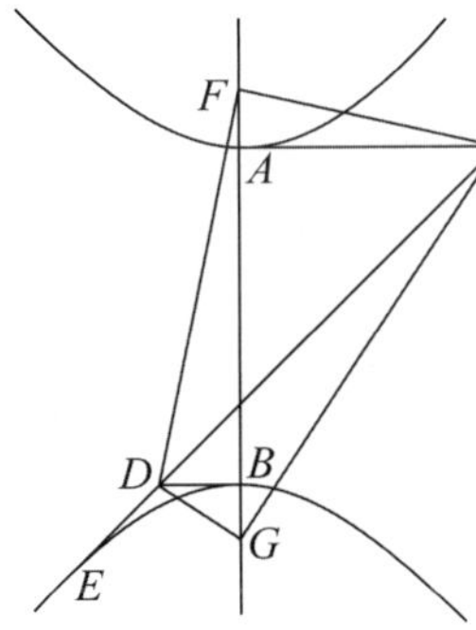

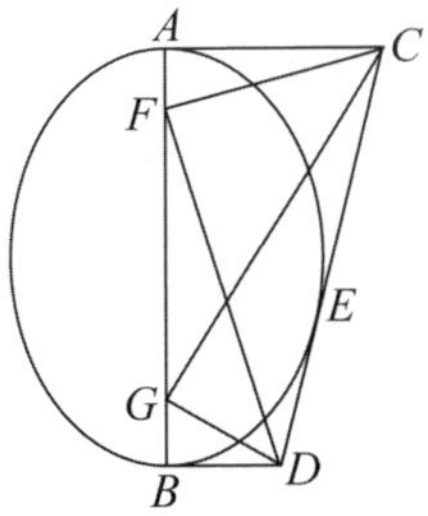

$$\text{rect. } AC \cdot BD = \frac{1}{4}AB \text{ 上图形(Ⅲ.42)},$$

又因为也有
$$\text{rect. } AF \cdot FB = \frac{1}{4}AB \text{ 上图形},$$

所以
$$\text{rect. } AC \cdot BD = \text{rect. } AF \cdot FB.$$

于是
$$AC : AF :: FB : BD.$$

又在点 A 和 B 处的角都是直角;所以
$$\text{角 } ACF = \text{角 } BFD(\text{Eucl. Ⅵ.6}),$$

和
$$\text{角 } AFC = \text{角 } FDB.$$

---

* 贴合点(The points of application)在现代用语里即这圆锥曲线的焦点(foci),圆在这里被看作一个亏曲线,它的两个焦点与圆的圆心重合. 当然这一理论是一系列希腊几何所依仗的两个定理,Euclid Ⅵ. 28 和 30 的一种特殊应用.

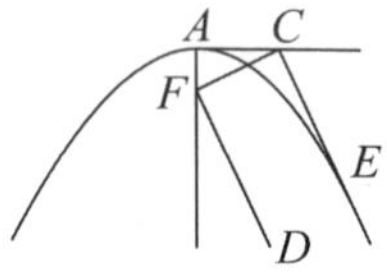

Apollonius 从未提到齐曲线的焦点,但用类推方法它能看作与亏曲线类似. 例如在上面的亏曲线中,

$$\text{rect. } AF \cdot FB = \frac{1}{4}\text{rect. } AB \cdot R$$

其中 R 是参量,也可写成

$$\text{rect. } AF \cdot (AB - AF) = \frac{1}{4}\text{rect. } AB \cdot R$$

或
$$AF : \frac{1}{4}R :: AB : (AB - AF).$$

若设想一亏曲线,其轴为 AB,可随意伸长,要它有多长就有多长;可以认为它正在接近于一个带有参量 R 的齐曲线,要它怎么接近它,它就怎么接近它,这时比 $AB : (AB - AF)$ 便随意地接近于等量的比,因此也接近于 $AB : \frac{1}{4}R$ 这个比. 在极限处可以把亏曲线看作齐曲线,它的轴 AB 为无穷大,而 AB 与 $AB - AF$ 相等. 于是 AF 将与 $\frac{1}{4}R$ 相等. 这样,齐曲线的焦点将定义成其轴上一点,它到轴的顶点的距离等于参量的四分之一,于是亏曲线的焦点的许多性质便可用类推方法推广到齐曲线上来,例如在这个命题的情形里,FD 将变成 CE 的平行线. 因此,从一齐曲线的焦点作出的任何一条与某切线平行的直线都将与一线段交成直角,该线段一端即那个焦点,另一端则是那条切线与轴在顶点处的垂线的交点.

① 指的是竖直边(参量)R 与横截直径 AB 所夹的矩形.

又因为角 CAF 是直角,所以

$$角 ACF + 角 AFC = 1 直角.$$

又也已证明 $$角 ACF = 角 DFB;$$

所以 $$角 AFC + 角 DFB = 1 直角.$$

于是 $$角 DFC = 1 直角.$$

同样也有 $$角 CGD = 1 直角.$$

命题 46

用同样的事实,所连接的线段与两切线交成相等的角.

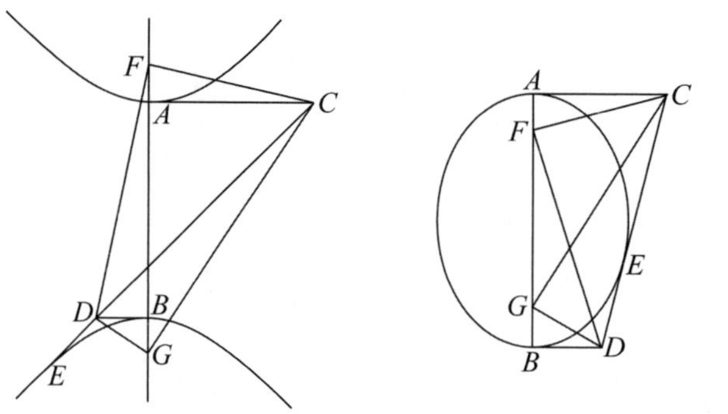

我断言　角 ACF = 角 DCG 和角 CDF = 角 BDG.

因为,由于已证角 CFD 和角 CGD 都是直角(Ⅲ.45),则以 CD 为直径的圆将过点 F 和 G;所以

$$角 DCG = 角 DFG;$$

这是因为它们在圆的同一弧上,又已证明

$$角 DFG = 角 ACF(Ⅲ.45);$$

因而 $$角 DCG = 角 ACF.$$

同样也有 $$角 CDF = 角 BDG.$$

命题 47

用同样的事实,从所连线的交点到切点的线段将与切线垂直.

设如前同样的事实,设 CG 和 FD 延长后交于 H,CD 和 BA 交于 K,连接 EH.

我断言　EH 垂直于 CD.

因为,如其不然,可从 H 作 HL 垂直于 CD.

由于这时 $$角 CDF = 角 BDG(Ⅲ.46),$$

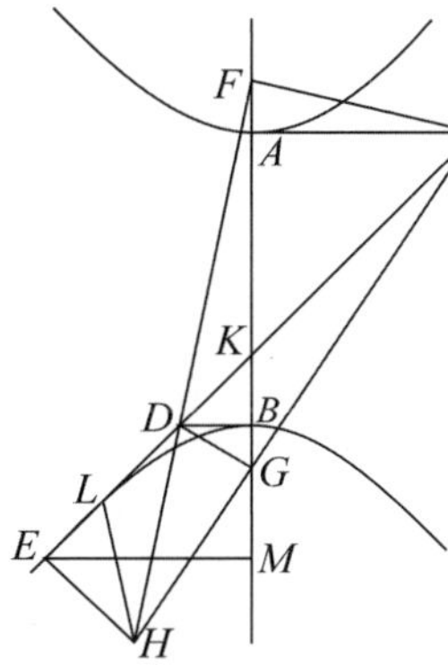

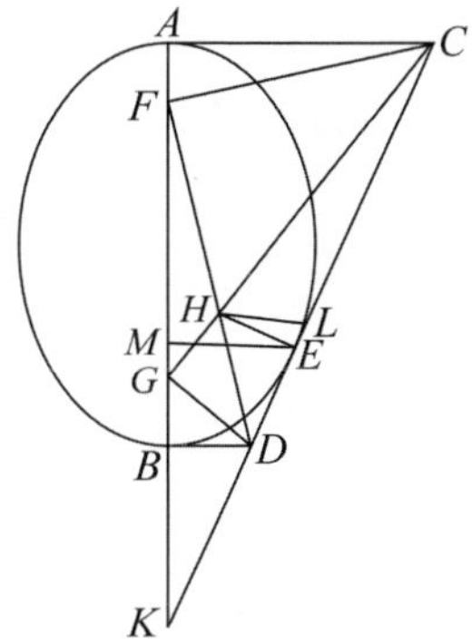

且也有　　　　　　　　　　　　直角 DBG = 直角 DLH,

所以三角形 DGB 相似于三角形 LHD. 所以

$$GD : DH :: BD : DL.$$

但是　　　　　　　　　　　　$GD : DH :: FC : CH$

这是因为在 F 和 G 处的角都是直角(Ⅲ.45),而且在 H 处的两角相等;但是

$$FC : CH :: AC : CL$$

这是因为三角形 AFC 和三角形 LCH 相似(Ⅲ.46);所以也有

$$BD : DL :: AC : CL.$$

由更比例　　　　　　　　　　$BD : AC :: DL : CL.$

但是　　　　　　　　　　　　$BD : AC :: BK : KA$;

所以也有　　　　　　　　　　$DL : CL :: BK : KA.$

从 E 作 EM 平行于 AC;所以它是对 AB 的纵线(Ⅱ.7);

而且　　　　　　　　　　　$BK : KA :: BM : MA$(Ⅰ.36).

又　　　　　　　　　　　　$BM : MA :: DE : EC$;

所以　　　　　　　　　　　$DL : CL :: DE : EC$;

而这是不合理的,所以除 HE 以外*,HL 不是垂线也无另外直线为其垂线.

命题 48

用相同的事实,要求证明,从切点到两贴合点的直线与这切线构成相等的角.

同如前相同的事实,且连接 EF 和 EG.

我断言　角 CEF = 角 GED.

因为,由于角 DGH 和角 DEH 都是直角(Ⅲ.45,47),那么以 DH 为直径的圆通过点 E 和 G(Eucl,Ⅲ31);因而有

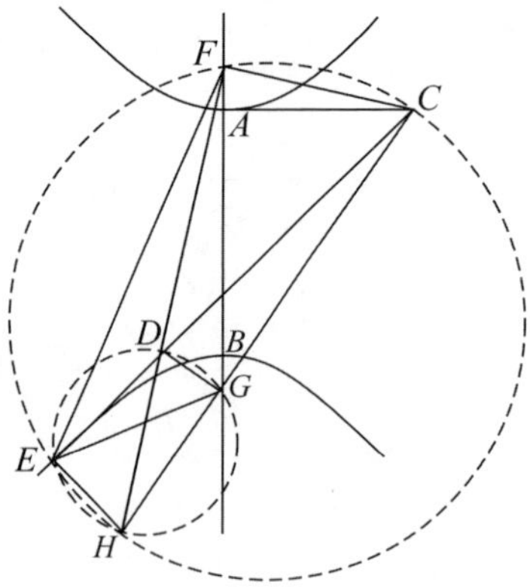

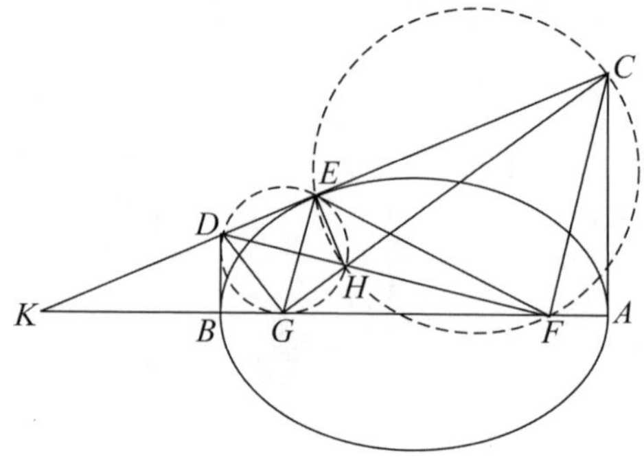

$$角\ DHG = 角\ DEG(\text{Eucl. Ⅲ. 21});$$

这是因为它们有相同的圆弧．同样地,这时也有角 CEF = 角 CHF.

但是

$$角\ CHF = 角\ DHG;$$

所以也有

$$角\ CEF = 角\ DEG^{**}.$$

命题 49

用同样的事实,若从贴合点之一向切线作垂线,则这交点到轴两端的两线段交成一个直角．

假设如前同样的事实,从 G 向 CD 作垂线 GH,连接 AH 和 BH.

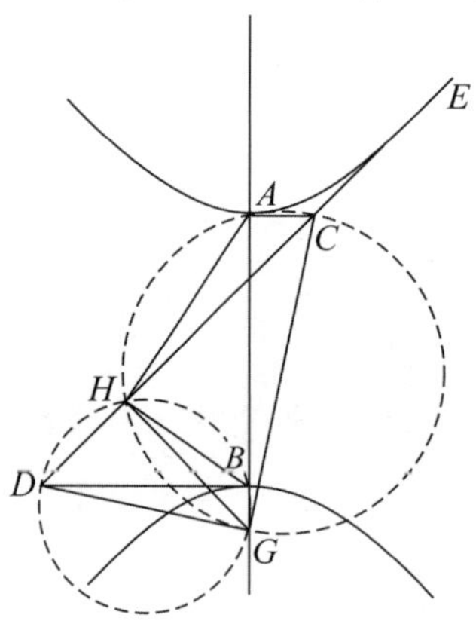

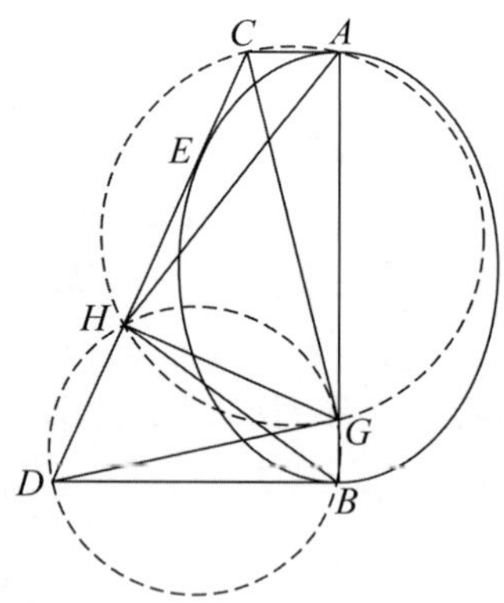

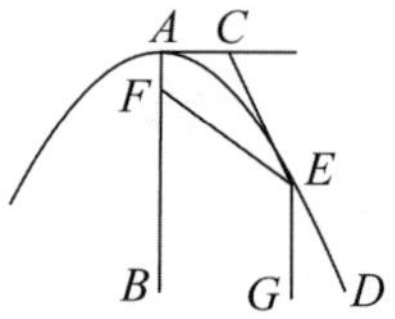

* 对齐曲线有一类似的定理;FD 变成 CE 的平行线,CG 是 AB 的平行线,而 HE 又是 CE 的垂线. 这一点可以严格地证明出来,也是可以用类推的方法加以理解的.

** 这里对于齐曲线有另一重要的类似定理:EG 变成 AB 的平行线,而且有

$$角\ DEG = 角\ CEF.$$

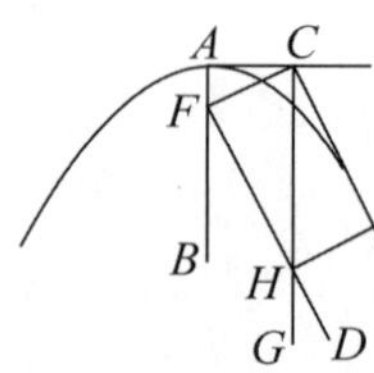

我断言　角 AHB 为一直角.

因为,由于角 DBG 是一直角,角 DHG 也是一直角,所以以 DG 为直径的圆将通过 H 和 B,因而

$$角\ BHG = 角\ BDG.$$

但是已证　角 AGC = 角 BDG(Ⅲ,45);

所以也有　角 BHG = 角 AGC = 角 AHC(Eucl,Ⅲ,21).

又也有　角 CHG = 角 AHB,

但是　角 CHG 是一直角;所以角 AHB 也是一直角.

命题 50

用同样的事实,若从这截线的中心到切线的线段平行于过切点和一贴合点(的线段),则它将等于轴的一半.

设有如前相同的事实,设 H 为中心,连接 EF,又设 DC 和 BA 相交于 K,过 H 作 HL 平行于 EF.

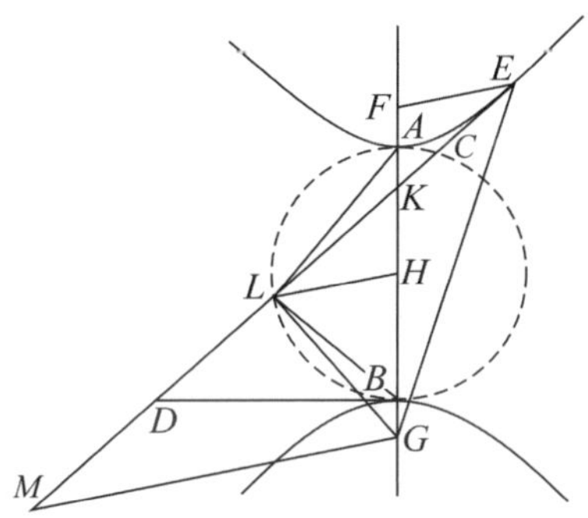

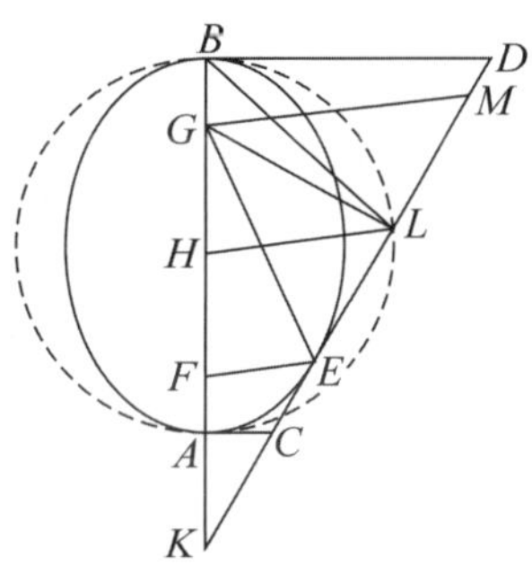

我断言　$HL = HB$.

为此,连接 EG、AL 和 LB,过 G 作 GM 平行于 EF.

这时由于　rect. $AF \cdot FB$ = rect. $AG \cdot GB$(见 Ⅲ,45),

所以　$AF = GB$.

但是也有　$AH = HB$;

所以也有　$FH = HG$.

因此也有　$EL = LM$.

又因已证明(Ⅲ.48)角 CEF = 角 DEG,

和　角 CEF = 角 EMG,

所以也有　角 EMG = 角 DEG.

因而　$EG = GM$.

但是也已证明　$EL = LM$,

所以 GL 垂直于 EM. 这样,由前已证明的(Ⅲ.49)角 ALB 是直角,因而以 AB 为直

径的圆将过 L.

因而有 $$HA = HB;$$

所以也有,由于 HL 是半圆的一个半径,因而

$$HL = HB.$$

命题 51

如果一个等于图形四分之一的矩形贴合于一超曲线或二相对截线的轴的两端,并且超过一个正方形,且连接从所得到的两贴合点到任一截线上点得两线段,则两线段中大的比小的恰好超过一个轴长.

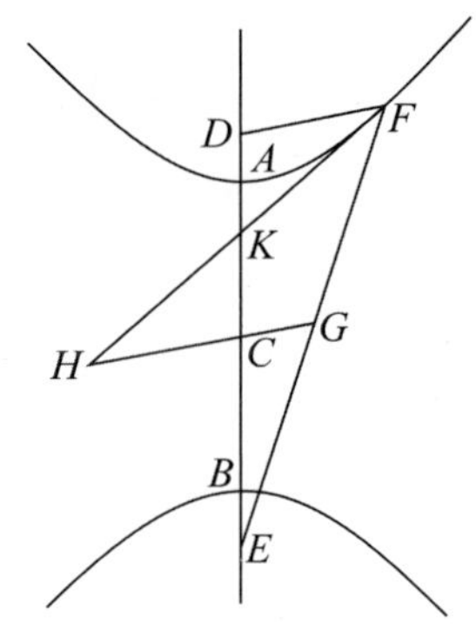

设有一超曲线或二相对截线,其轴为 AB,中心为 C,且矩形 $AD \cdot DB$ 和矩形 $AE \cdot EB$ 都等于图形的四分之一,以贴合点 E 和 D 到截线上任一点 F 的连线为 EF 和 FD.

我断言 $EF = FD + AB$.

设过 F 作切线 FKH,过 C 作 GCH 平行于 FD,所以

$$\text{角 } KHG = \text{角 } KFD;$$

因为它们是内错角,又

$$\text{角 } KFD = \text{角 } GFH(\text{Ⅲ}.48);$$

所以 $$GF = GH.$$

但是 $$GF = GE,$$

由于也有 $$AE = BD$$

而且 $$AC = CB$$

和 $$EC = CD;$$

所以 $$GH = EG.$$

这样 $$FE = 2GH.$$

又因为已证 $$CH = CB(\text{Ⅲ}.50),$$

所以 $$EF = 2(GC + CB).$$

但是 $$FD = 2GC$$

而且 $$AB = 2CB;$$

所以 $$FE = FD + AB.$$

因而 EF 比 FD 超过一个 AB.

命题 52

如果在一亏曲线中,一个等于图形四分之一的矩形以两端贴合于长轴且缺少一个正方形,且连接从所得到的两贴合点到截线上任一点的两线段,则两线

段之和将等于轴长.

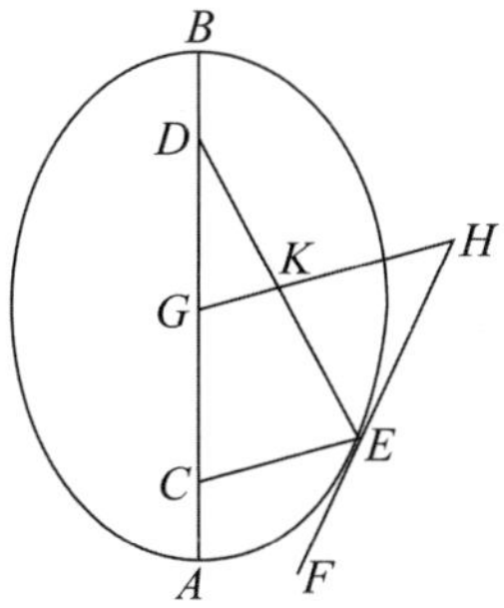

设有一亏曲线,其长轴为 AB,且矩形 $AC \cdot CB$ 和矩形 $AD \cdot DB$ 每一个都等于图形的四分之一,从贴合点 C 和 D 到截线上任一点 E 的连线为 CE 和 ED.

我断言　$CE + ED = AB$.

作切线 FEH,设 G 为中心,且过它作 GKH 平行于 CE,由于这时

角 CEF = 角 HEK(Ⅲ.48),

而且　　角 CEF = 角 EHK,

所以也有　　角 EHK = 角 HEK.

于是有　　$HK = KE$.

又因为　　$AG = GB$,

而且　　$AC = DB$,

所以也有　　$CG = GD$;

于是也有　　$EK = KD$.

因此　　$ED = 2HK$,

和　　$EC = 2KG$,

故而　　$ED + EC = 2GH$.

但是也有　　$AB = 2GH$(Ⅲ.50);

所以　　$AB = ED + EC$.

命 题 53

如果在一超曲线或亏曲线或一个圆的圆周或二相对截线中,从一直径的两端点作二直线平行于一纵线,又从其同端点到截线上某点所作两直线在平行线上截出的两线段,则这两线段所夹的矩形等于这直径上的图形.

设有一上述截线 ABC,其直径为 AC,AD 和 CE 平行于一纵线,过截线上一点 B 作 ABE 和 CBD.

我断言　rect. $AD \cdot EC = AC$ 上的图形.

为此,从 B 作 BF 平行于一纵线.

于是(Ⅰ.21)

rect. $AF \cdot FC$: sq. FB :: 横截边 : 竖直边 :: sq. AC : 这图形①.

但是　　rect. $AF \cdot FC$: sq. FB :: $AF : FB$ comp. $FC : FB$;

所以　　这图形 : sq. AC :: $FB : AF$ comp. $FB : FC$.

---

① rect. 竖直边 $\cdot AC$.

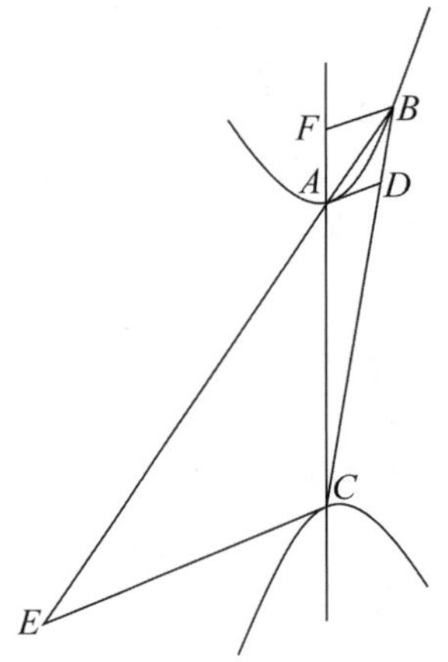

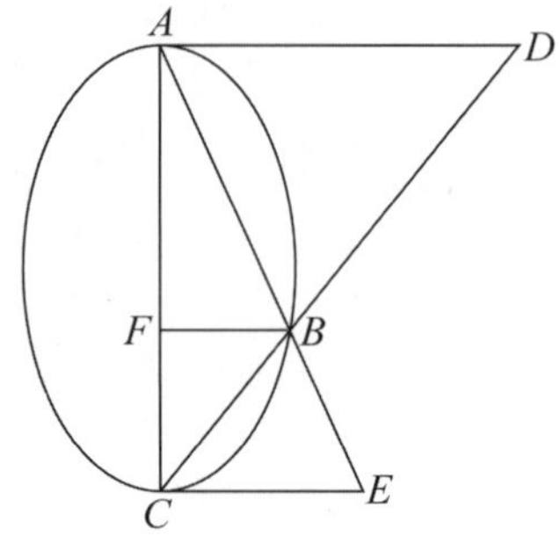

但是　　　$AF:FB::AC:CE$,

和　　　$FC:FB::AC:AD$;

所以　　　这图形 : sq. $AC::CE:AC$ comp. $AD:AC$.

又也有　　　rect. $AD\cdot CE$: sq. $AC::CE:AC$ comp. $AD:AC$;

所以　　　这图形 : sq. AC :: rect. $AD\cdot CE$: sq. AC.

所以　　　rect. $AD\cdot CE = AC$ 上的图形.

命题 54

如果一圆锥截线或一圆的圆周的两切线相交,过两切点作直线平行于切线,又从切点到这截线上某个点所作出的两直线与所作出的平行线相截,则由所截出的两条线段所夹的矩形与二切点连线上的正方形之比如同两个比的复比,一个比是连接切线交点和二切点连线的中点的线段在截线内的一段与其余一段的比的二次比;另一个比是二切线所夹矩形与二切点连线上的正方形的四分之一的比.

设有一圆锥截线或一圆周 ABC,AD 和 CD 为切线,连接 AC 并平分于 E,连接 DBE,从 A 作 AF 平行于 CD,又从 C 作 CG 平行于 AD,再在这截线上取一点 H,连接 AH 和 CH 并延长到 G 和 F.

我断言　rect. $AF\cdot CG$: sq. AC :: sq. EB : sq. BD comp. rect. $AD\cdot DC$: $\frac{1}{4}$sq. AC(或 rect. $AE\cdot EC$).

为此,从 H 作 $KHOXL$ 平行于 AC,从 B 作 MBN 平行于 AC;于是显然 MN 是切线(Ⅱ.29,5,6).

由于这时　　　$AE=EC$,

也有　　　$MB=BN$,

和　　　$KO=OL$,

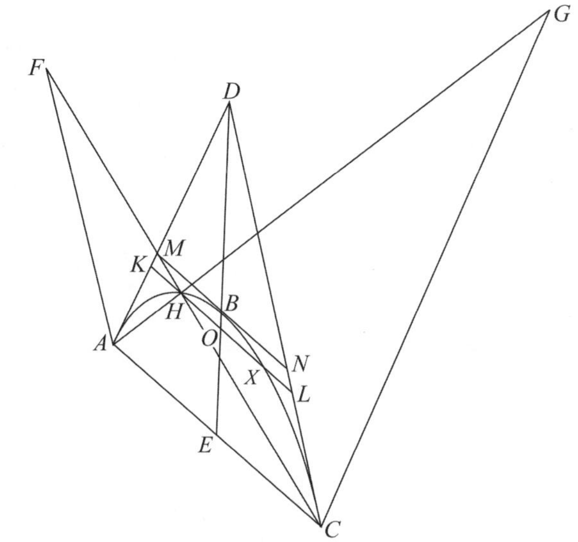

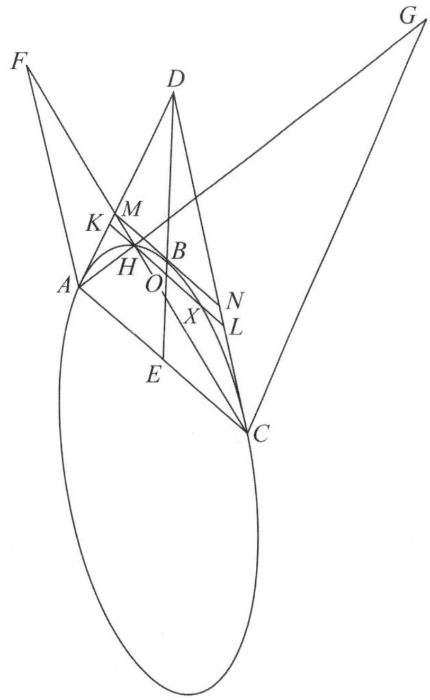

以及　　$HO = OX$（Ⅱ.7）

而且　　$KH = XL.$

这时由于 MB 和 MA 是切线，而 KHL 平行于 MB，

所以　　sq. AM : sq. MB :: sq. AK : rect. $XK \cdot KH$（Ⅲ.16）

或　　sq. AM : rect. $MB \cdot BN$ :: sq. AK : rect. $LH \cdot HK$.

又　　rect. $NC \cdot AM$: sq. AM :: rect. $LC \cdot AK$: sq. AK（Eucl. Ⅵ,2；Ⅴ.18）；

由首末比　　rect. $NC \cdot AM$: rect. $MB \cdot BN$ :: rect. $LC \cdot AK$: rect. $LH \cdot HK$.

但是　　rect. $LC \cdot AK$: rect. $LH \cdot HK$ :: LC : LH comp. AK : HK,

或　　rect. $LC \cdot AK$: rect. $LH \cdot HK$ :: FA : AC comp. GC : CA.

而　　FA : AC comp. GC : CA :: rect. $GC \cdot FA$: sq. CA.

所以　　rect. $NC \cdot AM$: rect. $MB \cdot BN$ :: rect. $GC \cdot FA$: sq · CA.

但是把矩形 $ND \cdot DM$ 取成中项，

rect. $NC \cdot AM$: rect. $MB \cdot BN$ :: rect. $NC \cdot AM$

: rect. $ND \cdot DM$ comp. rect. $ND \cdot DM$: rect. $MB \cdot BN$;

所以　　rect. $GC \cdot FA$: sq. CA :: rect. $NC \cdot AM$

: rect. $ND \cdot DM$ comp. rect. $ND \cdot DM$: rect. $MB \cdot BN$.

但是　　rect. $NC \cdot AM$: rect. $ND \cdot DM$ :: sq · EB : sq. BD,

和　　rect. $ND \cdot DM$: rect. $NB \cdot BM$ :: rect. $CD \cdot DA$: rect. $CE \cdot EA$;

所以

rect. $GC \cdot FA$: sq. CA :: sq. BE : sq. BD comp. rect. $CD \cdot DA$: rect. $CE \cdot EA$.

命题 55

如果与二相对截线相切的二直线相交,过交点作一直线平行于二切点的连线,又从两切点作切线的平行线,从两切点到截线上一点的连线延长后交所作平行线,则从平行线所截出的两线段所夹的矩形与二切点连线上正方形的比,如同两切线所夹矩形与一线段上正方形之比,该线段为从二切线的交点到过该点的平行线与截线的交点.

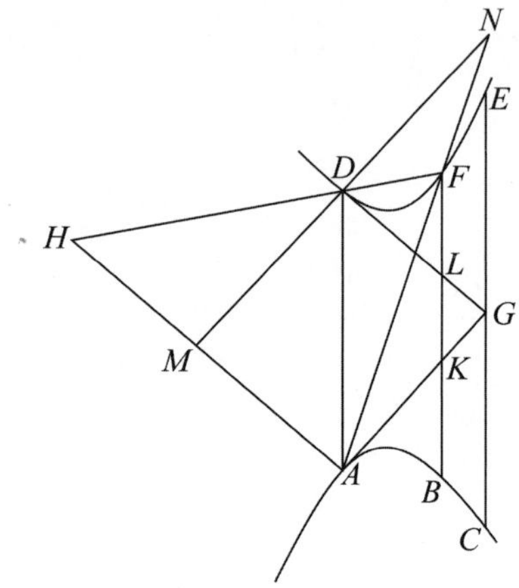

设有二相对截线 *ABC* 和 *DEF*,*AG* 和 *GD* 与它们相切,连接 *AD*,从 *G* 作 *CGE* 平行于 *AD*,从 *A* 作 *AM* 平行于 *DG*,又从 *D* 作 *DM* 平行于 *AG*,在截线 *DF* 上取某个点 *F*,连接 *AFN* 和 *FDH*.

我断言

sq. *CG*: rect. *AG* · *GD* :: sq. *AD*: rect. *HA* · *DN*.

为此,过 *F* 作 *FLKB* 平行 *AD*.

这时由于已证

sq. *EG* : sq. *GD* :: rect. *BL*·*LF* : sq. *DL*(Ⅲ. 20),

和　*CG* = *EG*(Ⅱ. 38),和 *BK* = *LF*(Ⅱ. 38),

所以　sq. *CG* : sq. *GD* :: rect. *KF*·*FL* : sq. *DL*.

又也有　sq. *GD* : rect. *AG*·*GD*

:: sq. *DL* : rect. *DL*·*AK*(Eucl. Ⅵ. 2,1);

由首末比　sq. *GC* : rect. *AG*·*GD* :: rect. *KF*·*FL* : rect. *DL*·*AK*.

但是　*KF* : *AK* :: *AD* : *DN*,

和　*FL* : *DL* :: *AD* : *HA*;

所以　sq. *CG* : rect. *AG*·*GD* :: *AD* : *DN* comp. *AD* : *HA*;

又也有　sq. *AD* : rect. *HA*·*DN* :: *AD* : *DN* comp. *AD*·*HA*;

所以　sq. *CG*·rect. *AG*·*GD* :: sq. *AD* : rect. *HA*·*DN*.

命题 56

如果切于二相对截线一支的两切线相交,过两切点作切线的平行线,从两切点到另一支截线上某一点的连线延长后与所作平行线相交,则所截出的两线段夹的矩形与二切点连线上正方形之比如同两个比的复比,一个比是连

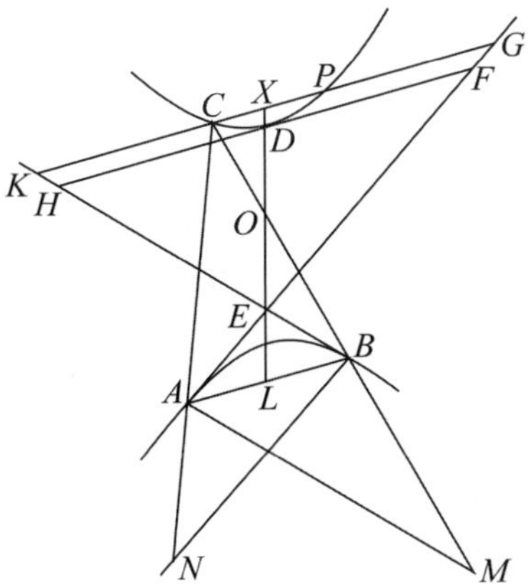

接二切交点和(二切点连线的)中点的直线上介于中点和截线另一支之间的那一线段比介于同一截线和交点之间的那一线段的比的二次比,另一个比是二切线所夹矩形与二切点连线上的正方形的四分之一的比.

设有二相对截线 AB 和 CD,其中心为 O,切线为 $AEFG$ 和 $BEHK$,连接 AB 并平分于 L,连接 LE 延长交截线于 D,又从 A 作 AM 平行于 BE,从 B 作 BN 平行于 AE,又在截线 CD 上取某个点 C,连接 CBM 和 CAN.

我断言

$$\text{rect. }MA\cdot BN : \text{sq. }AB :: \text{sq. }LD : \text{sq. }DE \text{ comp. rect. }AE\cdot EB : \frac{1}{4}\text{sq. }AB(\text{或 rect. }AL\cdot LB).$$

为此,设从 C 和 D 作 GCK 和 HDF 平行于 AB;则显然有

$$HD = DF,$$

和

$$KX = XG,$$

以及

$$XC = XP;$$

且也有

$$CK = GP.$$

因为曲线 AB 和 CD 是二相对截线的二支,BEH 和 HD 是切线,且 KG 平行于 DH,所以

$$\text{sq. }BH : \text{sq. }HD :: \text{sq. }BK : \text{rect. }PK\cdot KC(\text{Ⅲ. 18 注})$$

但是

$$\text{sq. }HD = \text{rect. }HD\cdot DF,$$

$$\text{rect. }PK\cdot KC = \text{rect. }KC\cdot CG.$$

所以

$$\text{sq. }BH : \text{rect. }HD\cdot DF :: \text{sq. }BK : \text{rect. }KC\cdot CG.$$

又也有

$$\text{rect. }FA\cdot BH : \text{sq. }BH :: \text{rect. }GA\cdot BK : \text{sq. }BK;$$

所以由首末比

$$\text{rect. }FA\cdot BH : \text{rect. }HD\cdot DF :: \text{rect. }GA\cdot BK : \text{rect. }KC\cdot CG.$$

又取 rect. $HE\cdot EF$ 为中项,于是

$$\text{rect. }FA\cdot BH : \text{rect. }HD\cdot DF :: \text{rect. }FA\cdot HB$$
$$: \text{rect. }HE\cdot EF \text{ comp. rect. }HE\cdot EF : \text{rect. }HD\cdot DF;$$

和

$$\text{rect. }FA\cdot HB : \text{rect. }HE\cdot EF :: \text{sq. }LD : \text{sq. }DE,$$

以及

$$\text{rect. }HE\cdot EF : \text{rect. }HD\cdot DF :: \text{rect. }AE\cdot EB : \text{rect. }AL\cdot LB;$$

所以

$$\text{rect. }GA\cdot BK : \text{rect. }KC\cdot CG$$
$$:: \text{sq. }LD : \text{sq. }DE \text{ comp. rect. }AF\cdot FB : \text{rect. }AL\cdot LB.$$

又

$$\text{rect. }GA\cdot BK : \text{rect. }KC\cdot CG :: BK : KC \text{ comp. }GA : CG.$$

但是

$$BK : KC :: MA : AB,$$

而且

$$GA : CG :: BN : AB;$$

所以

$$\text{rect. }MA\cdot BN : \text{sq. }AB :: MA : AB \text{ comp. }BN : AB$$
$$:: \text{sq. }LD : \text{sq. }DE \text{ comp. rect. }AE\cdot EB : \text{rect. }AL\cdot LB.$$

第Ⅳ卷

Apollonius 致 Attalus *

敬礼!

以前,我将我关于圆锥曲线的八卷论文的前三卷送给 Pergamum 的 Eudernus,但他已逝世,我决定为您写出其余的几卷,因为您有得到它们的热切愿望. 这样,作为开始,我送去这第Ⅳ卷. 这一卷论述一个圆锥的一条截线与另一个,或者一个圆的圆周彼此相遇时,它们(假设它们并不完全重合)可能共有的交点的最多个数. 还有一个圆锥的一条截线或一个圆的圆周与二相对截线彼此相遇时,它们可能共有的交点的最多个数. 除了这些问题以外,还有一些别的具有类似性质的问题. Samos 的 Conon 曾对 Thrasydaeus 提出所提到的第一个问题. **但没有给出一个正确的论证. 为此他遭到 Cyrene 的 Nicoteles 恰当的非难. ***关于第二个问题,Nicoteles 在回答 Conon 时只说它可以被论证出来. 但我并未见到他所给出的论证,也没找到其他任何人给出的论证. 不管怎样,关于第三个和类似的问题,我没有找到它们,也没有任何人注意到,而且所有这些方才谈到的关于什么人的论证的事实,我没

---

*关于 Attalus,就我所知,我们知道的并非确定. 无论如何,Tommer 令人信服地争辩说,这个 Attalus 不可能是 Pergamum 的国王 Attalus I,他在 Apollonius 写《圆锥曲线论》时统治着 Pergamum. 如果 Apollonius 致书给国王 Attalus 的话,在称呼他时理应使用“国王”(βασιλεύς,英译:King)这个字,而 Apollonius 并未这样做(见 Toomer《Apollonius of Perga》,p. 179). Toomer 在另一处有一段话:“(我)猜测 Apollonius 致函的对象可能是 Rhodes 的数学家 Attalus(他被知名主要是从 Hipparchus 在他为 Aratus 的评注本中所写的评注)但撇开年代学的难点不谈,“Ατταλος作为人名是一个太常见的字”(Apollonius《圆锥曲线论》卷Ⅴ-Ⅶ, p. Ⅻ, n. 2)

**仿照 Heath(Apollonius of Perga, pp. lxxii - lxxiii)我把第一个问题理解为关于一个圆锥的各种截线与另一个,或一个圆的圆周彼此相遇时可能共有的交点的最多个数;第二个,为一个圆锥的一条截线或一个圆的圆周与二相对截线彼此相遇时它们可能共有的交点的最多个数;而第三个为两二相对截线彼此相遇时它们可能共有的交点的最多个数;而“具有类似性质”的其他问题,我理解为那些与圆锥截线、圆及二相对截线彼此相遇时可能共有的交点的最多个数. 这对我来说,似乎是一个合情合理的与这一卷的结构协调一致的区分.

***关于这里所提的三个名字:Samos 的 Conon, Thrasydaeus 和 Cyrene 的 Nicoteles. 只有关于 Conon 我们才能说出某些肯定的事实. 我们知道,他曾与 Archimedes 交往并受到他很大的尊重. 我们也知道,他在 Archimedes 发表他的《求齐曲线弓形的面积》(Quadrature of a parabola)以前逝世. 因为 Archimedes 在他的书开头致 Dositheus 的信中告诉我们这件事. 这意味着 Conon 大约死于 Apollonius 诞生于公元前 240 年的时候. 因此,在 Apollonius 从事卷Ⅳ的写作时,这个问题的提出早在 Apollonius 以前有一个世纪之久. 关于 Nicoteles, Knorr 曾试探性地提到,他是除了 Nicomedes 以外不会是别的什么人的可能性. 他说:“…Apollonius 把一个人说成 Cyrene 的 Nicoteles,他在他对 Conon 对饶有兴趣的圆锥曲线的研究提出特别刺耳的批评. 这使人联想到,在关于 Conon 的传说中有人把一个原名 Nicomedes 的人,由于笔(口)误改成这个名字. 很清楚,在两处上下文中,我们碰到了一位带有磨蚀作用的个人,他从事于与第三世纪中期或稍后的几何学家的著作有关的高级几何研究. 不过除此以外,似乎也没有别的证据要为了鉴定去进行争辩”(见《关于几何作图的古老的传说(The Ancient Tradition of Geometric Problems)》p. 282, n. 41).

有在任何地方找到过,这需要许多各式各样的引人注目的定理,其中绝大多数在我关于圆锥曲线的论文的前三卷中是碰巧提出的,其余则是在这一卷里提出的,这些定理的研究在作图题及可能性的限制条件(διορισμούς英译:limit of possibility)的分析有很大用处.这样,由于与 Conon 的争辩的缘故,Nicoteles 并未在他批评 Conon 所发现的结果没有一件对可能性的限制条件有任何用处时真正地说过什么;但是即使可能性的限制条件在没有这些事实的情况下也完全可以得出. 然而,确实地,某些事实,由于它们的方法早已被理解到,例如,一个作图是否有多种方式,用什么方式作出,或者它完全不可能作出的条件. * 除此以外,这一与之连带在一起的预备知识是进行调查研究的一个可靠的起点,而各个定理则对可能性的限制条件** 的分析十分有用. 但是,除去这些用处不说,这些事实对表述、证明本身也是值得采取的:事实上,我们在数学中为此采用许多事实,也没有其他的理由. ***

---

*这一句逐字英译是:"…whether [something] might come to be(ἀ̓ν γένοιτο) in many ways, and in how many ways, or again, that it may not come to be." 此处我仿照 Heiberg 把"某些事实"(something)理解为"一个作图题",Heiberg 的译文是:"…velut problema compluribus modis vel tot modis effici posse aut rursus non posse…". Ver Eecke 类似地把这个片语译成是对作图题和它们的解的:"…soit la possibilite de solutions multiples, ou en nombre determine, soit, au contraire, l'impossibilité d'une solution." ①

①作图题(problems)的解(solutions)的有、无、多、少的条件便是这里"可能性的限制条件".

**P. ver Eecke 把片语 πρόσ τὰς ἀναλύσεις δὲ τῶν διορισμῶγ 简单地译成"…aux developpements des discussions."不管怎样,我选择了 διορισμός这个字的更"专门性"的解释,即译成"可能性的限制条件"(limits of possibility).

***Apollonius 也在致 Attalus 的信中强调他的学科的内在兴趣. 介绍第Ⅴ卷,他写道:"在我们谈到最小线段的比例式中,我已将它们区分出来并个别地处理它们,经过许多调查研究,在上面提到的关于最大线段的讨论之后,附加上关于它们的讨论. 这是由于我们这门学科学者在测定作图题和综合它们时需要分析它们的知识,不用去说它们是这一学科中本身就有必要进行调查研究的学问之一"(见 Toomer 的从阿拉伯文译本转译的 Apollonius《圆锥曲线论》卷Ⅴ-Ⅶ的英译本, p.4)

命 题

命题1

如果在一圆锥的一条截线或一个圆的圆周之外取一点,从这同一个点对这截线引二直线,其一与这截线相切;另一与这截线相交于两点,在曲线之内的线段被分为两段,它们的比如同整个割线与这截线外介于所取点和曲线之间的线段的比.*其同调线段取在同一点上.**则从切点到分点[即划分内部线段的点]的直线将与这曲线相交,且从交点到截线外所取点的直线将与这曲线相切.

因为,设 ABG 为一圆锥截线或一个圆的圆周,D 是这截线外所取的点,从 D 引 DB 与这截线相切于 B,引 DEG 与这截线相交于点 E,G;而且找出点 Z 使得

$$GZ:ZE::GD:DE.$$ ①

我断言　从 B 到 Z 的直线与这截线相交,而且从交点到 D 所画直线与这截线相切.**

因为,若从 D 画出 DA 与这截线相切,连接 BA 与 EG 相交,如果可能的话,它与它不在 Z 处而在 H 处相交,则由于 BD、DA 都与这截线相切,BA 是从切点画出的,且 GD 横过 AB,与这截线交于 G、E,与 AB 交于 H. 则有

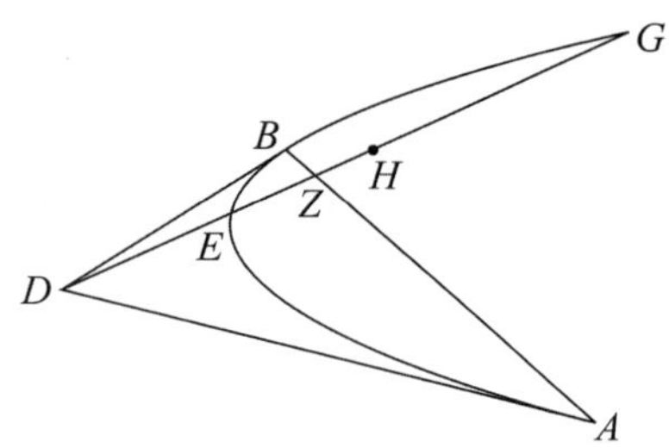

$$GD:DE::GH:HE(\text{Ⅲ}.37).$$

---

*我把 γραμμή译成“曲线”是为了避免与其他直线(εὐθεῖαι 英译:straight lines)(在比例式中所提到的)发生任何混淆.

**这里 Apollonius 所说到的比例式中所包含的四线段是按同一方向列出的,例如,就图来说,GD 和 GZ 在比例式中是对应项,必须都是从同一点 G 出发的方向.

① 原英译本中此处的译文是“令 GZ 与 ZE 的比如同 GD 与 DE 的比”,(它要求与 Apollonius 的原著相同),我们为了与前三卷的译文保持一致而改用此式,卷Ⅵ中凡遇见此类译文也将同样处理;再如关于一些线段、正方形、矩形等之间的相等或不相等,将都以前三卷的符号或缩写式来处理.

**在这处之后,有一古译的评注,我已从译文中略去,Heiberg 认为这个评注是一种篡改,也从其拉丁译本中略去. 原文写道:“因为,事实上,由于 DG 与这截线交于两点,它不能是一条直径. 于是,可能过 D 画出一直径,这样,也就可能[过 D]画出一切线.”你只能猜想篡改者是想要证实 Apollonius 的下一步. 即从 D 对这截线画出一切线,但尽管他有良好的意图不说,这一评注比不中肯还要坏;它是不真实的,不仅是有人会作出明显的反驳:如果这截线是一条亏曲线,DG 可能既与这截线交于两点,还可以仍然是一条直径;还有人也可能反对:如果 D 在一超曲线渐近线的延长线所夹的角内,超出于中心之外,那么仍可能过 D 作一直径,但是,正如 Apollnius 在Ⅱ.49 中指出的(这进一步支持这是一个篡改的断定)你不能过 D 画出这截线的一条切线.

但是这是不合理的,因为已假设

$$GD:DE::GZ:EZ^{*}.$$

所以 BA 并不与 GE 相交于与 Z 不同的点,所以,它与 GE 交于 Z.

命题2

上述事实是对所有各种截线在一起(κοινῶς)进行论证的. 但不管怎样,仅就超曲线而言,如果 DB 与超曲线相切,而 DG 与它交于两点 E、G,而且切点 B 包含在从 E 到 G 的曲线弧内,且 D 在二渐近线所夹的角内,则证明与之类似, 因为,从 D 可能画出另一切线 DA,与超曲线相切, 而证明的其余部分可以类似地作出.

命题3

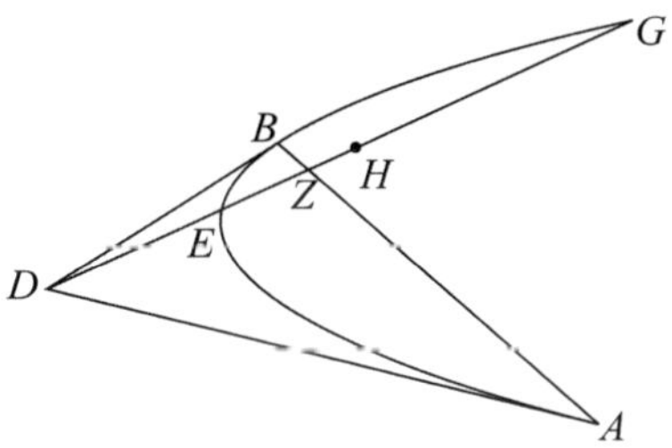

在相同事实的情形里,[**]设切点 B 不包含在从 E 到 G 的曲线弧内,且 D 在二渐近线所夹的角内,则从 D 可能作出另一直线 DA,与这截线相切,而且其余的证明与前相同.

命题4

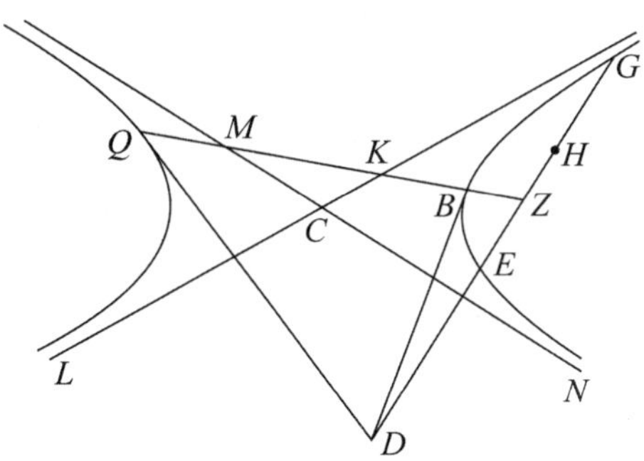

在相同事实的情形里,若两交点[***] E、G 所夹曲线弧包含着切点 B,而点 D 位于两渐近线所夹角的邻补角内,则从切点到分点的直线与二相对截线相交,且从交点到点 D 的直线与该相对截线相切.

设 B 和 Q 为二相对截线,KL 和 MCN 为两渐近线,点 D 在角 LCN 内,又 DB 是从 D 画出的切线,而 DG 与同一截线相交,从交点 E 到 G 的曲线弧包含着切点 B,而且(找出点 Z)使得

---

*这个作图是:当 $GZ:ZE::GH:HE$ 时,结果两个不同的点将把线段 GE 划分成相同的一个已知比.

**也就是,ABG 为一超曲线,点 D 为其外的一点,DB 为与这条超曲线相切于 B 的直线,DEG 为与这超曲线相交于 E、G 的割线,而且 EG 被划分于 Z,使得

$$GZ:ZE::GD:DE.$$

***也就是,DG 与超曲线 ABG 的交点.

$$GZ : ZE :: GD : DE.$$

要证明连接 B 和 Z 的直线将与相对截线 Q 相交,且从交点(Q)到 D 的直线将与该截线相切.

从 D 画出 DQ 与这截线相切,连接 QB,如果可能的话,设它与(DG)不交于 Z 而交于 H,则

$$GD : DE :: GH : HE(\text{Ⅲ}.37).$$

但是,这是不合理的,因为已假设

$$GD : DE :: GZ : ZE.$$

命题 5

在相同事实的情形里,* 若点 D 在一渐近线上,从 B 到 Z 所画的线段将平行于该渐近线.

因为,假设这些相同的事实后,设点 D 在渐近线之一 MN 上.

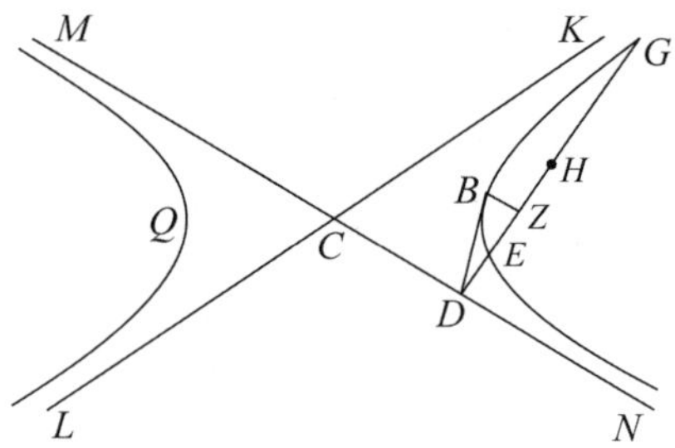

要证明的是从点 B 引 MN 的平行线段将落在点 Z 处. **

因为,如果不是这样,如果可能的话,设这线段为 BH,这时将有

$$GD : DE :: GH : HE(\text{Ⅲ}.35),$$

而这是不可能的.

命题 6

如果在一超曲线之外取一点,从这个点对这截线画出二直线,其一与这截线相切,另一与二渐近线之一平行,若后一直线上在截线之内的一部分(线段)等于被截出的介于截线和所取点之间的部分(线段),则从前一直线的切点到延长点***所连直线将与这截线相交,且从交点到外面那个点所画的直线

---

*也就是,B 和 Q 为二相对截线,KL 和 MCN 为二渐近线,DB 与这截线 B 相切于 B,DG 与之相交于 E 和 G,点 Z 满足

$$GZ : ZE :: GD : DE.$$

**为了证明线段 BZ 与渐近线(MN)平行,这与证明过 B 所引与渐近线平行的线段通过点 Z 是同一回事:只假设与 Eucl. Ⅰ. 公设 5 等价的事实. 即仅有一直线能通过一给定点且平行于一给定直线便足够了. 显然,Apollonius 认为这是无需指明的.

***也就是,在这截线内的线段的末端,这个线段已假设与被截出的介于这截线和所取点之间的线段相等.

将与这截线相切.

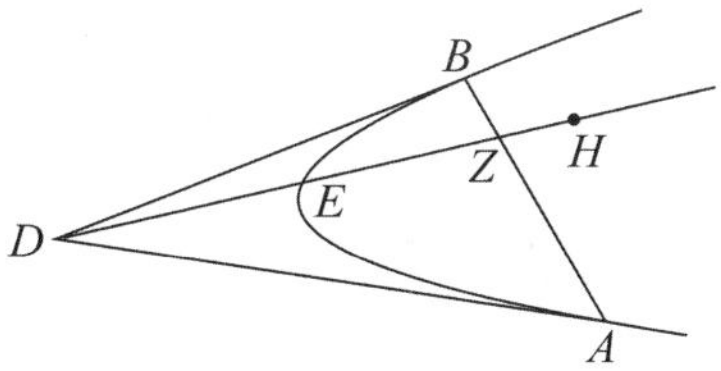

设 AEB 为这条超曲线,D 为其外取得的点,设 D 在二渐近线所夹的角内,从 D 引出 BD 与这条超曲线相切,又引 DEZ 与二渐近线之一平行,并设 EZ 等于 DE.

我断言　从 B 到 Z 所画直线将与这截线相交,且从交点到 D 的直线将与这截线相切.

因为,若画出 DA 与这截线相切,而连接 BA 与 DE 相交,如果可能的话,交点不在 Z 处而在某点 H 处,则将有

$$DE = EH(\text{Ⅲ}.30).$$

但是,这是不合理的;因为已假设

$$DE = EZ.$$

命 题 7

在相同事实的情形里,设 D 在二渐近线所夹角的邻补角内.

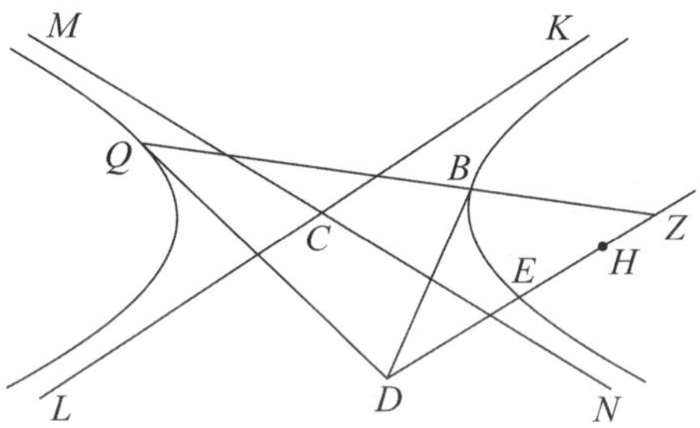

我断言　同样的事实将成立.

因为,若画出 DQ 与这超曲线相切,并连接 QB,如果可能的话,它与它不交于 Z 而交于 H,则

$$DE = EH(\text{Ⅲ}.31).$$

但是这是不合理的;因为已假设

$$DE = EZ.$$

命 题 8

在相同事实的情形里,设 D 在二渐近线之一上,其余的作图则相同. *

我断言　从切点到所截出线段的末端**的线段将与 D 所在的渐近线平行.

设有方才所提到的事实,且有

$$EZ = DE.$$

---

*这里我仿照 ver Eecke 把"καὶ τὰ λοιπὰ γιγνέσθω τὰ αὐτά"译成"…et que les autres constructions soient les mêmes."一种更加逐字直译将是"and let the rest come to be from the same"(则其余的(事实)将从相同的事实得出).

**所提到的线段在从 D 引出的另一渐近线的平行线上,位于这截线内,与介于 D 和截线之间的线段相等,这个线段的末端当然也在这截线内,从图上看,所截出的线段是 EZ,其末端即点 Z.

又从 B 画出 BH,如果可能的话,它也平行于 MN,则应有

$$DE = EH(\text{Ⅲ}.34).$$

但这是不合理的,因为已假设

$$DE = EZ.$$

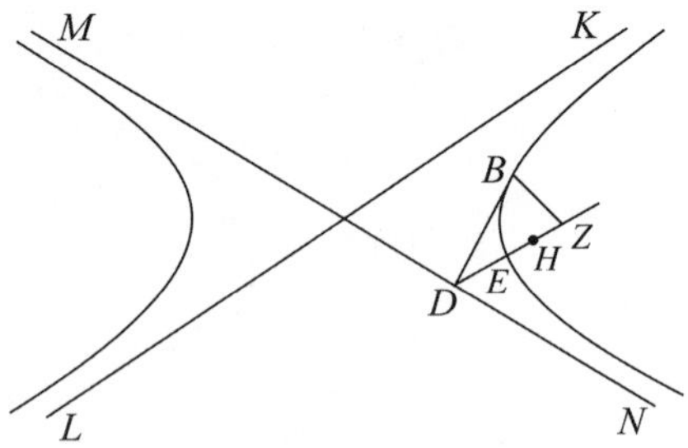

命题 9

如果从同一点引出二直线,每一条都与一圆锥截线或一个圆的圆周交于两点,而且在截线内的线段都被分成两段,它们的比如同整个割线与在外截出的线段的比. 且同调线段都取在同一点上,则通过两个分点的直线将与这截线相交于两点,从交点到外面那个点*的二直线将与这截线相切.**

设 AB 为我们所给出的一条曲线.*** 从一点 D 画出 DE 和 DZ 与这截线分别交于 Q、E 和 H、Z,此外还有

$$EL : LQ :: DE : QD.$$

及 $$ZK : KH :: DZ : DH.$$

我断言 从 L 到 K 所连直线将在两端(与这截线)相交,而且连接二交点(到外面那个点)的二直线将与这截线相切.

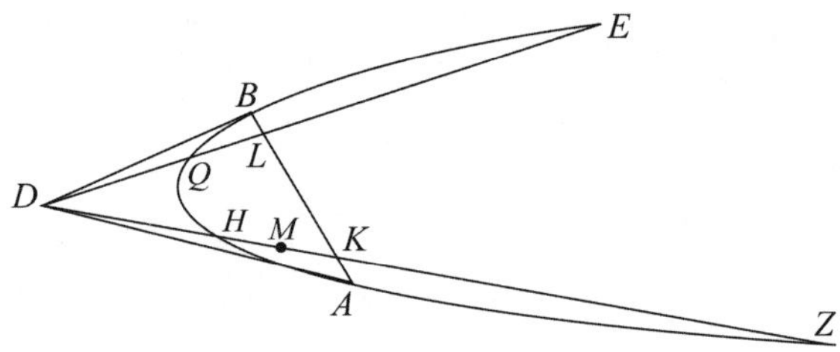

因为,由于 ED 与 ZD 二者都与这截线交于两点,故可通过 D 画出一直径,而且也可在两个边上画出与这截线相切的直线.****
设 DB 和 DA 为所画出的切线. 连接 BA,设它不通过 L、K,如果可能的话,设它只通过一

---

*“外面那个点”便是从它引出二割线的那个点,Apollonius 在这里并不像他在命题 1 中那样谨慎地说这个点的确是在这曲线之外,尽管所描述的其他部分已使事实充分清晰.

**Heath 和其他一些人已说到Ⅳ. 9 提供了从一圆锥曲线外一点画出二切线的方法(见《希腊数学史》(A History of Greek Mathematics) p. 157 – 158),其实提供这一方法是否是 Apollonius 的意向则并不很清楚. 首先,Apollonius 并不把命题Ⅳ. 9 作为一个作图题提出;第二,在Ⅱ. 49 中 Apollonius 的确给出从一截线外一点画出一切线的方法,他还强调用所给出的程序可以画出两条切线.

*** 即一条圆锥截线或一个圆的圆周.

**** 这个命题的第二部分,即通过 D 画出一直径的可能性意味着从 D 画出切线的可能性,可能像似有理地联系到 Conics Ⅱ. 49,在该处 Apollonius 表明了怎样从截线外一点画出一切线,由于有一例外(即当这截线是一超曲线且 D 在二渐近线夹角的邻补角内时,你不可能从 D 画出这截线的一条直径). Apollonius 的从一点 D 画出切线的作图方法是从过 D 画出一直径开始的,于是作图将从 DA 是直径的事实出发,接着是依纵线方向画出 TK,

(转下页角注)

个,或者两个都不通过.

首先,设它只通过 L 且与 ZH 交于 M,那么

$$ZD : DH :: ZM : MN\text{(Ⅲ. 37)}.$$

但是这是不合理的,因为已假设

$$ZD : DH :: ZK : KH.$$

如果 BA 既不通过 L 也不通过 K,那么这种不合理性对每条直线 DE,DZ 都会发生.

命题 10

上述事实对所有的截线都是公有的,不管怎样,仅就超曲线而言,如果假设了别的事实,而且一条直线上的交点都包含在另一直线上二交点所夹的曲线弧内,又点 D 位于二渐近线所夹的角内,则上述同样的事实将会发生. 正如命题2 中所说到的一样. *

命题 11

在相同事实的情形里,如果二直线之一上的交点并不包含在另一直线上二交点所夹的曲线弧内,则点 D 位于二渐近线的夹角内. ** 而且作图(καταγραφή)和证明将与命题 9 中的相同.

(接上页角注)

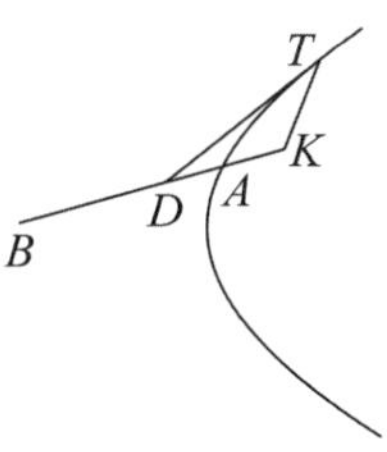

$DA = AK$

是在齐曲线的情形里,还有

$$BD : DA :: BK : KA$$

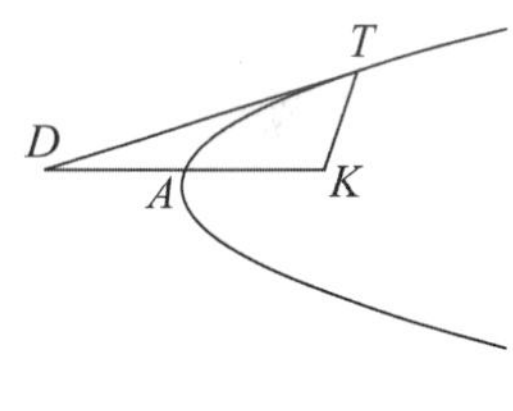

是在超曲线和亏曲线的情形里. 然而在超曲线情形,从 D 画出一直径便不够了,因为如果像Ⅵ. 1 里指出过的,当这截线为一超曲线且点 D 位于二渐近线的延长线的夹角内,超出中心之外时,从点 D 到这曲线不能有切线. 然而那时的确有一直径通过点 D,不过这也不会出现. 仅就二直线都与这截线相交于两点这件事实就排除了所有的难点,因为从点 D 画出一切线和一直径这两件事都要点 D 位于二渐近线的夹角内,但由 Conics Ⅱ. 25,若二直线每一条都与一超曲线交于两点,且任一直线上的交点都不包含在另一直线上两交点所夹的曲线弧内,都会发生这件事. 由这些理由,似乎可以肯定:这段陈述必是一位后人,远不及 Apollonius 那样仔细的人的作品(也许正是Ⅳ. 1 中那段评注的作者的作品).

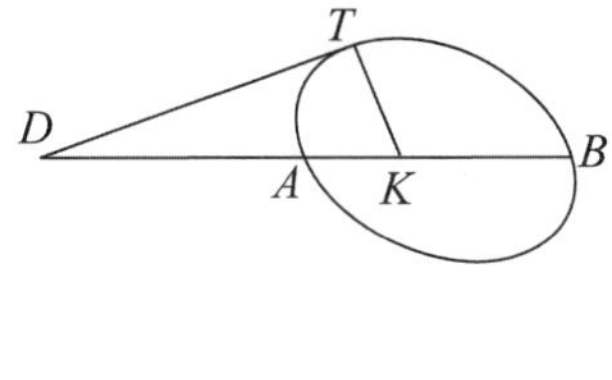

* 事实上,由假设点 D 位于二渐近线的夹角内,你可以把Ⅳ. 2 中的过程、步骤应用两次,一次是对第一条直线,一次是对第二条直线.

** 这一点,正如 Heiberg 注意到的,很清楚是不真实的.

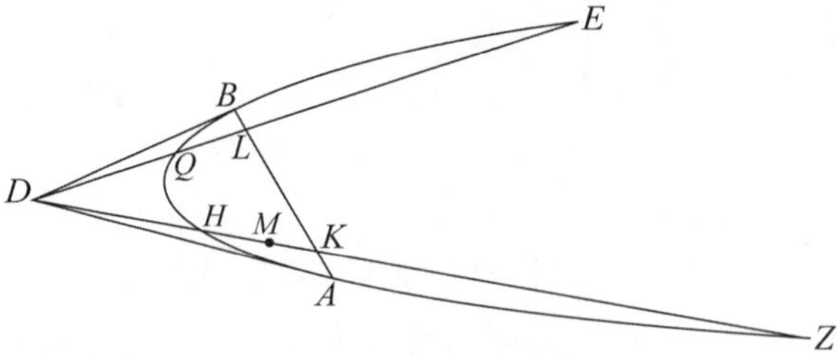

命题 12

在相同事实的情形,如果一条直线上的交点包含在另一直线上二交点所夹的曲线弧内,而且所选取的点在二渐近线夹角的邻补角内,则通过分点的线段延长后将与(已知超曲线的)相对的截线相交,而且从交点到点 D 所画的直线将与该相对截线相切.

设 EH 为一超曲线,NC、OP 为渐近线,R 为中心,此外,点 D 在角 CRP 内,DE、DZ 每一条都与这超曲线交于两点,E、Q 被 Z 到 H 的曲线弧所包含,又找出 K 和 L 使得

$$ED:DQ::EK:KQ,$$

且

$$ZD:DH::ZL:LH.$$

要证明的是过 K 和 L 的[直线]将与[截线]EH 和它的相对截线二者都相交,而且从二交点到点 D 的二直线将与这二截线相切.

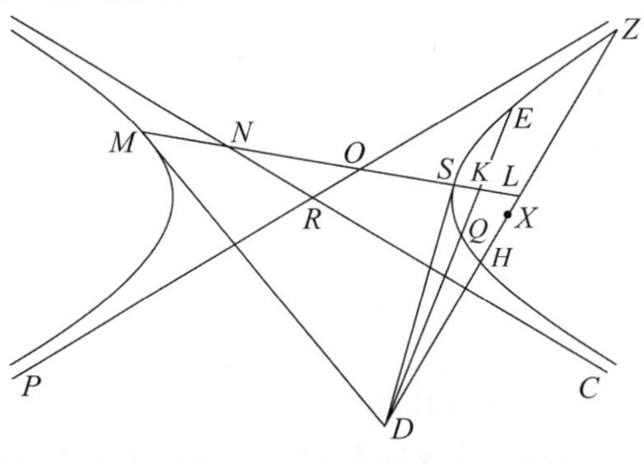

设 M 为这相对截线,从 D 引 DM 及 DS 与这截线相切,连接 MS,而且,如果可能的话,设它不通过 K、L,或者只通过其中一个点,或者是两个都不通过.

首先,设它通过 K 而与 ZH 交于 X,则有

$$ZD:DH::XZ:XH(\text{Ⅲ}.37).$$

但是这是不合理的,因为已假设

$$ZD:DH::ZL:LH.$$

如果 MS 既不过 K 也不过 L,那么不可能性对直线 ED 或 DZ 的每一条都将发生.

命题 13

在相同事实的情形里，如果点 D 位于二渐近线之一上，其余事实假设是相同的. 则通过分点的直线将与这个点（D）所在的渐近线平行，而且在延长之后将与这截线相交. 此外，从交点到位于渐近线上的那个点连线将与这截线相切.

设有一超曲线和它的渐近线对，设 D 取在渐近线之一 OP 上，画出直线并将线段划分如前所述，从 D 引 DB 与这截线相切.

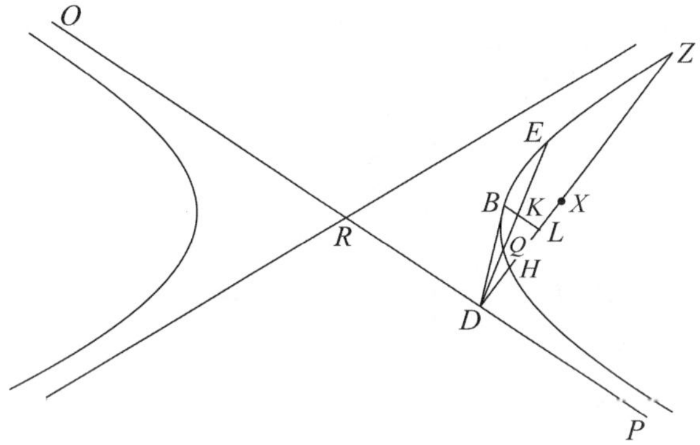

我断言　从 B 引 PO 的平行线必通过 K、L.

因为，如果不是这样，它将只通过这些点中的一个或者一个也不通过.

设它只通过 K，于是有

$$ZD : DH :: ZX : XH（Ⅲ. 35）.$$

但这是不合理的，所以过 B 且平行于 PO 的线段不会只通过 K，所以，它将通过这两个点.

命题 14

在相同事实的情形里，如果点 D 位于二渐近线之一上，DE 交这截线于两点，而 DH 平行于另一渐近线，与这截线只在 H 处相交，又若它满足：DE 与 DQ 的比如同 EK 与 KQ 的比，然而 HL 则与 DH 在同一直线上，且等于 DH. * 则过点 K、L 的直线将与渐近线平行，而且从交点到 D 所画的直线将与这截线相切.

因为，类似于前面所得到的. **画出 DB 与这截线相切.

我断言　从 B 所画出的平行于渐近线 PO 的线段将通过点 K、L.

事实上，如果它只通过 K，则 DH 将不等于 HL（Ⅲ. 34），这是不合理的. 又若它只通过 L，则它将不满足

---

*那就是 DH 被延长到 L，使得 $DH = HL$.

**在命题Ⅳ. 13 中所说的.

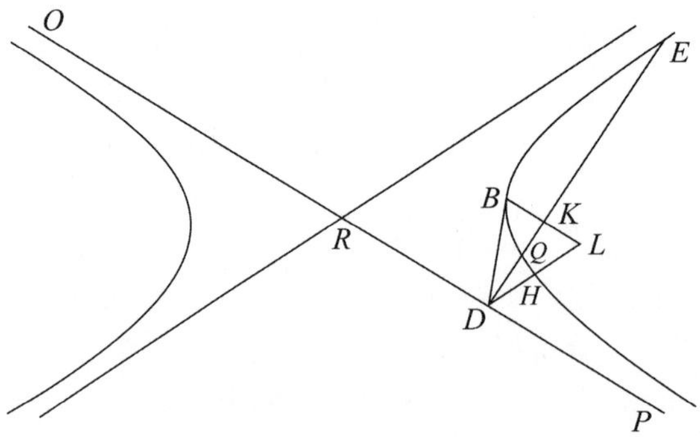

$$ED : DQ :: EK : KQ(\text{Ⅲ}.35).$$

又若它既不通过 K,也不通过 L,则不合理性将在两种方式里发生.

命题 15

如果在二相对截线中取一点介于两截线之间.①若从这同一点引一直线与二截线之一相切,另一直线与每条截线相交[二交点到所切截线内一点的线段一长、一短]. 如果所取点和第一直线并不与之相切的截线之间的线段与这点和另一截线之间的线段之比如同上述较长线段与它超过较短线段的盈余之比. 用此关系[在第二直线上]找出一线段,使类似的线段都取相同的端点. *则从较长线段的端点到切点的连线将与这截线相交,从交点到原有点(所取点)的直线将与这截线相切.

设有二相对截线 A、B,某个点 D 取在两截线之间,且在二渐近线夹角内,从这点引 DZ 与这截线相切,而 ADB 则与两截线相交,而且(找出点 G)使

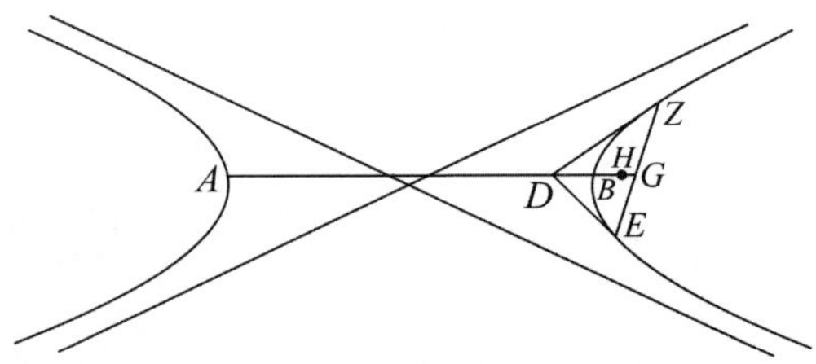

$$AG : GB :: AD : DB.$$

有待证明的是从 Z 到 G 的直线将与这截线相交,从交点到 D 的直线将与这截线相切.

因为,由于 D 在夹有这截线的角内,故可从 D 画出与这截线相切的另一直线 DE(Ⅱ.49). 如果可能的话,设所画 ZE 不通过 G 而通过 H,则将有

---

① 注意,Apollonius 在这里显然地把二相对截线看作两条截线,其重要性已在序中讨论过.

*参考附图,线段 AD、DB 被说成与 AG、GB 有相同的比,且对应线段都有相同的端点. 换句话说,所给的比例式为

$$AD : DB :: AG : GB,$$

而不是(比方说)

$$AD : DB :: GB : AG.$$

$$AD : DB :: AH : HB(\text{Ⅲ}.37),$$

而这是不合理的,因为已假设

$$AD : DB :: AG : GB.$$

命题 16

在相同事实的情形里,设 D 在二渐近线夹角的邻补角内,其余的作图相同.

我断言 从 Z 到 G 的连线,延长后将与二相对的截线相交,且从交点到 D 的直线将与二截线相切.

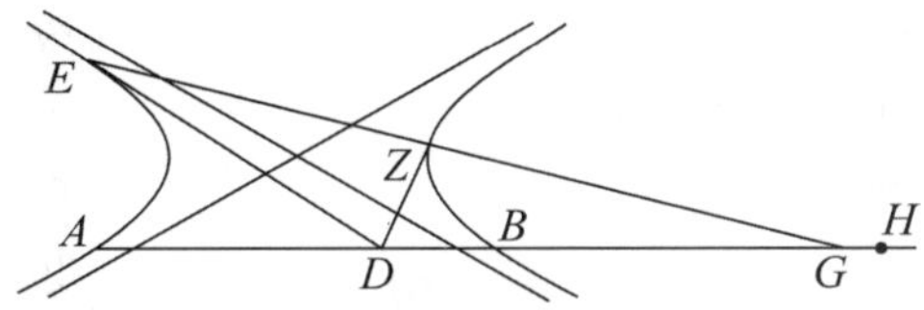

因为,设相同的事实如前,而点 D 在渐近线夹角的邻补角内,从 D 画出 DE 与截线 A 相切,连接 EZ 并延长,如果可能的话,设它不通过 G 而通过 H,则将有

$$AH : HB :: AD : DB(\text{Ⅲ}.39),$$

这是不合理的,因为已假设

$$AD : DB :: AG : GB.$$

命题 17

在相同事实的情形里,设点 D 在一渐近线上.

我断言 从 Z 到 G 的连线将平行于点 D 所在的渐近线.

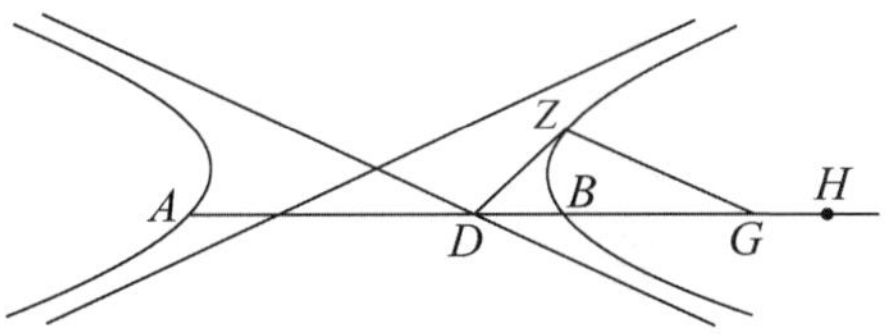

设相同的事实如前,点 D 为渐近线之一上的点,过 Z 引一直线平行于这条渐近线. 如果可能的话,设其不落于 G 而落于 H,则将有

$$AD : DB :: AH : HB(\text{Ⅲ}.36),$$

这是不合理的. 所以,从 Z 引线段平行于这条渐近线将落在 G 上.

命题 18

如果在二相对截线中取一点介于两截线之间,从该点引二直线与每条截线相交[二交点到一截线内的一点所连线段一长、一短],又若介于二截线之一和这点*之间的线段与介于另一截线和同一点之间的线段之比如同上述在二相对截线之间**所截出的较长线段与它超过较短线段的盈余的比;则这较长线段的端点***所画出的直线将与这截线相交,而从交点到原有点(所取点)的直线将与二截线相切.

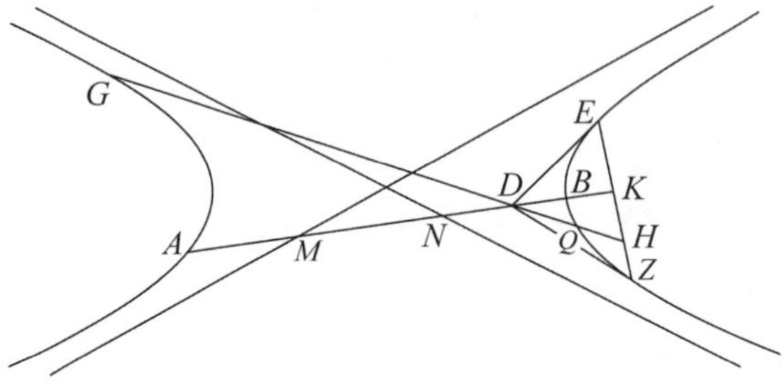

设有二相对截线 A、B,点 D 在它们之间,首先假设它在二渐近线夹角内,过 D 画出 ADB、GDQ,于是有

$$AD > DB,$$

而且

$$GD > DQ.$$

由于

$$BN = AM(\text{Ⅱ}.16),$$

还有

$$AK : KB :: AD : DB,$$

而且

$$GH : HQ :: GD : DQ.$$

我断言　过 K、H 的直线与这些截线相交,且从 D 到交点的二直线****将与这截线相切.

因为,由于 D 在二渐近线夹角内,故可对这截线画出二直线与之相切(Ⅱ.49),设 DE、DZ 为所画出的*****. 连接 EZ,这样,它将通过 K、H. ****** 因为,如果它只通过这些点的一个的话,则另一直线将被另一点划分成同一个比,******* 这是不可能的. 如果它哪个点都不通过,则同样的不可能性将会对两条直线都发生.

---

*这个点是取在两截线之间的,至于下面讲到的线段则是通过该点的线段.

**这些线段是原二线段的延长线. Apollonius 在这里没有像他在Ⅳ.15 中那样用片语 ἐπ' εὐθείας,大概是由于他认为在以前的作图之后,这已经是明显的了.

***这些端点是在这些线段超过截线之间的线段的那一侧. 那就是,这些端点都在这截线内部.

****不太清楚为什么 Apollonius 在这里把次序改变了,即把命题所陈述的从交点到 D 画线段换成了从 D 到交点画线段;当然,从数学来讲,这两种阐述是等价的.

***** DE 和 DZ 被理解为方才提到的两条与这截线相切的直线.

****** 此处,我仿照 Heiberg 把希腊文本中下面一句略去,原文写成"因为如果不是这样,则或者它只通过这些点中的一个,或者是哪一个也不通过",这可能是窜改者试图强调把这个(命题)与命题Ⅳ.9,12,13 联系起来,在那几个命题里,都出现这样的片语.

******* 那就是,两个点将把同一线段分成相同的一个比.

命题 19

设点 D 取在二渐近线夹角的邻补角内,而且所画出的与这截线相交,并被划分与前面所说的一样.

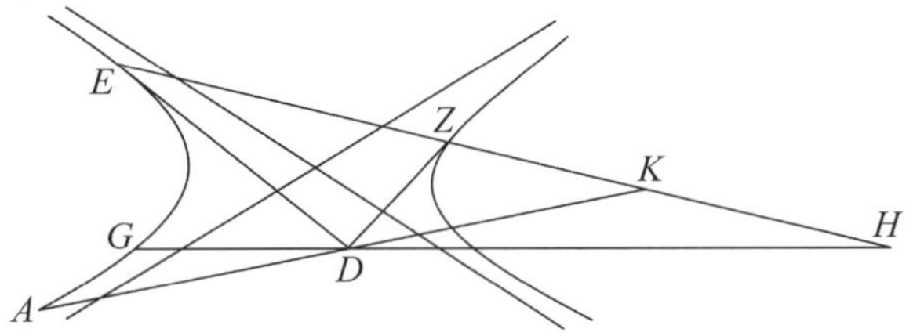

我断言　这直线延长后通过 K、H,将与这二相对截线的每一条相交,而且从交点到点 D 的直线将与这截线相切.

因为,从 D 画出 DE、DZ,分别与二截线相切,所以通过 E、Z 的直线将通过 K、H. 因为,如果不是这样,它将必然地通过两者之一,或者哪一个都不通过,而且再一次地,你将从此类似地得出不合理的结论. ①

命题 20

如果这点取在一渐近线上,而其余事实相同,则通过超出线段的端点画出的线段*将与这点所在的渐近线平行,而且从这点到这截线与通过较长线段端点所画线段的交点的直线将与这截线相切.

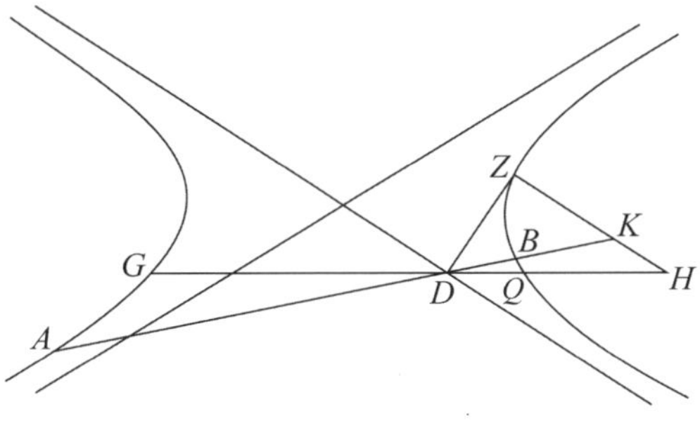

设有二相对截线 A、B,点 D 在二渐近线之一上,其余事实相同.

我断言　通过 K、H 的直线与这截线相交,且从交点到 D 的直线将与这截线相切.

---

① 原注将所根据的 Conics Ⅲ. 39 全文写出.

*按照Ⅳ. 18 的附图,记住Ⅳ. 20 仍然提到的各个线段都是通过 D 画出并延长到这截线之内的;这"超出线段"便是以前的线段在这截线内的部分,而以前的线段则是介于二相对截线之间的部分.

从 D 画出 DZ 与这截线相切,又从 Z 引一线段平行于 D 所在的渐近线,则它将通过 K、H. 因为,如果不是这样,则它将或者通过二者之一,或者哪一个都不通过,而同样的不合理性都将如前发生(Ⅲ.36).

命题 21

再设有二相对截线 A、B,点 D 在二渐线之一上. DBK 平行于二渐近线之一,与这截线只相交于一点 B, * 但 GDQ 则与两截线都相交,而且还有

$$GH : HQ :: GD : DQ,$$

而且 $$DB = BK.$$

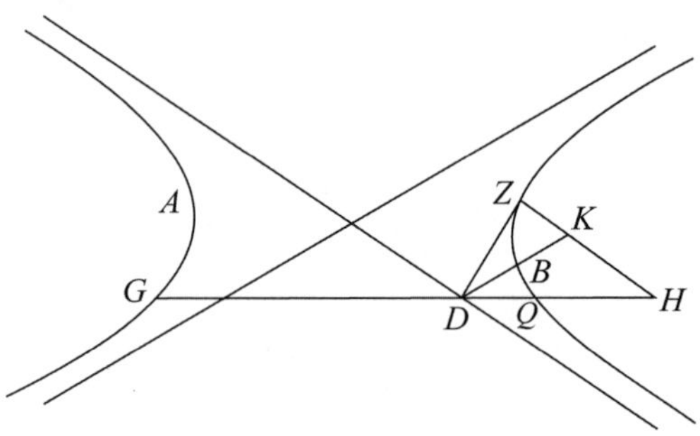

我断言　通过点 K、H 的直线将与这截线相交,而且与 D 所在的渐近线平行,从交点到 D 所画的直线将与这截线相切.

因为,若画出 DZ 与这截线相切,又从 Z 引 D 所在渐近线的平行线,这样它将通过 K、H,因为,如果不是这样,以前说到的不合理性就将出现(Ⅲ.36).

命题 22

类似地,设有二相对截线及其渐近线,D 也类似地选取. ** GDQ 为割线,而 DB 平行于二渐近线之一,此外还有

$$GD : DQ :: GH : HQ,$$

而且 $$BK = DB.$$

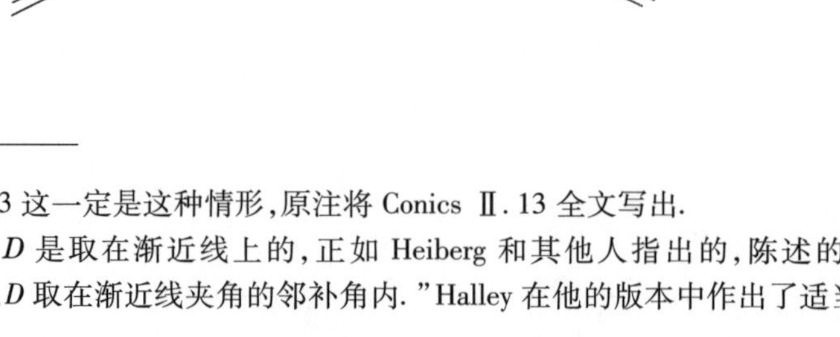

* 由 Conics Ⅱ.13 这一定是这种情形,原注将 Conics Ⅱ.13 全文写出.

** 这似乎暗示着 D 是取在渐近线上的,正如 Heiberg 和其他人指出的,陈述的这一部分应说成:"……而且,类似地,D 取在渐近线夹角的邻补角内."Halley 在他的版本中作出了适当的改正.

我断言　通过 K、H 的直线将与二相对截线的每一条相交，从交点到 D 的二直线将与截线相切.

画出 DE、DZ 与这截线相切，连接 EZ，如果可能的话，设它不通过 K、H 二者之一，或者哪一个都不通过. 一方面，设它只通过 H，则

DB 将不等于 BK.

但等于某一另外的线段，这是不合理的（Ⅲ.31）. 另一方面，设它只通过 K，则不能有

$$GD : DQ :: GH : HQ,$$

而且某线段与某个另外的线段的比（Ⅲ.36），如果它不通过点 K、H 的任何一个，则两种不可能性将会出现.

命题 23

再设有二相对截线 A、B，点 D 在二渐近线夹角的邻补角内，画出的 BD 与截线 B 只交于一点，因而平行于二渐近线之一，DA 对截线 A 也与之类似. * 而且有

$$DB = BH,$$

和

$$DA = AK.$$

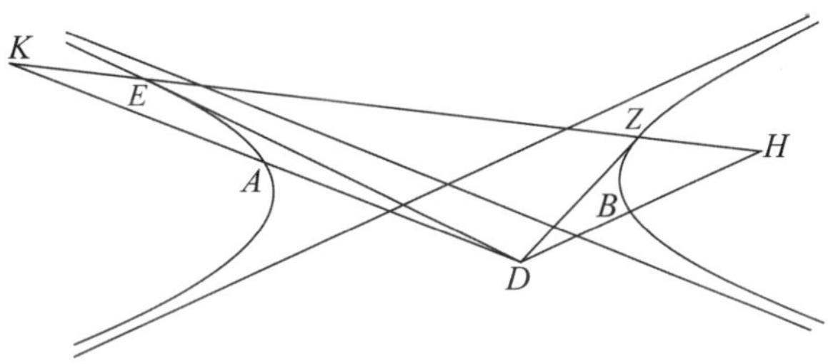

我断言　过 K、H 的直线与这截线相交，而且从交点到 D 的直线都与这截线相切.

画出这些截线的切线 DE、DZ，连接 EZ. 如果可能的话，设它不通过 K、H，这样一来，它将只通过两点之一，或者哪一点都不通过. 因而或者是

DA 将不等于 AK，

而等于某个别的线段，这是不合理的；或者是 DB 将不等于 BH.

或者是哪一个也不等于. 因而在两种情形中都将出现同样的不合理性. **

所以 EZ 将通过 K、H.

---

*那就是，DA 与截线 A 只交于一点，因而平行于第二条渐近线.

**含有 Conics Ⅲ.30－39 的各种逆定理的卷Ⅳ头一部分到此结束，现在开始论述这一卷自己独有的专题，即各圆锥截线彼此相遇的问题.

命题 24

一圆锥的一条截线与另一圆锥的一条截线或一个圆的圆周不能以这样的方式相遇,在这样的相遇方式中,它们有相同的部分,同时有另一部分又不相同. *

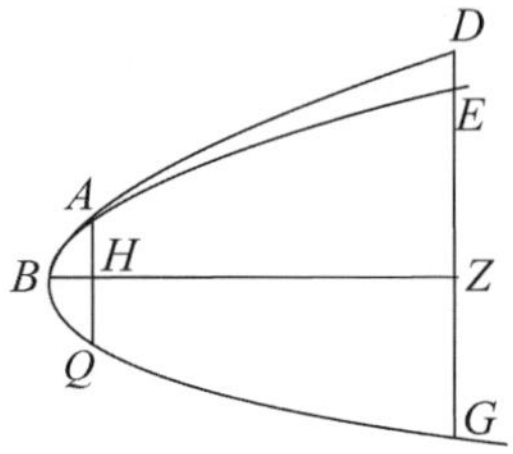

因为,如果可能的话,设一圆锥的截线 $DABG$ 与圆的圆周 $EABG$ 相遇,它们的同一部分 ABG 是公有的. 而 AD 和 AE 则不是公有的,在这一部分**上取点 Q,连接 QA,又过任一点 E*** 引线段 DEG 平行于 AQ,而且将 AQ 平分于 H, 通过 H 画出直径 BHZ,则过 B 且平行于 AQ 的直线与每条截线都相切,因而也平行于 DEG. ****于是也有:在一条截线内

$$DZ = ZG.$$

然而在另一条内 $EZ = ZG$(Ⅰ.46－47),*****

结果是,也有 $DZ = ZE$.

这是不可能的.

命题 25

一圆锥截线与另一圆锥截线或一个圆的圆周相遇,它们可能共有的交点最多不会多于四个.

因为,如果可能的话,设它们相交于五个点:A、B、G、D、E,而且设交点 A、B、G、D、E 是依次取的,它们之间不再漏掉其他的交点,又连接 AB、GD 并延长,这样,它们将在齐曲

---

*在 Conics Ⅵ.6 中,这个命题被复述成:"若有一圆锥截线,它的某一部分与另一截线的另一部分重合,以致可以把一个安装到另一个上去,则这[第一个]截线与这[第二个]截线全等[即它们可以完全重合]."

**在 ABG 上.

***E 是在部分 AE 或 AD 内的一个任意点,也就是,在并不重合的二截线的两个部分内的一个任意点.

****第一个结论,过 B 且平行于 AQ 的直线与这截线相切,其根据是 Conics Ⅰ.32;而第二个即过 B 且平行于 DEG 的直线,则根据是 Eucl. Ⅰ.30.

*****原注将 Conics Ⅰ.46 和Ⅰ.47 全文写出,前者属于齐曲线,后者属于超曲线和亏曲线. 应改为新的脚注,突出两者的类似性.

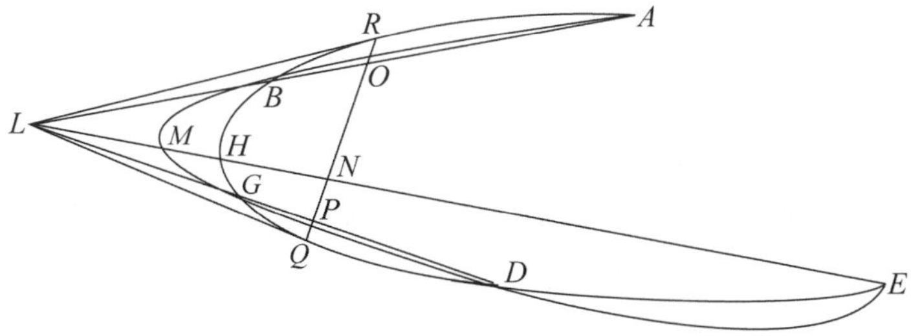

线和超曲线的情形里，在这些截线之外相交(Ⅱ.24－25).* 设它们交于 L. 因而有

$$AL : LB :: AO : OB,$$

同时

$$DL : LB :: DP : PG.$$

所以，从 P 到 O 的线段延长后将与这些截线在两端相交，且连接交点和 L 的线段将与这些截线相切(Ⅳ.9). 这样，设它交于 Q、R，连接 QL、LR. 因此，它们与这些截线相切. 于是，由于 B、G 之间不会有交点，直线 EL 与这二截线的每一条都相交，** 设它交于 M、H. 于是在截线之一内，

$$EN : NH :: EL : LH,$$

而在另一个内

$$EN : NM :: EL : LM.$$

但这是不合理的. *** 结果在开始时所假设的也是不合理的.

---

* 对于齐曲线用 Conics Ⅱ.24，对于超曲线用Ⅱ.25，这两个命题可合写如下："如果二直线的每一条都与一齐曲线或超曲线交于两点，而且一条上的交点没有一个夹在另一条上二交点之间(的曲线弧内). 则这二直线将交于这截线之外(但在超曲线的情形里，这交点应在夹着这截线的那个角内)." 这里，"夹着这截线的那个角"即超曲线的二渐近线的夹角.

** 如果二截线相交于 B 和 G 间的一个点，在这一关键时刻，Apollonius 便不能立即总结说，直线 EL 与二截线有不同的交点，也很重要的是要注意到这里有一隐含的相依关系. 即圆锥截线在 Conics Ⅰ.10 中所证明的凸性(用一个稍与时代不符的术语)，你可能有如下图所示的这样的情景：在一个不凸的曲线中，EL 并不通过线段 BG.

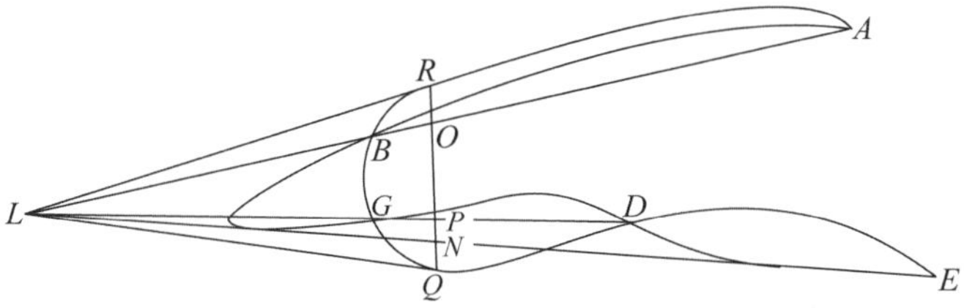

*** 从下面两个比例式

$$EN : NH :: EL : LH$$

和

$$EN : NM :: EL : LM.$$

随即有

$$LH : NH :: EL : EN :: LM : NM$$

或者

$$LH : HN :: LM : MN$$

因此两不同点 H 和 M 将线段 LM 分成同一个比. 这是 Apollonius 最常提及的不合理性.

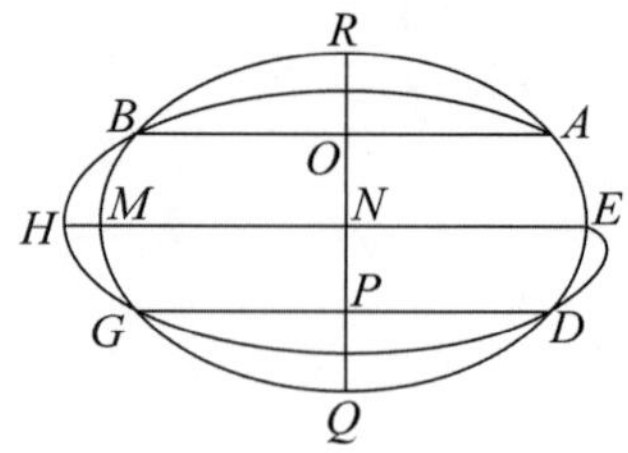

如果 AB 与 DG 平行,这截线当然是亏曲线或一个圆的圆周. 设 AB、GD 被平分于 O、P,且连接 OP 并在每一侧延长,于是将与这二截线相交,设它交于 Q、R,则 QR 将是二截线的直径,而 AB、GD 都依纵线方向竖立的(Ⅱ.28). 从 E 引 $ENMH$ 平行于 AB、GD,所以 EMH 与 QR 及每条曲线相截,因为在 A、B、G、D 以外并无其他交点. * 在截线之一中,将有

$$NM = EN,$$

而在另一截线中 $NE = NH$(Ⅰ 定义4),

这样将有 $NM = NH.$

这是不合理的.

命题 26

如果在上述曲线中,有些相切于一点,则它们彼此相遇时所共有的交点不会比另外的两点更多.**

设上述所提及的两截线在点 A 相切.

我断言　它们彼此相遇的交点不会比另外的两点更多.

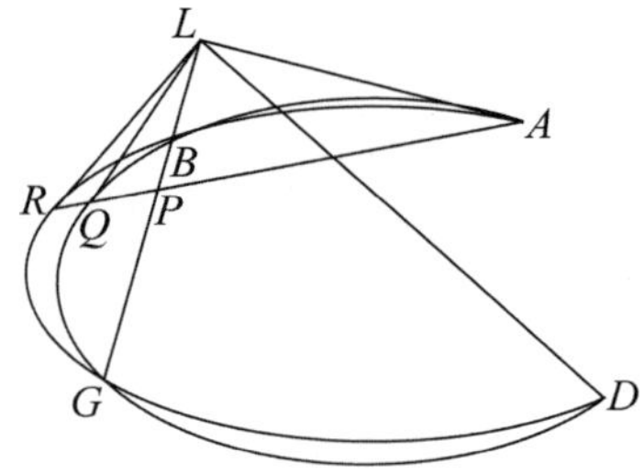

因为,如果可能的话,设它们相交于 B、G、D,假设这些交点是依次取的,其间没有漏掉其他的交点,连接 BG 并延长,从 A 引 AL 与一截线相切,这样 AL 将与二截线相切,与 GB 相交. ***设它与它交于 L,(找出 P)使得

$$GL : LB :: GP : PB.$$

连接 AP 并延长,这样,它将与二截线相交,且从交点到 L 所画线段将与这截线相切(Ⅳ.1).

设它延长交出 Q、R,连接的 QL、LR 与二截线相切,于是从 D 到 L 所连直线将与二截线的每一条相交,以前提及的不合理性就将出现.****所以,二截线相遇时交点不会比另二点更多.

如果在一亏曲线或一个圆的圆周内,GB 平行于 AL,则论证将类似于前面. ***** 所给出的 AQ 曾一度证明为一直径的论证.

---

*这意思必是从 E 画出一条直线不可能过其他交点.

**一个圆锥截线或一个圆的圆周.

***Apollonius 假设,在齐曲线和超曲线的情形里,点 A 不在 B、G 所夹曲线弧内(A 不位于截线与线段 BG 所包含的封闭图形内),因为在亏曲线和圆的情形里,这是不可避免的. 只因有见于那些情形,Apollonius 考虑到 GB 可与 AL 平行,他才在证明末尾提及此语.

****在Ⅳ.25 的第一部分里的论证.

***** 在Ⅳ.25 的第二部分里的论证.

命题 27

如果在上述曲线中，有些相切于两点，则它们彼此相遇时不会再有另外的公共点.

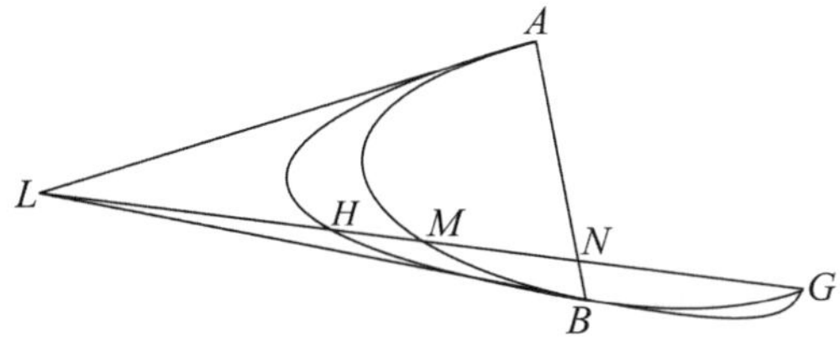

因为，设上述曲线彼此相切于两点 A、B.

我断言 它们彼此不再有另外的公共点.

因为，如果可能的话，它们也相交于 G. 首先设 G 在二切点 A、B 之外. * 又从 A、B 画出二直线与一截线相切，则它们将与二曲线都相切. 设它们已相切并延长到 L 如图所示. **画出 GL，则它与二截线的每一条相交，设它与它们交于 H、M，连接 ANB，于是，在二截线之一中将有

$$GN : NH :: GL : LH,$$

而在另一截线中

$$GN : NM :: GL : LM(\text{Ⅲ}.37),$$

这是不合理的.

命题 28

如果 GH 平行于点 A、B 处与一截线相切的直线，如图中的亏曲线中所示. ***则连接 AB，可断定说它是一条直径(Ⅱ.27). ****结果线段 GH 和 GM 的每一条都被平分于 N(Ⅰ.定义4)，这是不合理的. 所以，两曲线除在 A、B 处以外，不可能再有别的公共点.

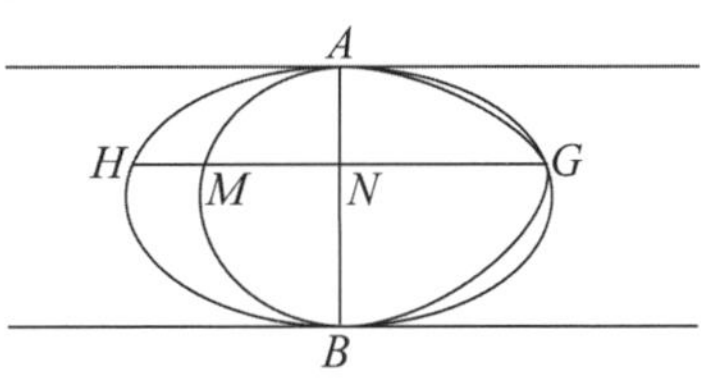

* 当然，Apollonius 的意思是 G 不在以 A、B 为端点的弓形弧内.

** 即Ⅳ.25 中的第一图. 所画两直线相交于一点 L，已在Ⅳ.25 中证明，此处说成"延长到 L".

*** 在Ⅳ.25 中的第二图.

**** Conics Ⅱ.27："如果二直线与一亏曲线或一个圆的圆周相切，而且连接二切点的直线通过这截线的中心，则这二切线将平行；但若不是这样，则二切线相交，交点与中心在所连直线的异侧." 当然，陈述的第二部分("但若不是这样……")与第一部分的逆定理等价，这正是在Ⅳ.28 中 Apollonius 应用的那一段.

命题 29

设 G 在两切点之间,如图所示. *

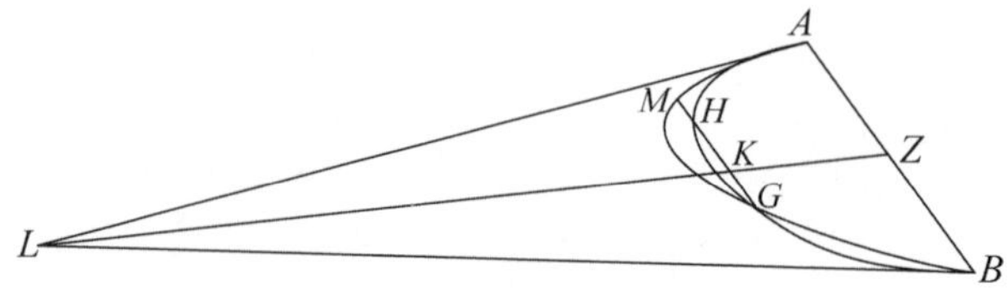

显然二曲线在 G 处不能相切,因为已假设二曲线只相切于两点,事实上,设它们彼此相交于 G,从 A、B 画出直线 AL、LB 与二截线相切,连接 AB 并平分于 Z. 于是,从 L 到 Z 所画直线将是一条直径(Ⅱ.29).①

这直径必然不会通过 G,因为如果它通过的话,则过 G 且与 AB 平行的直线将与二截线的每一条相切(Ⅱ.5,6). **而这是不可能的. ***

这样,从 G 引 $GKHM$ 平行于 AB,则在一截线内将有

$$GK = KH$$

而在另一截线内将有

$$KM = KG. ^{****}$$

结果

$$KM = KH.$$

这是不可能的.

类似地,若二直线与这些截线相切,而这二直线平行,则不可能将如上述方式同样地证实. *****

---

*正如在Ⅳ.26 中点 B 与点 R 和 A 的关系一样.

① 原注将 Conics Ⅱ.29 全文(略)写出,然后写道:所以 LZ 是一条直径,因而它将过超曲线的中心.

**对齐曲线或超曲线用 Conics Ⅱ.5;对亏曲线和圆则用Ⅱ.6,这些命题可合写成:"如果在一齐曲线或超曲线(亏曲线或圆)的直径平分着某个线段([亏曲线或圆的情形里]不通过中心),则这截线在直径端点处的切线将与所平分的线段平行."

***这是不可能的,因为二曲线已被证明为在点 G 处彼此相交而不是相切. 正如在Ⅳ.25 中一样,这又依赖于二曲线的凸性,因为如果二曲线不是必然地凸,则它们可能有一点,该处的切线还与曲线相截交,或者用一与时代不符的术语,它们可能在 G 处有一个拐点,那时,二曲线在 G 处有一公切线,又彼此交截. 我还可添加说,除了 Nicomedes 的蚌线,Perseus 的螺旋曲线外,Apollonius 是否知道别的什么有拐点的曲线,是否有过彻底的研究,这些我们知道得不多.

****根据(Ⅰ.定义4) 所给出的直径的定义.

***** 像在Ⅳ.28 中一样,这句话是多余的,因为在这种情形里,点 G 必在以 A、B 为端点的弓形弧内;证明将不相类似,仅与Ⅳ.28 情形相同.

命题30

一条齐曲线与另一条齐曲线相切,其切点不会比一个更多.

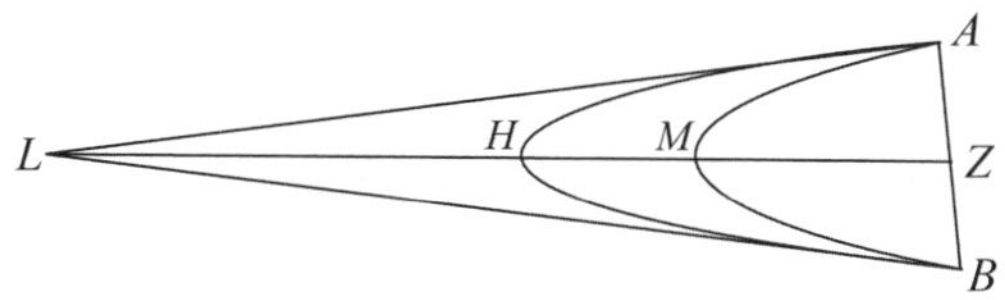

因为,如果可能的话,设齐曲线 AHB、AMB 相切于 A、B,画出与二齐曲线相切的直线 AL、LB,这样它们将都与二截线相切并相交于 L. 连接 AB 并平分于 Z,作出 LZ.

现在,由于二曲线 AHB、AMB 彼此相切于 A、B,它们彼此将不再相交于另一点(Ⅳ.27－29),结果 LZ 与二截线的每一条相截,设它与它们交于 H、M,这时在一截线中将有

$$LH = HZ(\text{Ⅰ}.55),$$

而在另一截线中将有

$$LM = MZ,$$

这是不可能的.

所以,一齐曲线与另一齐曲线相切,其切点不会比一个更多.

命题31

一齐曲线落在一超曲线之外,不会与这超曲线相切于两个点.

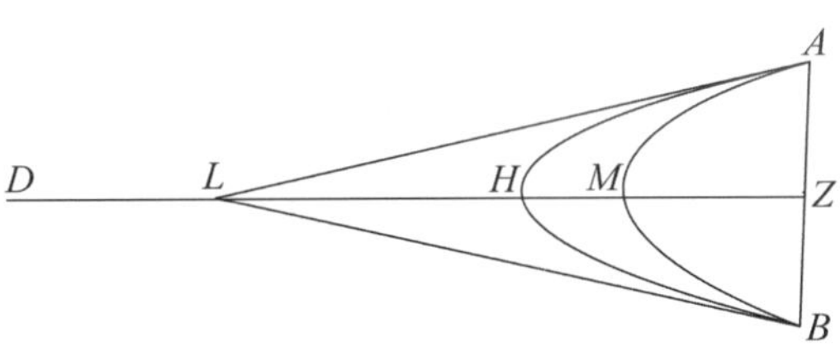

如果可能的话,设一齐曲线 AHB 与一超曲线 AMB 相切于 A、B,从 A、B 对每条截线画出与它们切于 A、B 的直线,并设这二直线相交于 L,连接 AB 并平分之于 Z,然后连接 LZ.

现在,由于截线 AHB、AMB 相切于 A、B,它们将不再相交于另一点;所以 LZ 将与二截线之一相截于一点,然后与另一相截于另一点,设它与它们相截于 H、M,延长 LZ,则它将过超曲线的中心(Ⅱ.29),设 D 为中心. 根据关于超曲线的性质

$$ZD : DM :: MD : DL$$

$$:: \text{所剩余的 } ZM : ML(\text{Ⅰ}.37)^{*}$$

---

*原注先将 Conics Ⅰ.37 全文(略)写出,然后加注说,参见附图,这个比例式的说明

$$\text{rect.}\ ZD \cdot DL = \text{sq.}\ DM.$$

从此即有

$$ZD : DM :: DM : DL$$

因而也有

$$ZD : DM :: DM : DL :: (ZD - DM) : (DM - DL) :: ZM : ML.$$

所以 $ZM > ML$.

但是根据齐曲线的性质 $ZH = HL$(Ⅰ.35).

这是不可能的.*

命题 32

一齐曲线落在一亏曲线或一个圆的圆周之内,则它不会与这亏曲线相切于两个点.

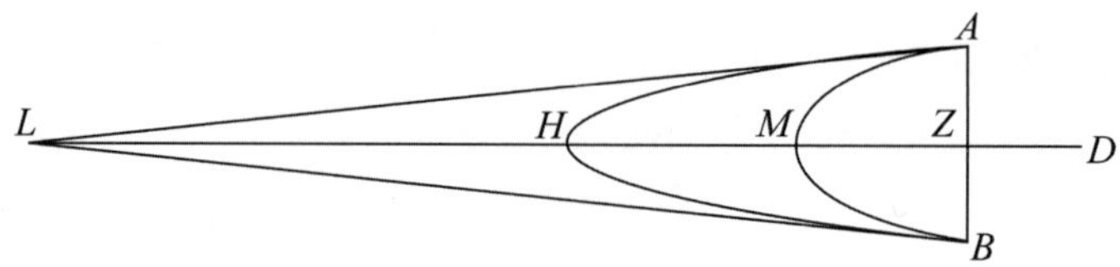

因为,设有一亏曲线或一个圆的圆周 AHB 与一齐曲线 AMB,而且,如果可能的话,它们相切于两点 A、B,从 A、B 画出与这些截线相切的直线,它们相交于 L,连接 AB 并平分之于 Z,再连接 LZ.

LZ 将与每条截线逐一相交如上所述.

设它与它们交于 H、M,将 LZ 延长到 D,设 D 为亏曲线或圆的中心.

于是,由亏曲线或圆的性质

$$LD : DH :: DH : DZ$$

因而 $::$ 剩余的 $LH : HZ$(Ⅰ.37).

又 $LD > DH$

所以 $LH > HZ$

但是,由齐曲线的性质 $LM = MZ$(Ⅰ.35),

这是不可能的.

命题 33

一超曲线不可能与有相同中心的另一超曲线相切于两个点.

如果可能的话,设两超曲线 AHB、AMB 有相同的中心 D,它们相切于 A、B,从 A、B

---

*此处我们正使用齐曲线位于超曲线之外的事实,因为这意味着

$$HZ > MZ,$$

这样 $MZ > ML > HL$.

蕴涵着 $HZ > HL$.

但是 $HZ = HL$.

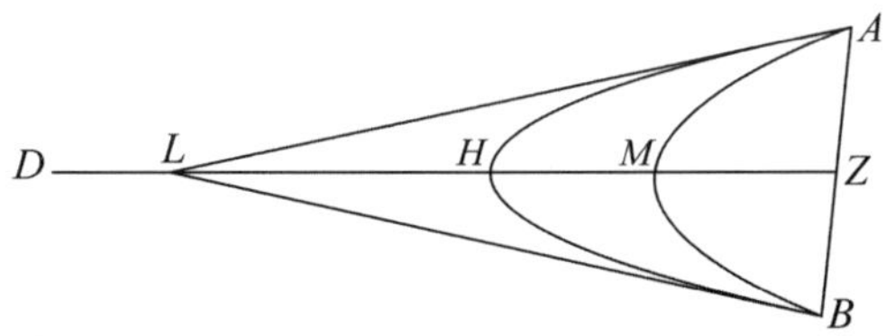

画出与二截线相切的直线彼此相交(于 L),连接 DL 并延长.

另外,连接 AB,则 DZ 平分 AB 于 Z. * 这时 DZ 与二截线相截于 H、M(Ⅳ. 29),由超曲线 AHB 的性质,我们将有

$$\text{rect. } ZD \cdot DL = \text{sq. } DH;$$

而由超曲线 AMB 的性质,我们将有

$$\text{rect. } ZD \cdot DL = \text{sq. } DM$$

这是不可能的. ①

命题 34

如果一亏曲线与另一有相同中心的亏曲线或一个圆的圆周相切于两点,则连接二切点的直线将穿过该中心.

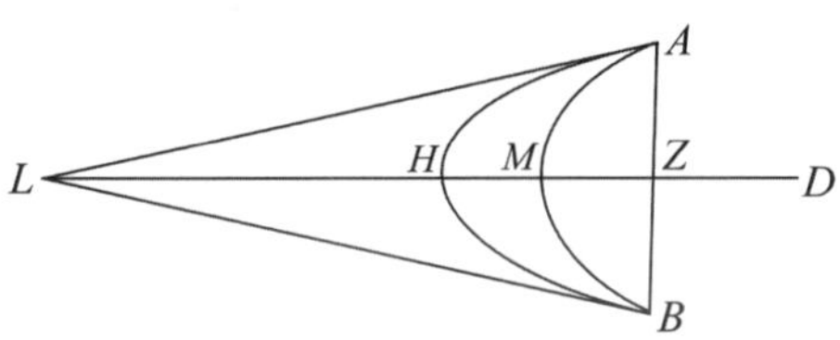

设上述曲线彼此相切于点 A、B,连接 AB,通过点 A、B 作出与二截线相切的直线,如果可能的话,设它们相交于 L,将 AB 平分于 Z,连接 LZ,则 LZ 是这些截线的一条直径(Ⅱ. 29).

如果可能的话,设中心为 D,则根据一截线的性质,

$$\text{rect. } LD \cdot DZ = \text{sq. } DH,$$

但据另一截线的性质,也将有

$$\text{rect. } LD \cdot DZ = \text{sq. } DM,$$

结果

$$\text{sq. } DH = \text{sq. } DM (\text{Ⅰ. } 37),$$

这是不可能的.

所以,从 A、B 画出与二截线相切的二直线不会相交. 于是它们互相平行,而且,由于同样理由,AB 是一条直径(Ⅱ. 27),结果它穿过该中心,这就是所要证明的.

---

* DZ 是 DL 延长到 Z 而得到的,它平分着 AB,这是因为,由 Conics Ⅱ. 30, DL 是一条直径,而 AB 则是依纵线方向画出的.

① 从 sq. DH = sq. DM,应有 $DH = DM$,然而 H 与 M 相异.

命题 35

一圆锥截线或一个圆的圆周与一凸向不同*的圆锥截线或一个圆的圆周相遇时,它们的交点不会比两个更多.

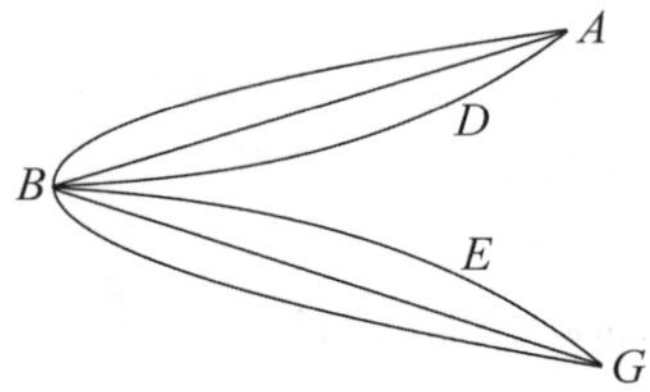

因为,如果可能的话,设一个圆锥的一条截线或一个圆的圆周 *ABG* 与一凸向不同的圆锥截线或一个圆的圆周 *ADBEG* 相遇的交点多于两个:*A*、*B*、*G*.

由于三个点 *A*、*B*、*G* 是取在曲线 *ABG* 上的,如果连接 *AB*、*BG*,它们夹着一个角,其凹部与曲线 *ABG* 的凹部有相同方向.**同理,*ABG* 夹着一个角,***其凹部与曲线 *ADBEG* 的凹部有相同方向,所以,我们所说到的二曲线,其凹部和凸部便有相同的方向,这是不可能的.

命题 36

如果一圆锥截线或一个圆的圆周与二相对截线的一支交于两点,交点间二曲线的凹部有相同方向,则二曲线在交点处延长出来的曲线与这二相对截线的另一支不会相交.

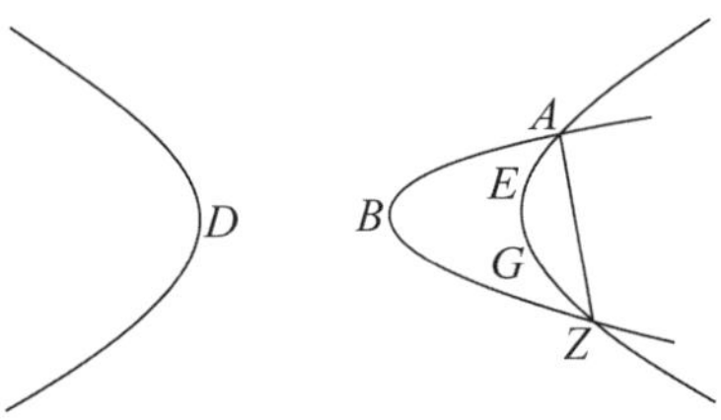

设有二相对截线 *D*、*AEGZ*,设一圆锥截线或一个圆的圆周 *ABZ* 与二相对截线之一交于点 *A*、*Z*,设截线 *ABZ*、*AGZ* 的凹向有相同方向.

我断言　*ABZ* 延长后不与截线 *D* 相遇.

因为,连接 *AZ*,由于 *D*、*AGZ* 是二相对截线,而且线段 *AZ* 与一超曲线交于两点,它延长后将不与相对截线 *D* 相交(Ⅱ.33),所以,曲线 *ABZ* 也不与截线 *D*****相交.

---

*逐字直译是“not having its convexities towards the same parts(πὴ ἐπὶ τὰ αὐτά μέρη τὰ κυρτὰ ἔχουσα)”,中译是:不会有它的凸部朝向同一部分.

**原注写出与英译句子所有的片语:“…having its concavity in the same directi as…”相当的希腊原文是:“…ἐπὶ τὰ αὐτὰ τοῖς κοιλοις….”

***即“线段 *AB*、*BG* 夹着一个角……”;Halley 在他的版本中,在“*ABΓ*”的地方写的是“*AB*,*BΓ*”.(文中 *ABG* 表示一个角)

****这是因为,由 Conics Ⅰ.10,截线 *ABZ* 不会与 *AZ* 相交于不同于 *A*、*Z* 的任何点.

命题37

如果一圆锥截线或一个圆的圆周与二相对截线的一支相交,则它与另一支的交点不会比两个更多.

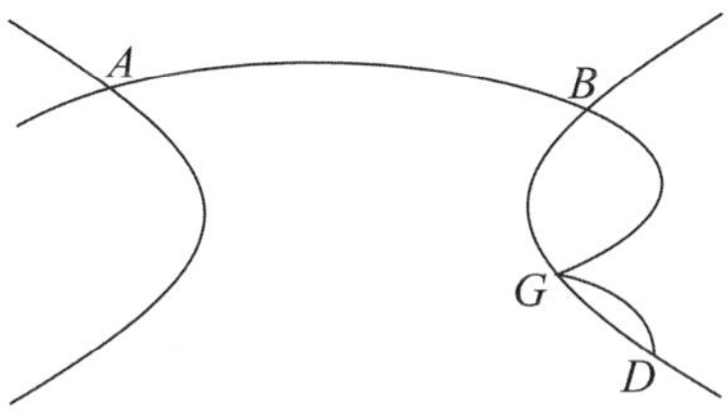

设有二相对截线 A、B,设一圆锥截线或一个圆的圆周 ABG 与截线 A 相交,设 ABG 与相对的截线 B 交于点 B、G.

我断言　它与(截线)BG 不会有另一交点.

因为,如果可能的话,设它与 BG 又交于 D,则凹向并不相同的 BGD 与截线 BG 相交的交点比两个更多,这是不可能的(Ⅳ.35).

如果曲线 ABG 与那条相对截线相切,结论的证明是类似的.

命题38

一圆锥截线或一个圆的圆周与二相对截线相遇,其交点不会比四个更多.

这从下述事实来看这是明显的:与二相对截线之一相交的截线与另一支的交点不会比两个更多(Ⅳ.37).

命题39

如果一圆锥截线或一个圆的圆周与二相对截线的一支在其凹向一侧与它相切.*则它与另一支不会相交.

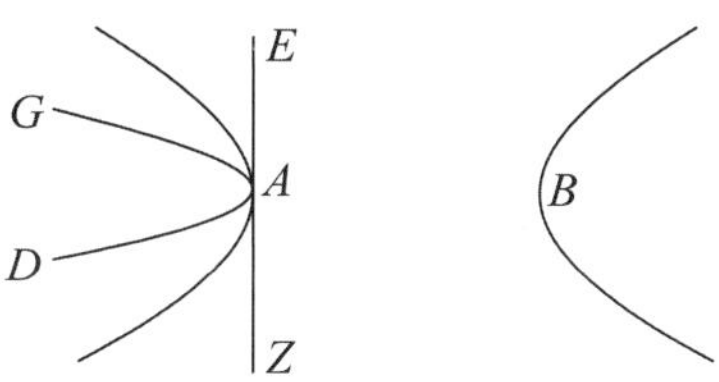

设有二相对截线 A、B,而 GAD 与截线 A 相切.

我断言　GAD 不与 B 相交.

从点 A 作出 EAZ 与这截线相切,则它与过点 A 的每条截线相切于点 A,因此它不与截线 B** 相交,结果 GAD 也不与 B 相交.

---

*换言之,要使这二截线都在这切线的同一侧.

**这是从 Conics Ⅱ.3 得出的,该命题说,"如果一直线与一超曲线相切,它将与二渐近线都相交……"固若延长 BAZ,则由Ⅱ.3 它将落入二渐近线夹角的两个邻补角内,因而它不可能与这相对的截线相交.

命题 40

如果一圆锥截线或一个圆的圆周与二相对截线的每一支都相切于一点,则它将不与这些相对截线交于另外一点.

设有二相对截线 A、B,又一圆锥截线或一个圆的圆周与截线 A、B 的每一条分别相切于 A、B.

我断言　曲线 ABG 与截线 A、B 不会交于另一点.

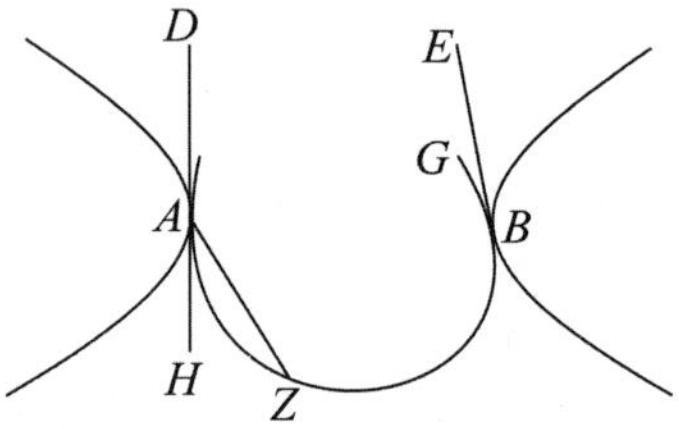

事实上,由于曲线 ABG 与截线 A 相切,且与 B 相遇(συμπίπτουσα,英译:meets)于一点,因此它不会在 A 的凹向与它相切. 类似地,也可证它不会在 B 的凹向与它相切,画出 AD、BE 分别与截线 A、B 相切;则这些直线将与曲线 ABG 相切,因为,如果可能的话,设它们之一与这曲线相截,设它为 AZ,则在截线 A 的切线 AZ 和截线 A 之间将有一直线 AC 插入其间的孔隙,这是不可能的. * 所以,它与 ABG 相切,而且,由于这一事实,显然地 ABG 并不与这些相对截线(的每一条)相交于另一点.

命题 41

如果一超曲线与二相对截线中凸向相反的一支相交,则这超曲线的相对截线与二相对截线的另一支不相交.

设有二相对截线 ABD、Z,超曲线 ABG 与 ABD 交于点 A、B,前者的凸向与后者的凸向相反,** 又设 E 是 ABG 的相对截线.

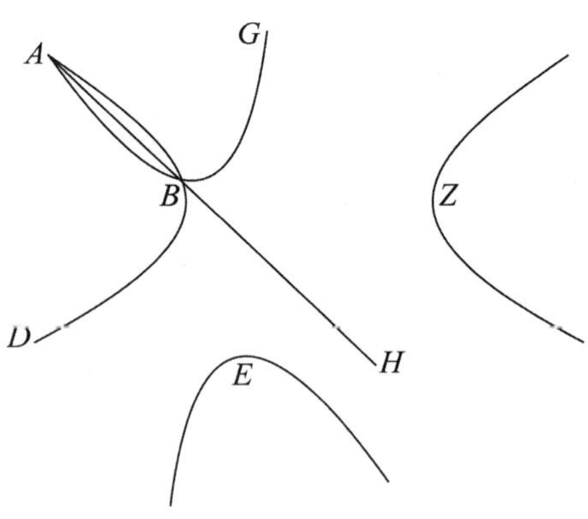

我断言　E 不会与 Z 相交.

连接 AB 并延长到 H,事实上,由于直线 ABH 与超曲线 ABD 相交,线段 AB 的延长线落在每条截线之外,它将不与截线 Z 相交(Ⅱ.33). 类似地,由于直线 ABH 与超曲线 ABG 相交,它也不与其相对截线 E 相交;所以 E 也不与 Z 相交.

---

*Conics Ⅰ.36 还给出有心圆锥截线的切线的一个主要性质,它告诉我们:"不会有另一直线落入这切线与这截线之间的孔隙之中."这里所说的不可能性便是根据 Conics Ⅰ.36 才说出来的.

**原注写出逐字直译的英译:"having convex [parts] turned oppositely to concare [parts]",按上图来说,二截线 ABG 和 ABD 在从 A 到 B 的范围来看,它们的凸部与凹部正好都是相反的.

命题 42

如果一超曲线与二相对截线的每一支相交,则它的相对截线与这二相对截线的任何一支都不会交于两点.

因为,设有二相对截线 A、B,超曲线 AGB 与二相对截线 A、B 的每一条都相交.

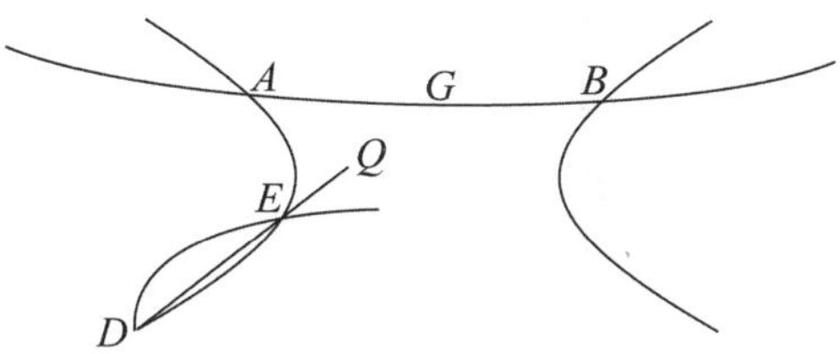

我断言 AGB 的相对截线与截线 A、B 的任何一支都不会交于两点.

因为,如果可能的话,设它与二相对截线之一相交于 D、E,连接 DE 并延长,由于截线 DE 的缘故,* 直线 DE 不会与截线 AB 相交(Ⅱ.33). 但是另一方面,由于截线 AED、DE 不会与截线 B 相交,因为它通过这三处(Ⅱ.33). **而这是不可能的. 类似地,可证明 AGB 也不与 B 相交于两点.

同理,它将不与二相对截线(AED,B)的任一相切,因为画出切线 QE 时,它将与二截线的每一条相切. 结果由于截线 DE 的缘故,它不与截线 AG 相交;另一方面,由于截线 AE 的缘故,又不会与截线 B 相交. 结果 AG 也不与 B 相交,这与所假设的相抵触.

命题 43

如果一超曲线与二相对截线的每一支都相交于两点,***该处的截线凸向都彼此相反,则该超曲线的相对截线与这二相对截线都不会相交.

设有二相对截线 A、B,一超曲线 $GABD$ 与截线 A、B 的每一支都相交于两点,它们所夹的曲线弧的凸部都是相反的.

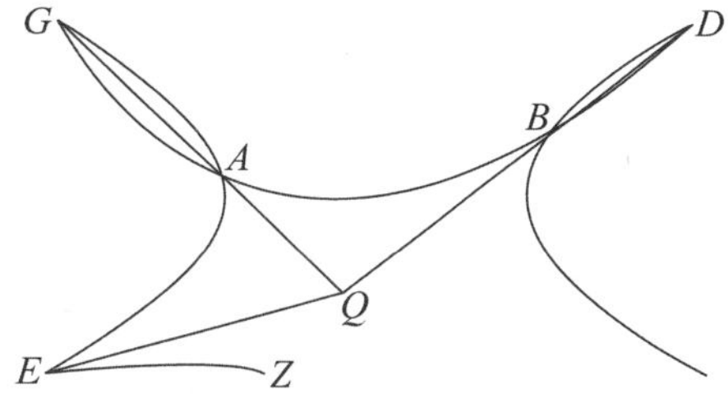

我断言 它的相对截线 EZ 与截线 A、B 的任何一条都不相交.

因为,如果可能的话,设它与截线 A 相交于 E,连接 GA、DB 并延长,则这二直线彼此相交(Ⅱ.25). 设它们相交于 Q,则 Q 将位于截线 $GABD$ 的渐近线所夹的角内(Ⅱ.25),而 EZ 是 $GABD$ 的相对截线,所以,从 E 到 Q 的连线将落

*也就是,因为直线 DE 通过截线 AGB 的相对截线,即截线 DE 上的两个点.

**这三处是 Conics Ⅱ.33 中所提到的,即夹着圆锥截线的角和这个角的两个邻补角.

***这里你可以清楚地看到 Apollonius 并未把二相对截线看成另一圆锥截线;因为如果它恰是另一圆锥截线的话,Ⅳ.25 就会使这个命题(Ⅳ.43)变成一个毫无理由的命题了.

在(折线)AQB 所夹的角内. * 又由于 GAE 是一超曲线,GAQ、QE 相交,而交点 G、A 间的曲线弧并不包含点 E,点 Q 将位于截线 GAE 的渐近线之间. ** 又 BD 是 GAE 的相对截线,所以从 B 到 Q 的连线落在 GQE 所夹的角内; *** 这是不可能的,因为它也落在 AQB 所夹的角内,所以,EZ 不会与相对截线 A,B 之一相交. ****

命题 44

如果一超曲线与二相对截线的一支相交于四个点,则这超曲线的相对截线与二相对截线的另一支不会相交.

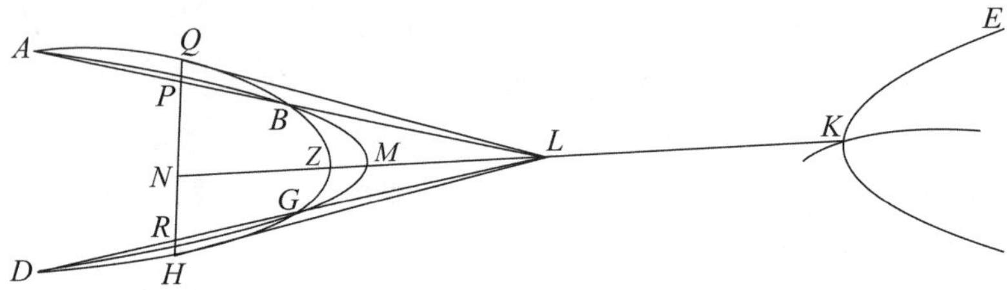

---

* 这里没有什么明确的命题可以依赖,不过,论据似乎是这样:由于 Q 在渐近线夹角内,E 是相对截线上一点,直线 EQ 必与二渐近线相交,据此 EQ 与截线 AB 只有一个交点(Ⅱ.11). 现在若 EQ 落在角 AQB 外,它将与这截线要么交于两点,要么根本不相交,所以它必落在 AQB 内. 事实上,若 P 和 R 是这截线上的点,以致 QP 和 QR 平行于渐近线,于是角 AQB 包含着角 PQR(Ⅱ.14),因而 EQ 落入 PQR 内. 如果直线 AQ、BQ 是这截线的切线,类似的论证可以作出. 命题 47、48 和 51 的情形的确就是这样.

** 正如 Commandino, Halley 两人注意到的(Halley Ⅱ. p. 65),这个结论并非如所述的立即可以导出,问题在于你不知道它与截线 GAE 相遇之后 QE 的结果是什么,若它与 GAE 交于第二点或者与 GAE 相切于 E,这时 Q 将在 GAE 的二渐近线的夹角内,但若它与 GAE 只交于 E,并非切线,则 Q 并不一定在渐近线的夹角内.

*** 这是由于同样的理由:直线 EQ 落在角 AQB 内(见上面的脚注 *).

**** 由于这个命题和与之相似的别的(命题)一样是有疑问的命题,我关注着下面由 Eutocius 在他关于《圆锥曲线论》的评注本(见 Heibery Ⅱ. p. 358)中给出的关于Ⅳ. 43 的另一个证明.

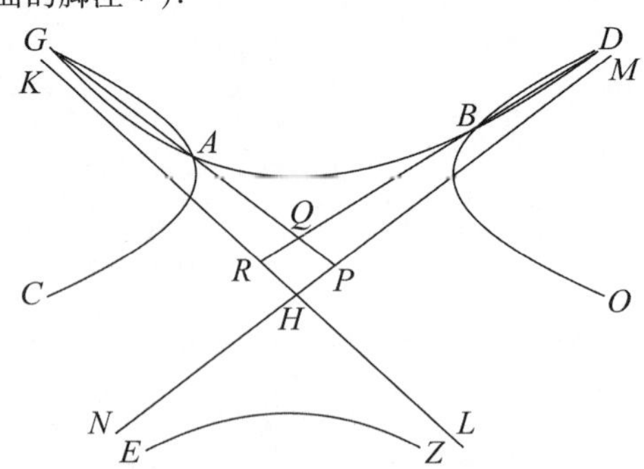

设有二相对截线 A、B,超曲线 $GABD$ 与二相对截线的每一支相交于点 G、A、B、D. 设这超曲线的相对截线是 EZ,我断言 EZ 与二相对截线的任何一支都不相交.

连接 DB、GA 并延长,设它们相交于点 Q,则 Q 将(Ⅱ.25)位于截线 GAB 的二渐近线之间[即在它们的夹角内],设 $GABD$ 的渐近线是 KHL、MHN,很清楚,这时直线 NH、HL 夹着截线 EZ(Ⅱ.25). 此外,GA 与 GAC 交于两点 G、A;在两个方向上延长之后,直线 GA 不会与截线 DBO 相交(Ⅱ.33),但将在截线 BO 和直线 LH 之间. 类似地,直线 DBQ 将不与截线 GAC 相交,但将在直线 NH、HL 之间,它们将更有理由地夹着截线 EZ,而 EZ 与二相对截线[A、B]将不在任何地方相交.

设有二相对截线 $ABGD$、E，一超曲线与 $ABGD$ 相交于四点 A、B、G、D，K 是该超曲线的相对截线.

我断言　K 与 E 不会相交.

因为，如果可能的话，设它与它交于 K，连接 AB、GD 并延长；则它们彼此相交，设它们交于 L，则

$$AP : PB :: AL : LB,$$

而且

$$DR : RG :: DL : LG.$$

于是过 P、R 的直线将与二截线在两侧相交，从 L 到交点的连线将与二截线相切(Ⅳ.9)，连接 KL 并延长，它将把 BLG 所夹的角切成两个角，而且逐一与二截线相交，设它与它们交于 Z、M.
根据二相对截线 $AQZH$，K 的性质

$$NK : KL :: NZ : ZL,$$

而根据二相对截线 $ABGD$，E 的性质

$$NK : KL :: NM : ML, \ ^{*}$$

这是不可能的.

所以 E、K 彼此不能相交.

命题 45

如果一超曲线与二相对截线的一支相交于两点，其凸向与那条截线的相同；而与另一支相遇于一点，则这超曲线的相对截线与二相对截线的任何一支都不相交.

设有二相对截线 AB、G，超曲线 AGB 与 AB 交于点 A、B，与截线 G 相遇于一点 G，而 D 是 AGB 的相对截线.

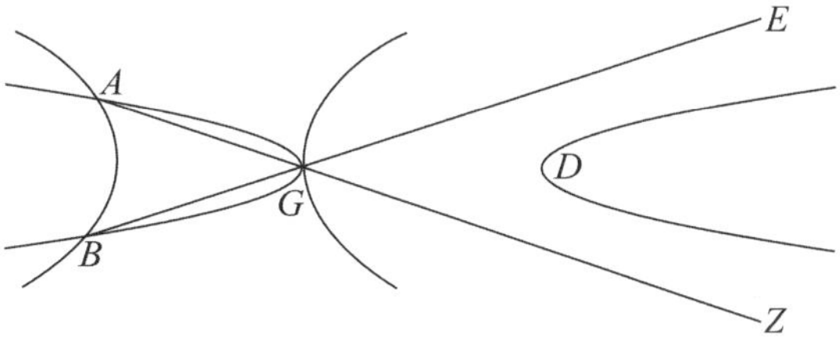

我断言　D 与二相对截线 AB、G 的任何一支不相交.

因为，连接 AG、BG 并延长. 则 AG、BG 不与截线 D 相交(Ⅱ.33). 它们与截线 G 除

---

*Heiberg 在此引用Ⅲ.39(在命题 48 和 53 的一处类似的上下文中也是这样)但这并不正确，因为Ⅲ.39 的前言已显然表明：该命题中的切线是对一对相对截线的每一支画出的(正如 Heiberg 在他自己的图中所表明的)，然而在这命题中两条切线则是对其中一支画出的. Apollonius 所依赖的似乎是Ⅲ.37 的一个推广. 其中二切点连线与二相对截线的每一支的交点到二切线的交点所连直线并不是两个点在同一支上所连的直线.

G 以外也不相交,因为若它们与截线 G 在另一点处相遇,它们将不与截线 AB 相交(Ⅱ.33).然而已假设它们相交,所以,直线 AG、BG 与截线 G 相遇一点 G,而它们根本不与 D 相遇,所以,D 将被夹在角 EGZ 内.这样,截线 D 不与 AB、G 相交.

命题 46

如果一超曲线与二相对截线的一支相交于三点,则这超曲线的相对截线与二相对截线的另一支的交点不会比一个点更多.

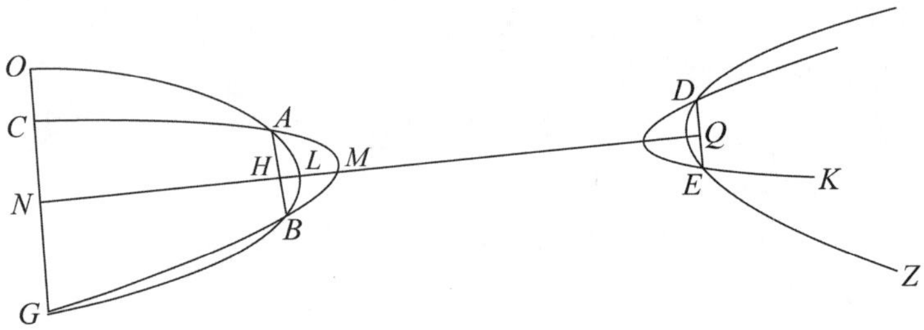

设有二相对截线 ABG、DEZ,①超曲线 $AMBG$ 与 ABG 交于三点:A、B、G,而 DEK 是 $AMBG$ 的相对截线. *

我断言 DEK 与 DEZ 的交点不会比一个更多.

因为,如果可能的话,设它们相交于 D、E,连接 AB、DE.

现在,它们要么平行,要么不平行.

首先,设它们平行,将 AB、DE 平分于 H、Q,连接 HQ;则 HQ 对所有的截线都是一条直径(Ⅱ.36).而且 AB、DE 都是依纵线方向所画的,从 G 引 $GNCO$ 平行于 AB,这时,它也是依纵线方向画到直径上的,因而它将与这些截线逐一相截,因为,如果它与它们交于同一点的话,这些截线将不再相交于三个点,而是四个点了.于是,在截线 AMB 中,将有 $GN=NC$.

然而在 ALB 中将有 $GN=NO$.

因而将有 $ON=NC$.

这是不可能的.

再设 AB、DE 不平行,经过延长后,设它们相交于 P,引 GO 平行于 AP,使它与 DP 的延长线交于 R,将 AB、DE 平分于 H、Q[原文如此],通过 H、Q 分别画出直径 HSI、QLM,同时从 I、L、M 画出 IUT、MU、LT 与这些截线相切;这样,IT 将平行于 DR,同时 LT、MU 将平行于 AP、OR(Ⅱ.5).

---

① 原文图上 K 与 Z 写颠倒了.

* 此处原文还加上"而 DEZ 是 ABG 的[相对截线]",这显然是一个不必要的插话(而 Heiberg 却在它的版本里记下它),因为前面已经说到 ABG 与 DEZ 是二相对截线了.

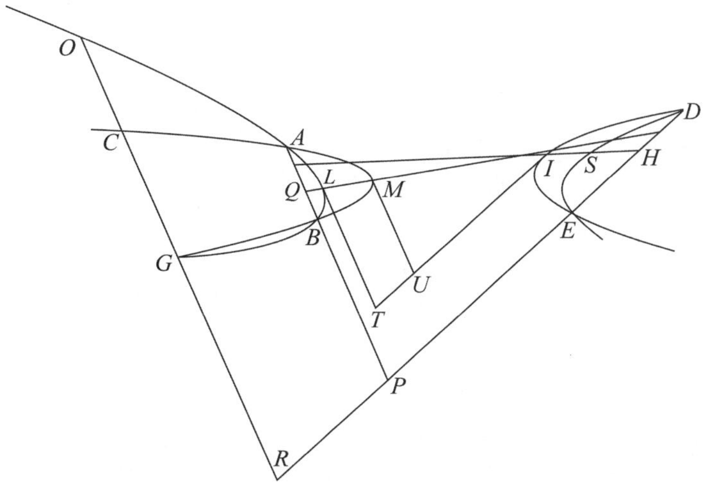

由于 sq. MU : sq. UI :: rect. $AP \cdot PB$: rect. $DP \cdot PE$(Ⅲ.19)*.

但是 rect. $AP \cdot PB$: rect. $DP \cdot PE$ :: sq. LT : sq. TI,

因而有 sq. MU : sq. UI :: sq. LT : sq. TI,

同理 sq. MU : sq. UI :: rect. $CR \cdot RG$: rect. $DR \cdot RE$,

而且 sq. LT : sq. TI :: rect. $OR \cdot RG$: rect. $DR \cdot RE$.

所以 rect. $OR \cdot RG$ = rect. $CR \cdot RG$,

这是不可能的.**

命题 47

如果一超曲线与二相对截线的一支相切,而与其另一支相交于两点,则这超曲线的相对截线与这二相对截线的任何一支都不相交.

因为,设有二相对截线 ABG、D,而超曲线 ABD 与 ABG 交于 A、B,与截线 D 相切于 D,设 GE 为 ABD 的相对截线.

我断言 GE 与二相对截线 ABG、D 的任何一支都不相交.

因为,如果可能的话,设它与 AB 交于 G,连接 AB,过 D 画直线与截线 ABD 相切,与

---

*原注将 Conics Ⅲ.19 全文写出,然后指出说:我在那里已将原文中"APB"和"DPB"的地方写成"由 AP、PB 所夹的矩形"和"DP、PR 所夹的矩形",类似地,原文中"CRG"和"DRE"的地方写成"由 CR、RG 所夹的矩形"和"DR、RE 所夹的矩形",除非另外说明,我将继续使用这种惯例.

**因为,由于 sq. MU : sq. UI :: sq. LT : sq. TI.

我们有 rect. $CR \cdot RG$: rect. $DR \cdot RE$ :: rect. $CR \cdot RG$: rect. $DR \cdot RE$.

因而,由 Eucl. Ⅴ.9 rect. $CR \cdot RG$ = rect. $OR \cdot RG$.

结果,由 Eucl. Ⅵ.1 $CR = OR$.

这是不可能的,因为 O 和 C 是互异的两点,正如 Apollonius 在证明开头处着重强调了的.

直线 AB 交于 Z.

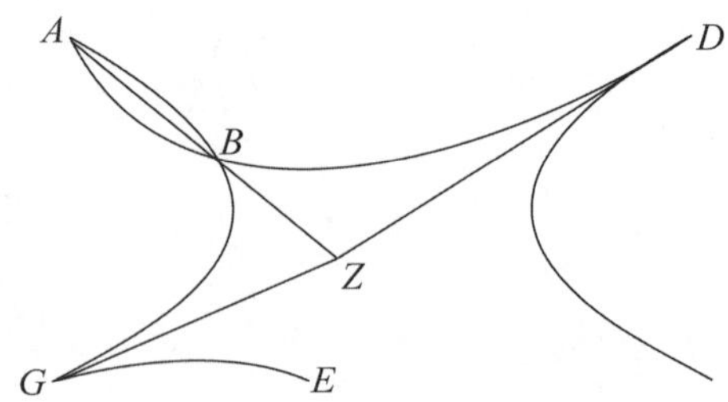

则点 Z 将在截线 ABD 的二渐近线所夹的角内(Ⅱ.25 推论),又 GE 是 ABD 的相对截线,所以从 G 到 Z 的直线落在 BZ、ZD 所夹的角内.* 再者,由于 ABG 是一超曲线,又 AB、GZ 相交,而交点 A、B 间的曲线弧并不包含 G,点 Z 位于截线 ABG 的二渐近线之间.** 又 D 是 ABG 的相对截线,所以,从 D 到 Z 的直线落在 AZ、ZG 所夹的角内,这是不合理的.*** 因为,它是落在 BZ、ZD 所夹的角内的.

所以,GE 与二相对截线 ABG,D 的任何一支都不相交.

命题 48

如果一超曲线与二相对截线的一支相切于一点,而且又与之相交于两点,则这超曲线的相对截线与这二相对截线的另一支不会相交.

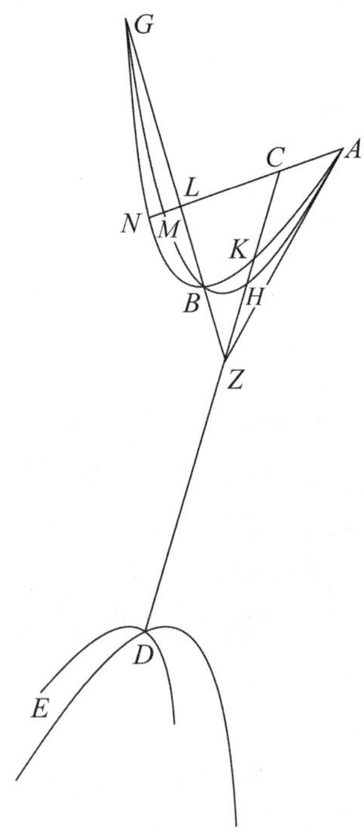

设有二相对截线 ABG、D,超曲线 AHG 与 ABG 相切于 A,它与 ABG 又相交于点 B、G,而 E 是 AHG 的相对截线.

我断言　E 与 D 不会相交.

因为,如果可能的话,设它与它交于点 D. 从 A 引直线 AZ 与这二截线之一相切. 连接 GB 交 AZ 于 Z.

正如在以前的论证中一样,则可证明点 Z 位于二渐近线所夹的角内(Ⅱ.25 推论). 此外,AZ 将与两截线都相切. DZ 延长后将与这二截线交于点 H、K,这两点分别在 A、B 间的曲线弧上.****

找出 L 使得

$$GL:LB::GZ:ZB,$$

连接 AL 并延长,它将与这二截线逐一相交(Ⅳ.1),设它与它们交于 N、M. 所以,从 Z 到 N、M 的直线将与这二截线相切(Ⅳ.1),而且,像以前论证中那样,由一条截线的性质,

$$CK:KZ::CD:DZ,$$

然而由另一条截线的性质.

---

*此处的理由类似于Ⅳ.43 中的理由,见该命题的脚注 **.

**正如在Ⅳ.43 中一样,由于同一理由,这是不正确的.

***这结果并不随之出现.

****这里的理由类似于Ⅳ.43 中的理由:见该命题的脚注 **.

$$CH : HZ :: CD : DZ \text{(Ⅲ.37)}.^{*}$$

这是不可能的.

所以，它与其相对截线不相交.

命题49

如果一超曲线与二相对截线的一支相切，又与这一支相交于另一点，则这超曲线的相对截线与这二相对截线的另一支的交点不会比一个更多.

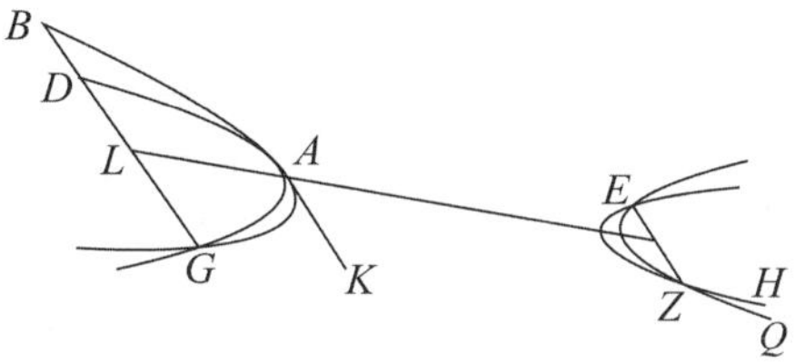

设有二相对截线 *BAG*、*EZH*，一超曲线 *DAG* 与 *BAG* 切于点 *A*，又与 *ABG* 交于 *G*，而 *EZQ* 是 *DAG* 的相对截线.

我断言 *EZQ* 与另一相对截线(*EZH*)的交点不会多于一个.

因为，如果可能的话，设它与之相交于两点 *E*、*Z*，连接 *EZ*，过 *A* 引 *AK* 与二截线之一相切.

现在，*EZ* 与 *AK* 要么平行，要么不平行.

首先，设它们互相平行，画出平分 *EZ* 的直径，则它将通过 *A*，因而它将是一对共轭的直径(Ⅱ.34).**通过 *G* 引直线 *GLDB* 平行于 *AK*、*EZ*，所以，它将与这些截线逐一相交，则在一截线中将有

$$GL = LD,$$

而在剩下的截线中将有

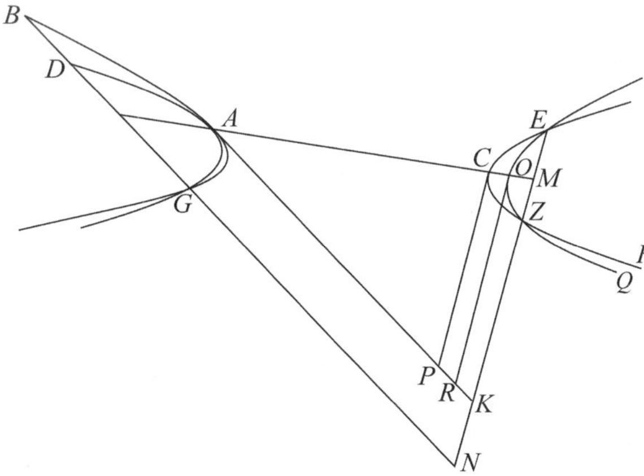

* 见Ⅲ.44 脚注 *.

** 原注将 Conics Ⅱ.34 全文写出，然后将二相对截线的公用直径说成“一对共轭(元素)的直径.”(diameter of the two conjugates；希腊原文：διάμετρος τῶν δύο συς υγῶν)是稀有的和有点令人误解的，不过这片语还再度在Ⅳ.50，53 中出现.

$$GL = LB.$$

这是不可能的.①

再设 AK、EZ 不平行,设它们交于 K,引 GD 平行于 AK,交 EZ 于 N 设 AM 平分 EZ,交二截线于 C、O,从 C、O,引 CP、OR 与这些截线相切.

于是 $$\text{sq. }AP : \text{sq. }PC :: \text{sq. }AR : \text{sq. }RO\ ,^{*}$$

而且,由于这一理由,

$$\text{rect. }DN\cdot NG : \text{rect. }EN\cdot NZ :: \text{rect. }BN\cdot NG : \text{rect. }EN\cdot NE^{**}.$$

所以 $$\text{rect. }DN\cdot NG = \text{rect. }BN\cdot NG,$$

这是不可能的.②

命题 50

如果一超曲线与二相对截线的一支相切于一点,则这一超曲线的相对截线与另一支的交点不会比两个更多.

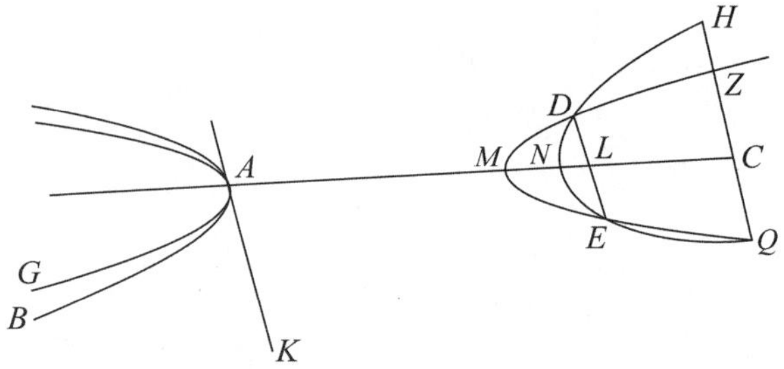

设有二相对截线 AB、EDH,一超曲线 AG 与 AB 相切于 A,而 EDZ 是 AG 的相对截线.

我断言 EDZ 与 EDH 的交点不会比两个更多.

因为,如果可能的话,设 EDZ 与 EDH 交于三点:D、E、Q,画出 AK 与截线 AB、AG 相切,连接 DE 并延长.

首先,设 AK 与 DE 平行,将 DE 平分于 L,连接 AL,这时 AL 对二共轭(元素)是一直

---

①从上面将有 $LD = LB$,而点 B、D 互异,这是不可能的.

*由于 PC 与 OR 平行.

**由 Conics Ⅲ.19,我们有

$$\text{sq. }AP : \text{sq. }PC :: \text{rect. }DN\cdot NG : \text{rect}\cdot EN\cdot NZ,$$

而且 $$\text{sq. }AR : \text{sq. }RO :: \text{rect. }BN\cdot NG : \text{rect. }EN\cdot NZ.$$

结果,由于 $$\text{sq. }AP : \text{sq. }PC :: \text{sq. }AR : \text{sq. }RO,$$

我们有 $$\text{rect. }DN\cdot NG : \text{rect. }EN\cdot NZ :: \text{rect. }BN\cdot NG : \text{rect. }EN\cdot NZ.$$

②于是 $DN = BN$,而 B、D 互异,这是不可能的.

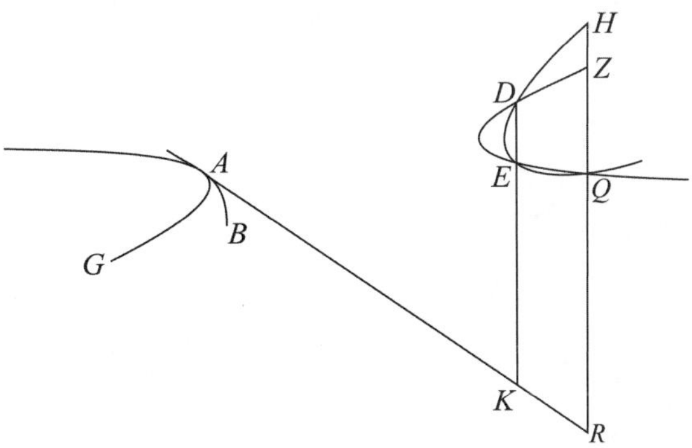

径(Ⅱ.34),将与二截线在 D、E 间的曲线弧交于点 M、N. * 从 Q 引 QZH 平行于 DE.

这时,在一截线中将有

$$QC = CZ,$$

然而在另一截线中

$$QC = CH,$$

结果也有　　$CZ = CH$,

这是不可能的.

再设 AK,DE 不平行,可设它们相交于[点]K,其余的作图则相同,延长 AK,并设它与 ZQ 交于点 R.

与前面一样,我们将证明,在截线 ZDE 中

rect. $ZR \cdot RQ$: sq. RA :: rect. $DK \cdot KE$: rect. AK),

而在截线 HDE 中,

rect. $HR \cdot RQ$: sq. RA :: rect. $DK \cdot KE$: sq. AK(Ⅲ.19)

所以　　rect. $HR \cdot RQ$ = rect. $ZR \cdot RQ$.

这是不可能的. **

所以 EDZ 与 EDH 的交点不能比两个更多.

命题 51

如果一超曲线与二相对截线的每一支都相切,则这一超曲线的相对截线与这二相对截线的任何一支都不会相交.

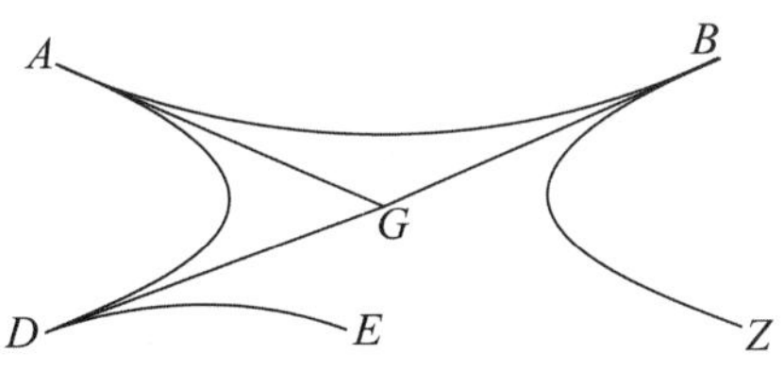

设有二相对截线 A、B,一超曲线 AB 与这二相对截线的每一条分别相切于 A、B,又设 AB 的相对截线是 E.

我断言　E 与截线 A、B 的任何一条都不相交.

因为,如果可能的话,设它交截线 A 于 D,从点 A、B 画出直线与这些截线相切;它们将彼此相交于截线 AB 的二渐近线所夹的角内(Ⅱ.25 推论),设它们相交于 G,连接 GD.

---

*这里,添加上"致使 DLE 被平分于[点]L",但由于这已被说到,这句话事实上没有再给出任何事实. 是多余的.

**由于　　rect. $ZR \cdot RQ$: sq. RA :: rect. $HR \cdot RQ$: sq. RA,

rect. $ZR \cdot RQ$ = rect. $HR \cdot RQ$

因此　　$ZR = HR$,

这是不可能的.

则直线 GD 将位于 AG、GB 之间. * 但它也将位于 BG、GZ 之间, ** 这是不可能的. 所以, E 不与 A、B 相交.

命题 52

如果二相对截线的每一支与另二相对截线的一支相切一点,且每条截线与相切截线都有相同的凹向,则它们不会再在另一点相遇.

为此,设两二相对截线彼此相切于 A、D.

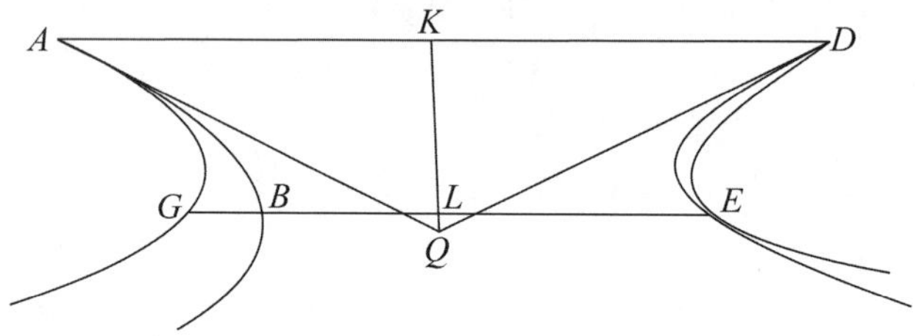

我断言 它们不会再在另一点相遇.

因为,如果可能的话,设它们相遇于 E,事实上,由于一超曲线与二相对截线的一支相切于 D,又与它相交于 E,所以,截线 AB 与截线 AG 的交点不会比一个更多(Ⅳ.49). ***从 A、D 画出 AQ、QD 与这些截线相切,连接 AD,过 E 引 EBG 平行于 AD,从 Q 画出这些相对截线的第二直径 QLK(Ⅱ.38).

这时它将平分 AD 于 K,因而 EB、EG 将被平分于 L(Ⅱ.39),****

于是有

$$BL = LG,$$

这是不可能的.

所以,这些截线不会再相遇于另一点.

命题 53

如果一超曲线与二相对截线的一支相切于两点,则这一超曲线的相对截

---

*此处的理由与Ⅳ.43 中的理由类似:见该命题的脚注 ***.

**由于 BG 与截线 BZ 相切,它不与截线 AD 相切,因而 DG 须落在 GB 和 AG 在 G 引出的延长线所夹的角(即角 AGB 的对顶角)内.

***当然, AB 与 AG 分别是相遇的超曲线的相对截线.

****原注将 Conics Ⅱ.39 的全文写出,然后评论说:由于 QLK 是作为第二直径画出的,它必通过这二截线的中心,因而,由Ⅱ.39,必平分 AD. 这也意味着 AD 对直径 QLK 是依纵线方向画出的(由 Conics Ⅱ.41,因为通过 K 并无别的线段能被 QLK 所平分)结果平行于 AD 的 EBG 也是依纵线方向画出,因而必被 QLK 所平分.

线与其另一支将不会相遇.

设有二相对截线 ADB、E,超曲线 AG 与 ADB 相切于两点 A、B,而 Z 是 AG 的相对截线.

我断言 Z 与 E 不会相遇.

因为,如果可能的话,设它们相交于点 E,从 A、B 画出 AH、HB 与二(相切的)截线相切,连接 AB 和 EH,将 EH 延长,它将逐一与二(相切的)截线相交. * 设它是像 $EHGDQ$ 那样相交的.

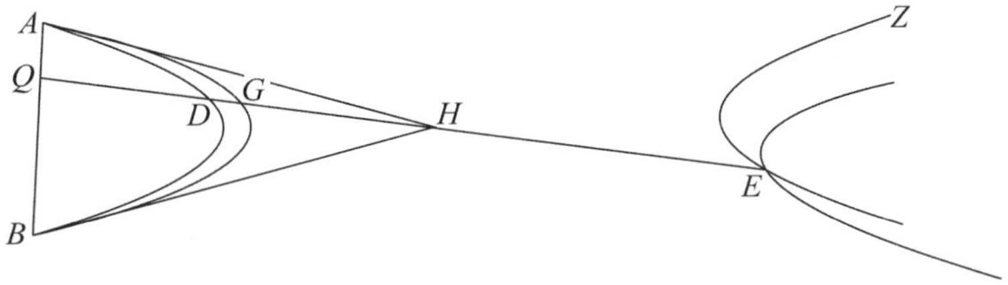

由于 AH、HB 确实与这二截线相切,AB 连接着二切点,在共轭截线之一中,将有

$$QD : DH :: QE : EH, ^{**}$$

而在另一中,①将有

$$QG : GH :: QE : EH,$$

这是不可能的.

所以,截线 Z 不与截线 E 相遇.

命题 54

如果一超曲线与二相对截线的与它有相反凸向的一支相切,则这一超曲线的相对截线不与其另一支相交.

为此,设有二相对截线 A、B,一超曲线 AD 与截线 A 相切于点 A,而 AD 的相对截线是 Z.

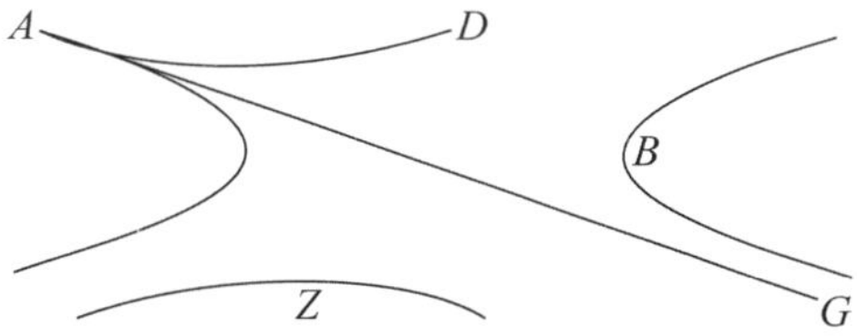

我断言 Z 不会与 B 相交.

从点 A 画出直线 AG 与这二截线相切;于是,由于截线 AD 的性质,AG 将与 Z 不相交,然而又由于截线 A 的性质,它与 B 也不相交(Ⅱ.33). 结果 AG 落在截线 B、Z 之间,这时显然有 B 与 Z 不会相交.

---

* Ⅳ.27 证明,$EHGDQ$ 可能通过的交点不可能位于 A 和 B 之间(的曲线弧上).

** 见Ⅳ.44 的脚注 *.

① 有公有直径的两二相对截线〔ADB、E;AGB、Z〕被称为"共轭元素".

命题55

若二相对截线与另二相对截线相遇,它们共有交点的个数不会多于四个.

为此,设有二相对截线 AB、GD 和另二相对截线 BG、EZ,首先,设 BG 与 AB、GD 共相交于四个点,A、B、G、D,且含有相反的凸向如第一图所示. 则 BG 的相对截线 EZ 与 AB、GD 不会相交(Ⅳ.43).

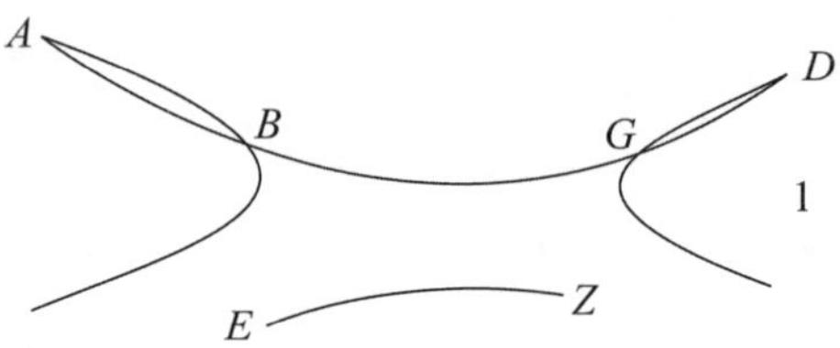

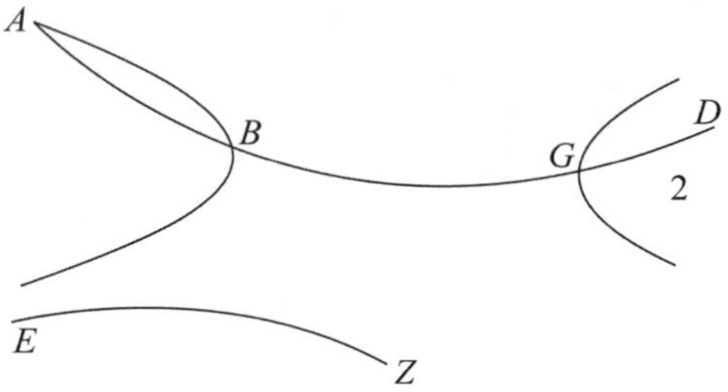

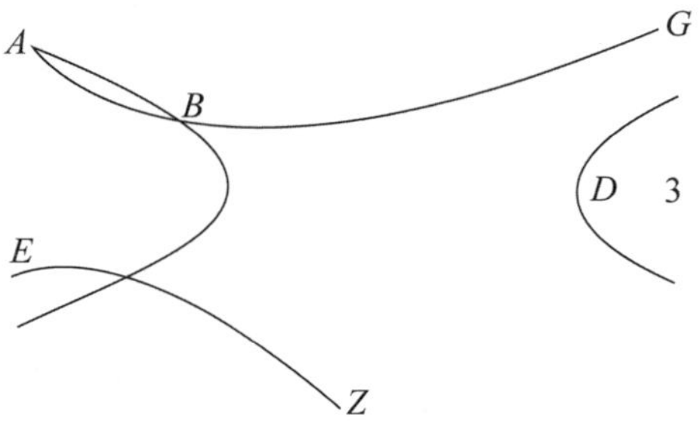

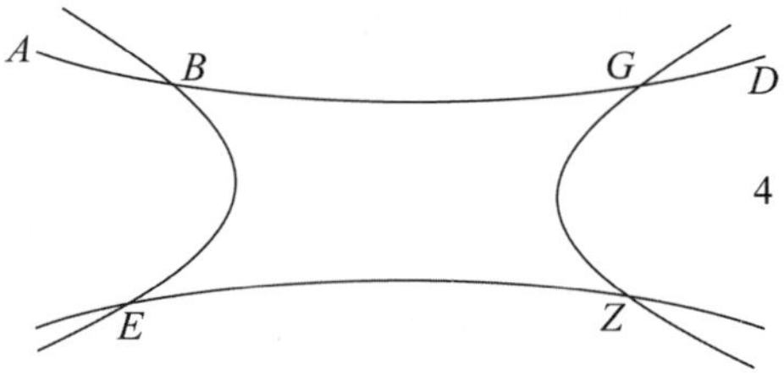

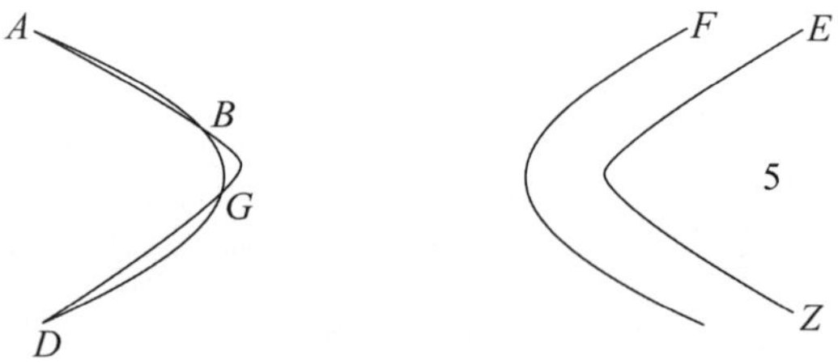

但若 $ABGD$ 交 AB 于 A、B,交 DG 于 G,如第二图所示,则 EZ 不与截线 DG 相交(Ⅳ.41). 若 EZ 与 AB 的相交,则只交于一点,因若交于两点,其截线 BG 将不与 AB 的相对截线 DG 相交(Ⅳ.43),但已假设它与它交于一点 G.

若像第三图所示,BG 与 AB 交于两点 A、B,而 EZ 与 AB 交于一点 E,EZ 将不与[AB 的相对]截线 D 相交(Ⅳ.41). 然而与 AB 相交,它就不会与 AB 有两个以上的交点. *

若第四图所示 $ABGD$ 与二相对截线的每一支交于一点,则 EZ 与其任何一支不会交于两点(Ⅳ.42),[结果由已经说到的事实及其逆定理,$ABGD$,GZ 与二相对截线 BE、EZ

* 由于 AB 与 BG 相交,由Ⅳ.37,它与 BG 的相对截线 EZ 的交点不会多于两个.

的交点不会比四个更多].*

如果这些截线的凹向有相同方向,一个与另一个交于四点 A、B、G、D,如第五图所示,EZ 与别的相对截线不会相交(Ⅳ.44).当然,截线 EZ 将不与 AD 相交;这是因为,AD 与二相对截线 BG、EZ 的交点再一次不会交于四个点(Ⅳ.38),F 也不会与 EZ 相交.

如果像第六图所示,BG 与截线 AD 交于三个点 A、B、G,EZ 与别的(截线)只能交于一点(Ⅳ.46).

对于其余的情形,我们将如前一样断言同样的事实.

这样,由于在可能的构图(διαστολάς,英译:configurations)中提出的事实,二相对截线与另二相对截线相遇,它们所共有的交点不会比四个更多.

命题56

如果二相对截线与另二相对截线相切于一点,则它们相遇时,其他的交点不会多于两个.

设有二相对截线 AB、D 及二相对截线 BG、EZ.①设 AB 与 BG 相切于 B,它们有相反的凸向.首先设 BG 与 GD 相交于两点 G、D,如第一图所示.

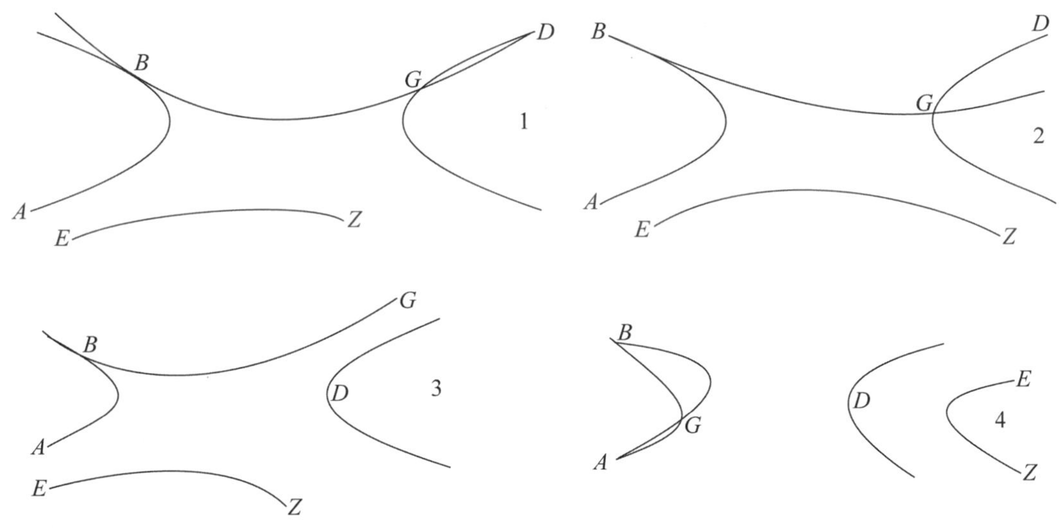

事实上,由于 BG 与 GD 相交于两点,其凸向相反,EZ 不会与 AB 相交(Ⅳ.41).再者,由于 BG 与 AB 相切于 B,其凸向相反,EZ 不会与 GD 相交(Ⅳ.54).所以,EZ 与截线 AB、GD 的任何一条都不会相交;所以,这些截线只相交于两点 G、D.

但若 BG 交 GD 于一点 G,如第二图所示,则 EZ 与 GD 不相交(Ⅳ.54).然而它将只

*使用 Heiberg 的书,但须看到括号内的字句是无用的和不可靠的.

①原书为"有二相对截线 AB、BG 及二相对截线 D、E、Z",英译者已指出为笔误,现在把它们改正了过来.

与 AB 相交于一点. ①因为若 EZ 交 AB 于两点,BG 将与 GD 不相交(Ⅳ.41). 但是已假设它们相交于一点.

如果 BG 不与截线 D 相交,如第三图所示. 这时,由前面所说的事实,EZ 将不与 D 相交(Ⅳ.54). 然而 EZ 与 AB 相交的交点不会比两个更多(Ⅳ.37).

如果这些截线,它们凹向有相同方向,则同样的论证仍可适用(ἁρμόσουσι,英译:apply). *

这样,从所提出的所有可能的构图中,可以清楚地看到,所提供的证明是完全的.

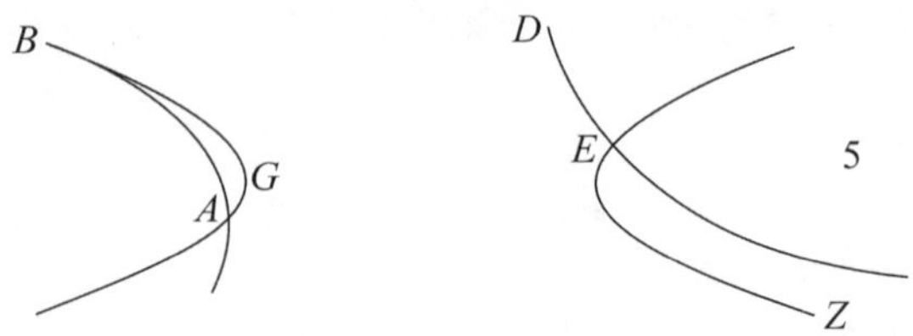

5

6

命题 57

如果二相对截线与另二相对截线相切于两点,则它们不会再交于另一点.

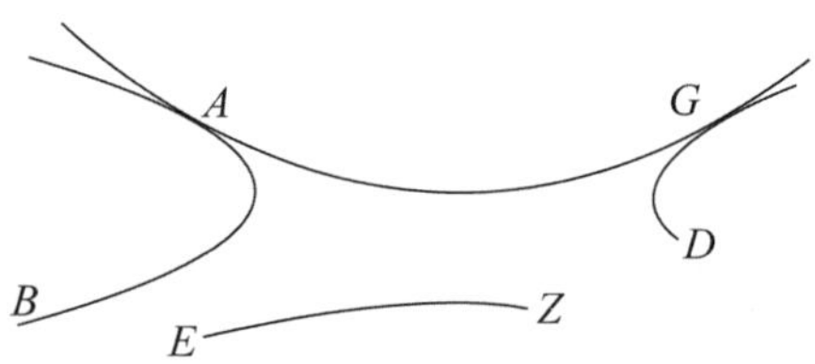

1

2

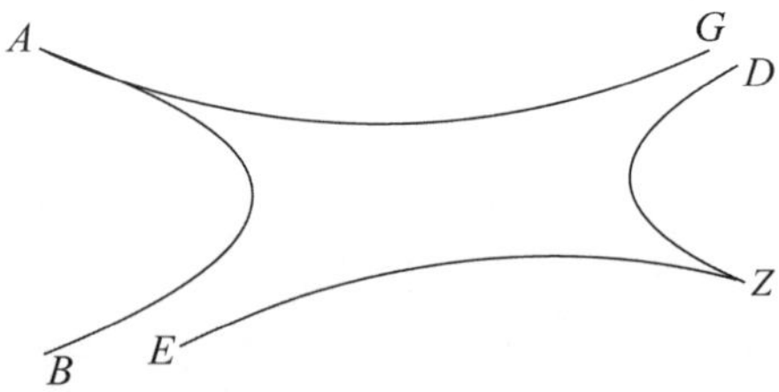

3

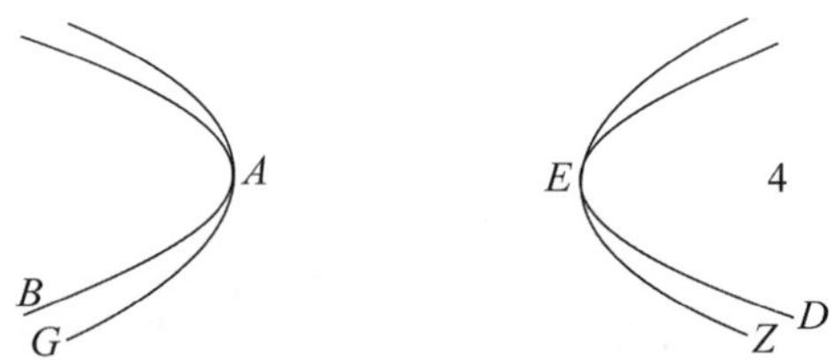

4

设有二相对截线 AB、D 和二相对截线 AG、EZ.

首先设它们相切于 A、G,如第一图所示. 事实上,由于 AG 与 AB、GD 的每一个相切于 A、G,则截线 EZ 不与截线 AB、GD 的任何一支相交(Ⅳ.51).

如果它们像第二图所示,两二相对截线各有一支相切于 A、B,则类似地可证明它的相对截线 GD 与 EZ 也不会相交(Ⅳ.53).

---

① 接下来的一段讨论只是证明,EZ 与 AB 最多交于一点. 不过,对 Apollonius 来说,证明这样一点已足够了:即当相对截线相切于一点时,它们可能再相交于另外两点.

* 这些情形呈现在第 4~6 图中,可分别用Ⅳ.48,49,50 得到证明.

如果 GA 切 AB 于 A,D 切 EZ 于 Z,如第三图所示. * 事实上,由于 AG 与 AB 相切,其凸向相反,EZ 不会与 AB 相交. 再者,由于 ZD 与 EZ 相切,GA 也不会与 DZ 相交.

如果 AG 与 AB 相切于 A,它们的相对截线 EZ 和 DE 相切于 E,如第四图所示. ①则它们不会在另一点相交(Ⅳ.52),EZ 也不会与 AB 相交.

这样,从提出的所有可能的构图中,可以清楚地看到,所提供的证明是完全的.

---

*事实上,这种情形不可能发生,从Ⅳ.54 可证.

① 原有附图中有两处都注有同一字母 G,今将附图及证明稍加修改,避免了这一弊病.

附录 A①

关于三线和四线的轨迹

圆锥曲线的三线轨迹的特征对于亏曲线、超曲线、齐曲线和圆来说,容易从Ⅲ.54 导出;对于二相对截线则从Ⅲ.55 和Ⅲ. 56 导出,圆锥曲线的三线轨迹的特征可以这样陈述:

任何圆锥截线或圆,或二相对截线可以认为是一些点的轨迹,这些点到三条固定直线的距离(这些距离或者与所给直线垂直,或者与所给直线交成另一已知角;这个已知角对每条所给直线还可以互不相同)都保持着这样的关系:三个距离之一上的正方形与另二距离所夹的矩形的比是一个已知的常数.

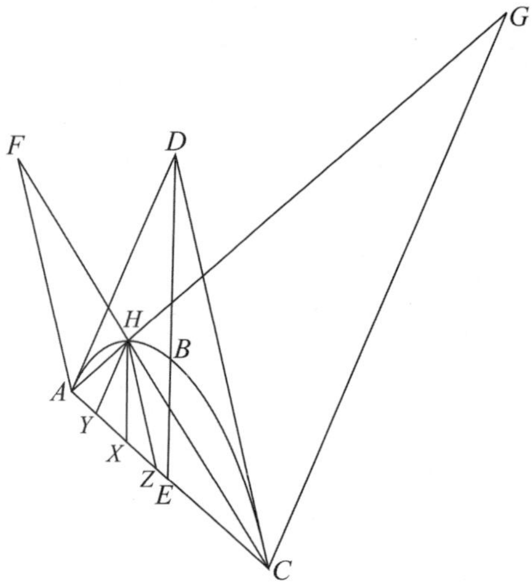

在Ⅲ.54 中已就圆锥截线和圆的情形作出证明:

$$\text{rect. } AF\cdot CG : \text{sq. } AC$$

$$:: \text{sq. } EB : \text{sq. } BD \text{ comp. rect. } AD\cdot DC : \frac{1}{4}\text{sq. } AC.$$

现在若把线段 AD、CD 和 AC 看作固定的和所给定的直线,则线段 DE,作为平分线段 AC 的(中线)也是固定的和所确定的(直线),于是显然地,线段 AC、EB、BD、AD 和 DC 也是确定的,因而它们上的正方形以及由它们所夹的矩形也都是固定的和确定的,尽管点 H 是沿着圆锥截线取在不同的点处,线段 AF 和 CG 的长度会随之改变,然而矩形 $AF\cdot CG$ 的大小,由于上述比例式的缘故,依然是保持不变的.

因为,若作出 HX 平行于 BE,HY 平行于 AD,HZ 平行于 DC,则 HX 便是从 H 到直线 AC 的具有一已知角的距离;由于平行性,AY 表示着从 H 到 AD 的具有另一已知角的距离;ZC 表示着从 H 到 DC 的具有另一已知角的距离,于是由三角形相似而有

$$CZ : ZH :: AC : AF,\text{及 } AY : YH :: AC : CG,$$

① 附录 A 和附录 B 原在《圆锥曲线论》(卷Ⅰ-Ⅲ)的书后。

于是得出复比

$$\text{rect. } CZ \cdot AY : \text{rect. } ZH \cdot YH :: \text{sq. } AC : \text{rect. } AF \cdot CG.$$

现在已看到，当点 H 变动时，由于矩形 $AF \cdot CG$ 是一个常量，且 AC 上正方形是一个常量，所以它们的比也是一个常数，所以

$$\text{rect. } CZ \cdot AY : \text{rect. } ZH \cdot YH \text{ 是一个常数比}. \tag{1}$$

再一次由三角形相似

$$ZH : HX :: CD : DE, \text{及 } YH : HX :: AD : DE;$$

于是得出复比

$$\text{rect. } ZH \cdot YH : \text{sq. } HX :: \text{rect. } CD \cdot AD : \text{sq. } DE.$$

但是当点 H 变动时，矩形 $CD \cdot AD$ 和 DE 上正方形都是常量；于是它们的比是常数，所以

$$\text{rect. } ZH \cdot YH : \text{sq. } HX \text{ 是一个常数比}. \tag{2}$$

复合(1)和(2)，我们得到一个常数比，即

$$\text{rect. } CZ \cdot AY : \text{sq. } HX \text{ 是一个常数比}.$$

换言之，当点 H 变动时，从 H 到二给定直线的距离（以已知角到那些直线的距离）所夹的矩形与它到第三直线的距离（以另一已知角到那条直线的距离）上的正方形的比是一个常数比，用三角形相似容易证明，如果选定任意三个另外的已知角来确定点到所给三直线的距离，相应的比仍是常数，尽管并不是相等（的常数）.

四线轨迹的特征易从三线的特征导出，如果对任一圆锥截线作出四条切线 AG、BE、AI 和 EC，连接切点的线段为 FG、GI、ID 和 DF，又从圆锥截线上任一点到这些线段分别按各自的已知角（垂线是较为方便的）确定距离，对于三角形 FBG，圆锥截线上任一点 H，由三线轨迹的特征便有

$$\text{rect. } HX \cdot HV : \text{sq. } HP \text{ 是一常数}; \tag{α}$$

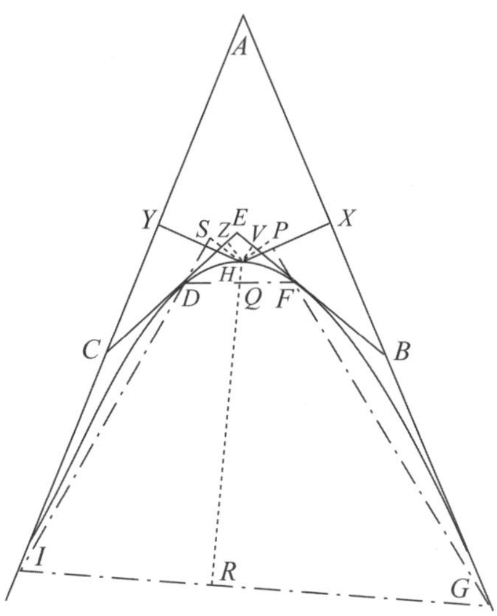

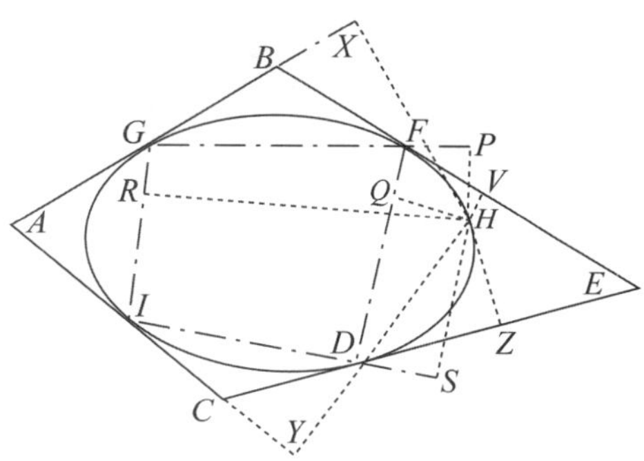

对三角形 AIG 有

$$\text{rect. } HX \cdot HY : \text{sq. } HR \text{ 是一常数;} \qquad (\beta)$$

对三角形 DCI 有

$$\text{rect. } HY \cdot HZ : \text{sq. } HS \text{ 是一常数;} \qquad (\gamma)$$

对三角形 EFD 有

$$\text{rect. } HZ \cdot HV : \text{sq. } HQ \text{ 是一常数.} \qquad (\delta)$$

必须注意到,我们是接连地取二相邻切线和它们的切点连线,也须注意到,在四个比中的矩形呈现的循环排列,如果将(α)的反比与(β)复合,将(γ)的反比与(δ)复合,我们将有两个常数比:

$$\text{pllpd. } HY \cdot HP \cdot HP : \text{pllpd. } HV \cdot HR \cdot HR, \text{①} \qquad (\varepsilon)$$

$$\text{pllpd. } HV \cdot HS \cdot HS : \text{pllpd. } HY \cdot HQ \cdot HQ. \qquad (\zeta)$$

再将这两个复合,得出

$$\text{rect. } HP \cdot HS : \text{rect. } HQ \cdot HR \text{ 是一常数比.}$$

而且这便是四线轨迹的特征,即点 H 的轨迹是这样:从点 H 到任意两个所给定的固定线段 FG 和 ID 的距离所夹的矩形与从 H 到另两个固定线段 IG,FD 的距离所夹的矩形之比是一常数比.

实现这些复合的严格方法如下:

为了得到(α)的反比,由 Eucl. Ⅺ. 32 得常数比:

$$\text{sq. } HP : \text{rect. } HX \cdot HV$$
$$:: \text{pllpd. } HP \cdot HP \cdot HY : \text{pllpd. } HX \cdot HV \cdot HY,$$
$$\text{rect. } HX \cdot HY : \text{sq. } HR$$
$$:: \text{pllpd. } HX \cdot HY \cdot HV : \text{pllpd. } HR \cdot HR \cdot HV.$$

因此,由定义,复合这两者的比(一个常数比)是

$$\text{pllpd. } HY \cdot HP \cdot HP : \text{pllpd. } HV \cdot HR \cdot HR.$$

用同样的方式复合(γ)的反比与(δ)的常数比也可找出. 现在

$$\text{pllpd. } HY \cdot HP \cdot HP : \text{pllpd. } HV \cdot HR \cdot HR$$
$$:: HY : HV \text{ comp. sq. } HP : \text{sq. } HR,$$
$$\text{pllpd. } HV \cdot HS \cdot HS$$
$$: \text{pllpd. } HY \cdot HQ \cdot HQ$$
$$:: HV : HY \text{ comp. sq. } HS : \text{sq. } HQ.$$

这时,若取二线段 M 和 N 使得

$$HP : HR :: HR : M, \qquad (\eta)$$

$$HS : HQ :: HQ : N, \qquad (\theta)$$

则 $\text{sq. } HP : \text{sq. } HR :: HP : M$,及 $\text{sq. } HS : \text{sq. } HQ :: HS : N$.

---

①pllpd. 是平行六面体(parallelepiped)的缩写,pllpd. $HY \cdot HP \cdot HP$ 表示以 HY、HP 和 HP 为棱长的平行六面体,和矩形 X、Y 表示以 X、Y 为边长的长方体的"面积"一样,pllpd. $X \cdot Y \cdot Z$ 也表示以 $X \cdot Y$ 和 Z 为棱长的长方体的"体积".

因此 $HY : HV$ comp. sq. HP : sq. $HR :: HY : H$ comp. $HP : M$,

$HV : HY$ comp. sq. HS : sq. $HQ :: HV : HY$ comp. $HS : N$;

但是 rect. $HY \cdot HP$: rect. $HV \cdot M :: HY : HV$ comp. $HP : M$,

rect. $HV \cdot HS$: rect. $HY \cdot N :: HV : HY$ comp. $HS : N$;

又 pllpd. $HY \cdot HP \cdot HS$: pllpd. $HV \cdot M \cdot HS$

:: rect. $HY \cdot HP$: rect. $HV \cdot M$,

pllpd. $HV \cdot HS \cdot M$: pllpd. $HY \cdot N \cdot M$

:: rect. $HV \cdot HS$: rect. $HY \cdot N$;

而且这些都是常数比,因此,复合起来得常数比

pllpd. $HY \cdot HP \cdot HS$: pllpd. $HY \cdot N \cdot M$,

这与如下常数比相同

rect. $HP \cdot HS$: rect. $N \cdot M$.

现在取某二常数 L 和 O 使得

rect. $HP \cdot HS$: rect. $N \cdot M :: L : O$,

和 rect. $HP \cdot HS$: rect. $HR \cdot HQ$ :: rect. $HR \cdot HQ$: rect. $M \cdot N$,

用复合(η)和(θ)可得,但是相等的比的二次比相等(见 Heath 对 Eucl. Ⅵ. 22 的评注),因而得

rect. $HP \cdot HS$: rect. $HR \cdot HQ$ 是一个常数.

在二相对截线的情形里,在Ⅲ. 56 已证

rect. $MA \cdot BN$: sq. AB

:: sq. LD : sq. DE comp. rect. $AE \cdot EB$: $\frac{1}{4}$sq. AB.

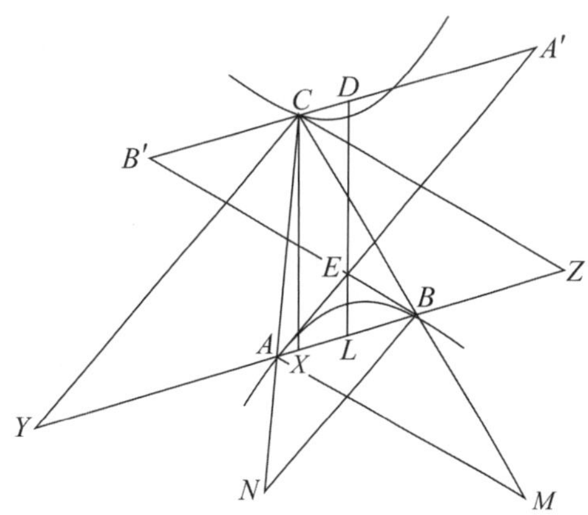

显然与前同理,对于不同的点 C,线段 MA 和 BN 的长短可变动,但矩形 $BA \cdot BN$ 是一个常量.

因为如前,作 CX 平行于 DE,CY 平行于 EA,CL 平行于 EB.

由三角形相似 AY: YC :: AB: BN,

BZ: ZC :: AB: MA;

于是复合有

rect. $AY \cdot BZ$: rect. $YC \cdot ZC$

:: sq. AB : rect. $MA \cdot BN$.

由于当 C 变动时,矩形 $MA \cdot BN$ 是常量,因而 AB 上正方形也是常量,所以

rect. $AY \cdot BZ$: rect. $YC \cdot ZC$ 是一常数比. (1)

再由相似三角形

$ZC : CX :: EB : EL$, $YC : CX :: EA : EL$,

于是复合有

rect. $YC \cdot ZC$: sq. CX :: rect. $EB \cdot EA$: sq. EL.

因此 rect. $YC \cdot ZC$: sq. CX 是一常数比. (2)

复合(1)和(2),我们有一常数比

rect. $AY \cdot BZ$: sq. CX.

但是 AY 和 BZ 分别等于 CA' 和 CB',即点 C(到切线 EA 和 EB)的距离(CX 即点 C 到切点连线 AB 的距离). 可见这正是截线 C 就其相对截线(AB)的二切线 EA、EB 及它们的切点连线 AB 而言的一个三线轨迹的特征. 用如前同一方法可以证明,它也是一个四线轨迹.

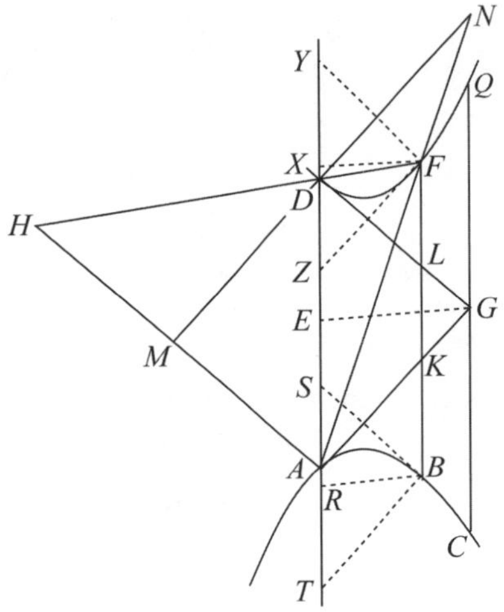

再者,我们可从Ⅲ.55 推知:二相对截线就一个三角形而言是一个三线轨迹,这个三角形的两边都是每个截线的切线,第三边则是它们切点的连线. 因为,由Ⅲ.55,我们有

rect. $HA \cdot DN$: sq. AD :: rect. $AG \cdot GD$: sq. CG.

现在,由于这个比例式中,当点 F 变动时,其后三项显然都是常量,所以也有,尽管 HA 和 DN 都随着 F 变动,然而矩形 $HA \cdot DN$ 的大小则保持不变,在复制的Ⅲ.55 的图上,作 YF 平行于 DL,FZ 平行于 KA 和 FX 平行于 GE,这里 E 是 AD 的中点,由三角形相似,

$YD : FY :: AD : HA$,

$AZ : FZ :: AD : DN$;

于是复合得

rect. $YD \cdot AZ$: rect. $FY \cdot FZ$ :: sq. AD : rect. $HA \cdot DN$.

但是后两项是常量,所以

rect. $YD \cdot AZ$: rect. $FY : FZ$ 是一常数比. (3)

又由相似三角形

$FY : FX :: DG : EG$,

$FZ : FX :: AG : EG$;

于是复合得

rect. $FY \cdot FZ$: sq. FX :: rect. $DG \cdot AG$: sq $\cdot$ EG.

但是后两项是常量,所以

rect. $FY \cdot FZ$: sq. FX 是一常数比. (4)

复合(3)和(4),我们看到

rect. $YD \cdot AZ$: sq. FX 是一常数比.

但是一个三线轨迹的定义是,轨迹上任一点到二固定直线的距离所夹矩形与到第三固定直线的距离上的正方形的比是一个常数比,但是

$DY = LF, AZ = KF$,

而且 FX 是从 F 到 AD 的距离(而 LF 和 KF 则是点 F 到 DG 和 AG 的距离),结果这个比满足该定义.

此外,若把 B 看作 AD 的平行线 KF 与相对截线另一支的交点,作 BS 平行于 FY,BR 平行于 FX 和 BT 平行于 FZ,由于它们是平行线间的平行线段,所以

$$BR = FX, KF = AZ, TA = BK.$$

但是在Ⅲ.55 的证明过程中,有

$$BK = LF, BL = KF.$$

因此

$$TA = BK = YD = LF,$$

$$AZ = KF = BL.$$

所以

$$\text{rect. } LF \cdot KF : \text{sq. } FX :: \text{rect. } BK \cdot BL : \text{sq. } BR.$$

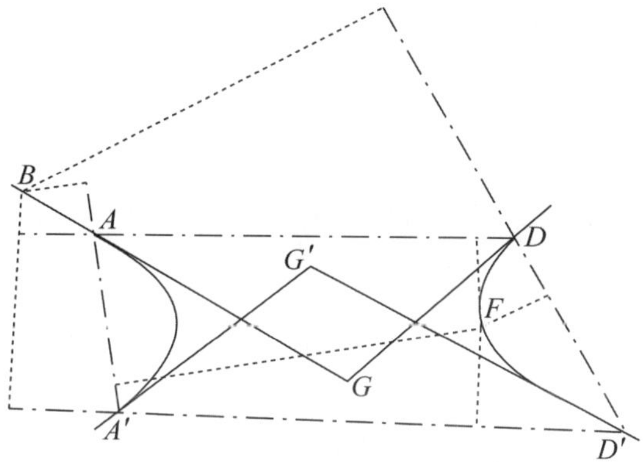

因此,在二相对截线的一支上任一点 B,正如在其另一支上任一点 F 一样,就三条固定直线 AD、GD 和 AG 而言,它到它们的距离也满足同一的常数比的条件.

可以类似地推断:二相对截线就任意四条固定直线(它们连接着四个点,每一支上有两个,它们是四条切线的切点,而这些直线便是连接它们的)而言,便是一个四线轨迹.

总之,一个齐曲线、亏曲线和超曲线,就对它们的任二切线和它们的切点连线而言,都是一个三线轨迹;二相对截线的一支就对另一支的任二切线(当然是相交的)连同它们切点的连线而言,也是一个三线轨迹. 二相对截线也就对两切线,而每条都各与其一支相切,连同它们的切点连线而言,也是一个三线轨迹.

齐曲线、亏曲线、圆周和超曲线,就它们任意的内接四边形而言,都是一个四线轨迹;二相对截线的一支就其另一支的内接四边形而言也是一个四线轨迹;二相对截线就任意连接四点,而二相对截线的每支上有两个的四条直线而言是一个四线轨迹.

附录 B

下列原文是附加于第Ⅰ卷命题38的推论或系(Heiberg 在他的拉丁文译文中命名为系,尽管在希腊文本中并未这样命名),留在正文的一行里,它引起极大的混乱,一方面是由于它并不是像 Apollonius 陈述的关于这个命题的证明的一部分,而且是由于定理或系本身叙述得不正确而且论证得也不正确(这一混乱在以前的版本里由于误译——一行被错误地认同,更加恶化了),这个推论似乎并非源于 Apollonius. 这一版我们已将这个推论从Ⅰ.38 的正文移入到这个附录中,它连同我们为Ⅰ.38 准备的图都重新写过(误译在这一版里已改正过来,以便希腊文本实际所说的在此处得以再现),我们的后继文将对这命题作出正确的陈述和确定的证明.

Ⅰ.38 的系

假设相同的事实,有待证明的是:介于切线和(第二)直径的与所落下线段同侧的端点之间的线段与介于切线和第二直径之间的线段的比如同介于另一端点和所落下线段之间的线段与第一端点和所落下的线段之间的线段的比.

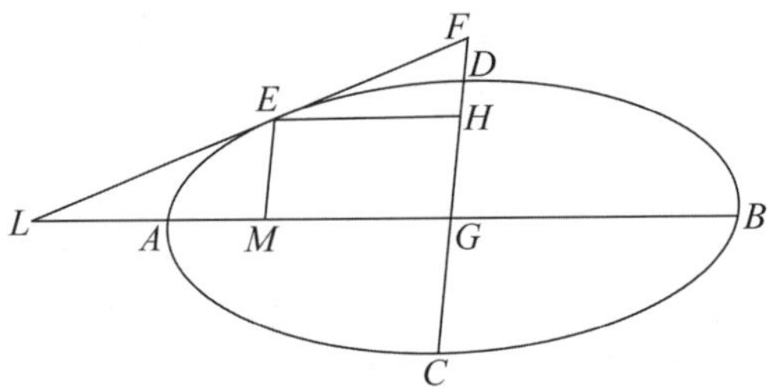

因为,由于 $\text{rect. } FG\cdot GH = \text{sq. } GC = \text{rect. } CG\cdot GD.$

(见Ⅰ.38 的证明),

因为 $CG = GD,$

所以 $\text{rect. } FG\cdot GH = \text{rect. } CG\cdot GD;$

所以 $FG : GD :: CG : GH.$

由换比例 $GF : FD :: GC : CH.$

又取前项的两倍,但是

$$2GF = CF + FD,$$

因为 $CG = GD$,和 $2GC = CD;$

所以 $(CF + FD) : FD :: DC : CH.$

由分比例 $CF : FD :: DH : HC;$

而这是以前已证明过的.

于是很清楚地,从所说过的直线 EF 与这截线相切,不论是

$$\text{rect. } FG\cdot GH = \text{sq. } GC,$$

或是 $\text{rect. } FH\cdot HG : \text{sq. } HE$

与我们所说过的比[即竖直边∶横截边];因为其逆是可以证明的.

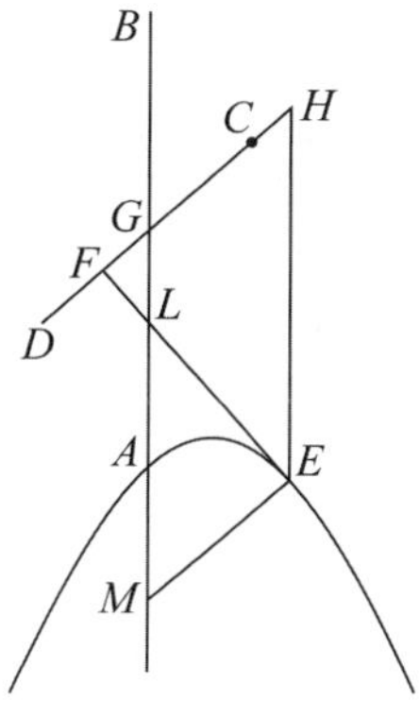

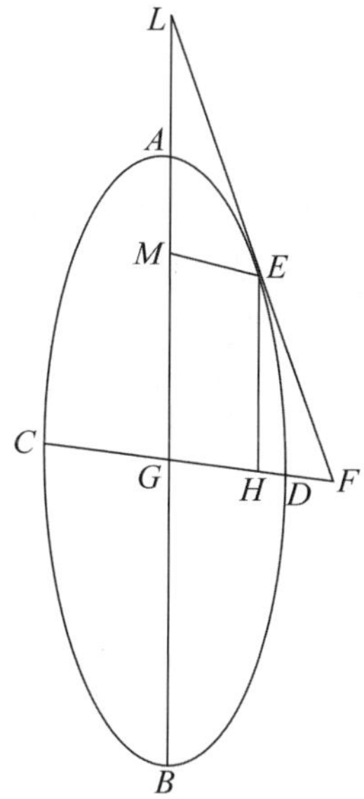

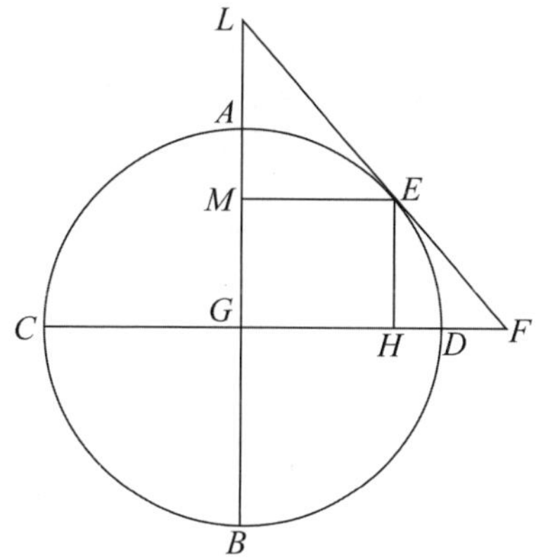

Ⅰ.38 的系的修正

假设相同的事实,有待证明的是:第二直径被切线和所落下的线段的两个交点把第二直径分成相同的比.在亏曲线的情形里,所分出的线段是按相同的顺序取出的(那就是对应线段是从相同的顶点开始的);在超曲线的情形里,所分出的线段是按互逆的顺序取出的(那就是对应线段是从相对的顶点开始的).

在命题中所给出的以上图中,

对于亏曲线　　$CF : FD :: CH : HD$;

而对于超曲线　　$CF : FD :: DH : HC$.

因为,由于

$$\text{rect.}\, FG \cdot GH = \text{sq.}\, GC = \text{rect.}\, CG \cdot GD \text{(正如在 Ⅰ.38 中所证的)},$$

$$FG : GD :: CG : GH. \tag{1}$$

亏曲线

由(1),由换比例

$$FG : FD :: CG : DH,$$

将二前项取两倍

$$2FG : FD :: 2CG : DH.$$

但是　　$2FG = 2GD + 2DF = CF + FD$,

又　　$2CG = CD$.

所以　　$(CF + FD) : FD :: CD : HD$,

由分比例　　$CF : FD :: CH : HD$. 证毕

超曲线

由(1),由反比例　　$GD : FG :: GH : CG$;

由分比例　　$FD : FG :: CH : CG$;

再由反比例 $FG : FD :: CG : CH.$

将二前项取两倍

$$2FG : FD :: 2CG : CH.$$

但是 * $2FG = 2(GD - FD) = 2GD - 2FD$

$= CD - 2DF = CF - DF;$

又 $2CG = CD.$

所以 $(CF - DF) : DF :: CD : HC,$

由合比例 $CF : DF :: DH : HC.$ 证毕

〔编者,取自圣约翰学院的正误表中所给出的证明.〕

* 以下步骤是当 F 位于 G 和 D 之间时采用的,如果不是那样,则你必须加上 GD 和 FD 来得出 FG.

文献目录

Apollonii Pergaei conicorum libri quatuor... Quae omnia nuper Federicus Commandinus... e Graeco convertit & commentariis illustravit, F. Commandino, editor. Bologna:Alex an der Benatius, 1566.

Apollonii Pergaei Quae Graece Exstant cum Commentariis Antiquis, *J. L.* Heiberg, editor. Stuttgart: B. Tuebner, 1974. (This is the Greek text of Books Ⅰ – Ⅳ and commentaries by Pappus and Eutocius, edited by Heiberg in 1891 with his Latin translation.)

Apollonii Pergaei Conicorum libri octo, Edmund H. Halley, editor. Oxford: Theatrum Sheldonianum, 1710. (Greek text and Latin translation of *Conics* Books Ⅰ – Ⅶ, "restoration" of Book Ⅷ.)

Apollonius of Perga, *Conics*, translation by R. Catesby Taliaferro. Annapolis: St. John's College, *The Classics of the St. John's Program* series, 1939.

Apollonius of Perga, *Conics*, translation by R. Catesby Taliaferro. Chicago:University of Chicago and Encyclopedia Britannica Inc., 1952(formerly in Volume 11, Great Books of the Western World).

Apollonius, Conics *Books V to Ⅶ*, *The Arabic Translation of the Lost Greek Original in the Version of the Bānū Mūsā*, edited with translation and commentary by G. J. Toomer. New York:Springer – Verlag, 1990.

Apollonius of Perga, *Treatise on Conic Sections*, *Edited in Modern Notation* by T. L. Heath. Cambridge: Cambridge University Press, 1896. (This is Heath's retelling of Conics with his commentary, not a translation.)

Apollonius(Taliaferro), *Conics*, Books Ⅰ – Ⅲ, tr. R. Catesby Taliaferro. Santa Fe: Green Lion Press, 1997.

Apollonius(ver Eecke), *Les Coniques d'Apollonius de Perge.* French translation by Paul ver Eecke. Paris: Libraire Scientifique et Technique, Albert Blanchard, 1963.

Archimedes(Heiberg and Stamatis), *Opera Omnia*, ed. by J. L. Heiberg and E. S. Stamatis. 3 vols., Stuttgart, 1972.

Aristotle(Bekker), Opera, ed. by I. Bekker. 5 vols., Berlin:Academia litterarum regia borussica ap. G. Reimerum, 1831 – 1836, 1870 (repr. Berlin, 1960 – 1961).

Dictionary of Scientific Biography, Charles Coulston Gillispie, Editor. New York:Charles Scribner's sons, 1970 –.

Euclid(Heath), *The Thirteen Books of* Euclid*'s Elements. Translated from the text of Heiberg with introduction and commentary by Sir Thomas L. Heath.* 3 vols. Cambridge: Cambridge University Press, 1926(repr., New York:Dover Publications, Inc., 1956).

Euclid(Heiberg), *Elementa post I. L. Heiberg*, ed. E. Stamatis. 5 vols., Stuttgart:B. G. Teubner, 1969 – 1977.

Eutocius(Heiberg), *In Apollonium Commentaria*, ed. J. L. Heiberg, in Apollonius(Heiberg), vol. Ⅱ, PP. 168 – 361.

Fried, Michael N., and Sabetal Unguru, *Apollonius of Perga's* Conica: *Text*, *Context*, *Subtext*(Leiden: Brill, 2001).

Heath, Sir Thomas, A *History of Greek Mathematics*, 2 vols. Oxford:At the Clarendon Press, 1921 (repr. New York:Dover Publications, Inc., 1981).

Klein, J., *Greek Mathematical Thought and the Origin of Algebra*, tr. by Eva Brann. Cambridge, Mass.: The M. I. T. Press, 1968.

Knorr, W. R. , *The Ancient Tradition of Geometric Problems.* Boston:Birkhauser, 1986(repr. New York: Dover Publications, Inc. , 1993).

Liddell, H. G. and Scott, R. (revised by Jones, H. S.), *A Greek - English Lexicon(LSJ).* Oxford:At the Clarendon Press, 1940.

Lloyd, G. E. R, *Polarity and Analogy:Two Types of Argumentation in Early Greek Thought.* Cambridge:At the University Press, 1971.

Mugler, Charles, *Dictionaire historique de la terminologie geometrique des Grecs.* Paris, 1959.

Proclus(Friedlein), *Procli Diadochi in primum* Euclidis Elementorum librum commentarii, ed. by G. Friedlein. Leipzig, 1873(repr. Hildesheim:Geory Olms Verlagsbuchhandlung, 1967).

Proclus(Morrow), *Proclus:A Commentary on the First Book of Euclid's Elements.* Glenn R. Morrow, tr. Princeton:Princeton University Press, 1970.

Sarton, George, *A History of Science.* Cambridge:Harvard University Press, 1959.

Sarton, George, *Introduction to the History of Science.* Huntington: Robert E. Krieger Publishing Co. , 1975.

Taisbak, C. M. , "*Elements of Euclid's of Euclid's Data*," in *Peri Ton Mathematon*, special issue of *Apeiron*, vol. XXIV, no. 4(1991),PP. 135-171.

Toomer, G. J. , "Apollonius of Perga," in *DSB*, I(1970),PP. 179-193.

Unguru, S. , "On the Need to Rewrite the History of Greek Mathematics," *Archive for History of Exact Sciences*, 1975, 15,PP. 67-114.

Unguru, S. , "History of Ancient Mathematics:Some Reflections of the State of the Art," *Isis* 70(1979), PP. 555-565.

Zeuthen, H. G. , *Die Lehre von den Kegelschnitten im Altertum.* Kopenhagen, 1886(repr. Hildesheim: Georg Olms Verlagsbuchhandlung, 1966).

《欧几里得几何原本》汉译本简介

欧几里得(Euclid,约公元前330—公元前275)是古希腊第一大数学家,他的最重要的著作《原本》(Elements)是用公理方法建立起演绎数学体系的最早典范。对后世数学与科学思想的发展有着深远的影响,在世界数学史上具有十分重要的地位。

《原本》共13卷,第1卷首先给出23个定义,接着是5个公设,公设之后是5个公理,公理之后给出48个命题;第2卷包括14个命题,用几何的语言叙述代数的恒等式;第3卷有37个命题,讨论圆、弦、切线、圆周角、内接四边形及与圆有关的图形;第4卷有16个命题,包括圆内接与外切三角形、正方形的研究,圆内接正多边形的作图;第5卷是比例论. 给出25个命题;第6卷是相似形理论,共33个命题;第7、8、9三卷是数论,分别有39、27、36个命题;第10卷是篇幅最大的一卷,包含115个命题. 主要讨论不可公度量的分类;第11、12、13卷是立体几何和穷竭法,分别有39、18、19个命题。

欧几里得生活的时代距今2000多年,他本人的手稿早已失传,当时尚未发明印刷术,在很长的一段历史时期内,《几何原本》是以各种文字的手抄本到处流传。最早的印刷本是1482年在意大利出版的。从第一个印刷本的出现到19世纪末,世界上各种文字的印刷本达1000多种以上。

我国最早的汉译本是1607年(明万历年间)由意大利传教士利玛窦(Matteo Ricci,1552—1610)和徐光启(1562—1633)用文言文合译的《原本》前六卷,根据的版本是德国数学家克拉维乌斯(C. Clavius,1537—1612)校订增补的拉丁文本 Euclidis Elementorum Libri XV(《欧几里得原本15卷》,1574年初版,后多次再版),他们将汉译本定名为《几何原本》。250年后,1857年(清咸丰年间),后9卷由英国人伟烈亚力(Alexander Wylie 1815—1887)和李善兰(1811—1882)用文言文共同译出,所根据的是英国数学家比林斯利(H. Billingsley,?—1606)1570年所译的《原本》英文版本。① (其中后两卷为后人所写),1865年李善兰又将前六卷和后九卷合刻成十五卷本,后称“明清本”。《几何原本》“明清本”在国内曾多次修订出版,它对于中西文化的交流起了积极作用,促进了我国数学的发展。

1990年1月,陕西科学技术出版社出版了《欧几里得几何原本》汉文白话文译本,兰纪正、朱恩宽译,梁宗巨、张毓新、徐伯谦校订。

译者根据目前标准的希思(Thomas Little Heath,1861—1940)的英译评注本 The thirteen books of Euclid's Elements(《欧几里得原本13卷》,1908年初版,1926年再版,1956年新版)为底本进行翻译的。

1992年8月,台湾九章出版社以陕西科学技术出版社1990年1月出版的《欧几里得几何原本》汉译本为底本,出版了汉文繁体字版本《欧几里得几何原本》。

① Xu Yibo, The first chinese translation of the last nine books of Eaclid's Elements and source, Historia Mathematica 32(2005)4 - 32.

2003 年 6 月,陕西科学技术出版社修订再版了汉译本《欧几里得几何原本》,这次再版,由兰纪正、朱恩宽和张毓新三位先生对原文做了较全面的校订,译者写了再版后记,其中有 20 世纪 80 年代以来我国学者们研究《几何原本》的论文综述。

2004 年 8 月《欧几里得几何原本》汉译本第二版第 2 次印刷出版、2005 年 8 月第 3 次印刷出版和 2008 年 6 月第 4 次印刷出版。

《欧几里得几何原本》第二版,大 32 开本精装,60 万字。

《阿基米德全集》汉译本简介

阿基米德(Archimedes,公元前287—公元前212)是古希腊最伟大的数学家和力学家,他在继承前人数学成就的基础上完成了圆面积、球表面积、球体积以及一些重要命题的论证。他在对古希腊三个著名的问题(倍立方体、三等分角和化圆为方)的探索中引出诸多发现,并在数学的各个方面做了开创性的工作。他是数学、物理结合研究的最早典范,他用公理方法完成了杠杆平衡理论、重心理论及静止流体浮力理论,成为力学的创始人。不仅如此,他还通过力学的实际应用发明了许多实用机械。

阿基米德利用力学原理(杠杆原理和重心理论)去发现几何的结论,如球体积、抛物线弓形的面积等,实际上是类似近代积分处理的方法。因而具有划时代的意义,他的最大贡献也在于此,从而被誉为近代积分的先驱,后人把他和牛顿、高斯并列为有史以来三位贡献最大的数学家。

汉译本《阿基米德全集》依据的底本是1912年英国出版的《The works of Archimedes with the method of Archimedes》。这部英文版著作是由英国古希腊数学史研究权威希思(T. L. Heath,1861—1940)根据丹麦语言学家、数学史家海伯格(J. L. Heiberg,1854—1982)的《阿基米德全集及注释》以及有关史料编辑而成。并且希思在阿基米德著作的原文中引入了现代数学符号。

《阿基米德全集》共两部分。第一部分"导论"八章,由希思撰写,可以说是研究阿基米德著作的总结。有阿基米德的轶闻、著作的抄本及主要版本、方言和佚著、与前辈工作的联系、三次方程,对积分的预示和专用名词等。第二部分是阿基米德的著作,共14篇,包括:论球和圆柱Ⅰ,Ⅱ;圆的度量;论劈锥曲面体与旋转椭圆体;论螺线;论平面图形的平衡Ⅰ,Ⅱ;沙粒的计算;求抛物线弓形的面积;论浮体Ⅰ,Ⅱ;引理集;家畜问题;方法等。

汉译本《阿基米德全集》收集了已发现的阿基米德著作,是我国首次全面地翻译。学习和研究它对于了解古希腊数学,研究古希腊数学思想及整个科技史都是十分有意义的。

《阿基米德全集》朱恩宽、李文铭等译,叶彦润、常心怡等校,陕西科学技术出版社1998年10月出版,大32开本精装,47万字。

陕西科学技术出版社2010年12月修订再版了《阿基米德全集》汉译本,大32开本精装,47万字,定价58.00元。